INTEGRALGLEICHUNGEN UND GLEICHUNGEN MIT UNENDLICHVIELEN UNBEKANNTEN

VON

E. HELLINGER UND O. TOEPLITZ

SONDERAUSGABE AUS DER ENCYKLOPÄDIE
DER MATHEMATISCHEN WISSENSCHAFTEN

MIT EINEM VORWORT VON E. HILB

Springer Fachmedien Wiesbaden GmbH 1928

ISBN 978-3-663-15348-1   ISBN 978-3-663-15917-9 (eBook)
DOI 10.1007/978-3-663-15917-9
Softcover reprint of the hardcover 1st edition 1928

Vorwort.

Es ist jetzt ein Vierteljahrhundert, seit die ersten fundamentalen Arbeiten über Integralgleichungen erschienen sind; die Hochflut der Produktion auf diesem Gebiete ist abgeebbt. Ein zusammenfassender Bericht über Integralgleichungen scheint daher jetzt von besonderer Bedeutung, um im Rückblick das Erreichte darzustellen, die noch offenen Fragen hervorzuheben. In vieljähriger gemeinsamer Arbeit haben die beiden Verfasser die ganze vorhandene Literatur einer genauen Analyse unterzogen, Methoden und Resultate auf ihre Tragweite untersucht und manche neue Zusammenhänge aufgedeckt. Das Resultat dieser mühsamen Arbeit ist in dem vorliegenden Artikel niedergelegt; der Bericht ist für jeden unentbehrlich, der sich in dieses für die Anwendungen so überaus wichtige Gebiet tiefer einarbeiten will. Der Forscher aber wird durch die Lektüre zu neuen Untersuchungen angeregt, und ich habe die feste Überzeugung, daß das vorliegende Referat die Integralgleichungen und noch mehr die daran anschließenden, in der Theorie der Integralgleichungen wurzelnden allgemeineren Probleme wieder in den Mittelpunkt des wissenschaftlichen Interesses bringen wird.

Würzburg, im Oktober 1927.   **E. Hilb.**

II C 13. INTEGRALGLEICHUNGEN UND GLEICHUNGEN MIT UNENDLICHVIELEN UNBEKANNTEN.

Von

ERNST HELLINGER UND **OTTO TOEPLITZ**

IN FRANKFURT A. M.   IN KIEL.

Vorbemerkung. Der Artikel will im Prinzip die bis 1. Januar 1923 erschienene Literatur berücksichtigen; jedoch glauben wir alles wesentliche, was nachher an einschlägigen Arbeiten erschienen ist, noch erfaßt zu haben. Im Einklang mit den von der Redaktion getroffenen Dispositionen behandeln wir nur die *Theorie* selbst, während ihre *Anwendungen* an anderen Stellen der Encyklopädie zur Geltung gebracht sind.

Wenn dabei den *Tatsachen* der Theorie ihre *Methoden* gleichberechtigt zur Seite gestellt worden sind, wenn an verschiedenen Stellen dieses Encyklopädieartikels *Beweise* angegeben werden (allerdings nur solche, die, ihrem Wesen nach fundamental, in der Literatur bisher keine bequem zu handhabende Darstellung gefunden haben), so glauben wir, daß sich dies zum mindesten aus der augenblicklichen Situation der Integralgleichungstheorie rechtfertigt: der Tatsachenbestand hat sich im letzten Dezennium in seinen Grundlagen nicht mehr verändert, während die Methoden dort, wo sie über den engen Rahmen der klassischen Theorie hinausgeführt werden, noch zu weiteren Wirkungen berufen erscheinen. Der Artikel ist dementsprechend im Gegensatz zu der üblichen *materiellen* Zerteilung des Gegenstandes nach Integralgleichungen und unendlichvielen Veränderlichen vielmehr nach einem *methodischen* Gesichtspunkt gegliedert worden. Und zwar ist dasjenige Prinzip, das überhaupt die methodische Grundlage der ganzen Theorie darstellt, nämlich die Analogie mit der Algebra der linearen und quadratischen Gebilde, auch der Disposition des Gegenstandes zugrunde gelegt worden; ebenso, wie der in Betracht kommende Abschnitt der Algebra seinerseits sachlich in die Auflösung der linearen Gleichungen und in die Transformation der quadratischen und bilinearen Formen zerfällt, ist hier in *Auflösungstheorie* (Kap. II) und *Eigenwerttheorie* (Kap. III) geschieden.

Der Artikel beschränkt sich aber nicht auf die materielle Seite des Gegenstandes, d. h. auf seine *Tatsachen* und auf seine *Methoden,* sondern er will zugleich auch deren *Genesis* aufweisen; so wenig er eine Geschichte der Integralgleichungstheorie sein will, will er doch die *Entwicklung ihrer Probleme* in sich enthalten. Diese Absicht birgt zunächst die Gefahr in sich, daß derjenige Leser, der nur Tatsachen oder nur Methoden sucht, durch genetische Entwicklungen behindert wird, die ihrer Art nach subjektiver und oft verwickelter sind. Um dies zu vermeiden, sind die genetischen Erörterungen in einem besonderen Kapitel in Form einer Entwicklungsgeschichte der Integralgleichungen und unendlichvielen Veränderlichen vereinigt und vorangestellt worden; die folgenden Kapitel bringen dann die bloßen Tatsachen und Methoden und sind so abgefaßt, daß sie die Kenntnis des ersten nirgends voraussetzen, sondern völlig unabhängig von ihm verständlich sind. Durch diese Trennung wird es möglich, im II. und III. Kapitel die Tatsachen und Methoden nach ihrem eigenen sachlichen Zusammenhang anzuordnen und darzustellen und unbehindert durch jede Rücksicht auf die historische Verknüpfung der Tatbestände die methodischen Elemente zu ihrem vollen Recht gelangen zu lassen. Auf der anderen Seite können wir um so freier im I. Kapitel von der geschichtlichen Entwicklung das Bild entwerfen, das sich uns in seiner naturgemäßen Bedingtheit durch den derzeitigen Stand der Theorie und durch die bewußte Betonung ihrer methodischen Bestandteile darbietet.

Inhaltsübersicht.

I. Ursprung der Theorie.

II. Auflösungstheorie.

A. Die linearen Integralgleichungen zweiter Art.

B. Die Methode der unendlichvielen Veränderlichen.

C. Andere Untersuchungen über lineare Gleichungssysteme mit unendlichvielen Unbekannten und lineare Integralgleichungen.

Literatur.

A. Lehrbücher und Monographien.

1. *M. Bôcher,* An introduction to the study of integral equations. Cambridge Tracts Nr. 10, 1909, 72 S., 2. Aufl. 1914.

2. *H. Bateman,* Report on the history and present state of the theory of integral equations. Brit. Ass. Rep., Sheffield meeting, 1910, p. 345—424.

3. *A. Korn,* Über freie und erzwungene Schwingungen. Leipzig (Teubner) 1910, VI u. 136 S.

4. *A. Kneser,* Die Integralgleichungen und ihre Anwendungen in der mathematischen Physik. Braunschweig (Vieweg) 1911, VIII u. 243 S.; 2. Aufl. 1922, VIII u. 292 S.

5. *H. B. Heywood-M. Fréchet,* L'équation de Fredholm et ses applications à la physique mathématique. Avec une préface et une note de M. Jacques Hadamard. Paris (Hermann) 1912, VI u. 165 S.

6. *T. Lalesco,* Introduction à la théorie des équations intégrales. Avec une préface de M. Émile Picard. Paris (Hermann) 1912, VIII u. 152 S.

7. *D. Hilbert,* Grundzüge einer allgemeinen Theorie der linearen Integralgleichungen. Leipzig (Teubner, Fortschr. d. math. Wiss. 3) 1912 und 1924, XXVI u. 282 S., im folgenden kurz als „Grundzüge" bezeichnet. Gesamtabdruck der unter dem gleichen Titel in den Gött. Nachr., math.-phys. Kl., erschienenen Mitteilungen: 1. Mitt., 1904, p. 49—91; 2. Mitt., 1904, p. 213—259; 3. Mitt., 1905, p. 307—338; 4. Mitt., 1906, p. 157—227; 5. Mitt., 1906, p. 439—480; 6. Mitt., 1910, p. 355—417; Inhaltsangabe, 1910, p. 595—618.

8. *F. Riesz,* Les systèmes d'équations linéaires à une infinité d'inconnues. Paris (Gauthier-Villars, Coll. Borel) 1913, VI u. 182 S.

9. *V. Volterra,* Leçons sur les équations intégrales et les équations intégro-différentielles, ed. M. Tomassetti et F. S. Zarlatti. Paris (Gauthier-Villars, Coll. Borel) 1913, VI u. 164 S.

10. *G. Vivanti,* Elementi della teoria delle equazioni integrali lineari. Milano (Manuali Hoepli, Nr. 286—288) 1916, XVI u. 398 S.

11. *R. Courant* und *D. Hilbert,* Methoden der mathematischen Physik. Bd. I, Berlin (Springer, Grundl. d. math. Wiss 12) 1924, XIV u. 450 S.

12. *W. V. Lovitt,* Linear integral equations. New York (Mc. Graw-Hill), 1924, XIV u. 254 S.

B. Lehrbücher und Monographien verwandter Gebiete.

1. *A. Schoenflies,* Die Entwicklung der Lehre von den Punktmannigfaltigkeiten. Leipzig (Teubner) 1908, Ber. d. Deutsch. Math.-Ver., Erg.-Bd. 2, X u. 331 S., insbes. Kap. VII, p. 264—301: Die Kurvenmengen und der Funktionalraum.

2. *R. d'Adhémar,* Exercices et leçons d'analyse. Paris (Gauthier-Villars) 1908, VIII u. 208 S., p. 121—136, 179—184.

3. *G. Kowalewski,* Einführung in die Determinantentheorie, einschließlich der unendlichen und Fredholmschen Determinanten. Leipzig (Veit) 1909, VI u. 550 S., Kap. 17—19, p. 369—540.

4. *J. Horn,* Einführung in die Theorie der partiellen Differentialgleichungen. Leipzig (Göschen, Samml. Schubert Nr. 60) 1910, VIII u. 363 S., insbes. V. Abschnitt, p. 188—238.

5. *R. d'Adhémar,* Leçons sur les principes d'analyse I. Paris (Gauthier-Villars, Coll. Borel) 1912, VI u. 324 S., chap. IX, X.

6. *V. Volterra,* Leçons sur les fonctions de lignes. Paris (Gauthier-Villars, Coll. Borel) 1913, VI u. 230 S.

7. *C. Jordan,* Cours d'analyse Bd. III, 3. Aufl., Paris (Gauthier-Villars) 1915, Note III, p. 591—623.

8. *U. Dini,* Lezioni di analisi infinitesimale II. Pisa 1915, parte 2, cap. 32, p. 917—976.

9. *E. T. Whittaker* and *G. N. Watson,* A course of modern analysis. 3. Aufl. Cambridge 1920, 608 S., Cap. XI, p. 211—231.

10. *E. Goursat,* Cours d'analyse Bd. III, 3. Aufl., Paris (Gauthier-Villars) 1923, 702 S., Cap. 30—32, p. 323—4*7.

11. *R. v. Mises,* Die Differential- und Integralgleichungen der Mechanik und Physik I (7. Aufl. von Riemann-Webers part. Diffgl. d. math. Ph.), Braunschweig (Vieweg) 1925, XX u. 687 S , Kap. XI und XII, p. 381—439. (Kap. XI abgedruckt in Ztschr. f. angew. Math. u. Mech. 5 (1925), p. 150—172.)

C. Sonstige Darstellungen und Berichte.

1. *H. Bateman,* The theory of integral equations. London Math. Soc. Proc. (2) 4 (1906), p. 90—115.

2. *G. Lauricella,* Sulle equazioni integrali. Ann. di mat. (3) 15 (1908), p. 21—45.

3. *R. d'Adhémar,* L'équation de Fredholm et les problèmes de Dirichlet et de Neumann Brux. soc. sc. 33 B (1909), p. 173—239 = Paris (Hermann) 1909.

4. *H. Poincaré,* Sechs Vortı äge über ausgewählte Gegenstände aus der reinen Mathematik und mathematischen Physik. Leipzig (Teubner, Math. Vorl. an der Univ. Göttingen IV) 1910, 60 S., 1. Vortrag.

5. *H. v. Koch,* Sur les systèmes d'une infinité d'équations linéaires à une infinité d'inconnues. C. R. du Congr. de Stockholm 1910, p. 43—61.

6. *J. Fredholm,* Les équations intégrales linéaires. C. R. du Congr. de Stockholm 1910, p. 92—100.

7. *T. Lalesco,* Einführung in die Theorie der Integralgleichungen (rumänisch). Buk. Bulet. Soc. de Stünte 19 (1910), p. 627—640, 865—883, 1203—1222; 20 (1911), p 10—24, 468—481, 582—614.

8. *H. Hahn,* Bericht über die Theorie der linearen Integralgleichungen I. Deutsche Math.-Ver 20 (1911), p 69—117.

9. *H. Poincaré,* Rapport sur le prix Bolyai. Acta math. 35 (1911), p. 1—28 = Darb. Bull. (2) 35 (1911), p. 67—100 = Palermo Rend. 31 (1911), p. 109—132 = Budapest Math. és phys. lapok 20 (1911), p. 1—39.

10. *O. Toeplitz,* Integralgleichungen und deren Anwendungen. Taschenb. f. Math. u. Phys. Leipzig (Teubner), 2. Jahrg. (1911), p. 132—135; 3 Jahrg. (1913), p. 121—129.

11. *G. Lauricella,* L'opera dei matematici italiani nei recenti progressi della teoria delle funzioni di variabile reale e della equazioni integrali. Soc. Ital. Atti 5 (1912), p. 217—236.

12. *M. Plancherel,* La théorie des équations intégrales. Conférence. Ens. de math. 14 (1912), p. 89—107.

13. *U. Broggi,* Ecuaciones integrales lineales. La Plata Univ. Nacion. 1 (1914), p. 11—36.

14. *V. Volterra,* Les problèmes qui ressortent du concept de fonctions de lignes. Berl. math. Ges. Sitzungsber. 13 (1914), p. 130—150.

15. *V. Volterra,* Drei Vorlesungen über neuere Fortschritte der mathematischen Physik. Deutsch von E. Lamla. Arch. Math. Phys. (3) 22 (1914), p. 97—182 = Leipzig (Teubner) 1914, 84 S.

I. Ursprung der Theorie.

1. Der allgemeine algebraische Grundgedanke. Den Gegenstand der Integralgleichungstheorie bildet die sog. *Integralgleichung 2. Art*

$$(J) \qquad \varphi(s) + \int_a^b K(s,t)\,\varphi(t)\,dt = f(s) \qquad (a \leqq s \leqq b),$$

also eine Funktionalgleichung für eine unbekannte Funktion $\varphi(s)$; das Intervall $(a \ldots b)$, auf das alle vorkommenden unabhängigen Veränderlichen beschränkt sind, sowie die Funktionen $f(s)$ und $K(s,t)$ sind als gegeben anzusehen. $K(s,t)$ nennt man den *Kern* (kernel, noyau, nucle) der Integralgleichung. Alle diese Funktionen mögen vorläufig als stetig vorausgesetzt werden.

a) **Auflösungstheorie.** Das Problem der Auflösung der Gleichung (J) stellt sich als analytisches Analogon zu dem algebraischen Problem der Auflösung eines Systems von n Gleichungen ersten Grades mit n Unbekannten dar. Man überblickt dies unmittelbar, wenn man sich der Definition des bestimmten Integrals als Grenzwert einer Summe erinnert: man teile das Integrationsintervall durch die Teilpunkte $x_1, \ldots, x_{n-1}$ in n gleiche Teile, deren jeder also die Länge $\delta = \dfrac{b-a}{n}$ hat, man bezeichne abkürzend die Funktionswerte in diesen Teilpunkten, wie folgt:

$$f(x_s) = f_s, \quad \delta K(x_s, x_t) = K_{st} \quad (s,t = 1, \ldots, n;\ x_n = b)$$

und betrachte das System von n Gleichungen ersten Grades für die n Unbekannten $\varphi_1, \ldots, \varphi_n$:

$$(A) \qquad \begin{aligned}
(1 + K_{11})\,\varphi_1 + \qquad K_{12}\,\varphi_2 + \cdots + \qquad K_{1n}\,\varphi_n &= f_1 \\
K_{21}\,\varphi_1 + (1 + K_{22})\,\varphi_2 + \cdots + \qquad K_{2n}\,\varphi_n &= f_2 \\
\cdots \cdots \cdots \cdots \cdots \cdots \cdots \cdots \cdots & \\
K_{n1}\,\varphi_1 + \qquad K_{n2}\,\varphi_2 + \cdots + (1 + K_{nn})\,\varphi_n &= f_n
\end{aligned}$$

oder, kürzer geschrieben,

$$(A) \qquad \varphi_s + \sum_{t=1}^{n} K_{st}\,\varphi_t = f_s \qquad (s = 1, \ldots, n).$$

Die Bedingungen, unter denen (A) lösbar ist, sind wohlbekannt. Vorausgesetzt, das System (A) sei für jedes n lösbar, so denke man für jedes einzelne n die Lösungswerte $\varphi_1^{(n)}, \ldots, \varphi_n^{(n)}$ als Lote in den Teilpunkten $x_1, \ldots, x_{n-1}, b$ aufgetragen und die Endpunkte dieser Lote durch einen Polygonzug verbunden; wofern dann diese Polygonzüge mit wachsendem n gegen das Kurvenbild einer stetigen Funktion $\varphi(s)$

konvergieren, wird in Anbetracht der Definition des bestimmten Integrals das algebraische Gleichungssystem (A) in die Integralgleichung (J) übergehen und $\varphi(s)$ also eine Lösung von (J) sein. Wenn diese einfache Überlegung auch sofort die Schwierigkeiten der wirklichen Durchführung des angedeuteten Grenzüberganges durchblicken läßt, so demonstriert sie doch das Bestehen einer *formalen* Analogie zwischen (J) und (A). Man kann diese Analogie auf die einfache Formel bringen: *das Integralzeichen ist durch das Summenzeichen zu ersetzen, die Integrationsvariable durch einen Summationsindex, die Argumente der unter dem Integralzeichen stehenden Funktionen sind in Indizes umzuwandeln.*

b) **Eigenwerttheorie.** Mit der Auflösung der Gleichung (J) ist die Lehre von den Integralgleichungen nicht erschöpft. Ist $k(s, t)$ eine reelle, *symmetrische* Funktion ihrer beiden Argumente, $k(s, t) = k(t, s)$, und λ ein Parameter, so knüpft sich an die *homogene* Gleichung[1]

$$(i_h) \qquad \varphi(s) - \lambda \int_a^b k(s, t)\, \varphi(t)\, dt = 0 \qquad (a \leqq s \leqq b)$$

ein weiterer Komplex von Begriffen und Tatsachen. *Eigenwert* des Kernes $k(s, t)$ heißt jeder Wert von λ, für den (i_h) eine nicht identisch verschwindende Lösung besitzt, und diese Lösungen selbst heißen die *Eigenfunktionen* des Kernes. Unterwirft man die Integralgleichung (i_h) dem nämlichen Analogisierungsprozeß, der oben auf (J) angewandt wurde, so erscheint sie als das analytische Analogon zu dem System von n homogenen linearen Gleichungen mit n Unbekannten:

$$(a_h) \qquad \begin{aligned} (1 - \lambda k_{11})\varphi_1 &\quad - \lambda k_{12}\,\varphi_2 - \cdots &\quad - \lambda k_{1n}\,\varphi_n &= 0 \\ - \lambda k_{21}\,\varphi_1 &\quad + (1 - \lambda k_{22})\varphi_2 - \cdots &\quad - \lambda k_{2n}\,\varphi_n &= 0 \\ &\quad \cdots\cdots\cdots\cdots\cdots\cdots\cdots & & \\ - \lambda k_{n1}\,\varphi_1 &\quad - \lambda k_{n2}\,\varphi_2 - \cdots + (1 - \lambda k_{nn})\varphi_n &= 0 \end{aligned}$$

oder kurz

$$(a_h) \qquad \varphi_s - \lambda \sum_{t=1}^n k_{st}\varphi_t = 0 \qquad (s = 1, \ldots, n),$$

dessen Koeffizientensystem diesmal der Symmetriebedingung $k_{st} = k_{ts}$

---

1) Eine Integralgleichung soll stets mit (i) bezeichnet werden, wenn sie aus (J) dadurch hervorgeht, daß unter Einführung eines Parameters λ der Kern $K(s, t) = -\lambda k(s, t)$ gesetzt wird. Die Marke h an der Gleichungsnummer soll stets den Übergang zur *homogenen* Gleichung (rechte Seite Null) andeuten. — Entsprechende Bezeichnungen werden bei den linearen Gleichungssystemen der Algebra (A) und bei Systemen mit unendlichvielen Unbekannten (U) angewendet werden.

genügt, und das lösbar ist, wenn seine Determinante verschwindet:

$$
(1) \qquad
\begin{vmatrix}
1 - \lambda k_{11} \cdots & - \lambda k_{1n} \\
\cdots \cdots \cdots & \cdots \cdots \\
\cdots \cdots \cdots & \cdots \cdots \\
- \lambda k_{1n} \cdots & 1 - \lambda k_{nn}
\end{vmatrix} = 0 .
$$

Die Rolle dieser Gleichung, der sog. *Säkulargleichung*, in der analytischen Geometrie und in der Mechanik ist bekannt. In der letzteren beherrscht sie die Lehre von den freien Schwingungen von n Massenpunkten. In der analytischen Geometrie des Raumes tritt sie (für $n = 3$, bei Deutung der φ_s als unhomogener Koordinaten) beim sog. *Hauptachsenproblem* auf, d. h. bei der Aufgabe, die auf ein rechtwinkliges Koordinatensystem (mit dem Flächenmittelpunkt als Anfangspunkt) bezogene Gleichung eines Ellipsoids oder Hyperboloids $k_{11} x^2 + 2 k_{12} xy + \cdots + k_{33} z^2 = 1$ durch eine Drehung des Koordinatensystems in die Normalform

$$
\frac{\xi^2}{\alpha} + \frac{\eta^2}{\beta} + \frac{\zeta^2}{\gamma} = 1
$$

überzuführen — α, β, γ sind nämlich die Wurzeln der Säkulargleichung. Dehnt man die Redeweise der analytischen Geometrie auch auf den Raum von n Dimensionen aus, so handelt es sich um den Satz, den man als das Hauptachsentheorem für den n-dimensionalen Raum bezeichnen kann, und dessen Zusammenhang mit dem System (a_h) und der zugehörigen Säkulargleichung (1) im Hinblick auf das folgende genau präzisiert sei: Man kann durch eine rechtwinklige Koordinatentransformation im Raum von n Dimensionen (orthogonale Transformation)

$$
(2\,\mathrm{a}) \qquad x_s = \sum_{\alpha=1}^{n} \varphi_{\alpha s} y_\alpha \qquad\qquad (s = 1, \ldots, n)
$$

die Gleichung der Mittelpunktsflächen 2. Ordnung im Raum von n Dimensionen auf die Normalform

$$
(2\,\mathrm{b}) \qquad \sum_{s,t=1}^{n} k_{st} x_s x_t = \frac{y_1^2}{\lambda_1} + \cdots + \frac{y_n^2}{\lambda_n} = 1
$$

bringen, wo die neuen Koordinatenachsen die Hauptachsen sind und $\lambda_1, \ldots, \lambda_n$ die Quadrate der halben Hauptachsenlängen; die n reellen Zahlen $\lambda_1, \ldots, \lambda_n$ sind die Wurzeln der Gleichung (1) und die Koeffizienten $\varphi_{\alpha s}$ der Transformation (2a) (geometrisch gesprochen die Richtungscosinus der n Hauptachsen) sind die zu jenen n Werten $\lambda_1, \ldots, \lambda_n$ gehörigen n Lösungssysteme von (a_h).

Die analogen Tatsachen über die Eigenwerte λ und die zugehörigen Eigenfunktionen $\varphi(s)$ sind es, die den Inhalt der Eigenwerttheorie der Gleichung (i_h) bilden.

c) **Der allgemeine Analogiegedanke.** Die Theorie der linearen Gleichungen und die orthogonale Transformation der quadratischen Formen sind die beiden einzigen wesentlichen algebraischen Grundtatsachen, die in der elementaren analytischen Geometrie verkörpert sind. Die Integralgleichungstheorie, wie sie eben skizziert worden ist, erscheint also einfach als analytisches Analogon zu den Elementen der analytischen Geometrie des Raumes von zwei, drei und mehr Dimensionen. *In dieser Idee der Analogie mit der analytischen Geometrie und allgemeiner überhaupt in der Idee des Übergangs von algebraischen Tatsachen zu solchen der Analysis liegt der Sinn der Lehre von den Integralgleichungen.*

Es versteht sich von selbst, daß lange vor 1900 die mannigfachsten Versuche zur Verwirklichung dieser Idee gemacht worden sind. Seitdem *D. Bernoulli* die schwingende Saite als Grenzfall eines Systems von n einzelnen schwingenden Massenpunkten behandelt hatte[2]), ist dieser Grenzübergang im Einzelfall immer wieder versucht worden; und im Einzelfall hatte er gelegentlich Erfolg, namentlich dort, wo physikalische Vorstellungen das Resultat im voraus präsentierten.[2a]) Bei diesen Versuchen waren zunächst meist Differentialgleichungen, nicht Integralgleichungen, das Substrat der Betrachtung auf Seiten der Analysis, und man fand von ihnen den Weg zu algebraischen Bildungen, indem man die Differentialgleichungen in Differenzengleichungen auflöste.[2b]) Diese Art des Übergangs hatte das beginnende 19. Jahrhundert noch weit stärker im Bewußtsein als die folgende Periode der Mathematik; keiner vor allem hat früher so tief in solche

---

2) *D. Bernoulli,* Petropol. Comm. 6 (1732/33, ed. 1738), p. 108 - 122, insbes. Nr. 16: „Orsus itaque sum has meditationes a corporibus duobus filo flexili in data distantia cohaerentibus; postea tria consideravi moxque quatuor, et tandem numerum eorum distantiasque qualescunque; cumque numerum corporum infinitum facerem, vidi demum naturam oscillantis catenae sive aequalis sive inaequalis crassitiei sed ubique perfecte flexilis." — *Joh. Bernoulli,* ibidem 2 (1729), p. 200 = Opera 3, p. 124, hatte lediglich die Fälle $n = 2, 3, 4$ erörtert.

2a) Als markantestes Beispiel sei nur *Lord Rayleigh,* theory of sound, 1. Aufl. London 1877, 2. Aufl. 1894, chap. 4 und 5 angeführt.

2b) Es sei nur auf die Schlußbemerkung von *Ch. Sturm* am Ende seiner großen Arbeit J. de math. (1) 1 (1836), p. 106 — 186 verwiesen, in der er andeutet, wie er auf diesem Wege von seinem algebraischen Theorem betreffend die Sturmschen Ketten zu seinem Oszillationstheorem betreffend die linearen Differentialgleichungen 2. Ordnung gelangt ist.

Zusammenhänge hineingeschaut, wie *B. Riemann* es in seiner Bemerkung zur Integration hyperbolischer partieller Differentialgleichungen zu erkennen gibt.[3])

Neben diesen Versuchen eines direkten Grenzübergangs laufen die zahlreichen Bemühungen einher, lineare Funktionalgleichungen durch die Methode der unbestimmten Koeffizienten, also durch Reihenansätze in Systeme von unendlichvielen linearen Gleichungen zu verwandeln; der umfassende Bericht *H. Burkhardt*s über die Entwicklungen nach oszillierenden Funktionen[4]) gibt einen Begriff von der Mannigfaltigkeit und zugleich von der aphoristischen Natur dieser Untersuchungen, die alle in die Richtung des Analogiegedankens weisen.

Wenn trotzdem erst die Jahrhundertwende zur Geburtsstunde der Integralgleichungslehre wurde, so kann man schon daraus entnehmen, daß *diese Theorie noch durch andere Momente als durch jenen formalen Analogiegedanken bedingt sein muß*.[5])   Es ist das Ziel der folgenden Nummern dieser genetischen Vorbetrachtung, diese Momente auseinanderzulegen und sowohl die *Hindernisse* aufzuweisen, die den Zugang zur Integralgleichungstheorie solange verwehrten, als auch die *charakteristischen Gedanken*, die zu ihrer Entdeckung führten.

2. Der besondere Typus der Integralgleichung zweiter Art. Ein Blick auf (A) läßt bereits eines dieser entscheidenden Hindernisse erkennen. Die *Einer*, die *in der Diagonale* des Systems (A) in Evidenz treten, erscheinen, rein algebraisch betrachtet, lediglich als eine etwas auffallende Dekoration, im Grunde nur als eine Sache der Bezeichnung; schriebe man K_{ss} statt $1 + K_{ss}$, so wäre die Allgemeinheit des Systems nicht geändert. Aber jene Einer sind daraus hervorgegangen, daß in (J) die unbekannte Funktion auch außerhalb des Integralzeichens auftritt. Würde man davon absehen und an Stelle von (J) die Funktionalgleichung

$$(J_1) \qquad \int_a^b K(s, t)\, \varphi(t)\, dt = f(s)$$

setzen, die man übrigens oft betrachtet und als *Integralgleichung 1. Art*

---

3) *B. Riemann*, Über die Fortpflanzung ebener Luftwellen von endlicher Schwingungsweite, Gött. Nachr. 1860 = Werke, 1. Aufl. p. 145—164, 2. Aufl. p. 150—175, insbes. p. 159 bzw. 170 f.

4) *H. Burkhardt*, Jahresb Deutsch. Math.-Ver. 10_2 (1908), XV u. 1804 S.

5) Ein Beispiel der lediglich heuristischen Auswertung des Analogiegedankens zur Auffindung eines wesentlichen Resultats findet man bei *V. Volterra*, Sulla inversione degli integrali definiti, Torino Atti 31 (1896), p. 311—323, 400—408, 557—567, 693—708 (bzw p. 231—243, 286—294, 389—399, 429—444 der Sonderausgabe der Cl. fis., mat. e nat.), insbes. Nr. 3 der 1. Note, p. 315 (bzw. 295).

bezeichnet hat, so würde man eben nicht jenen Komplex von Sätzen aufstellen können, die *J. Fredholm* für die Gleichung (J) entdeckt hat und die in genauer Analogie zu den Sätzen der Lehre von n Gleichungen ersten Grades mit n Unbekannten stehen (ausführlich findet man sie in Nr. **9** und im Anfang von Nr. **10** aufgeführt). Dieser tiefgehende Unterschied zwischen Integralgleichungen 1. Art und Integralgleichungen 2. Art — übrigens eine Benennung, die diesem Unterschied nicht gerecht wird — ist also durch die Idee der formalen algebraischen Analogie allein nicht zu begründen; er ist also jedenfalls eine Angelegenheit der Analysis, und eine genetische Betrachtung des Gegenstandes wird die einzelnen Etappen aufweisen müssen, in denen jener Unterschied sich im Laufe der Zeit geltend gemacht hat.[6])

Historisch betrachtet. hebt sich der spezifische Ansatz der Integralgleichung *zweiter* Art erst allmählich im Laufe des 19. Jahrhunderts hier und da von den vielfach verstreut auftretenden Integralgleichungen *erster* Art ab. Zuerst tritt er wohl 1837 bei *J. Liouville* auf[7]), in einem Zusammenhange, der in Nr. **3** zu erwähnen sein wird. Man findet ihn 1856 bei *A. Beer*[8]) wieder, bei der Lösung der potentialtheoretischen Randwertaufgaben. Der Gedanke, der für die Entwicklung der Integralgleichungstheorie später entscheidend geworden ist, ist der folgende. Die erste Randwertaufgabe verlangt eine Funktion $u(x, y)$ zu finden, die im Inneren eines gegebenen Bereichs der Differentialgleichung

$$\Delta u \equiv \frac{\partial^2 u}{\partial x^2} + \frac{\partial^2 u}{\partial y^2} = 0$$

genügt und auf dem Rande C Werte hat, die als Funktion $f(s)$ der Bogenlänge s längs des Randes vorgegeben sind. Das logarithmische Potential einer einfachen Belegung $\varrho(s)$, die längs des Randes C ausgebreitet ist,

$$u(x, y) = \frac{1}{2\pi} \int_C \varrho(s) \lg \frac{1}{r(s; x, y)} \, ds,$$

---

6) Die *theoretische* Begründung der hier vertretenen Ansicht über die der Lehre von den Integralgleichungen 1. Art gezogenen engen Grenzen liefert in voller Schärfe erst die Methode der unendlichvielen Veränderlichen; vgl. Nr. **20** e, Nr. **22**, Anfang, insbes. [240]), sowie das am Ende von Nr. **6** und in Nr. **7** über den Eigenwert ∞ Gesagte. — Diejenigen *Aussagen*, die an die Integralgleichung 1. Art angeknüpft worden sind, findet man in Nr. **22** zusammengestellt.

7) *J. Liouville*, Sur le développement des fonctions ou parties de fonctions en séries dont les divers termes sont assujettis à satisfaire à une même équation différentielle du second ordre contenant un paramètre variable. II. J. de math. (1) 2 (1837), p. 16—35.

8) *A. Beer*, Einleitung in die Elektrostatik, die Lehre vom Magnetismus und die Elektrodynamik, Braunschweig 1865, insbes. p. 62 ff.; vgl. auch Poggend. Ann. 98 (1856), p. 137 [die Hauptstelle abgedruckt bei *C. Neumann*[9]), p. 220 ff.].

wo $r(s; x, y)$ die Entfernung des inneren Punktes (x, y) vom Rand-punkte s ist, genügt bekanntlich der Differentialgleichung und wird auch die verlangten Randwerte $f(\sigma)$ in den Punkten σ des Randes C dann annehmen, wenn

$$f(\sigma) = \frac{1}{2\pi} \int_C \varrho(s) \lg \frac{1}{r(s; x, y)} \, ds,$$

ist; in heutiger Terminologie ist das eine Integralgleichung *erster* Art für $\varrho(s)$. Der Gedanke von *Beer* kommt nun darauf hinaus, statt des Potentials einer *einfachen* Belegung das einer *Doppel*belegung mit dem Moment $\varphi(s)$ zu verwenden, d. h. den Ausdruck

$$v(x, y) = \frac{1}{2\pi} \int_C \varphi(s) \frac{\partial}{\partial n} \lg \left(\frac{1}{r(s; x, y)} \right) ds,$$

wo $\frac{\partial}{\partial n}$ die partielle Ableitung in der zu C normalen Richtung be-deutet; in diesem Falle ist nämlich auf Grund der bekannten Sprung-relationen der Wert, den v bei der Annäherung an den Randpunkt σ von innen her annimmt,

$$v(\sigma) = \frac{1}{2} \varphi(\sigma) + \frac{1}{2\pi} \int_C \varphi(s) \frac{\partial}{\partial n} \lg \left(\frac{1}{r(s; x, y)} \right) ds;$$

soll also $v(\sigma)$ gleich dem vorgegebenen $f(\sigma)$ sein, so hat $\varphi(s)$ in heutiger Sprechweise einer Integralgleichung *zweiter* Art zu genügen. Für *diese* gelingt *Beer* im Anschluß an die *W. Thomson*sche Methode der elektrischen Bilder (1845; vgl. Encykl. II A 7 b, *Burkhardt-Meyer*, Nr. **16**, Fußn. [113]) ein formaler Ansatz (vgl. Nr. **3**), der auf die Integralglei-chung *erster* Art nicht anwendbar wäre, und den *C. Neumann* dann zu seiner Theorie des arithmetischen Mittels[9] ausgestaltet hat.

Immerhin waren dies stets nur Integralgleichungen mit *speziellen* Kernen. Es war daher ein Zeichen von seltenem Ahnungsvermögen, als 1887 *P. du Bois-Reymond*[10] auf die *allgemeine* Funktionalgleichung vom Typus (J) hinwies, auf die ihn schon vor 35 Jahren der Physio-loge *A. Fick* aufmerksam gemacht habe und die ihm in den Anwen-dungen immer wieder begegnet sei. „Weder die Frage,“ schließt er seine Bemerkung, „wie weit das Problem ein bestimmtes sei, noch seine Klassifikation, da es doch an das Problem der Differenzenglei-

9) *C. Neumann*, Untersuchungen über das logarithmische und Newtonsche Potential, Leipzig (Teubner) 1877, XVI u. 368 S.; vgl. im übrigen Encykl. II A 7 b (*Burkhardt-Meyer*), Nr. **27**.

10) *P. du Bois-Reymond*, J. f. Math. 103 (1888), p. 204—229. Bei dieser Gelegenheit (p. 228 f.) hat *du Bois-Reymond* zuerst den Namen „Integralglei-chungen“ gebraucht, den *Hilbert* hernach von ihm übernommen hat.

chungen sich anzuschließen scheint, sind, soviel ich weiß, bis jetzt erörtert worden".

Für die weitere Entwicklung der Theorie war es von wesentlicher Bedeutung, daß sich in einem scheinbar ganz anderen Gebiet, dem der *unendlichen Determinanten*, seit 1886 ein entsprechender Gedanke durchsetzte.[11]) Bis dahin waren mancherlei Versuche unternommen worden, unendlichviele lineare Gleichungen nach dem Muster der Determinantentheorie zu behandeln; sie hatten aber zu keinen Ergebnissen von irgendwelcher Tragweite geführt oder waren im Formalen stecken geblieben.

Erst als *G. W. Hill*[12]), *H. Poincaré*[13]) und *Helge von Koch*[14]), aneinander anknüpfend, dazu übergingen, die Einer in der Diagonale in Evidenz zu setzen und unendliche Determinanten vom Typus

$$(3) \qquad \begin{vmatrix} 1 + a_{11} & a_{12} & a_{13} & \cdot \\ a_{21} & 1 + a_{22} & a_{23} & \cdot \\ a_{31} & a_{32} & 1 + a_{33} & \cdot \\ \cdot & \cdot & \cdot & \cdot \end{vmatrix}$$

zu betrachten, bei denen $\sum\limits_{\alpha,\,\beta\,=\,1}^{\infty} |a_{\alpha\beta}|$ konvergiert, gelang der Aufbau einer Theorie, deren Sätze denen der Auflösungstheorie von n linearen Gleichungen mit n Unbekannten vollständig analog waren. Deutlicher noch als bei den Integralgleichungen tritt auf diesem Gebiet hervor, daß es eine Konvergenzbedingung, also eine Angelegenheit der Analysis ist, die den Einern in der Diagonale ihre Bedeutung verleiht.

3. Die Entwicklung nach Iterierten (Neumannsche Methode). Der Erfolg, den die in Nr. 2 genannten Autoren gerade mit der Integralgleichung *zweiter* Art hatten, beruhte auf einer Methode, deren algebraisches Analogon merkwürdigerweise in der Theorie der linearen Gleichungen nicht zu seinem Recht gekommen war, wohl infolge der

---

11) Über die Anfänge der Entwicklung der Lehre von den unendlichvielen linearen Gleichungen, deren Darstellung aus dem Rahmen der an dieser Stelle zu gebenden Genesis der Integralgleichungstheorie herausfallen würde, vergleiche man die Vorbemerkung zu II C und die daran anschließende Nr. 17.

12) *G. W. Hill*, On the part of the motion of the lunar perigee which is a function of the mean motions of the sun and moon, Cambridge (Mass.) 1877, abgedruckt in Acta math. 8 (1886), p. 1—36.

13) *H. Poincaré*, S. M. F. Bull. 14 (1886), p. 77—90.

14) *H. v. Koch*, Öfvers. Vetensk. Ak. Förh. Stockholm 47 (1890), p. 109—129, 411—431; Acta math. 16 (1892), p. 217—295; für die weiteren Arbeiten über diesen Gegenstand sei hier nur auf das Referat von *H. v. Koch* (s. Literatur C 5) verwiesen; vgl. im übrigen Nr. 17.

Abneigung vieler Algebraiker gegen die Anwendung unendlicher Prozesse im Bereiche der Arithmetik. Diese Methode war nichts anderes als eine Anwendung der allgemeinen Idee der *sukzessiven Approximation*, wie sie bei beliebigen, auch nichtlinearen Systemen gewöhnlicher Differentialgleichungen geübt wird[15]), auf die Gleichung (J), bei der sie sich besonders übersichtlich gestaltet. Man findet in der Literatur zwei verschiedene Arten, sie darzustellen; bei der Wichtigkeit der Methode für die gesamte Theorie der Integralgleichungen wird es zweckmäßig sein, beide Darstellungsformen hier aufzuführen.

Die *eine* Darstellung bildet aus der gegebenen Funktion $f(s)$ sukzessive die Funktionen

$$(4) \quad \begin{cases} \varphi_0(s) = f(s), \quad \varphi_1(s) = f(s) - \int_a^b K(s,t)\,\varphi_0(t)\,dt, \ldots \\ \varphi_n(s) = f(s) - \int_a^b K(s,t)\,\varphi_{n-1}(t)\,dt \qquad\qquad (n = 1, 2, \ldots); \end{cases}$$

aus ihr ist unmittelbar ersichtlich, daß, falls die Funktionen $\varphi_n(s)$ gleichmäßig gegen eine Funktion $\varphi(s)$ konvergieren, diese der Integralgleichung (J) genügt.

Die *andere* Darstellung bildet, indem sie ebenfalls von der gegebenen Funktion $f(s)$ ausgeht, durch „*Iteration*" einer Integraloperation die Funktionen:

$$(5\,\mathrm{a}) \quad \begin{cases} f_1(s) = -\int_a^b K(s,t)\,f(t)\,dt, \quad f_2(s) = -\int_a^b K(s,t)\,f_1(t)\,dt, \ldots \\ f_n(s) = -\int_a^b K(s,t)\,f_{n-1}(t)\,dt \qquad\qquad (n = 1, 2, \ldots), \end{cases}$$

und aus diesen sodann die unendliche Reihe

$$(5\,\mathrm{b}) \qquad\qquad \varphi(s) = f(s) + f_1(s) + f_2(s) + \cdots$$

(*Entwicklung nach Iterierten*). Daß diese, wofern sie gleichmäßig konvergiert, die Integralgleichung (J) befriedigt, ergibt sich daraus, daß $\varphi_n(s)$ ihre n^{te} Partialsumme ist.[16])

Liouville war wohl der erste, der diese Methode — bei der in Nr. 2 erwähnten Gelegenheit[7]) — auf eine Integralgleichung 2. Art angewendet hat. Die spezielle Natur seines Kernes erlaubte es ihm,

---

15) *A. Cauchy*, Paris C. R. 11 (1840), p. 730 = Oeuvres (1) 5, p. 391 ff.; vgl. im übrigen hierzu Encykl. II A 4 a (*Painlevé*), Nr. 9 und die Ergänzungen in der französ. Ausg. II 15, Nr. 9 (*Painlevé*).

16) Die Rechnung, die dies verifiziert, ist die gleiche wie beim Beweise des Satzes von der *geometrischen Reihe*, nur daß statt Potenzen einer Zahl Iterationen einer Integraloperation auftreten. *Diese Analogie läßt den einfachen Sinn der Methode am besten hervortreten;* genaueres s. in Nr. 24 a.

die gleichmäßige Konvergenz von (5b) durch explizite Rechnung zu erweisen.

Der in Nr. 2 erwähnte formale Ansatz von *A. Beer*[8]) ist ebenfalls nichts anderes als die Anwendung des Prozesses (4) auf die Funktionalgleichung, in die *Beer* sein potentialtheoretisches Problem umgeformt hatte. Es wird danach klar, daß *Beers* Versuch erst dadurch die richtige Wendung erhielt, daß er es verstand, das Problem statt auf eine Integralgleichung *erster* Art, die für eine Anwendung der Entwicklung nach Iterierten keine Handhabe bieten würde, auf eine Integralgleichung *zweiter* Art zurückzuführen. Die *Konvergenz* dieses Verfahrens hat *Beer* allerdings völlig unerörtert gelassen. Es ist das Verdienst von *C. Neumann*[9]), diese Lücke ausgefüllt und auf der Grundlage des *Beer*schen Ansatzes, wenigstens für den Fall konvexer Bereiche, eine wirkliche Theorie errichtet zu haben. Die Schwierigkeit war dabei, daß das *Beer*sche Verfahren in Wahrheit nicht ohne weiteres konvergiert und daß *C. Neumann* erst eine Änderung des formalen Apparates entdecken mußte, die die Durchführung des Konvergenzbeweises ermöglicht. Die Untersuchungen von *H. Poincaré*[28]) (vgl. Nr. **5**, p. 1354) haben hernach gezeigt, daß sich in der Notwendigkeit dieser Abänderung ein für die allgemeine Theorie der Integralgleichungen wichtiger Umstand dokumentiert hatte.

Eine andere, umfangreichere Klasse von Integralgleichungen 2. Art, bei denen (5b) stets gleichmäßig konvergiert, die s o g.[17]) V o l t e r r a - s c h e n I n t e g r a l g l e i c h u n g e n 2. A r t, entdeckten erst *J. Le Roux*[18]) und *V. Volterra*[19]), der letztere unter ausdrücklicher Berufung auf die Analogie mit denjenigen linearen Gleichungssystemen, bei denen die s^{te} Gleichung nur die s ersten Unbekannten enthält:

$$K_{st} = 0, \text{ wenn } t > s,$$

bei denen also eine rekursive Auflösung stets möglich ist.[5]) Das Analogon dieser Gleichungssysteme sind diejenigen Integralgleichungen, bei denen
$$K(s, t) = 0, \text{ wenn } t > s,$$

d. h. deren Kern oberhalb der Diagonale des Definitionsquadrats verschwindet; man pflegt sie unter Fortlassung des Teiles des Integra-

---

17) Der Name geht auf *É. Picard* zurück; vgl. die thèse von *T. Lalesco*, Sur l'équation de Volterra, Paris 1908, 78 S., p. 2 = J. de math. (6) 4, p 125—202.

18) *J. Le Roux*, Sur les intégrales des équations linéaires aux dérivées partielles du second ordre à deux variables indépendantes, thèse, Paris 1894 = Ann. Éc. Norm. (3) 12 (1895), p. 227—316, insbes. p 243 ff.

19) *V. Volterra*, Sulla inversione degli integrali definiti, Rom Acc. Linc. Rend. (5) 5_1 (1896), p. 177—185, 289—300 und Ann. di mat. (2) 25 (1897), p. 139—178.

tionsintervalls, in dem K verschwindet, in der Form

$$(V) \qquad \varphi(s) + \int_a^s K(s,t)\,\varphi(t)\,dt = f(s),$$

also mit *veränderlicher* oberer Grenze, zu schreiben. Bei diesen Integralgleichungen gelingt der Beweis der gleichmäßigen Konvergenz der Reihe (5 b) durch eine sehr einfache Abschätzung von $|f_n(s)|$ ohne irgendwelche weitere beschränkende Annahme (vgl. Nr. **23 a**).

4. Der lösende Kern (Resolvente). An die *Fourier*sche Feststellung[20]), daß die beiden Formeln

$$(6) \quad \int_0^{+\infty} 2\cos 2\pi st\,\varphi(t)\,dt = f(s), \quad \int_0^{+\infty} 2\cos 2\pi st\,f(t)\,dt = \varphi(s) \quad (0 \leqq s < \infty)$$

einander gegenseitig bedingen, an die Bemerkung *Abels*[21]), daß

$$(7) \quad \int_0^s \frac{\varphi(t)\,dt}{\sqrt{s-t}} = f(s), \quad f(0) = 0, \quad \text{durch} \quad \frac{1}{\pi}\int_0^s \frac{f'(t)\,dt}{\sqrt{s-t}} = \varphi(s)$$

gelöst wird, haben sich zahlreiche Umkehrungsformeln[22]) für bestimmte Integrale geknüpft. Es ist das Gemeinsame aller dieser Umkehrungsformeln, daß für eine Integralgleichung 1. Art eine Lösungsformel gegeben wird, die selbst wieder die Gestalt einer Integralgleichung 1. Art hat. *Volterra* führte diese Umkehrungsaufgaben, soweit in ihnen eine *veränderliche* obere Grenze auftritt (Volterrasche Integralgleichungen 1. Art) durch Differentiation nach der oberen Grenze auf Volterrasche Integralgleichungen 2. Art zurück und konnte alsdann für diese ganz allgemein statuieren, daß sie stets, und zwar durch eine Formel vom Typus der Volterraschen Integralgleichung 2. Art, gelöst werden können.[23])

---

20) *J. J. Fourier*, Preisschrift von 1811, Paris, Mém. de l'ac. R. des sc. de l'Institut de Fr. 4 (1819/20), p. 485 ff.; vgl. im übrigen Encykl. II A 12 (*H. Burkhardt*), Nr. **52** ff.

21) *N. H. Abel*, Solution de quelques problèmes à l'aide d'integrales définies, Werke (Christiania 1881) 1, p. 11—27 = Magazin for Naturv. 1 (1823); Résolution d'un problème de mécanique, Werke 1, p. 97—101 = J. f. Math. 1 (1826), p. 153—157. — *S. D. Poisson*, Second mémoire sur la distribution de la chaleur dans les corps solides, J. Éc. Polyt. 12 (1823), cah. 19, p. 249—403 hatte vordem schon (p. 299) eine *Abel*sche Integralgleichung aufgestellt, ohne ihre Lösung zu geben.

22) Wegen der Geschichte dieses Gegenstandes vgl. Encykl. II A 11 (*Pincherle*), Nr. **30**, sowie die eingehende Darstellung bei *Volterra*[19]).

23) *V. Volterra*[5]) [19]) (vgl. Nr. **23 a**). Als erster hat wohl *J. Caqué*, J. de math. (2) 9 (1864), p. 185—222 den *Begriff* des lösenden Kernes bei denjenigen besonderen Volterraschen Integralgleichungen 2. Art herausgearbeitet, die aus den

Dieses Phänomen ergibt sich für *Volterra* unmittelbar aus der Methode der Entwicklung nach Iterierten. Er braucht bloß aus den rekursiven Formeln (5a) tatsächlich $f_n(s)$ durch $f(s)$ auszudrücken, die Ergebnisse in (5b) einzusetzen:

$$\varphi(s) = f(s) - \int_a^b K(s,t)\,f(t)\,dt + \int\int_{a\ a}^{b\ b} K(s,r)\,K(r,t)\,f(t)\,dr\,dt \mp \cdots$$

und

$$(8\,\mathrm{a}) \quad \begin{cases} \mathsf{K}(s,t) = -\,K(s,t) + \int_a^b K(s,r)\,K(r,t)\,dr \\ \qquad\quad - \int\int_{a\ a}^{b\ b} K(s,r_1)\,K(r_1,r_2)\,K(r_2,t)\,dr_1\,dr_2 \pm \cdots \end{cases}$$

zu setzen, um die Lösung (5b) in der Form

$$(8) \qquad \varphi(s) = f(s) + \int_a^b \mathsf{K}(s,t)\,f(t)\,dt,$$

also selbst wieder in der Form einer Integralgleichung 2. Art zu erhalten. — $\mathsf{K}(s,t)$ nennt man den *lösenden Kern* („Resolvente", „reziproke Funktion" u. dgl.)[24].

5. Die Fredholmsche Entdeckung. Allmählich reifen, wie die vorangehenden Nummern bereits erkennen lassen, im Laufe des 19. Jahrhunderts die Methoden und die Formung des Problems der Integralgleichungslehre heran. Vor ihrer definitiven Konzeption aber erhielt die Theorie noch einen ganz anderen Impuls, und zwar durch *H. Poincaré*. Für ihn handelt es sich noch lediglich um die Randwertaufgaben der Potentialtheorie; ihre Formulierung als eine Gleichung vom Typus (J) und die in Nr. 3 gegebene Methodik übernimmt er von *C. Neumann*. Er bringt jedoch in ihre Behandlung noch wesentlich neue methodische Elemente hinein, die er kurz zuvor bei der Behandlung der schwingenden Membran erprobt hatte.

Auf diesen Ideenkreis der schwingenden Membran, der hernach für *Hilbert* entscheidend geworden ist, muß schon hier mit einigen Worten eingegangen werden, wenigstens soweit er für *Fredholm* maßgebend wurde. Die Gestalten einer in eine ebene Kontur C einge-

---

linearen homogenen Differentialgleichungen hervorgehen; Anlaß dazu gab hier die Aufgabe, die in Nr. 3 erwähnte *Liouville*sche Behandlung[7]) der linearen homogenen Differentialgleichung 2. Ordnung durch Entwicklung nach Iterierten auf beliebige Ordnung zu übertragen; vgl. auch *U. Dini*, Ann. di mat. (3) 2 (1899), p. 297—324; 3 (1899), p. 125—183; 11 (1905), p. 285—335. Auch *E. Beltrami*, Lomb. Ist. Rend. (2) 13 (1880), p. 327—337; Bologna Mem. (4) 8 (1887), p. 291—326 operiert in besonderen Fällen bereits mit dem lösenden Kern.

24) Eine Benennung tritt zuerst bei *Hilbert*, Grundzüge, p. 12 auf.

spannten Membran während einer Eigenschwingung oder, wie es im folgenden immer kurz heißen soll, die Eigenschwingungen der Membran, sind geometrisch gegeben durch diejenigen Funktionen, die für irgendwelchen Wert des konstanten Parameters λ der *homogenen* Differentialgleichung

$$(9) \qquad \Delta u + \lambda u \equiv \frac{\partial^2 u}{\partial x^2} + \frac{\partial^2 u}{\partial y^2} + \lambda u(x, y) = 0$$

genügen und längs C den Wert 0 haben, ohne identisch zu verschwinden. Nicht für jeden Wert von λ sind solche Lösungen vorhanden; vielmehr geben diejenigen diskreten Werte von λ, für die es der Fall ist, die Frequenzen von Grundton und Obertönen der Membran, sie sind, wie man kurz zu sagen pflegt, die „*Eigenwerte*" des Problems. *H. A. Schwarz*[25]) hatte die Existenz des Grundtons (d. h. des kleinsten Eigenwerts) bewiesen, durch eine Methode, die — ohne daß es ausgesprochen wird — nach dem in Nr. **1** skizzierten algebraischen Muster des Hauptachsentheorems arbeitet und später in dem Existenzbeweis von *E. Schmidt* für die Eigenwerte einer beliebigen Gleichung vom Typus (i_h) ihren allgemeinen Ausdruck gefunden hat (vgl. Nr. **33** a). An diese Arbeit von *Schwarz* knüpft *Poincaré* an, nachdem *É. Picard*[26]) den Existenzbeweis des ersten Obertones hinzugefügt hatte, und beweist die Existenz unendlich vieler Eigenwerte.[27]) Das wesentliche an *Poincarés* Arbeit aber sind die Betrachtungen, in deren Rahmen er diesen Existenzbeweis führt. Er betrachtet die längs der Kontur C verschwindende Lösung der *unhomogenen* Differentialgleichung

$$(9\,a) \qquad \Delta u + \lambda u = f(x, y),$$

die physikalisch gesprochen die erzwungene Schwingung darstellt: und zwar betrachtet er diese Lösung bei gegebenem $f(x, y)$ in ihrer Abhängigkeit von λ, für das er nun auch komplexe Werte in Betracht zieht; es gelingt ihm, eine in bezug auf λ meromorphe Funktion $u(x, y; \lambda)$ anzugeben, die für alle Werte von λ, die nicht gerade Pole sind, eine Lösung ist, übrigens die einzige. Er betrachtet ihre Mittag-Lefflersche Partialbruchzerlegung und erkennt in ihren Polen Eigenwerte, in den zugehörigen Residuen Eigenfunktionen des Problems;

---

25) *H. A. Schwarz*, Über ein die Flächen kleinsten Flächeninhalts betreffendes Problem der Variationsrechnung, Acta soc. sc. fennicae 15 (1885), p. 315—362 = Festschr. zum 70. Geburtstag von Weierstraß = Ges. Abh. 1, p. 241 ff. — Vgl. hierzu und zum folgenden Encykl. II A 7 c (*Sommerfeld*), Nr. **10** und II C 11 (*Hilb-Szász*), Nr. **12**.

26) *É. Picard*, Paris C. R. 117 (1895), p. 502—507.

27) *H. Poincaré*, Sur les équations de la physique mathématique, Palermo Rend. 8 (1894), p. 57—156.

und zwar beweist er, daß man, wenn auch nicht bei jedem willkürlich vorgegebenen $f(x, y)$, so doch bei passend gewähltem $f(x, y)$ dabei stets *sämtliche* Eigenwerte und Eigenfunktionen erhält. Für alle Werte λ, die nicht Eigenwerte sind, ist also das unhomogene Randwertproblem (9a) stets und nur auf *eine* Art lösbar, und zwar für *jedes* $f(x, y)$ rechterhand; andererseits ist für diejenigen Werte λ, die Eigenwerte sind, definitionsgemäß das homogene Randwertproblem (9) lösbar. Die Analogie mit dem in Nr. **1**b angedeuteten Hauptachsentheorem der analytischen Geometrie wird nun leicht deutlich: Die Eigenwerte entsprechen den n Werten von λ, für die das homogene System (a_h) eine Lösung besitzt, also den n Wurzeln der Säkulargleichung (1) (Halbachsenquadrate); den Lösungen selbst entsprechen die Eigenfunktionen. Das unhomogene Randwertproblem (9a) entspricht dem unhomogenen Gleichungssystem

$$(a) \qquad \varphi_s - \lambda \sum_{t=1}^{n} k_{st}\,\varphi_t = f_s \qquad (s = 1, \ldots, n).$$

Nun lehrt die Determinantentheorie, daß das System (a) bei beliebigen rechten Seiten $f_1, \ldots, f_n$ stets eine und nur eine Lösung hat, falls λ keine jener n Wurzeln der Gleichung (1) ist; und zwar erscheint die Lösung dann als Quotient zweier Determinanten, die Polynome $(n-1)^{\text{ten}}$ bzw. n^{ten} Grades von λ sind, also als gebrochen rationale Funktion von λ, und zwar mit den ausgezeichneten λ-Werten als Polen und den Lösungen der homogenen Gleichungen als Residuen. Der Komplex der von Poincaré entdeckten Tatsachen erweist sich also als das unmittelbare Analogon der geläufigen Eigenschaften der beim Hauptachsenproblem auftretenden linearen Gleichungssysteme und ihrer Determinanten.

Von dieser Basis aus trat *Poincaré* an die „méthode de *Neumann*" heran. Er begann damit, auch hier den Parameter λ einzuführen, der sich in diesem Falle durch die physikalische Natur der Sache nicht dargeboten hatte. Er betrachtete also, wofern man den von *C. Neumann* benutzten Kern mit $B(s, t)$ bezeichnet, die Gleichung vom Typus (J):

$$(10) \qquad \varphi(s) - \lambda \int_a^b B(s, t)\,\varphi(t)\, dt = f(s),$$

die für $\lambda = -1$ in die *Neumann*sche Gleichung übergeht. Für $\lambda = +1$ ergab sie die ebenfalls von *Neumann* betrachtete Gleichung für die Randwertaufgabe des Außengebiets, und beide Aufgaben waren also vermöge des Parameters λ in der einen Formel (10) zusammengefaßt. Zugleich ergab sich die Entwicklung nach Iterierten (5) nach Einführung des Parameters λ mit einer Natürlichkeit, der kein Kunstgriff mehr anhaftete. Setzt man nämlich die Lösung von (10), die naturgemäß von λ abhängen muß, als Potenzreihe nach Potenzen von λ an,

$$(11) \qquad \varphi(s) = f_0(s) + \lambda f_1(s) + \lambda^2 f_2(s) + \cdots,$$

so ergibt die Einführung dieses Ansatzes in (10) und die Vergleichung der einzelnen Potenzen von λ auf beiden Seiten

$$(11a) \quad f_0(s) = f(s), \quad f_1(s) = \int_a^b B(s,t)f_0(t)\,dt, \quad f_2'(s) = \int_a^b B(s,t)f_1(t)\,dt, \ldots,$$

also genau die Entwicklung (5) von Nr. **3**. Deren Konvergenz war hier für $|\lambda| < 1$ leicht zu gewinnen; aber auf $\lambda = \pm 1$ kam es gerade an.

Und nun übertrug *Poincaré*[28]) jene Untersuchungen über die schwingende Membran auf dieses Problem, dessen Kern $B(s, t)$ keine symmetrische Funktion mehr war. So wichtig war ihm die Erkenntnis des Sachverhalts, daß er sogar die *Existenz* der Lösung der Randwertaufgabe (auf Grund anderer Methoden, etwa des alternierenden Verfahrens von *Schwarz* oder seiner eigenen méthode de balayage) bereits als feststehend annahm, ja sogar schließlich zu heuristischen Methoden überging, um die Konvergenz der *Neumann*schen Methode des arithmetischen Mittels *ohne* Voraussetzung der Konvexität der Randkurve zu sichern und darüber hinaus den weiteren Tatbestand klarzulegen: den meromorphen Charakter der Lösung und das Analogon aller der weiteren bei der schwingenden Membran erörterten Dinge. Insbesondere stellte sich dabei heraus, daß die Lösung bei $+1$ ihren absolut kleinsten Pol hat; damit fand es seine Aufklärung, weshalb die ursprüngliche *Beer*sche Entwicklung (5) nicht stets konvergiert und erst der Modifikation von *C. Neumann* bedurfte, von der in Nr. **3**, p. 1349, die Rede war.

Diese Untersuchungen *Poincarés* sind es, von denen *J. Fredholm*[29]) seinen Ausgang genommen hat. Das einzige Resultat, das *Fredholm* außerdem in diesem Bereich vorfand, war die Theorie der

28) *H. Poincaré*, Sur la méthode de Neumann et le problème de Dirichlet, Paris C. R. 120 (1895), p. 347—352; Acta math. 20 (1896), p. 59—142; vgl. auch Théorie du potentiel Newtonien, Paris 1899, p. 260 ff.

29) *J. Fredholm*, Sur une nouvelle méthode pour la résolution du problème de Dirichlet, Öfvers. af Kongl. Vetensk. Ak. Förh. Stockholm 57, Nr. 1 (10. Jan. 1900), p. 39—46; Sur une classe de transformations fonctionelles, Paris C. R. 134 (27. Jan. 1902), p. 219—222, présentée par M. *H. Poincaré*; Sur une classe d'équations fonctionelles, ebenda (30. Juni 1902), p. 1561—1564; Sur une classe d'équations fonctionelles, Acta math. 27 (1903), p. 365—390.

*Volterra*schen Integralgleichung (vgl. Nr. 3) Fügt man auch in diese Theorie den Parameter λ ein, so besagt sie, daß hier die Lösung eine beständig konvergente Potenzreihe, also nicht nur eine meromorphe, sondern sogar eine ganze transzendente Funktion von λ ist. Paßte sie also auf der einen Seite aufs beste mit dem *Poincaré*schen Tatsachenkomplex zusammen, so hatte sie auf der anderen Seite vor ihm den Vorzug, nicht mehr an den Besonderheiten eines so speziellen Problems zu haften, wie es die potentialtheoretische Randwertaufgabe war; denn so bewußt *Poincaré* die Analogie mit den allgemeinen algebraischen Tatsachen gewesen war, so stark waren doch seine Erörterungen auf die spezielle Ausdrucksweise der Potentialtheorie eingestellt Insbesondere ließ die Volterrasche Theorie ein Moment der Analogie mit der Auflösung der linearen Gleichungssysteme besser hervortreten. Das in Nr. 4 geschilderte Phänomen des lösenden Kernes, d. h. die Idee, eine lineare Integralgleichung durch eine Formel aufzulösen, die selbst wieder die Gestalt einer linearen Integralgleichung hat, hatte sich naturgemäß bei den Volterraschen Untersuchungen dargeboten, da hier explizite *Integral*gleichungen und nicht, wie bei Neumann und Poincaré, *Differential*gleichungen zu behandeln waren. In Wahrheit ist dieses Phänomen das Analogon einer für *jedes* System von n unhomogenen linearen Gleichungen mit n Unbekannten geltenden Tatsache, daß nämlich die bekannte Determinantenformel für die Auflösung eines solchen Systems die Unbekannten selbst wieder als lineare homogene Verbindungen der gegebenen rechten Seite $f_1, \ldots, f_n$ darstellt.

Aus diesem Komplex von Einzeltatsachen hat *Fredholm* die Konzeption der allgemeinen Gleichung (J) und die Idee ihrer Behandlung nach dem Muster der Determinantentheorie entnommen[30]); an diesem Komplex von Einzeltatsachen orientiert, gewinnt er die Lösung von (J) oder vielmehr von der Gleichung

$$(i) \qquad \varphi(s) - \lambda \int_a^b k(s, t)\, \varphi(t)\, dt = f(s),$$

die aus (J) durch Einfügung des Parameters λ hervorgeht, als Quotienten zweier ganzen transzendenten Funktionen von λ. Indem er nicht nur die Tatsachen, sondern auch die Methoden der Determinantentheorie formal nachbildet, gelangt er ganz im Rahmen dieser elementaren Operationsmittel und ohne Benutzung der bei *Poincaré* entscheidenden funktionentheoretischen Schlußweise zu einer *einfachen* Theorie von *allgemeinem* Charakter.

---

30) Man vergleiche *Fredholms* eigene Darstellung Literatur C 6, p. 95.

Als Muster steht ihm bei der Durchführung dieses Programms die *v. Kochsche Theorie der unendlichen Determinanten*[14]) vor Augen. *H. v. Koch* war in diesen Untersuchungen vielfach von der Formel ausgegangen:

$$(12)\quad \begin{vmatrix} 1 + K_{11} \cdots & K_{1n} \\ \cdot \;\;\cdots & \cdot \\ \cdot \;\;\cdots & \cdot \\ K_{n1} \cdots 1 + K_{nn} \end{vmatrix} = 1 + \sum_{s=1}^{n} K_{ss} + \frac{1}{2!} \sum_{s_1=1}^{n} \sum_{s_2=1}^{n} \begin{vmatrix} K_{s_1 s_1} & K_{s_1 s_2} \\ K_{s_2 s_1} & K_{s_2 s_2} \end{vmatrix} + \cdots$$

Aus dieser kann man, indem man n wachsen läßt, die Konvergenzverhältnisse der unendlichen Determinante besonders gut erschließen. *Fredholm* hatte nun den Gedanken, dieselbe Formel (12) zum Ausgangspunkt eines ganz andersartigen Grenzüberganges zu machen, als *H. v. Koch*. Indem er sie nämlich auf das System (A) von Nr. **1** anwendete und den dort angedeuteten Grenzübergang vollzog, erhielt er die Bildung

$$(13)\quad \Delta = 1 + \int_a^b K(s, s)\, ds + \frac{1}{2!} \int_a^b \int_a^b \begin{vmatrix} K(s_1, s_1) & K(s_1, s_2) \\ K(s_2, s_1) & K(s_2, s_2) \end{vmatrix} ds_1\, ds_2 + \cdots$$

als das Analogon der Determinante aus der Algebra und entsprechende Analoga der ersten und höheren Unterdeterminanten.[29])

Für den Beweis der Konvergenz von (13) reichte der Apparat der Konvergenzbetrachtungen der *Poincaré-Koch*schen Determinantentheorie nicht aus. Es war daher wesentlich, daß *Fredholm* in dem sog. *Hadamardschen Determinantensatz* dasjenige Hilfsmittel vorbereitet fand, das hier angemessen war. Derselbe besagt, daß für das Quadrat des absoluten Betrages einer Determinanten A mit den Elementen a_{pq} die Ungleichung

$$(14)\quad |A|^2 \leqq (|a_{11}|^2 + \cdots + |a_{1n}|^2) \cdots (|a_{n1}|^2 + \cdots + |a_{nn}|^2)$$

gilt, oder, geometrisch zu reden, daß unter allen (n-dimensionalen) Parallelepipeden von gegebenen Kantenlängen das rechtwinklige das größte Volumen hat.[31]) Die absolute Konvergenz von (13) und allen

---

31) *J. Hadamard*, Sur le module maximum que puisse atteindre un déterminant, Paris C. R. **116** (1893), p. 1500—1501; Résolution d'une question relative aux déterminants, Darb. Bull (2) **17** (1893), p. 240—246. Zur Geschichte des Hadamardschen Determinantensatzes sei das folgende zusammengestellt. Schon 1867 streift *J. J. Sylvester* die Angelegenheit, indem er Phil. Mag. (4) **34**, p. 461—475 sich mit den „invers-orthogonalen" Matrizen beschäftigt, bei denen die Unterdeterminanten $A_{\alpha\beta}$ nicht, wie bei den orthogonalen, $= \varrho\, a_{\alpha\beta}$, sondern $= \dfrac{\varrho}{a_{\alpha\beta}}$ sind; er gelangt dabei zur Aufstellung solcher aus Einheitswurzeln gebildeten Matrizen, bei denen das Gleichheitszeichen des *Hadamard*schen Satzes erreicht ist, ohne daß er diesen kennt. Die Fragestellung *Hadamards* ist *Lord*

höheren Bildungen ergibt sich daraus unmittelbar durch Anwendung des *Cauchy*schen Konvergenzkriteriums. Der Ausbau der ganzen Theorie

Kelvin 1885 bekannt (nach Angabe von *Hadamard* in Literatur A 5, p. 50, Anm. 2; danach hat *Th. Muir* 1886 *Lord Kelvin* einen Beweis brieflich mitgeteilt); vgl. dazu auch *E. J. Nanson*, Mess. 31 (1901). Für *H. Minkowski* war der Satz im Zusammenhange seiner zahlentheoretischen Behandlung der definiten quadratischen Formen unmittelbar gegeben, und er hat ihn in seiner „Geometrie der Zahlen" (Leipzig 1896), p. 183, explizite als eine Folgerung aus der *Jacobi*schen Transformation der quadratischen Formen aufgeführt.

Eine Analyse des *Hadamard*schen Beweises nimmt *E. Fischer*, Archiv (3) 13 (1908), p. 32—40 vor, und schält als seinen Kern den einfach zu beweisenden Satz heraus, daß die adjungierte Form von einer definiten quadratischen Form selbst wieder definit ist. *W. Wirtinger*, Darb. Bull (2) 31 (1907). p. 175—179 = Monatsh. 18 (1907), p. 158—160, gibt einen Beweis mit Hilfe der Theorie der Maxima mit Nebenbedingungen, indem er das Maximum des Volumens bei festen Kantenlängen bestimmt; vgl. auch *Heywood-Fréchet*, Literatur A 5, p. 50 ff. Man kann denselben geometrischen Gedanken durch Schluß von $n-1$ auf n durchführen, ohne die Theorie der Maxima mit Nebenbedingungen heranzuziehen; dies tun *L. Tonelli*, Batt. G. 47 [(2) 16]. p. 212—218; *G. Kowalewski*, Die klassischen Probleme der Analysis des Unendlichen, Leipzig (Teubner) 1910, VIII u. 384 S., p. 378 f.; *W. Blaschke*, Arch. Math. Phys. (3) 20 (1913), p. 277—279 und *R. Courant*, Literatur A 11, p. 24. *O. Szász*, Math. és phys. lapok 19 (1910), p. 221—227 (ungar.) und Math.-naturw. Ber. aus Ung. 27 (1913), p. 172—180, und unabhängig davon *T. Boggio*, Darb. Bull. (2) 35 (1911), p. 113—116, halten nicht die Kanten fest, sondern wenden den Orthogonalisierungsprozeß so auf die n Kanten an, daß das Volumen bei den einzelnen Schritten des Prozesses stets das gleiche bleibt; geometrisch zu reden, ersetzen sie die Kanten der Reihe nach durch die zugehörigen Höhen, die kleiner sind; algebraisch zu reden, ist der Orthogonalisierungsprozeß übrigens nichts anderes als die *Jacobi*sche Transformation. Ähnlich verfährt *A. Kneser*, Literatur A 4, § 55 bzw. § 61 der 2. Auflage. *J. Schur*, Math. Ann. 66 (1909), p. 496 f. erhält den *Hadamard*schen Satz als Corollar zu seinen Sätzen über die Eigenwerte $\lambda_1, \ldots, \lambda_n$ der Matrix (a_{pq}) und verallgemeinert ihn dahin, daß jede elementarsymmetrische Funktion der Größen $|\lambda_1|^2, \ldots, |\lambda_n|^2 \leq$ der entsprechenden der n Klammergrößen ist, die in (14) rechterhand auftreten und die Quadrate der Kantenlängen bedeuten; der *Hadamard*sche Satz ergibt sich speziell für die letzte elementarsymmetrische Funktion, insofern $\lambda_1 \ldots \lambda_n = |A|$ ist, also $|A|^2 = |\lambda_1|^2 \ldots |\lambda_n|^2$; weiteres *J. Schur* [163]), p. 17 f. Eine andere, von *E. J. Nanson* [the educational times 55 (1902), p. 517, question 15 244] behauptete Verallgemeinerung beweist *O. Szász*, Monatsh. Math. Phys. 28 (1917), p. 253—257. Vgl. außerdem *T. Hayashi*, Tokyo Math. Ges. (2) 5 (1909), p. 104—109 und Batt. G. 48 [(3) 1] (1910), p. 253—258; *L. Amoroso*, Batt. G. 48 [(3) 1] (1910), p. 305—315; *Th. Muir*, South Africa R. Soc. Trans. 1 (1910), p. 323—334; *T. Kubota*, Tôhoku J. 2 (1912), p. 37—38. — Eine Reihe von Arbeiten beschäftigt sich mit der Frage, für welche n es Determinanten aus *reellen* Elementen gibt, bei denen die *Hadamard*sche Ungleichung in der Formulierung von Nr. 9, p. 1371, zur Gleichung wird: *E. W. Davis*, J. Hopkins Circ. 1882, p. 22—23 = Amer. Math. Soc. Bull. (2) 14 (1907), p. 17—18; *U. Scarpis*, Lomb. Ist. Rend. 31 (1898), p. 1441—1446 für $n = 2^\lambda q(q-1)$, wo $q-1$ Primzahl; *E. Pascal*, Die Determinanten, Leipzig 1900, § 53, p. 180—184; *F. R. Sharpe*, Amer. Math. Soc. Bull. (2) 14 (1907), p. 121—123 für $n = 12, 20$.

vollzog sich nun nach dem Muster der elementaren Determinantentheorie und lieferte in der Tat den dem Algebraischen entsprechenden Sätzekomplex in seinem vollen Umfang.

Führt man nachträglich den Parameter λ hier ein, indem man $-\lambda k(s,t)$ für $K(s,t)$ einsetzt, so wird (13) eine Potenzreihe, die nach Potenzen von λ fortschreitet und deren beständige Konvergenz unmittelbar gegeben ist, also eine ganze transzendente Funktion $\delta(\lambda)$. Damit waren insbesondere auch die *Poincaré*schen Tatsachen und Vermutungen allgemein dargetan.

6. Hilberts Eigenwerttheorie. Aus dem großen Bezirk der Analysis, in dem die linearen gewöhnlichen und partiellen Differentialgleichungen der mathematischen Physik in einer bunten Mannigfaltigkeit von Einzelproblemen mit einer Fülle individueller Kunstgriffe behandelt werden, hatte *Fredholm* also einen bestimmten Aufgabentypus — den der Randwertaufgaben im strengen Sinne des Wortes — herausgegriffen und von diesem ausgehend eine Theorie gebildet, die nicht nur äußerlich dem Vorbilde der Algebra nachgeformt war, sondern auch innerlich die Merkmale einer organischen Problemstellung und einer systematisch-methodischen Behandlung in sich trug. Damit war aber nur ein Bruchteil dieses vielgestaltigen Bezirks erfaßt. Der Encyklopädieartikel von *A. Sommerfeld* (Encykl. II A 7 c) und *H. Burkhardt*s umfangreicher Bericht über die oszillierenden Funktionen[4]) zeigen deutlich die Situation von 1900: über den Schwingungsproblemen lagert in unbestimmter Gestalt die Idee der formalen Analogie mit dem Hauptachsenproblem der Algebra, ohne sich konkret als allgemeingültiges und beweisendes Prinzip fassen zu lassen und ohne vorläufig irgendeinen Anklang an eine Integralgleichung zu enthalten, während zu der gleichen Zeit im Bereich der Randwertaufgaben *C. Neumann, Volterra* u. a. Integralgleichungen vom Typus (J) längst hingeschrieben und mit ihnen operiert hatten.

Der *Typus dieser Schwingungsprobleme* wird am besten an der Hand eines Beispiels deutlich, etwa desjenigen der schwingenden Membran, von dem in Nr. 5 in dem dort erforderlichen Umfang die Rede war. Hier, wo es erwünscht ist, an der Hand eines solchen Beispiels den *vollen* Sachverhalt kennenzulernen, wird es bequemer sein, anstatt von der zweidimensionalen schwingenden Membran von ihrem eindimensionalen Analogon, der schwingenden Saite, zu sprechen, bei der sich alles expliziter übersehen läßt. Die Form einer an beiden Enden eingespannten Saite während irgendeiner (erzwungenen) Schwingung wird bestimmt durch eine Funktion $u(s)$, die für $a \leqq s \leqq b$ der *unhomogenen* Differentialgleichung

$$(15) \qquad \frac{d^2u}{ds^2} + \lambda u(s) = f(s)$$

genügt, sowie den beiden Randbedingungen

$$(15\,\mathrm{a}) \qquad u(a) = 0, \qquad u(b) = 0.$$

Insbesondere sind hier die (freien) Eigenschwingungen der Saite durch diejenigen Funktionen gegeben, die für irgendeinen Wert des konstanten Parameters λ der *homogenen* Differentialgleichung

$$(15\,\mathrm{b}) \qquad \frac{d^2u}{ds^2} + \lambda u(s) = 0$$

und zugleich (15a) genügen, ohne jedoch identisch zu verschwinden. Solche Lösungen gibt es auch hier nicht für jeden Wert von λ, sondern nur für eine Folge diskreter, reeller, ins Unendliche wachsender Werte λ_1, λ_2, ..., die „ausgezeichneten Parameterwerte" oder „Eigenwerte", die sich physikalisch durch die Frequenzen (Tonhöhen) der betreffenden Eigenschwingungen deuten; die zugehörigen Lösungen, die „Eigenfunktionen", mögen $\varphi_1(s)$, $\varphi_2(s)$, ... heißen.[32]) Der physikalischen Grundtatsache, daß man eine willkürliche Schwingung als Superposition von Eigenschwingungen auffassen kann, entspricht mathematisch die Aufgabe, eine beliebige, nur gewissen Rand- und Stetigkeitsbedingungen genügende Funktion $f(s)$ in eine Reihe der Form

$$(16) \qquad f(s) = \sum_{\alpha=1}^{\infty} c_\alpha \varphi_\alpha(s)$$

zu entwickeln (Fouriersche Reihe). Den Ausgangspunkt für die mathematische Behandlung dieser Aufgabe bildet die sog. „Orthogonalitätseigenschaft" der Eigenfunktionen

$$(17) \qquad \int_a^b \varphi_\alpha(s)\,\varphi_\beta(s)\,ds = e_{\alpha\beta}, \text{ d. h. } = \begin{cases} 1 & \text{für } \alpha = \beta, \\ 0 & \text{für } \alpha \neq \beta; \end{cases}$$

aus ihr ergibt sich in der bekannten Weise, daß

$$(18) \qquad c_\alpha = \int_a^b f(s)\,\varphi_\alpha(s)\,ds$$

anzusetzen ist. Die Schwierigkeiten, die der vollen mathematischen Durchführung dieses Ansatzes im Sinne strenger Konvergenzbetrachtungen entgegenstehen, sind bekannt; sie sind das Kennzeichen dieses ganzen Gebietes.

Die *Analogie dieser Tatsachen mit dem Hauptachsenproblem der Algebra* ist jetzt leicht zu schildern. Es ist diejenige Analogie, von der

---

32) Eine elementare Ausrechnung ergibt für den vorliegenden Fall, wenn $a = 0$, $b = 1$ genommen wird, $\lambda_n = n^2\pi^2$, $\varphi_n(s) = \sqrt{2}\sin n\pi s$.

in Nr. 1c kurz erwähnt wurde, daß *D. Bernoulli* sie schon gekannt habe. Sie ist übrigens nicht zu verwechseln mit der in Nr. 1b geschilderten Analogie zwischen dem Hauptachsenproblem der Algebra und der Eigenwerttheorie der Integralgleichungen; von solchen ist in dem hier zu schildernden Zusammenhang noch nicht die Rede. *D. Bernoulli*[2]) gelangte vom Schwingungsproblem zu einem System vom Typus (a) dadurch, daß er die schwingende Saite in ein System von n schwingenden Massenpunkten auflöste. Hierbei entsprechen zunächst in derselben Weise wie bei der schwingenden Membran die Eigenwerte den Halbachsenquadraten, d. h. den n Werten $\lambda_1, \ldots, \lambda_n$, für die die Determinante von (a) verschwindet, die Eigenfunktionen $\varphi_\alpha(s)$ den Richtungskosinus der n Hauptachsen $\varphi_{\alpha 1}, \ldots, \varphi_{\alpha n}\,(\alpha = 1, \ldots, n)$, die oben als Koeffizienten der Transformationsformel $(2\,a)$ auftraten. Darüber hinaus steht die Orthogonalitätsrelation (17) der Tatsache gegenüber, daß die Hauptachsen zu je zweien aufeinander orthogonal sind:

$$(\overline{17}) \qquad \sum_{s=1}^{n} \varphi_{\alpha s}\,\varphi_{\beta s} = e_{\alpha\beta} \qquad\qquad (\alpha, \beta = 1, \ldots, n).$$

Um endlich auch das Analogon des Entwicklungssatzes zu erkennen, muß man sich des Satzes aus der Lehre von den rechtwinkligen Koordinatentransformationen erinnern, daß die Gleichungen $(\overline{17})$ stets auch das Bestehen der anderen

$$(\overline{17}\,a) \qquad \sum_{\alpha=1}^{n} \varphi_{\alpha s}\,\varphi_{\alpha t} = e_{st} \qquad\qquad (s, t = 1, \ldots, n)$$

zur Folge haben; man muß sodann[33]) die Gleichungen $(\overline{17}\,a)$ für $t = 1, \ldots, n$ hingeschrieben denken, mit n willkürlichen Zahlen $f_1, \ldots, f_n$ multiplizieren und addieren:

$$\sum_{t=1}^{n}\Big(\sum_{\alpha=1}^{n} \varphi_{\alpha s}\,\varphi_{\alpha t}\Big) f_t = \sum_{t=1}^{n} e_{st} f_t = f_s$$

oder

$$(\overline{17}\,b) \qquad \sum_{\alpha=1}^{n} \varphi_{\alpha s}\Big(\sum_{t=1}^{n} \varphi_{\alpha t} f_t\Big) = f_s,$$

und man muß schließlich

$$(\overline{18}) \qquad c_\alpha = \sum_{t=1}^{n} \varphi_{\alpha t} f_t$$

---

33) Die Analogie wird an dieser Stelle ein wenig verdunkelt durch den Umstand, daß die Reihe $\sum_{\alpha=1}^{\infty} \varphi_\alpha(s)\,\varphi_\alpha(t)$ nicht ohne weiteres konvergiert, so daß das unmittelbare analytische Analogon zu $(\overline{17}\,a)$ fehlt. Die im Text vorgenommene Umformung umgeht die hierin liegende faktische Schwierigkeit, indem sie $(\overline{17}\,a)$ durch die algebraisch damit äquivalente Tatsache $(\overline{17}\,b)$ ersetzt, die ihrerseits eine Übertragung auf die Analysis unmittelbar gestattet.

setzen, um darin und in

$$\overline{(16)} \qquad f_s = \sum_{\alpha=1}^{n} c_\alpha \varphi_{\alpha s}$$

das Analogon von (18) und (16) zu finden.

Noch um 1900 besteht also die Lehre von den Schwingungen aus einem Bündel solcher Theorien wie der eben skizzierten, die alle den Tatbestand des Hauptachsentheorems, wie man es kurz nennen kann, mehr oder weniger vollkommen aufweisen. Das umfassendste Beispiel war die *Poincaré*sche Theorie der schwingenden Membran.[27]) In Nr. 5 war von ihr nur das herausgegriffen, was für die *Fredholm*sche Entdeckung wesentlich geworden ist; in Wahrheit hat *Poincaré* den vollen für die schwingende Saite hier geschilderten Sachverhalt für die schwingende Membran, für die er unvergleichlich schwerer zu erschließen ist, zur Geltung gebracht, allerdings gerade den Entwicklungssatz zum Teil nur auf der Grundlage heuristischer Überlegungen.[34])

Immerhin bewegten sich alle diese Überlegungen *Poincarés* ebenso wie in seiner Arbeit über die *Neumann*sche Methode[28]) im Rahmen des vorliegenden Einzelfalles. Nachdem aber *Fredholm* mit seiner Auflösungstheorie das Muster *einer* allgemeinen, nach algebraischem Vorbild gearbeiteten Theorie aufgestellt hatte, schuf *D. Hilbert*[35]) *eine neue,*

---

34) Aus der umfangreichen Geschichte der Entwicklungssätze sind hier nur diejenigen Momente herausgehoben worden, die für die Entstehung der Integralgleichungstheorie und ihren algebraischen Grundgedanken sich als maßgebend erwiesen haben. Die Entstehung der Integralgleichungstheorie vollzieht sich sowohl bei *Fredholm* in der Auflösungstheorie wie auch hier bei *Hilbert* in der Eigenwerttheorie unter bewußter Abstreifung der funktionentheoretischen Methodik, die in *Poincarés* Untersuchungen eigentlich im Vordergrund steht. Die Linie dieser funktionentheoretischen Forschungsweise *Poincarés* wird unabhängig von der Entwicklung der Integralgleichungslehre und etwa gleichzeitig mit ihr von *S Zaremba, W. Stekloff, A. Kneser* u. a. in zahlreichen Arbeiten über Differentialgleichungen der mathematischen Physik fortgeführt. Erst an einer späteren Stelle hat die Integralgleichungstheorie ihrerseits diese Methodik in ihren Bereich einbezogen (vgl. Nr. **33** c, **39**, **43** a, **4**). Deshalb begnügt sich die hier gegebene Darstellung, die nur die *Entstehungs*geschichte der Integralgleichungstheorie skizzieren will, mit einem solchen kurzen Hinweis auf die angeführten Untersuchungen, und sie konnte dies um so eher, als sich in Encykl. II C 11 (*Hilb-Szász*), Nr. **12** ein zusammenhängender historischer Überblick darüber findet.

35) *D. Hilbert,* 1. Mitteil., Gött. Nachr. 1904, p. 49—91 = Grundzüge, 1. Abschnitt; 2. Mitteil., Gött. Nachr. 1904, p. 213—259 = Grundzüge, 2. Abschnitt. Vorausgegangen waren Veröffentlichungen in den Göttinger Dissertationen von *O. D. Kellogg,* 1902, IV u. 43 S. [vgl. auch denselben[55])], *A. Andrae,* 1903, 111 S., *Ch. M. Mason,* 1903, IV u. 75 S., nachdem *Hilbert* seine Theorie in Vorlesungen und Seminaren seit dem Winter 1901/02 vorgetragen hatte.

entsprechend allgemeine analytische Theorie nach dem Vorbild der Haupt-achsentheorie der Algebra, eben diejenige, die in Nr. 1 b geschildert und als „Eigenwerttheorie der Integralgleichung mit symmetrischem Kern" bezeichnet worden ist. Zugleich zeigt er, wie die Lehre von den Schwingungen in die Eigenwerttheorie einzuordnen ist: die *Green*sche Funktion, das bekannte Haupthilfsmittel der Potentialtheorie, dessen auch *H. A. Schwarz* und *Poincaré* sich dauernd bedient hatten, erwies sich von diesem Standpunkt eben als der Kern derjenigen besonderen Integralgleichung, in die sich die Theorie der schwingenden Membran umsetzen läßt.[36])

Für den *Beweis der Sätze seiner Eigenwerttheorie* stützte sich *Hilbert* — anders als *Fredholm* bei seiner Auflösungstheorie — auf den in Nr. 1a geschilderten Grenzübergang. Wenn ihm der Beweis gelang, so liegt dies nicht zum wenigsten daran, daß er nicht direkt auf den Entwicklungssatz ausging, der im Spezialfall der Fourierschen Reihe durch die Formel (16) gegeben ist, sondern den Grenzübergang genau an diejenige Formulierung des Hauptachsentheorems anschloß, die sich aus der Gleichung (2b) von Nr. 1 ergibt. Das analytische Äquivalent davon im Sinne der am Ende von Nr. 1a angegebenen allgemeinen Analogisierungsregel ist die Formel

$$(19) \qquad \int_a^b \int_a^b k(s,t)\, x(s)\, x(t)\, ds\, dt = \sum_{\alpha=1}^{\infty} \frac{y_\alpha^2}{\lambda_\alpha},$$

wo

$$(19a) \qquad y_\alpha = \int_a^b \varphi_\alpha(t)\, x(t)\, dt$$

ist, und $\varphi_\alpha(t)$ die zum Eigenwert λ_α gehörige Eigenfunktion. Diese Formel, die in den Überlegungen von *H. A. Schwarz* und *Poincaré* nicht hervortritt, enthält einerseits den Schlüssel zu der gesamten Theorie: man kann aus ihr sowohl die Existenz sämtlicher Eigenwerte unmittelbar ablesen, als auch über den Entwicklungssatz, wie er sich in den Formeln (16) und (18) ausdrückt, genauen Aufschluß erhalten. Andererseits aber — und das ist das wesentlichste — gilt die Entwicklung (19) ohne jede Einschränkung über die Natur des

---

36) Es war nicht unwesentlich, daß *H. Burkhardt,* S. M. F. Bull. 22 (1894), p. 71—75, auf eine Anregung von *F. Klein* hin und mit Benutzung der Betrachtungsweise von *É. Picard* das Analogon der *Green*schen Funktion für den Fall eindimensionaler Schwingungsvorgänge (sich selbst adjungierte homogene lineare Differentialgleichungen 2. Ordnung) untersucht hatte. *Hilbert* fand darin das Hilfsmittel vor, um auch diese Schwingungsprobleme unmittelbar in Integralgleichungen umzuformen.

symmetrischen Kernes $k(s,t)$ und die willkürliche Funktion $x(s)$, die beide lediglich als stetig vorausgesetzt zu werden brauchen — im Gegensatz zu demjenigen Entwicklungssatz, der durch die Formeln (16), (18) gegeben ist.

Es sind zwei Hindernisse, die der unbeschränkten Gültigkeit der Entwicklungsformel (16) entgegenstehen. Das eine ergibt sich daraus, daß man auf Grund bekannter Tatsachen aus der Theorie der Fourierschen Reihen leicht einen stetigen Kern $k(s,t)$ und dazu eine stetige Funktion $f(s)$ zu konstruieren vermag, für die die Entwicklung (16) divergiert (vgl. Nr. **34** a). Das andere rührt daher, daß das Auftreten des Eigenwerts ∞, das im Algebraischen, ohne daß es oben ausdrücklich hervorgehoben wurde, weiter keine Ausnahmen verursacht — die dreidimensionale Fläche artet in diesem Falle in einen Zylinder oder, wenn *zwei* Eigenwerte unendlich werden, in ein Paar paralleler Ebenen aus —, bei der Integralgleichung besondere Schwierigkeiten in sich birgt, von denen in Nr. **7** zu reden sein wird. Es war daher eine entscheidende Wendung, daß *Hilbert* statt der Entwicklung (16), in die auch die Eigenfunktionen des Eigenwerts ∞ eingehen müßten, die Formel (19) in den Mittelpunkt stellte, in der jene Eigenfunktionen von selbst herausfallen.

Umgekehrt ist dabei auf den Entwicklungssatz (16) neues Licht gefallen, und er hat bei *Hilbert* seine definitive Gestalt gewonnen. Dieselbe ergab sich ohne weiteres aus dem konsequent vorgehaltenen algebraischen Muster. Beim Zylinder ist, wenn man von den unendlich langen Zylinderachsen absieht und nur die Hauptachsen *endlicher* Länge in Betracht zieht, die Formel $\overline{(16)}$ nicht für beliebige $f_1, \ldots, f_n$ durch passende Wahl der c_α erfüllbar, sondern, wie eine algebraische Betrachtung[37]) zeigt, dann und nur dann, wenn f_s in der Form

$$(\overline{20}) \qquad f_s = \sum_{t=1}^{n} k_{st} x_t$$

---

37) Ist nämlich ∞ nicht Eigenwert, d. h. ist das System

$$(\overline{21}) \qquad \sum_{t=1}^{n} k_{st} \varphi_t = 0 \qquad\qquad (s = 1, \ldots, n)$$

nicht lösbar, so ist die Determinante $|k_{st}| \neq 0$, und die Theorie der linearen Gleichungen zeigt, daß $(\overline{20})$ für beliebige $f_1, \ldots, f_n$ lösbar ist; ist aber ∞ einfacher oder mehrfacher Eigenwert, so ist $|k_{st}| = 0$, und jene Theorie ergibt, daß $(\overline{20})$ dann und nur dann lösbar ist, wenn der Vektor $(f_1, \ldots, f_n)$ auf den sämtlichen Lösungen der transponierten homogenen Gleichungen, d. h. (in Anbetracht von $k_{st} = k_{ts}$) auf den zum Eigenwert ∞ gehörigen Achsen (Zylinderachsen) senkrecht steht. — Hierin ist insbesondere die Aussage enthalten, daß ∞ dann und nur dann Eigenwert ist, wenn $(\overline{20})$ *nicht* für *beliebige* $f_1, \ldots, f_n$ lösbar ist.

darstellbar ist. Beschränkt man sich entsprechend beim Entwicklungssatz (16) auf diejenigen $f(s)$, die in der Form

$$(20) \qquad f(s) = \int_a^b k(s,\,t)\,x(t)\,dt$$

oder, wie *A. Kneser* es nennt (Literatur A 4), „quellenmäßig" darstellbar sind, so gelingt es *Hilbert* (zunächst unter einer gewissen Einschränkung; vgl. Nr. **34** c) zu zeigen, daß der Entwicklungssatz (16) im Sinne
gleichmäßiger Konvergenz gültig wird. In der neuen Darstellung dieser
ganzen Theorie, die *E. Schmidt* in seiner Dissertation[41]) gegeben hat
(vgl. darüber das Ende von Nr. **7**), ist diese Einschränkung in Weg-
fall gekommen.

Es sei noch bemerkt, daß ähnliche Schwierigkeiten, wie bei (16),
auch bei der Entwicklung des Kernes selbst

$$k(s,\,t) = \sum_{\alpha=1}^{\infty} \frac{\varphi_\alpha(s)\,\varphi_\alpha(t)}{\lambda_\alpha}$$

vorliegen, aus der man ihrerseits, *falls* sie gleichmäßig konvergiert,
sowohl (19) als auch (16) sofort herleiten kann.

7. Umgrenzung des Funktionenbereiches. Mit der am Ende
von Nr. **6** vorgenommenen Ausscheidung des Eigenwerts ∞ und der
zu ihm gehörigen Eigenfunktionen war die Entscheidung über die
Durchführbarkeit der vollen Analogie mit der Algebra nur umgangen;
um sie zu fällen, werden Überlegungen ganz anderer Art erforderlich.

Die hier gegebene Darstellung hat bisher die im Anfang von
Nr. **1** gemachte Voraussetzung der Stetigkeit aller in Betracht gezogenen Funktionen stillschweigend festgehalten; dies konnte um so
eher geschehen, als sowohl die Fredholmsche Resolvente als auch die
zu endlichen Eigenwerten gehörigen Eigenfunktionen offensichtlich
von selbst stetig sind, wenn der Kern es ist. Aber die einfache Überlegung, die aus

$$\varphi(s) = \lambda \int_a^b k(s,\,t)\,\varphi(t)\,dt$$

abzulesen gestattet, daß mit $k(s,\,t)$ auch $\varphi(s)$ eine stetige Funktion
ist, versagt bei der Gleichung

$$(21) \qquad \int_a^b k(s,\,t)\,\varphi(t)\,dt = 0,$$

die die Eigenfunktionen des Eigenwerts ∞ definiert.

Beschränkt man sich trotzdem auch beim Eigenwert ∞ zunächst
einmal auf *stetige* Eigenfunktionen, so ist man imstande, einen stetigen

Kern $k(s, t)$ zu konstruieren, bei dem keine stetige Eigenfunktion des Eigenwertes ∞ vorhanden ist, zu dem man aber trotzdem eine stetige Funktion $f(s)$ hinzubestimmen kann, die nicht vermöge eines stetigen $x(t)$ in der Gestalt (20) darstellbar ist.[38]) Mit dieser Tatsache ist die Analogie mit der Algebra durchbrochen, da im algebraischen Fall die Nichtlösbarkeit des Systems $(\overline{21})$ zur Folge hat, daß $(\overline{20})$ für beliebige $f_1, \ldots, f_n$ lösbar ist (vgl. die Schlußbemerkung von [37])). *Damit ist klargelegt, daß die Eigenwerttheorie nicht bis zur restlosen Analogie mit der Algebra durchgeführt werden kann, solange man sich auf stetige Funktionen beschränkt.*

Aber auch durch Zulassung von Unstetigkeiten einfacher Art ist es keineswegs möglich, an diesem Sachverhalt etwas zu ändern. Der Kern des oben erwähnten Gegenbeispiels ist nämlich so beschaffen, daß für ihn die Gleichung (21), die keine stetige Lösung besitzt, doch eine übrigens willkürlich vorgegebene *unstetige* Lösung hat, die lediglich selbst nebst ihrem Quadrat im Riemannschen oder auch nur im Lebesgueschen Sinne integrierbar sein muß. Solange also für die Eigenfunktionen nicht *alle* diese Funktionen zugelassen werden, ergibt dieses Gegenbeispiel genau das oben für den Bereich der stetigen Funktionen festgestellte negative Resultat. *Man muß also für die Eigenfunktionen die Gesamtheit aller im Lebesgueschen Sinne nebst ihrem Quadrat integrierbaren Funktionen zulassen, wenn man den Wunsch hat, eine der algebraischen in allen Teilen analoge Theorie zu schaffen.*

Es ist nun das wesentliche, *daß umgekehrt diese Erweiterung auch hinreicht, um die volle Analogie mit der Algebra herzustellen.* Die Wurzel dieses Resultats liegt in der Theorie der unendlichvielen Veränderlichen. *D. Hilbert*[39]) hatte den in Nr. **6** geschilderten Untersuchungen eine Theorie der sogenannten *vollstetigen quadratischen Formen* von unendlichvielen Veränderlichen folgen lassen und hatte darin ein andersartiges, aber lückenloses analytisches Äquivalent zu der Hauptachsentheorie der Algebra gefunden; zugleich hatte er ein Übertragungsprinzip ausgebildet, das einen Zusammenhang dieser neuen Theorie mit der Integralgleichungslehre vermittelt. Was er damit für Integralgleichungen erlangte, war zunächst nur ein neuer Beweis des in Nr. **6** angegebenen Tatbestandes im Bereich stetiger Funktionen (Genaueres s. in Nr. **8**). Aber ein Theorem von *E. Fischer*[119]) und *F. Riesz*[120]) (vgl. Nr. **15** d) gestattete diese Übertragung darüber hinaus auf den

---

38) Man findet die Überlegung, die notwendig ist, um dieses Beispiel aus einer Bemerkung von *E. Fischer* abzuleiten, in Nr. **34** c [434) 440]).

39) *D. Hilbert*, 4. und 5. Mitteil., Gött. Nachr. 1906, p. 157—227 und p. 439 —480 = Grundzüge, 4. und 5. Abschnitt, p. 109 ff.

Bereich der im Lebesgueschen Sinne quadratisch integrierbaren Funktionen auszudehnen und gab damit auch für die Integralgleichungen die volle, dem Hilbertschen Hauptresultat über vollstetige quadratische Formen genau entsprechende Analogie zur Algebra.

Das Gesamtergebnis ist, daß die richtige Umgrenzung des Funktionenbereichs, mit dem gearbeitet wird, sich als das entscheidende Moment erwiesen hat. *Historisch* betrachtet, hatte sich diese Entwicklung von der stetigen bis zur quadratisch-integrierbaren Funktion lange vorbereitet und allmählich vollzogen. Sie beginnt im Grunde in dem Augenblick, als *H. A. Schwarz* die *Ungleichheit*, die heute allgemein nach ihm benannt wird,

$$(22) \qquad \left\{ \int\limits_a^b f(s)\, g(s)\, ds \right\}^2 \leq \int\limits_a^b [f(s)]^2\, ds \int\limits_a^b [g(s)]^2\, ds$$

als wichtiges Handwerkszeug erkannte und zu handhaben lehrte[40]; als solches hat es *Poincaré* im weitesten Umfang gedient. Diese Ungleichheit ist nämlich offensichtlich für beliebige, lediglich quadratisch-integrierbare Funktionen anwendbar, und je mehr sie und ähnliche Hilfsmittel die Untersuchung beherrschen, desto mehr nähert diese sich dem Zustand, daß sie ihrem ganzen Ausmaße nach für quadratisch-integrierbare Funktionen giltig ist. Wenn ferner *Fredholm* sich des *Hadamardschen Determinantensatzes* bedient, so steht hinter der von ihm zunächst benutzten Formulierung mit dem Maximalbetrag der Elemente (vgl. Nr. 9) dort schon die ursprüngliche *Hadamard*sche Formulierung (14), die bei Anbringung der nötigen Modifikationen gestattet, aus den *Fredholm*schen Formeln auch im Falle unstetiger, aber quadratisch integrierbarer $K(s, t)$ und $f(s)$ die Auflösung zu gewinnen. Bewußt hat sich dann diese Entwicklung in den Arbeiten von *E. Schmidt*[41][42] vollendet. Hier ist die *Schwarz*sche und die ihr verwandte *Bessel*sche Ungleichung[385] fast das einzige Werkzeug der Untersuchung geworden, und dementsprechend beziehen sich alle Ergebnisse auf den Bereich der quadratisch-integrierbaren Funktionen. Die Eigenwerttheorie insbesondere ist bei *E. Schmidt* in einer solchen

---

40) *H. A. Schwarz* [25], Ges. Abh. 1, p. 251; aufgetreten war sie vorher schon hier und da, z. B. bei *Bouniakowsky*, Mém. Acad. Petersb. (VII) 1 (1859), Nr. 9, p. 4, ebenso wie ihr algebraisches Analogon seit *Lagrange* und *Cauchy*[114] bekannt war.

41) *E. Schmidt*, Entwicklung willkürlicher Funktionen nach Systemen vorgeschriebener, Diss. Göttingen 1905, 33 S. = Math. Ann. 63 (1907), p. 433—476.

42) *E Schmidt*, Auflösung der allgemeinen linearen Integralgleichung, Math. Ann. 64 (1907), p. 161—174

Art entwickelt, daß nicht wie in *Hilberts* 1. Mitteilung das Hauptachsentheorem benutzt und als Ausgangspunkt eines Grenzprozesses verwendet wird, sondern daß offensichtlich alle Schlüsse ebenso gut wie für Integralgleichungen auch für den Beweis des algebraischen Hauptachsentheorems selbst gelten.

8. Übergang zu unendlichvielen Veränderlichen. Die Theorie der linearen Gleichungen mit unendlichvielen Unbekannten hatte schon einmal in die Entwicklung der Lehre von den Integralgleichungen eingegriffen, damals, als *Fredholm* seine Formeln nach dem Vorbilde der *von Koch*schen Determinanten aufstellte. Wenn *Hilbert* 1906 eine neue, umfassende Theorie der linearen Gleichungen mit unendlichvielen Unbekannten und der quadratischen Formen von unendlichvielen Veränderlichen veröffentlichte [39]), so war deren Beziehung zur Integralgleichungstheorie eine ganz andere, direktere. Denn *Hilbert* beschränkte sich nicht darauf, eine Theorie der unendlichvielen Veränderlichen aufzustellen, sondern zeigte zugleich auch, wie man die ganze Auflösungs- und Eigenwerttheorie der Integralgleichungen daraus unmittelbar ableiten kann.

Die *Methode*, durch die er diese Zurückführung vollzieht, ist im Grunde nichts anderes als die alte Methode der unbestimmten Koeffizienten, nur daß er, wie man es in der Theorie der Randwertaufgaben immer getan hatte, $\varphi(s)$ statt nach Potenzen von s nach trigonometrischen Reihen oder allgemeiner nach Reihen der Form

$$(23) \qquad \varphi(s) = x_1 \omega_1(s) + x_2 \omega_2(s) + \cdots$$

entwickelte, wo die $\omega_\alpha(s)$ ein beliebiges *Orthogonalsystem* sind, d. h. ein System von unendlichvielen Funktionen, für die

$$(24) \qquad \int_a^b \omega_\alpha(s)\,\omega_\beta(s)\,ds = e_{\alpha\beta} \qquad (\alpha, \beta = 1, 2, \ldots)$$

ist. Die gegebenen Funktionen $K(s, t)$ und $f(s)$ setzt er ebenso als Reihen an:

$$(25) \qquad f(s) = \sum_{\alpha=1}^{\infty} f_\alpha \omega_\alpha(s), \quad K(s, t) = \sum_{\alpha,\beta=1}^{\infty} K_{\alpha\beta}\,\omega_\alpha(s)\,\omega_\beta(t).$$

Sieht man von allen Konvergenzfragen ab, so geht die Integralgleichung (J) dadurch rein formal über in

$$\sum_{\alpha=1}^{\infty} x_\alpha \omega_\alpha(s) + \int_a^b \sum_{\alpha,\beta=1}^{\infty} K_{\alpha\beta}\,\omega_\alpha(s)\,\omega_\beta(t) \cdot \sum_{\gamma=1}^{\infty} x_\gamma\,\omega_\gamma(t)\,dt = \sum_{\alpha=1}^{\infty} f_\alpha \omega_\alpha(s),$$

und durch Koeffizientenvergleichung folgt

$$(U) \qquad x_\alpha + \sum_{\beta=1}^{\infty} K_{\alpha\beta} x_\beta = f_\alpha \qquad (\alpha = 1, 2, \ldots);$$

das ist der *formale Prozeß*, der die Integralgleichung (J) in ein System von linearen Gleichungen mit unendlichvielen Unbekannten (U) verwandelt.

Das Schwergewicht liegt natürlich darauf, diesen formalen Prozeß einer exakten Konvergenzbetrachtung zu erschließen. Man könnte dies sehr leicht, wenn man sich auf den Fall *gleichmäßiger Konvergenz* der sämtlichen eingehenden Reihen beschränkt. *A. C. Dixon*[43]) hat das 1901 in einer bemerkenswerten Arbeit, unmittelbar nach *Fredholms* erster Mitteilung von 1900 und offenbar ganz unabhängig von ihr, getan. Er hat dabei eine volle Theorie des Systems (U) aufgestellt, die im Grunde genommen auf genau derjenigen Methode beruht, die *E. Schmidt* 1907 in der auf seine Dissertation folgenden Arbeit für Integralgleichungen aufgestellt hat[42]), die aber auf ganz anderen Konvergenzbedingungen fußt, als sie *Schmidt* im Auge hatte (der genauere Unterschied beider Theorien wird in Nr. **20a, d** ersichtlich werden). Die Sätze, die *Dixon* daraus für die Integralgleichung (J) ableitet, setzen mehr als die Stetigkeit von K und f voraus — es ist bekannt, daß nicht jede stetige Funktion in eine gleichmäßig konvergente trigonometrische Reihe entwickelbar ist, und es ist bisher auch kein anderes Orthogonalsystem *stetiger* Funktionen bekannt, bei dem die Entwicklung jeder stetigen Funktion gleichmäßig konvergiert —, und wenn sie auch für die Anwendung auf das alternierende Verfahren von *H. A. Schwarz* ausreichen, die *Dixon*s Ziel ist, so genügen sie doch den Ansprüchen vieler Anwendungen nicht.

Der Weg, auf dem *Hilbert* den obigen formalen Prozeß legalisiert, ist ein ganz anderer. Man hatte in der Theorie der *Fourier*schen Reihen gelernt, sich von den *Dirichlet*schen Fragen der Konvergenz loszulösen und auch über solche Reihen, die nicht konvergieren, Aussagen zu machen. *Ch. J. de la Vallée-Poussin*[44]) hatte entdeckt, daß für jede stetige Funktion $\varphi(s)$ die Quadratsumme der Entwicklungskoeffizienten

$$x_\alpha = \int_a^b \varphi(s)\,\omega_\alpha(s)\,ds$$

stets konvergiert und daß

$$(26) \qquad x_1{}^2 + x_2{}^2 + \cdots = \int_a^b [\varphi(s)]^2\,ds$$

---

43) *A. C. Dixon*, On a class of matrices of infinite order, and on the existence of „matricial" functions on a Riemann surface, Cambr. Trans. 19 (1902), p. 190—233, der Red. vorgelegt 15. Mai 1901.

44) *Chr. J. de la Vallée-Poussin*, Ann. soc. sc. Brux. 17b (1893), p. 18—34; vgl. im übrigen Encykl. II C 10 (*Hilb-M. Riesz*), Nr. 9, Anm.[90]), p. 1210.

ist, wenn $\omega_\alpha(s)$ die gemäß (24) normierten trigonometrischen Funktionen sind. Die prinzipielle Bedeutung dieses Satzes war am deutlichsten hervorgetreten, als *A. Hurwitz*[45]) auf ihn einen Äquivalenzbegriff für *Fourier*sche Reihen gründete, der bewußt davon absah, ob die Reihe konvergiert und die Funktion „darstellt". Diese Äquivalenz betrachtet eine stetige Funktion und die Folge ihrer *Fourier*schen Koeffizienten auch dann als gleichwertig, wenn die aus ihnen gebildete *Fourier*sche Reihe gar nicht konvergiert, und lehrt mit den *Fourier*schen Koeffizienten statt mit den zugrunde liegenden Funktionen zu operieren. Mit Benutzung dieses Äquivalenzbegriffs gelingt es *Hilbert*, den obigen formalen Prozeß ohne jede Annahme über die Konvergenz der auftretenden Reihen in ein Beweisverfahren umzugestalten. Und zwar ergibt sich, daß man von einem stetigen Kern $K(s, t)$ und stetigen $f(s)$ aus stets zu einem solchen System (U) gelangt, bei dem $\sum\limits_{\alpha,\beta} K_{\alpha\beta}^2$ und $\sum\limits_{\alpha} f_\alpha^2$ konvergieren, und daß dann jede Lösung $x_1, x_2, \ldots$ mit konvergenter Quadratsumme $\sum x_\alpha^2$ eine stetige Löung $\varphi(s)$ von (J) liefert.

In gleicher Weise vollzieht *Hilbert* den Übergang von der Eigenwerttheorie der Integralgleichung mit stetigem symmetrischen Kern zu einer Theorie der quadratischen Form von unendlichvielen Veränderlichen

$$\Re(x, x) = \sum_{\alpha,\beta=1}^{\infty} k_{\alpha\beta} x_\alpha x_\beta,$$

bei der $\sum\limits_{\alpha,\beta} k_{\alpha\beta}^2$ konvergiert.

Indem *Hilbert* nun die Theorie von (U) und $\Re(x, x)$ im angegebenen Sinne tatsächlich bewältigt, und zwar auch was $\Re(x, x)$ betrifft in restloser Analogie mit der Algebra, so daß nunmehr auch bezüglich des Eigenwerts ∞ nichts zu wünschen übrigbleibt, hat er damit auch die in Nr. 7 angekündigte These erhärtet.

Bei der Durchführung dieser Theorien benutzt *Hilbert* in Wahrheit nicht die Voraussetzung konvergenter Quadratsummen $\sum K_{\alpha\beta}^2$ und $\sum k_{\alpha\beta}^2$, sondern die weit geringere und in sich befriedigendere Voraussetzung über die $K_{\alpha\beta}$ und $k_{\alpha\beta}$, die er *Vollstetigkeit* nennt (vgl. Nr. 16a, 40a); und zwar ist dieser Begriff so konzipiert, daß er bezüglich $\Re(x, x)$ die weiteste Voraussetzung darstellt, unter der die volle Analogie mit dem algebraischen Hauptachsentheorem erhalten bleibt.

Endlich ist *Hilbert* — und das ist der wesentlichste Inhalt seiner 4. Mitteilung — über das Maß der eben genannten Voraussetzungen

---

45) *A. Hurwitz*, Math. Ann. 57 (1903), p. 425—446; 59 (1904), p. 553.

erneut und erheblich hinausgegangen und hat eine Theorie der sog. *„beschränkten quadratischen Formen"* entworfen, bei der die Tatsachen der Hauptachsentheorie neuen Vorkommnissen Platz machen müssen, und die ganz andersartige Anwendungsgebiete, wie z. B. die *Stieltjessche Kettenbruchtheorie*, in ihren Kreis einbezieht (vgl. Nr. 43c).

II. Auflösungstheorie.

A. Die linearen Integralgleichungen zweiter Art.

9. Die Fredholmsche Theorie.[46]) Sei $K(s,t)$ eine im Intervall $a \leq s \leq b$, $a \leq t \leq b$ gegebene stetige Funktion der beiden Veränderlichen s, t, und sei zur Abkürzung

$$K \begin{pmatrix} x_1 \ldots x_n \\ y_1 \ldots y_n \end{pmatrix} = \begin{vmatrix} K(x_1,y_1) \ldots K(x_1,y_n) \\ \cdot \quad \cdot \quad \cdots \quad \cdot \quad \cdot \\ \cdot \quad \cdot \quad \cdots \quad \cdot \quad \cdot \\ K(x_n,y_1) \ldots K(x_n,y_n) \end{vmatrix}$$

gesetzt, so heißt

$$\Delta = 1 + \int_a^b K(\sigma,\sigma)\, d\sigma + \frac{1}{2!} \int_a^b\int_a^b K \begin{pmatrix} \sigma_1\,\sigma_2 \\ \sigma_1\,\sigma_2 \end{pmatrix} d\sigma_1\, d\sigma_2 + \cdots$$

$$= \sum_{n=0}^{\infty} \frac{1}{n!} \int_a^b \cdots \int_a^b K \begin{pmatrix} \sigma_1 \ldots \sigma_n \\ \sigma_1 \ldots \sigma_n \end{pmatrix} d\sigma_1 \ldots d\sigma_n$$

die *„Fredholmsche Determinante"* des Kernes K; die *ersten* und die *höheren Minoren* werden von *Fredholm* durch die Ausdrücke definiert:

$$\Delta(s,t) = \Delta\begin{pmatrix} s \\ t \end{pmatrix} = K(s,t) + \int_a^b K\begin{pmatrix} s\,\sigma_1 \\ t\,\sigma_1 \end{pmatrix} d\sigma_1 + \frac{1}{2!}\int_a^b\int_a^b K\begin{pmatrix} s\,\sigma_1\sigma_2 \\ t\,\sigma_1\sigma_2 \end{pmatrix} d\sigma_1\, d\sigma_2 + \cdots$$

$$= \sum_{n=0}^{\infty} \frac{1}{n!} \int_a^b \cdots \int_a^b K\begin{pmatrix} s\,\sigma_1 \ldots \sigma_n \\ t\,\sigma_1 \ldots \sigma_n \end{pmatrix} d\sigma_1 \ldots d\sigma_n,$$

---

46) Die hier gegebene Darstellung ist unabhängig von den Erörterungen von Kap. I über die Genesis dieser Theorie. — *J. Fredholm* hat nach drei Voranzeigen eine ausführliche Darstellung seiner Theorie, Acta math. 27 gegeben.[29]) Seither ist die Theorie wiederholt ausführlich entwickelt worden: *M. Bôcher* 1909 (Literatur A 1), p. 29—38; *G. Kowalewski* 1909 (Literatur B 3), p. 455—505, unter genauer Ausführung des Grenzüberganges aus dem Algebraischen; *A. Korn* 1910 (Literatur A 3), p. 50—127; *J. Plemelj*, Preisschr d. Jablon. Ges. 40 (1911), p. 29—39; *A. Kneser* 1911 bzw. 1922 (Literatur A 4), p. 223—239 bzw. 268—285; *H. Hahn* 1911 (Literatur C 8), p. 13—20, ohne Beweise; *Heywood-Fréchet* 1912 (Literatur A 5), p. 35—81; *T. Lalesco* 1912 (Literatur A 6), p. 19—62, unter Verwendung funktionentheoretischer Hilfsmittel; *V. Volterra* 1913 (Literatur A 9), p. 102—122; *G. Vivanti* 1916 (Literatur A 10), p. 121—166; *W. V. Lovitt* 1924 (Literatur A 12), p. 23—72.

$$\Delta \begin{pmatrix} s_1 \dots s_\nu \\ t_1 \dots t_\nu \end{pmatrix} = K \begin{pmatrix} s_1 \dots s_\nu \\ t_1 \dots t_\nu \end{pmatrix} + \int\limits_a^b K \begin{pmatrix} s_1 \dots s_\nu \sigma_1 \\ t_1 \dots t_\nu \sigma_1 \end{pmatrix} d\sigma_1$$

$$+ \frac{1}{2!} \int\limits_a^b \int\limits_a^b K \begin{pmatrix} s_1 \dots s_\nu \sigma_1 \sigma_2 \\ t_1 \dots t_\nu \sigma_1 \sigma_2 \end{pmatrix} d\sigma_1 d\sigma_2 + \cdots$$

$$= \sum_{n=0}^\infty \frac{1}{n!} \int\limits_a^b \cdots \int\limits_a^b K \begin{pmatrix} s_1 \dots s_\nu \, \sigma_1 \dots \sigma_n \\ t_1 \dots t_\nu \, \sigma_1 \dots \sigma_n \end{pmatrix} d\sigma_1 \dots d\sigma_n.$$

Die absolute und gleichmäßige Konvergenz dieser Reihen ergibt sich leicht aus dem *Hadamardschen Determinantensatz*, welcher besagt, daß der absolute Wert einer n-reihigen Determinante unter $\varrho^n \sqrt{n^n}$ gelegen ist, wenn alle ihre Elemente dem Betrage nach unter ϱ liegen.[47]

Für die ersten Minoren gelten die beiden fundamentalen Relationen[48]

$$(1\,\mathrm{a}) \qquad \Delta(s, t) + \int\limits_a^b K(s, r)\, \Delta(r, t)\, dr = \Delta \cdot K(s, t),$$

$$(1\,\mathrm{b}) \qquad \Delta(s, t) + \int\limits_a^b K(r, t)\, \Delta(s, r)\, dr = \Delta \cdot K(s, t),$$

und entsprechend für die höheren Minoren

$$(2\,\mathrm{a}) \quad \begin{cases} \Delta \begin{pmatrix} s_1 \dots s_\nu \\ t_1 \dots t_\nu \end{pmatrix} + \int\limits_a^b K(s_1, r)\, \Delta \begin{pmatrix} r \, s_2 \dots s_\nu \\ t_1 \, t_2 \dots t_\nu \end{pmatrix} dr \\[2ex] \qquad = \sum_{\mu=1}^\nu (-1)^{\mu-1} K(s_1, t_\mu)\, \Delta \begin{pmatrix} s_2 \dots s_\mu & s_{\mu+1} \dots s_\nu \\ t_1 \dots t_{\mu-1} & t_{\mu+1} \dots t_\nu \end{pmatrix}, \end{cases}$$

$$(2\,\mathrm{b}) \quad \begin{cases} \Delta \begin{pmatrix} s_1 \dots s_\nu \\ t_1 \dots t_\nu \end{pmatrix} + \int\limits_a^b K(r, t_1)\, \Delta \begin{pmatrix} s_1 \, s_2 \dots s_\nu \\ r \, t_2 \dots t_\nu \end{pmatrix} dr \\[2ex] \qquad = \sum_{\mu=1}^\nu (-1)^{\mu-1} K(s_\mu, t_1)\, \Delta \begin{pmatrix} s_1 \dots s_{\mu-1} & s_{\mu+1} \dots s_\nu \\ t_2 \dots t_\mu & t_{\mu+1} \dots t_\nu \end{pmatrix}. \end{cases}$$

Wie *Fredholm* diese Bildungen und Relationen nach dem Vorbilde der *H. v. Koch*schen Theorie der unendlichen Determinanten ge-

---

47) Diese Formulierung ist eine unmittelbare Folge des in Formel (14) von Nr. 5 gegebenen ursprünglichen *Hadamard*schen Satzes; wegen der Geschichte des Satzes vgl.[31].

48) Eine Umgruppierung der beim Beweise vorkommenden Schlüsse bei *P. Saurel*, Amer. Math. Soc. Bull. (2) 15 (1909), p. 445—450.

wonnen hat, ist in Nr. 5 angedeutet worden.[49]) Er gewinnt aus ihnen die gesamte Theorie der linearen Integralgleichungen 2. Art in der gleichen Weise, wie man mit Hilfe der Unterdeterminanten und der zwischen ihnen geltenden Relationen die gesamte Theorie der linearen Gleichungssysteme abzuleiten pflegt:

1. Ist $\Delta \neq 0$ und wird

$$(3) \qquad \mathsf{K}(s, t) = -\frac{\Delta(s, t)}{\Delta}$$

gesetzt, so gehen die Relationen (1) über in

$$(3\,\mathrm{a}) \qquad K(s, t) + \mathsf{K}(s, t) + \int_a^b K(s, r)\,\mathsf{K}(r, t)\,dr = 0,$$

$$(3\,\mathrm{b}) \qquad K(s, t) + \mathsf{K}(s, t) + \int_a^b K(r, t)\,\mathsf{K}(s, r)\,dr = 0.$$

Aus dem Bestehen der Formeln (3a) und (3b) folgt unmittelbar, daß

$$(\mathfrak{J}) \qquad \varphi(s) = f(s) + \int_a^b \mathsf{K}(s, t)\,f(t)\,dt$$

stets eine und die einzige Lösung von

$$(J) \qquad f(s) = \varphi(s) + \int_a^b K(s, t)\,\varphi(t)\,dt$$

ist, und daß zugleich

$$(\mathfrak{J}') \qquad \psi(s) = g(s) + \int_a^b \mathsf{K}(t, s)\,g(t)\,dt$$

---

49) Die Analogie ist dort nur für die *Fredholm*sche Determinante selbst ausgeführt worden. Für die ersten — und a fortiori für die höheren — Minoren ist die Analogie dem unmittelbaren Anblick ein wenig durch den Umstand verdeckt, daß sowohl in der Determinante $A = |a_{st}| = |e_{st} + K_{st}|$ als auch im Schema ihrer Unterdeterminanten A_{st} die Einer in der Diagonale zur Geltung gebracht werden. Nicht A_{st}, der Unterdeterminante von a_{st}, ist *Fredholms* erster Minor $\Delta(s, t)$ analog, sondern man muß $A_{st} = A e_{st} - \Delta_{ts}$ setzen, um in Δ_{st} das algebraische Analogon von $\Delta(s, t)$ zu erlangen. In der Tat gehen bei Einführung dieser Bezeichnungen die bekannten Relationen der Determinantentheorie, die für die ersten Unterdeterminanten charakteristisch sind, $\sum\limits_{\alpha} a_{s\alpha} A_{t\alpha} = A e_{st}$, in

$\sum\limits_{\alpha}(e_{s\alpha} + K_{s\alpha})(A e_{t\alpha} - \Delta_{\alpha t}) = A e_{st}$ oder, wenn man die Klammern ausmultipliziert und vereinfacht, in $A K_{st} = \Delta_{st} + \sum\limits_{\alpha} K_{s\alpha} \Delta_{\alpha t}$ über; ebenso die anderen

Relationen $\sum\limits_{\alpha} a_{\alpha t} A_{\alpha s} = A e_{st}$ in $A K_{st} = \Delta_{st} + \sum\limits_{\alpha} K_{\alpha t} \Delta_{s\alpha}$; da nun K_{st} das Analogon von $K(s, t)$, A das der *Fredholm*schen Determinante Δ ist, zeigen diese Relationen in ihrer Analogie zu (1), daß wirklich Δ_{st} die zu $\Delta(s, t)$ analoge Rolle spielt.

die Lösung von

$$(J') \qquad g(s) = \psi(s) + \int_a^b K(t,\,s)\,\psi(t)\,dt$$

ist. Man nennt deshalb eine Funktion $K(s,\,t)$, die den beiden Formeln (3a) und (3b) genügt, den *lösenden Kern* oder die *Resolvente* (noyau résolvant).[24])

2. Ist $\Delta = 0$, so beweist *Fredholm*, daß es in der Folge der ersten, zweiten usw. Minoren einen ersten gibt, der nicht identisch verschwindet. Sei etwa

$$(4) \quad \Delta = 0, \quad \Delta \begin{pmatrix} s \\ t \end{pmatrix} \equiv 0, \quad \ldots, \quad \Delta \begin{pmatrix} s_1 \cdots s_{d-1} \\ t_1 \cdots t_{d-1} \end{pmatrix} \equiv 0, \quad \Delta \begin{pmatrix} s_1 \cdots s_d \\ t_1 \cdots t_d \end{pmatrix} \not\equiv 0,$$

und seien $\sigma_1, \ldots, \sigma_d;\ \tau_1, \ldots, \tau_d$ solche Zahlenwerte der $2d$ Argumente, für die der d^{te} Minor tatsächlich nicht verschwindet, so sind

$$(5) \qquad \varphi_1(s) = \Delta \begin{pmatrix} s\ \sigma_2 \cdots \sigma_d \\ \tau_1\,\tau_2 \cdots \tau_d \end{pmatrix}, \quad \ldots, \quad \varphi_d(s) = \Delta \begin{pmatrix} \sigma_1 \cdots \sigma_{d-1}\ s \\ \tau_1 \cdots \tau_{d-1}\ \tau_d \end{pmatrix}$$

d linear unabhängige Lösungen der *homogenen* Integralgleichung

$$(J_h) \qquad 0 = \varphi(s) + \int_a^b K(s,\,t)\,\varphi(t)\,dt,$$

und jede Lösung von (J_h) läßt sich aus ihnen in der Form

$$(6) \qquad \varphi(s) = c_1 \varphi_1(s) + \cdots + c_d \varphi_d(s)$$

mit konstanten Koeffizienten komponieren. Im selben Sinne geben die Funktionen

$$(7) \qquad \psi_1(s) = \Delta \begin{pmatrix} \sigma_1\ \sigma_2 \cdots \sigma_d \\ s\ \ \tau_2 \cdots \tau_d \end{pmatrix}, \quad \ldots, \quad \psi_d(s) = \Delta \begin{pmatrix} \sigma_1 \cdots \sigma_{d-1}\ \sigma_d \\ \tau_1 \cdots \tau_{d-1}\ s \end{pmatrix}$$

die volle Lösung der transponierten homogenen Gleichung

$$(J_h') \qquad 0 = \psi(s) + \int_a^b K(t,\,s)\,\psi(t)\,dt;$$

d heißt der *Defekt* des Kernes $K(s,\,t)$.[50])

3. Die *unhomogene* Integralgleichung (J) ist im Falle $\Delta = 0$ dann und nur dann lösbar, wenn $\int_a^b f(s)\,\psi_i(s)\,ds = 0$ ist $(i = 1, \ldots, d)$; und

---

50) Dieses Wort hat sich in der Algebra nicht im selben Maße eingebürgert wie das Wort „Rang" für die Zahl $n - d = r$. Hier, bei Integralgleichungen, und übrigens ebenso bei unendlichvielen Variabeln, zeigt es sich, daß r neben n unendlich wird, während gerade d endlich bleibt. — *H. v. Koch* hat in seiner Theorie der unendlichen Determinanten (vgl. Nr. **17**) für die hier als Defekt bezeichnete Größe d das Wort „Rang" gebraucht.

zwar ist dann

$$(8) \qquad \varphi(s) = f(s) - \int_a^b \frac{\Delta \begin{pmatrix} s\ \sigma_1\ \ldots\ \sigma_d \\ t\ \tau_1\ \ldots\ \tau_d \end{pmatrix}}{\Delta \begin{pmatrix} \sigma_1\ \ldots\ \sigma_d \\ \tau_1\ \ldots\ \tau_d \end{pmatrix}} f(t)\, dt$$

eine Lösung von (J), aus der sich alle weiteren durch Addition einer beliebigen Lösung von (J_h) ergeben. Der hier auftretende Kern wird gelegentlich als *Pseudoresolvente* bezeichnet[51]). —

Die Determinantentheorie der *Fredholm*schen Minoren ist über die Zwecke der Auflösungstheorie hinaus fortgebildet worden. *Fredholm* hat[52]) das *Multiplikationstheorem* bewiesen: Sind $K(s,t)$, $L(s,t)$ zwei Kerne, so ist die *Fredholm*sche Determinante des Kernes, der durch sukzessive Anwendung der Operationen

$$g(s) = f(s) + \int_a^b L(s,t)\, f(t)\, dt, \quad h(s) = g(s) + \int_a^b K(s,t)\, g(t)\, dt$$

entsteht, d. h. des Kernes

$$K(s,t) + L(s,t) + \int_a^b K(s,r)\, L(r,t)\, dr,$$

gleich dem Produkt der *Fredholm*schen Determinanten der Kerne K und L. Ferner gilt nach dem Muster eines bekannten Satzes über Minoren:

$$\begin{vmatrix} \Delta(s_1, t_1) & \ldots & \Delta(s_1, t_\nu) \\ \cdot & \cdots & \cdot \\ \cdot & \cdots & \cdot \\ \Delta(s_\nu, t_1) & \ldots & \Delta(s_\nu, t_\nu) \end{vmatrix} = \Delta^{\nu-1} \cdot \Delta \begin{pmatrix} s_1\ \ldots\ s_\nu \\ t_1\ \ldots\ t_\nu \end{pmatrix}. \text{[53])}$$

Endlich geben *Ch. Platrier*[53]) und im Anschluß an ihn *A. Hoborski*[53]) auch das Analogon des *Sylvester*schen *Determinantensatzes*.

---

51) *W. A. Hurwitz*, Amer. Math. Soc. Trans. 13 (1912), p. 405—418, gibt eine Darstellung der *Fredholm*schen Theorie, die sie von den höheren Minoren entlastet, indem sie den Orthogonalisierungsprozeß von *E. Schmidt* (vgl. Nr. 15a) zu Hilfe nimmt und so die Pseudoresolvente auf andere Art herstellt (Voranzeige Amer. Math. Soc. Bull. 18, p. 53—54). — Weitere Auflösungsformeln bei *L. Tocchi*, Batt. Giorn. 54 (1916), p. 141—150; 57 (1919), p. 171—178; 58 (1920), p. 54—59.

52) *J. Fredholm*, Acta 27 [29]), § 4; *G. Kowalewski* (Literatur B 3, § 181) gewinnt es durch Grenzübergang aus dem Algebraischen.

53) Zuerst bei *J. Plemelj*, Monatsh. f. Math. 15 (1904), p. 93—124 [Voranzeige in den Wien. Ber. 112 (1903), p. 21—29], dann wiederentdeckt von *Ch. Platrier*, J. de math. (6) 9 (1913), p. 233—304, und durch Grenzübergang aus dem Algebraischen bewiesen. Weitere (direkte) Beweise geben *W. A. Hurwitz*, Amer. Math. Soc. Bull. (2) 20 (1914), p. 406—408 und *A. Hoborski*, Archiv (3) 23 (1914), p. 297—302.

Hilbert hat gelegentlich der Aufstellung seiner Eigenwerttheorie den Komplex der *Fredholm*schen Formeln durch Grenzübergang aus dem Algebraischen abgeleitet, in dem in Nr. 1a geschilderten Sinne.[54]) Er hat ferner durch *O. D. Kellogg* die Übereinstimmung der *Fredholm*schen Lösung von (J) mit der Entwicklung nach Iterierten, soweit diese konvergiert (vgl. Nr. **3** oder **11a**, (2)), verifizieren lassen.[55]) Auch die formale Übereinstimmung mit den Auflösungsformeln für Kerne von der besonderen Form $u_1(s)\,v_1(t) + \cdots + u_n(s)\,v_n(t)$ (vgl. Nr. **10a**, 1) ist durchgerechnet worden[56]), und endlich hat man sich überzeugt, daß durch den *Hilbert*schen Übergang zu unendlichvielen Veränderlichen (vgl. Nr. **8** oder Nr. **15**) die Fredholmsche Determinante in die v. Kochsche Determinante des entstehenden Systems von unendlichvielen linearen Gleichungen mit unendlichvielen Unbekannten übergeht.[57])

Wendet man die *Fredholm*sche Theorie auf den Kern $K(s, t) = -\lambda k(s, t)$ an, d. h. auf die Integralgleichung

$$(i) \qquad \varphi(s) - \lambda \int_a^b k(s, t)\, \varphi(t)\, dt = f(s),$$

---

54) *D. Hilbert*, 1. Mitteilung, Gött. Nachr. 1904 = Grundzüge, Kap. II, p. 8 ff. Die Beschränkung auf *symmetrische* Kerne, die im dortigen Zusammenhang vorgenommen wird, ist unerheblich (vgl. 2. Mitteilung = Grundzüge, p. 68). *Hilbert* verfährt so, daß er zuerst annimmt, daß die *Fredholm*sche Determinante, die er für den Kern $K(s, t) = \lambda k(s, t)$ betrachtet, als Funktion von λ nur einfache Nullstellen besitzt, und nachträglich den Fall mehrfacher Nullstellen durch Stetigkeitsbetrachtungen beseitigt. Auf Veranlassung von *L. Maurer* hat *E. Garbe* (Diss. Tübingen, 43 S., Leipzig 1914) den Grenzübergang auch im Falle mehrfacher Nullstellen von $\delta(\lambda)$ direkt untersucht. — Bei *G. Kowalewski*[46]) findet man den Grenzübergang besonders eingehend durchgeführt.

55) *O. D. Kellogg*, Gött. Nachr. 1902, math.-phys. Kl., p. 165—175. Die Entwicklung nach Iterierten wird mit der *Fredholm*schen Determinante Δ ausmultipliziert und das Resultat durch elementare Ausrechnung in $-\Delta(s, t)$ übergeführt. Die gleiche Bemerkung bei *G. Vivanti*, Batt. Giorn. 53 (1915), p. 209—211.

56) Vgl. außer der in Nr. **10** zu diesem Gegenstande aufgeführten Literatur noch *W. Kapteyn*, Amst. Ak. Versl. 19 (1911), p. 932—939. — *H. Lebesgue*, Soc. Math. F. Bull. 36 (1908), p. 3—19, leitet im Anschluß an eine Andeutung in der Schlußbemerkung von *E. Goursat*[61]) die *Fredholm*schen Formeln her, indem er den Kern durch Kerne endlichen Ranges (vgl. Nr. **10a**, 1) gleichmäßig approximiert und in den *Fredholm*schen Formeln für diese approximierenden Kerne den Grenzübergang vornimmt.

57) *J. Marty*, Darb. Bull. (2) 33 (1909), p. 296—300; ebenso *J. Mollerup*, Darb. Bull. (2) 36 (1912), p. 130—136 = C. R. 2. Congr. Scand. 1911, p. 81—87. Beide operieren im Sinne des *Hilbert*schen Übergangs (vgl. Nr. **8** und **15**) mit *Hurwitz*schen Äquivalenzen; dagegen setzt *H. M. Plas*, Diss. Groningen 1911, 113 S., die anzusetzenden Entwicklungen nach Orthogonalfunktionen als gleichmäßig konvergent voraus.

so tritt statt Δ eine beständig konvergente Potenzreihe $\delta(\lambda)$ auf, und ebenso treten an die Stelle der *Fredholm*schen Minoren ganze transzendente Funktionen; die Resolvente (3) und die Pseudoresolvente werden somit Quotienten ganzer transzendenter Funktionen, also meromorphe Funktionen von λ, und mit ihnen auch die Lösungen ($\mathfrak{J}$) und (8). Die Nullstellen von $\delta(\lambda)$ oder, was auf dasselbe hinauskommt, die Pole der Resolvente K erweisen sich also als genau diejenigen Werte von λ, für die die homogene Gleichung (i_h) lösbar ist. Vgl. hierzu im übrigen Nr. **11**c und **39**a.

10. Andere Auflösungsmethoden. Man hat eine Reihe von weit einfacheren Theorien aufgestellt, die die Auflösung der linearen Integralgleichungen 2. Art leisten, ohne den immerhin verwickelten Apparat der Fredholmschen Formeln zu benötigen. Es versteht sich, daß man auf solche Art nicht die in Nr. 9 formulierten Tatsachen erhält, mit deren Wortlaut der Begriff der Fredholmschen Minoren eng verflochten ist, sondern nur denjenigen Kern dieser Tatsachen, der sich ohne Benutzung dieser Bildungen herausschälen läßt, und deren Komplex im folgenden stets als die *determinantenfreien Sätze* bezeichnet werden soll.[58] Wenn man die in Rede stehenden Integralgleichungen wieder folgendermaßen bezeichnet:

$$(J)\quad \varphi(s)+\int_a^b K(s,t)\,\varphi(t)\,dt=f(s), \qquad (J_h)\quad \varphi(s)+\int_a^b K(s,t)\,\varphi(t)\,dt=0,$$

$$(J')\quad \psi(s)+\int_a^b K(t,s)\,\psi(t)\,dt=g(s), \qquad (J_h')\quad \psi(s)+\int_a^b K(t,s)\,\psi(t)\,dt=0,$$

so kann man sie so formulieren:

Die determinantenfreien Sätze:

Satz 1. Die Anzahl d der linear-unabhängigen Lösungen $\varphi_1(s), \ldots, \varphi_d(s)$ von (J_h) ist endlich und gleich der Anzahl der linear-unabhängigen Lösungen $\psi_1(s), \ldots, \psi_d(s)$ von (J_h'); d heiße der „Defekt" des Kernes $K(s,t)$.[59]

Satz 2. Ist $d=0$, so ist (J) bei willkürlich gegebenem $f(s)$, (J') bei willkürlich gegebenem $g(s)$ lösbar, und zwar nur auf eine Weise. Es existiert überdies[59] *ein „lösender Kern" $\mathsf{K}(s,t)$ derart, daß diese Lösungen von (J) und (J') gegeben sind durch*

$$(\mathfrak{J})\quad \varphi(s)=f(s)+\int_a^b \mathsf{K}(s,t)\,f(t)\,dt, \qquad (\mathfrak{J}')\quad \psi(s)=g(s)+\int_a^b \mathsf{K}(t,s)\,g(t)\,dt.$$

---

58) In entsprechender Weise, wie hier für Integralgleichungen, kann man auch aus der algebraischen Theorie der linearen Gleichungssysteme die determinantenfreien Sätze heraussuchen und — entgegen der üblichen Praxis — *ohne* Heranziehung der Determinantentheorie auf die mannigfachste Art beweisen.

Satz 3. Ist $d > 0$, so existiert dann und nur dann eine Lösung von (J), wenn

$$\int_a^b \psi_i(s)\, f(s)\, ds = 0 \ \text{für}\ i = 1, \ldots, d$$

gilt, und ebenso dann und nur dann eine Lösung von (J'), wenn

$$\int_a^b \varphi_i(s)\, g(s)\, ds = 0 \ \text{für}\ i = 1, \ldots, d$$

gilt; jede Lösung von (J) ergibt sich aus dieser einen durch Addition einer Lösung von (J_h), jede Lösung von (J') aus dieser einen durch Addition einer Lösung von (J_h'). Auch hier kann man eine Funktion $\mathsf{K}(s, t)$ finden [59]*, durch die sich die Lösung, soweit sie vorhanden, in der Gestalt $(\mathfrak{I})$ und $(\mathfrak{I}')$ ausdrückt (Pseudoresolvente).*

a) **Das Schmidtsche Abspaltungsverfahren.** *E. Schmidt* hat seiner Theorie der nichtlinearen Integralgleichungen eine Auflösung der linearen Integralgleichungen 2. Art als Vorbereitung vorangeschickt [60], die auf folgenden Gedanken beruht:

1. *Die determinantenfreien Sätze bestehen für jeden Kern „endlichen Ranges", d. h. für jeden Kern von der besonderen Form* [61]

$$G(s, t) = u_1(s)v_1(t) + \cdots + u_n(s)v_n(t).$$

Der Beweis ergibt sich leicht aus den folgenden Schlüssen:

---

59) Diese zweite Hälfte des Wortlauts von Satz 2 kann man übrigens aus der ersten Hälfte folgern, wenn außerdem noch bekannt ist, daß für jedes $|f(s)| \leqq \varepsilon$ die Lösung $\varphi(s)$ ebenfalls klein ausfällt; bildet man nämlich speziell für $f(s) = K(s, r)$ die Lösung von (J), die also außer von s noch von r abhängen muß, so ist diese, wie (3a) von Nr. **9** lehrt, nichts anderes als $K(s, r)$; nachdem so die Existenz des lösenden Kerns dargetan ist, ist seine Stetigkeit mit Hilfe der angegebenen weiteren Voraussetzung leicht einzusehen. Analoges gilt für Satz 3

60) *E. Schmidt* [42]. Diese vollständige und ganz in sich abgeschlossene Auflösungstheorie steht in keinem Zusammenhang mit der in Nr. **10** b, 1 angeführten Bemerkung *Schmidt*s aus seiner Dissertation [65a]. — Daß *A. C. Dixon* [43] den Abspaltungsgedanken bereits 1901 bei unendlichen linearen Gleichungssystemen methodisch genau so und vollständig durchgeführt hat, ist in Nr. **8** erörtert worden; vgl. deswegen und wegen seiner ganz andersartigen materiellen Voraussetzungen Nr. **20**a. Für Integralgleichungen hat *L. Orlando*, Rom Acc. Linc. Rend. (5) 15_2 (1906), p. 416—419, 767—771; Palermo Rend. 21 (1906), p. 316—318, 342—344 den ersten Schritt des Abspaltungsverfahrens (Abspaltung einer Konstanten) an der Hand einer speziellen Integralgleichung kurz vor dem Erscheinen von [42] vollzogen; vgl. darüber auch *L. Orlando* [339] sowie Battagl. Giorn. [(2), 15] 46 (1908), p. 173—196.

61) Die Theorie dieser Kerne hat zuerst *E. Goursat*, Sur un cas élémentaire de l'équation de Fredholm, Soc. Math. F. Bull. 35 (1907), p. 163—173 entwickelt. — Die Bezeichnung als „Kern endlichen Ranges" ist gewählt zum Unterschied

α) Ist $\varphi(s)$ eine Lösung von (J), so ist wegen der besonderen Art des Kernes

$$(1) \qquad \varphi(s) = f(s) - \sum_{\alpha=1}^{n} u_\alpha(s) \int_a^b v_\alpha(t)\, \varphi(t)\, dt,$$

oder, wenn

$$(2) \qquad x_\alpha = \int_a^b v_\alpha(t)\, \varphi(t)\, dt \qquad (\alpha = 1, \ldots, n)$$

gesetzt wird,

$$(3) \qquad \varphi(s) = f(s) - x_1 u_1(s) - \cdots - x_n u_n(s);$$

hieraus folgt dann durch Multiplikation mit $v_\alpha(s)$ und Integration:

$$(A) \qquad x_\alpha = \int_a^b v_\alpha(s)\, f(s)\, ds - \sum_{\beta=1}^{n} x_\beta \int_a^b u_\beta(s)\, v_\alpha(s)\, ds \quad (\alpha = 1, \ldots, n),$$

d. i. ein System von n linearen Gleichungen für $x_1, \ldots, x_n$.

β) Ist $x_1, \ldots, x_n$ eine Lösung von (A) und konstruiert man aus diesen x_α vermöge (3) eine Funktion $\varphi(s)$, so besagt (A), wenn man die beiden Integrale in eines zusammenzieht, daß

$$x_\alpha = \int_a^b v_\alpha(s)\, [f(s) - x_1 u_1(s) - \cdots - x_n u_n(s)]\, ds \quad (\alpha = 1, \ldots, n)$$

gilt, d. h. daß (2) besteht, woraus dann sofort (1) und somit (J) folgt. Die Integralgleichung (J) ist somit dem Gleichungssystem (A) äquivalent.

γ) Im selben Sinne ist die homogene Gleichung (J_h) äquivalent dem homogenen System (A_h), das aus (A) hervorgeht, wenn man die von den x_α freien Glieder durch Nullen ersetzt, und die transponierten Gleichungen (J') und (J_h') sind äquivalent den transponierten Systemen von (A) und (A_h), die mit (A') und (A_h') bezeichnet werden mögen.

δ) In der ein-eindeutigen Zuordnung zwischen den Lösungen von (J_h) und denen von (A_h), die damit hergestellt ist, entspricht jeder linearen Verbindung mehrerer Lösungen von (J_h), $c_1 \varphi_1(s) + \cdots + c_\nu \varphi_\nu(s)$, die gleiche lineare Verbindung der entsprechenden Lösungen von (A_h).

---

von denjenigen Kernen, die eine Darstellung durch eine *abbrechende* Reihe $u_1(s) v_1(t) + \cdots + u_n(s) v_n(t)$ nicht gestatten (Kerne vom Range ∞). Man kann genauer n als den „Rang" des Kernes bezeichnen, wenn eine derartige Darstellung des Kerns mit weniger als n Summanden nicht möglich ist. Dieser Rangbegriff steht dann in genauer Analogie zu dem in der Determinantentheorie üblichen, wofern man das dem Kern $K(s,t)$ entsprechende Koeffizientensystem K_{st} ins Auge faßt, und nicht das System $e_{st} + K_{st}$, das oben [50]) für die Aufstellung des „Defekts des Kernes $K(s,t)$" maßgebend war. Der Name „Kern endlichen Ranges" ist deshalb dem Namen „ausgearteter Kern", den *R. Courant*[67]) gebraucht, vorgezogen worden.

ε) Ist $\varphi(s) \not\equiv 0$ eine Lösung von (J_h), so sind die durch (2) hinzubestimmten Werte x_α nicht sämtlich 0; denn nach α) besteht dann (3) und würde $\varphi(s) \equiv 0$ ergeben. Umgekehrt liefert jede *eigentliche* Lösung von (A_h) eine nicht identisch verschwindende Lösung von (J_h), da gemäß β) (2) besteht und also mit $\varphi(s)$ alle x_α verschwinden müßten.[62])

Da nun für (A) die den determinantenfreien Sätzen analogen Theoreme bekanntlich gelten, folgt für den Kern G die Gültigkeit der determinantenfreien Sätze.

2. *Ist* $|H(s, t)| \leq \mu < \dfrac{1}{b-a}$, *so konvergiert für den Kern* $H(s, t)$ *die Entwicklung nach Iterierten* [vgl. (5) aus Nr. **3** und (8a) aus Nr. **4** oder (2) aus Nr. **11**]; $H(s, t)$ *besitzt daher einen lösenden Kern.* Dies ergibt sich aus den soeben genannten Formeln unmittelbar unter Anwendung des ersten Mittelwertsatzes der Integralrechnung.[63])

3. *Jeder stetige Kern* $K(s, t)$ *kann als Summe* $G(s, t) + H(s, t)$ *dargestellt werden, wo* $G(s, t)$ *von endlichem Rang ist,* $H(s, t)$ *den Bedingungen von* 2. *genügt.* Man braucht, um dies einzusehen, nur das Integrationsquadrat in n gleich breite vertikale Streifen zu teilen, die Werte von K längs der teilenden Linien als die n Funktionen $v_\alpha(t)$ zu nehmen und $u_\alpha(s)$ im α^{ten} Teilintervall den Wert 1, sonst den Wert 0 zu erteilen, um aus der Gleichmäßigkeit der Stetigkeit folgern zu können, daß bei hinreichend großem n der Betrag $|K(s, t) - u_1(s)v_1(t) - \cdots - u_n(s)v_n(t)| \leq \varepsilon$ ist, insbesondere also auch $\leq \mu$, wenn ε die in 2. vorkommende Zahl μ bezeichnet.[64])

4. *Ist* $K(s, t) = G(s, t) + H(s, t)$ *und besitzt* $H(s, t)$ *seinerseits einen lösenden Kern* $\mathsf{H}(s, t)$, *so gelten die determinantenfreien Sätze für* (J), *wenn sie für die Integralgleichung* $(\bar{J})$ *mit dem Kern*

$$(4) \qquad \bar{K}(s, t) = G(s, t) + \int_a^b \mathsf{H}(s, r)\, G(r, t)\, dr$$

---

62) Es ist also *nicht* notwendig, wie mehrfach geschieht, hierzu die lineare Unabhängigkeit der $u_\alpha(s)$ oder der $v_\alpha(s)$ vorauszusetzen.

63) Es ist damit neben den Volterraschen Kernen (vgl. Nr. **3** oder **23**) eine andere umfassende Klasse von Kernen aufgewiesen („kleine Kerne"), bei denen die Entwicklung nach Iterierten stets konvergiert. *E. Schmidt* setzt übrigens statt der Bedingung des Textes ursprünglich $\int_a^b\!\!\int_a^b [k(s, t)]^2\, ds\, dt < 1$ voraus und folgert mit Hilfe der *Schwarz*schen Ungleichung Nr. **7**, (22) die Konvergenz der Entwicklung nach Iterierten.

64) Vgl. *E. Schmidt*, Math. Ann. 65[337]), p. 372 f., Anm. ***). Auch andere Verfahren, z. B. Approximation von $K(s, t)$ durch Polynome, liefern das gleiche Resultat.

gelten.[65]) Ist nämlich $\varphi(s)$ eine Lösung von (J), so ist

$$\varphi(s) + \int_a^b H(s,t)\,\varphi(t)\,dt = f(s) - \int_a^b G(s,t)\,\varphi(t)\,dt,$$

also, da $\mathsf{H}(s,t)$ der lösende Kern von $H(s,t)$ ist,

$$\varphi(s) = \left[f(s) - \int_a^b G(s,t)\,\varphi(t)\,dt\right] + \int_a^b \mathsf{H}(s,t)\left[f(t) - \int_a^b G(t,r)\,\varphi(r)\,dr\right]dt$$

oder

$$(5) \qquad \varphi(s) + \int_a^b \overline{K}(s,t)\,\varphi(t)\,dt = f(s) + \int_a^b \mathsf{H}(s,t)\,f(t)\,dt.$$

Man entnimmt aus dieser Rechnung, deren Umkehrbarkeit einleuchtet, unmittelbar, daß (J) und $(\overline{J})$ die gleichen Lösungen haben, ebenso die zugehörigen homogenen Gleichungen (J_h) und $(\overline{J}_h)$. Ist ferner $\overline{\psi}(s)$ eine Lösung der transponierten homogenen Gleichung $(\overline{J}_h{}')$, also

$$(6) \qquad \overline{\psi}(s) + \int_a^b \overline{K}(t,s)\,\overline{\psi}(t)\,dt = 0,$$

und ist

$$(7) \qquad \begin{cases} \psi(s) = \overline{\psi}(s) + \int_a^b \mathsf{H}(t,s)\,\overline{\psi}(t)\,dt, & \text{also} \\[2ex] \overline{\psi}(s) = \psi(s) + \int_a^b H(t,s)\,\psi(t)\,dt, \end{cases}$$

so ist die linke Seite von (6) wegen (4) und (7)

$$= \overline{\psi}(s) + \int_a^b G(t,s)\,\overline{\psi}(t)\,dt + \int_a^b\!\int_a^b \mathsf{H}(t,r)\,G(r,s)\,\overline{\psi}(t)\,dr\,dt$$

$$= \psi(s) + \int_a^b H(t,s)\,\psi(t)\,dt + \int_a^b G(t,s)\,\psi(t)\,dt = \psi(s) + \int_a^b K(t,s)\,\psi(t)\,dt,$$

d. h. $\psi(s)$ ist eine Lösung der transponierten homogenen Gleichung $(J_h{}')$. Mit denselben Mitteln folgt, daß sich die Gültigkeit von Satz 3 von $(\overline{J})$ auf (J) überträgt.

5. *Ist $G(s,t)$ ein Kern endlichen Ranges, so auch $\overline{K}(s,t)$.*

Für $(\overline{J})$ gelten daher wegen 1. alle determinantenfreien Sätze, und wegen 4. trifft das nämliche für (J) zu.

---

65) Wegen der allgemeinen Bedeutung dieses Abspaltungsverfahrens vgl. Nr. **24a** [296]). Übrigens sei hervorgehoben, daß G und H hier *nicht* die in 2. und 3. angegebene Bedeutung zu haben brauchen. — Einige Rechnungen über die Resolventen von Kernen, die in ähnlicher Weise wie K und $\overline{K}$ zusammenhängen, findet man bei *H. Batemann*, Mess. (2) 37 (1908), p. 179—187 und bei *S. M. Sanie-levici*, Buk. Bulet. 20 (1911), p. 453—467.

Im Gegensatz zu *E. Goursat* und *H. Lebesgue*[56]) wird also die Lösung
für den Kern K aus derjenigen für den Kern G hier nicht dadurch
gewonnen, daß man n unbegrenzt wachsen läßt und ihre Konvergenz
untersucht, sondern sie bei einem passend gewählten festen n direkt
konstruiert.

b) **Weitere Methoden.**

1. Im Anschluß an seine Eigenwerttheorie der Integralgleichung mit
symmetrischem Kern (vgl. III A dieses Artikels) bemerkt *E. Schmidt*[65a]),
daß einige Sätze der Auflösungstheorie beliebiger Kerne aus den entsprechenden Sätzen für symmetrische Kerne abgeleitet werden können,
für die sie ihrerseits aus der Eigenwerttheorie unmittelbar abgelesen
werden können. Und zwar führt er (J) durch die Substitution

$$(8) \qquad \varphi(s) = \chi(s) + \int_a^b K(t, s)\, \chi(t)\, dt$$

in die Integralgleichung

$$(9) \qquad f(s) = \chi(s) + \int_a^b Q(s, t)\, \chi(t)\, dt$$

mit dem symmetrischen Kern

$$(10) \qquad Q(s, t) = K(s, t) + K(t, s) + \int_a^b K(s, r)\, K(t, r)\, dr$$

über. Ist die unhomogene Gleichung (9) lösbar, so liefert (8) offenbar eine Lösung von (J). Ist die zu (9) gehörige homogene Gleichung
lösbar, so lehrt die leicht auszurechnende Identität

$$(11) \qquad \begin{cases} \displaystyle \int_a^b \left\{ \psi(s) + \int_a^b K(t, s)\, \psi(t)\, dt \right\}^2 ds \\[2ex] \displaystyle \qquad = \int_a^b \psi(s) \left\{ \psi(s) + \int_a^b Q(s, t)\, \psi(t)\, dt \right\} ds, \end{cases}$$

daß (J_h') lösbar ist; das Umgekehrte folgt aus (J) in Verbindung
mit (8) und (9) leicht. Man erhält also von dem Komplex der determinantenfreien Sätze die folgenden Bestandteile: daß von den beiden
Problemen (J) und (J_h') stets eins und nur eins lösbar ist, sowie die
genaueren Aussagen über das gegenseitige Verhältnis dieser beiden
Probleme, die in Satz 3 implizite enthalten sind.[66])

65a) *E. Schmidt*, Math. Ann. 63[41]), § 13, p. 459—461; vgl. hierzu außerdem[60]).

66) Man vgl. zu dem Kunstgriff der Bildung von (10), der in verschiedenen
Auflösungstheorien eine wesentliche Rolle spielt, Nr. 18b, 3, insbesondere[184a]);
dort finden übrigens die Grenzen seiner Leistungsfähigkeit eine Motivierung. —
Neuerdings gibt *D. Enskog*, Math. Ztschr. 24 (1926), p. 670—683 und 25 (1926),
p. 299—304, einen Weg an, um das hier Fehlende zu ergänzen.

2. *Hilbert* hat dem Gegenstande durch seinen Übergang zu unendlichvielen Veränderlichen (Nr. **15**) indirekt alle diejenigen Methoden erschlossen, die zur Behandlung der linearen Gleichungssysteme mit unendlichvielen Unbekannten dienen. Natürlich befinden sich darunter zunächst alle Methoden, die sich durch formale Übertragung der hier bei den Integralgleichungen aufgeführten Methoden ergeben (s. Nr. **16** d, 3 und **16** d, 4). Darüber hinaus aber gestattet die größere Beweglichkeit der unendlichvielen Veränderlichen einige weitere Auflösungstheorien (s. Nr. **16** c und **16** d, 2) aufzustellen, die sich bei Integralgleichungen nicht ohne weiteres handhaben lassen.

3. *R. Courant* hat neuerdings[67]) gezeigt, daß man diese letzteren Methoden (Nr. **16** c) trotz der entgegenstehenden Schwierigkeiten so modifizieren kann, daß sie doch direkt auf Integralgleichungen anwendbar werden. Man findet diese Untersuchungen, die in erster Reihe für die Eigenwerttheorie von Bedeutung sind, in Nr. **33** d ihrer Art nach dargestellt. Hier ist nur zu erwähnen, daß sich dabei auch eine Auflösungsmethode ergibt, die auf folgendes hinausläuft. Der Kern der zu lösenden Integralgleichung wird wie bei *E. Goursat* und *H. Lebesgue*[56]) durch einen Kern $K_n(s,t)$ von endlichem Rang approximiert, die Lösung von K wird jedoch aus derjenigen von K_n durch Konvergenzbetrachtungen *allgemeiner* Art (vgl. **33** d) gewonnen, ohne daß an die Fredholmschen Formeln oder irgendeinen expliziten Formelapparat angeknüpft wird.

4. Wegen der *funktionentheoretischen* Herleitung der Auflösungstatsachen vgl. Nr. **39** a, p. 1548 sowie [491]).

c) Varianten zu Einzelheiten.

1. Dafür, daß die Anzahl der linear-unabhängigen Lösungen der homogenen Integralgleichung *endlich* ist, gibt *E. Schmidt*[384]) einen sehr kurzen direkten Beweis mit Hilfe des Orthogonalisierungsprozesses (vgl. Nr. **30** b).[68]) *M. Bôcher*[69]) gibt eine andere Darstellung dieses Beweises, indem er statt des Orthogonalisierungsprozesses *Gram*sche Determinanten verwendet.

2. Man hat verschiedentlich versucht, den Gültigkeitsbereich der Entwicklung nach Iterierten [vgl. Nr. **3**, (5) oder Nr. **11**, (2) und [63])] weiter auszudehnen. Das Verfahren von *C. Neumann* selbst (Nr. **5**,

---

67) *R. Courant*, Math. Ann. 89 (1923), p. 161—178 sowie Literatur A 11, Kap. III, insbesondere § 3 und 8.

68) Die dort vorausgesetzte Symmetrie des Kernes ist für diesen Beweis unerheblich, wie *E. Schmidt*[41]), p. 460 hervorhebt.

69) *M. Bôcher*, Amer. Math. Soc. Bull. (2) 17 (1910), p. 283—284 = Ann. of Math. (2) 14 (1912), p. 84—85.

p. 1354) läuft, ohne daß es bei ihm so formuliert wird, etwa darauf hinaus, daß er für die Reihe (11) in Nr. **5**, die für $\lambda = +1$ einen Pol hat, die ersten arithmetischen Mittel[70]) betrachtet und deren Konvergenz für $\lambda = -1$ erweist. Verwendet man statt der arithmetischen Mittel das *Borel*sche Summationsverfahren, so kann man die Gültigkeit der Reihe (2a) von Nr. **11**c über das ganze *Borel*sche Summabilitätspolygon ausdehnen.[71]) Ähnlich könnte man den *Mittag-Leffler*schen Stern verwenden u. dgl. m.

3. Über das Auflösungsverfahren, das *D. Enskog*[72]) für definite, symmetrische Kerne angegeben hat, vgl. Nr. **15**e.

11. **Die iterierten und assoziierten Kerne.** a) Unter den *Iterierten* eines Kernes $K(s,t)$ versteht man die sukzessive zu bildenden Funktionen

$$(1)\quad K^{(2)}(s,t) = \int_a^b K(s,r)\,K(r,t)\,dr,\quad K^{(3)}(s,t) = \int_a^b K^{(2)}(s,r)\,K(r,t)\,dr,\dots;$$

es ist also

$$K^{(n)}(s,t) = \int_a^b K^{(n-1)}(s,r)\,K(r,t)\,dr$$

$$= \int_a^b \cdots \int_a^b K(s,r_1)\dots K(r_{n-1},t)\,dr_1\dots dr_{n-1} = \int_a^b K(s,r)\,K^{(n-1)}(r,t)\,dr$$

und allgemeiner

$$(1\,\text{a})\qquad K^{(\mu+\nu)}(s,t) = \int_a^b K^{(\mu)}(s,r)\,K^{(\nu)}(r,t)\,dr.$$

Der lösende Kern $\mathsf{K}(s,t)$ (vgl. Nr. **9**, p. 1372 f.) kann mit Hilfe der iterierten Kerne durch die Reihe

$$(2)\qquad \mathsf{K}(s,t) = -K(s,t) + K^{(2)}(s,t) \mp \cdots$$

dargestellt werden, falls diese gleichmäßig konvergiert.[73]) In diesem Falle kann man nämlich unmittelbar verifizieren, daß sie den definierenden Formeln des lösenden Kernes (3a), (3b) von Nr. **9** genügt.

---

70) Wenn er seine Methode als die „des arithmetischen Mittels" bezeichnet, so bezieht sich diese Benennung auf ein anderes Moment.

71) *A. Vergerio*, Rom Acc. Linc. Rend. (5) 26_1 (1917), p. 426—433; *G. Sannia*, ebenda 28_2 (1919), p. 429—433.

72) *D. Enskog*, Kinetische Theorie der Vorgänge in mäßig verdünnten Gasen, Diss. Upsala 1917, 160 S.; Arkiv för Mat., Astr. och Fys. 16 (1921), Nr. 16, 60 S.; vgl. auch die Darstellung bei *E. Hecke*, Math. Ztschr. 12 (1922), p. 274—286, insbes. § 4.

73) Formel (2) ist mit Formel (8a) von Nr. **4** identisch, die durch die Einführung der iterierten Kerne diese übersichtlichere Gestalt gewinnt. — Die Reihe (2) ist nicht immer gleichmäßig konvergent (vgl. Nr. **5**, p. 1354); sie ist es aber gewiß für alle *Volterra*schen Kerne (Nr. **3** oder **23**a) und für die „kleinen Kerne" [Nr. **10**a, 2 und [63])].

b) Kennt man die Resolvente K_n des Kernes $K^{(n)}$, so kann man daraus leicht die Resolvente K des Kernes K folgendermaßen ableiten[74]): sei

$$G_n(s, t) = -K(s, t) + K^{(2)}(s, t) \mp \cdots + (-1)^{n-1} K^{(n-1)}(s, t),$$

so ist

(3) $$\mathsf{K}(s, t) = G_n(s, t) + \mathsf{K}_n(s, t) + \int_a^b G_n(s, r)\, \mathsf{K}_n(r, t)\, dr.$$

Umgekehrt folgt aus der Existenz von K noch nicht diejenige von K_n; existieren jedoch auch die Resolventen K_ε, $\mathsf{K}_{\varepsilon^2}$, $\ldots$, $\mathsf{K}_{\varepsilon^{n-1}}$ der Kerne εK, $\varepsilon^2 K$, $\ldots$, $\varepsilon^{n-1} K$, wo ε eine primitive n^{te} Einheitswurzel ist, so existiert auch K_n und ist

(4) $$\mathsf{K}_n = \frac{1}{n} \{ \mathsf{K}(s, t) + \varepsilon \mathsf{K}_\varepsilon(s, t) + \cdots + \varepsilon^{n-1} \mathsf{K}_{\varepsilon^{n-1}}(s, t) \}.^{74})$$

Eine Lösung $\varphi(s)$ der homogenen Gleichung (J_h) mit dem Kern K ist zugleich auch eine Lösung der homogenen Gleichung $(J_h^{(n)})$ mit dem Kern $K^{(n)}$. Umgekehrt hat, wenn $(J_h^{(n)})$ lösbar ist, mindestens eine homogene Gleichung mit *einem* der Kerne K, εK, $\ldots$, $\varepsilon^{n-1} K$ eine Lösung, die jedoch nicht notwendig dieselbe zu sein braucht.[75])

c) Betrachtet man wie am Schluß von Nr. 9 statt $K(s, t)$ den Kern $-\lambda k(s, t)$ und setzt $\mathsf{K}(s, t) = \lambda \varkappa(\lambda; s, t)$, so geht (2) in die Potenzreihe in λ über:

(2a) $$\varkappa(\lambda; s, t) = k(s, t) + \lambda k^{(2)}(s, t) + \lambda^2 k^{(3)}(s, t) + \cdots$$

Sie konvergiert, wie man etwa der Schlußbemerkung von Nr. 9 entnimmt, bis zu der dem Betrage nach kleinsten Nullstelle von $\delta(\lambda)$.[75a])

Auch die Determinantenformel von Nr. 9 kann man für kleines λ einfacher darstellen[76]), wenn man sich der sog. *Spuren* des Kernes $k(s, t)$ bedient, d. h. der Größen

(5) $$u_1 = \int_a^b k(s, s)\, ds, \quad u_2 = \int_a^b k^{(2)}(s, s)\, ds, \quad \ldots, \quad u_n = \int_a^b k^{(n)}(s, s)\, ds, \quad \ldots$$

Und zwar ist alsdann für hinreichend kleines λ

(6) $$-\frac{\delta'(\lambda)}{\delta(\lambda)} = u_1 + u_2 \lambda + u_3 \lambda^2 + \cdots = \int_a^b \varkappa(\lambda; s, s)\, ds,$$

---

74) Implizite bei *J. Fredholm*[82]), für $n = 2$ bei *D. Hilbert*, Grundzüge, p. 70; ausgeführt bei *J. Plemelj*[53]) und bei *E. Goursat*, Toulouse Ann. (2) 10 (1908), p. 5—98, insbes. p. 15.

75) *D. Hilbert*, 2. Mitteilung = Grundzüge, p. 69, Satz 23.

75a) *T. Carleman*, Paris C. R. 169 (1919), p. 773—776 folgert aus dieser Reihenentwicklung mit Hilfe der Hadamardschen Theorie den meromorphen Charakter von $\varkappa$.

76) *J. Fredholm*, Acta 27[29]), § 5.

so daß

$$\delta(\lambda) = e^{-u_1\lambda - \frac{u_2}{2}\lambda^2 - \cdots}$$

ausfällt, oder

$$(7) \qquad \delta(\lambda) = 1 + \frac{\delta_1}{1!}\lambda + \frac{\delta_2}{2!}\lambda^2 + \cdots,$$

wo

$$(7\,\text{a}) \qquad \delta_n = \begin{vmatrix} u_1 & n-1 & 0 & \cdot & 0 \\ u_2 & u_1 & n-2 & \cdot & 0 \\ u_3 & u_2 & u_1 & \cdot & 0 \\ \cdot & \cdot & \cdot & \cdot & \cdot \\ u_n & u_{n-1} & u_{n-2} & \cdot & u_1 \end{vmatrix}.$$

Eine ähnliche Darstellung kann man für die ersten Fredholmschen Minoren geben, wobei neben den Spuren noch die iterierten Kerne eingehen.[77]

d) Die Funktion von $2\,m$ Veränderlichen[78]

$$\frac{1}{m!}\, K\begin{pmatrix} s_1 \cdots s_m \\ t_1 \cdots t_m \end{pmatrix}$$

(in der Bezeichnungsweise von Nr. **9**) heißt *der m^{te} zu K assoziierte Kern*.[79] Formal gilt von diesem: Der m^{te} assoziierte Kern von K ist dann und nur dann identisch 0, wenn K ein Kern vom Range m ist (vgl. Nr. **10**a, 1)[80]; bildet man aus dem m^{ten} assoziierten Kern die μ^{te} Iterierte, so erhält man den m^{ten} assoziierten Kern von $K^{(\mu)}$. Vgl. im übrigen wegen der wesentlichen Eigenschaften der assoziierten Kerne Nr. **31**b und **39**b.

12. Uneigentlich singuläre Integralgleichungen.[81] Die bisher gemachte Voraussetzung der *Stetigkeit* des Kerns ist für die in Nr. **9** und **10** aufgeführten Auflösungstheorien mehr oder weniger entbehrlich. Daß für abteilungsweise stetige Funktionen u. dgl. die sämtlichen Schlüsse gültig bleiben, ist unmittelbar ersichtlich. Darüber hinaus aber hat

---

77) *T. Lalesco*, Paris C. R. 145 (1907), p. 1136—1137 und Literatur A 6, p. 25 f.; *H. Poincaré*, Paris C. R. 147 (1908), p. 1367—1371; Acta math. 33 (1909), p. 57—86 = Assoc. Franç. (Lille) 38 (1910), p. 1—28 sowie Literatur C 4.

78) Vgl. Nr. **13**a, wo allgemein Kerne von zwei Reihen von je m Veränderlichen betrachtet werden.

79) *J. Schur*, Math. Ann. 67 (1909), p. 306—339, insbes. p. 318. Der Begriff ist dem algebraischen Begriff der Matrix der m-reihigen Minoren einer gegebenen n-reihigen Matrix nachgebildet; im Gegensatz zu den Fredholmschen Minoren ist hier m endlich gehalten, während n unendlich wird.

80) *E. Goursat*[74], p. 80.

81) *Eigentlich singuläre Integralgleichungen*, d. h. solche, bei denen die Tatsachen der *Fredholm*schen Theorie nicht mehr im vollen Umfange gelten, findet man in Nr. **21**.

man, insbesondere um den Erfordernissen der Anwendungen zu entsprechen, eine Reihe von Untersuchungen angestellt, die abgesehen von den unter a) zu schildernden lediglich den Geltungsbereich der verschiedenen Auflösungsformeln analysieren.

a) **Übergang zu iterierten Kernen.** Alsbald bei der Begründung seiner Theorie hat *J. Fredholm* gezeigt[82]), daß man solche unstetigen Kerne beherrschen kann, bei denen der n^{te} iterierte Kern stetig ist. In der Tat gestatten die Formeln von Nr. **11**b ohne weiteres auch dann, wenn K unstetig, jedoch $K^{(n)}$ stetig ist und wenn $K^{(n)}$ eine Resolvente besitzt, aus dieser eine Resolvente von K zu konstruieren.[83]) *Fredholm* zeigt nun darüber hinaus, indem er die Pseudoresolvente von $K^{(n)}$ in Betracht zieht, wie man weitere Tatsachen seiner Theorie auf diesen Fall übertragen kann; ausgeführt ist bei ihm der Beweis, daß, wenn die homogene Gleichung (J_h) mit dem Kern K keine Lösung hat, auch die transponierte $(J_h{}')$ unlösbar ist, und daß dann eine Resolvente K existiert.[84]) Ihre Darstellung als Quotient zweier ganzen transzendenten Funktionen gibt *E. W. Hobson*[89]).

Insbesondere ist die *Fredholm*sche Voraussetzung erfüllt, wenn ein $\alpha < 1$ existiert, so daß $K(s, t)(s - t)^\alpha$ beschränkt ist; in diesem Falle muß $n > \dfrac{1}{1 - \alpha}$ gewählt werden $\left(\text{also } \alpha < 1 - \dfrac{1}{n}\right)$.[84a])

b) **Modifikation der Fredholmschen Formeln.** *D. Hilbert* hat in den Fredholmschen Formeln die Größen $K(x_\alpha, x_\alpha)$, die in der Diagonale der einzelnen Determinanten auftreten, durch Nullen ersetzt und bemerkt, daß die so modifizierten Ausdrücke dann noch konvergieren, wenn K von niedrigerer als der $1/_2{}^{\text{ten}}$ Ordnung unendlich wird ($\alpha < \tfrac{1}{2}$), und die Lösungen liefern.[85]) Die modifizierten Ausdrücke sind im Falle stetiger Kerne übrigens nicht gleich den ursprünglichen Fredholmschen, sondern unterscheiden sich von ihnen durch den gemeinsamen Exponentialfaktor $e^{-\lambda u_1}$[86]), der sich in den die Resolventen darstellenden Quotienten (Nr. **9**, Formel (3) und (8))

---

82) *J. Fredholm,* Paris C. R. 134[29]), p. 1561 und Acta math. 27[29]), § 6.

83) *D. Hilbert*[75]) und p. 71 f. für $n = 2$.

84) *J. Fredholm,* Acta 27[82]), p. 388—390.

84a) Eine Schranke für $K^{(n)}(s, t)$ bei *M. Picone,* Rom Acc. Linc. Rend. (5) 30₂ (1921), p. 90—92.

85) *D. Hilbert,* 1. Mitteil. $=$ Grundzüge, Kap. VI, p. 30—35; die Tatsachen waren schon vorher in den Dissertationen von *O. D. Kellogg*[35]) und *A. Andrae*[35]) (1902 und 1903) benutzt; vgl. außerdem *O. D. Kellogg*[55]), § 5. — Weitergehende Anwendung dieser Methode bei *E. W. Hobson*[89]), Nr. 12.

86) Hier wird die Bezeichnung $K(s, t) = - \lambda k(s, t)$ von Nr. **11**c wieder aufgenommen.

heraushebt.[87] *Hilbert* führt den Beweis, indem er K durch eine Folge stetiger Kerne approximiert.[88]

H. Poincaré[77] unterdrückt allgemeiner in den Determinanten $K\begin{pmatrix} x_1 \cdots x_n \\ x_1 \cdots x_n \end{pmatrix}$ (vgl. Nr. 9 Anfang) alle Terme, die einen Faktor der Form

$$K(x_{\alpha_1}, x_{\alpha_2}) K(x_{\alpha_2}, x_{\alpha_3}) \ldots K(x_{\alpha_\nu}, x_{\alpha_1})$$

enthalten, wo $\nu < n$ ist, und erhält damit die Lösungen für $\alpha < 1 - \dfrac{1}{n}$. Der Beweis geht bei *Poincaré* von den in Nr. 11c erwähnten Tatsachen aus und von der Bemerkung, daß für $\alpha < 1 - \dfrac{1}{n}$ die n^{te} Iterierte und alle folgenden endlich und stetig sind, so daß also die Spuren von u_n ab existieren. Es behält daher zwar nicht $\delta(\lambda)$, aber derjenige Ausdruck, der bei stetigem $k(s, t)$[86] in diesem Falle

$$= \delta(\lambda)\, e^{\frac{u_1}{1}\lambda + \frac{u_2}{2}\lambda^2 + \cdots + \frac{u_{n-}}{n-1}\lambda^{n-1}} = e^{-\frac{u_n}{n}\lambda^n - \frac{u_{n+1}}{n+1}\lambda^{n+1} - \cdots}$$

ist, seinen Sinn, zunächst für kleine λ, und es gelingt durch funktionentheoretische Methoden, seinen Charakter als ganze transzendente Funktion nachzuweisen sowie seine Übereinstimmung mit dem modifizierten Ausdruck; Entsprechendes geschieht für die ersten Fredholmschen Minoren.

Für *Kerne, von denen keine Iterierte beschränkt ist,* deutet *Poincaré*[90] an, wie man in dem Falle durchkommen kann, daß wenigstens die Spuren von einer gewissen an endlich sind. Andere Fälle spe-

---

87) Diese Tatsache ist zum ersten Male angegeben bei *Kellogg*[55], p. 175. *E. Garbe*[54], p. 13, hat das algebraische Analogon durchgerechnet und daraus durch Grenzübergang die *Hilbert*sche Aussage abgeleitet.

88) *T. Carleman*, Math. Ztschr. 9 (1921), p. 196—217, beweist mit derselben Methode und unter Verschärfung der *Hilbert*schen Abschätzung durch Resultate von *J. Schur*[485] (vgl. Nr. 39b), daß das gleiche gilt unter der alleinigen Voraussetzung, daß $\iint k^2\, ds\, dt$ im Lebesgueschen Sinne existiert. Für den Fall, daß das Doppelintegral im Riemannschen Sinne existiert und < 1 ist, hatte dies schon *H. v. Koch*, Palermo Rend. 28 (1909), p. 255—266 (vgl. dazu noch [96], p. 13) gezeigt. Auf andere Weise hatte *H. Lebesgue*[56] Bedingungen für die Gültigkeit der Fredholmschen Formeln erhalten, die auf die Darstellbarkeit von K durch sukzessive Limesbildungen von Polynomen und die gleichmäßige Endlichkeit gewisser Iterierten hinausläuft.

89) *E. W. Hobson*, London Math. Soc. Proc. (2) 13 (1914), p. 307—340. Hier werden Unstetigkeiten allgemeineren Charakters zugelassen, unter Verwendung Lebesguescher Integrale.

90) *H. Poincaré*, Acta math. 33[77], § 4. Vgl. auch Nr. 15c, p 1397, [118].

zieller Art werden durchgeführt bei *L. Lichtenstein*[91]) und *E. W. Hobson.*[92])

c) **Benutzung von *E. Schmidts* Abspaltungsverfahren.** *E. Schmidt* selbst[93]) gibt an, daß seine Methode unter folgenden Bedingungen anwendbar bleibt: 1. die Unstetigkeitsstellen von $K(s, t)$ haben auf jeder Geraden $s = $ konst., $t = $ konst. den äußeren Inhalt 0, 2. die Integrale

$$\int_a^b [K(s, t)]^2 dt \quad \text{und} \quad \int_a^b [K(t, s)]^2 dt$$

existieren und sind stetige, nicht identisch verschwindende Funktionen von s. Weiteres bei *E. E. Levi*[94]) und *A. C. Dixon.*[95])

d) **Integralgleichungen mit unendlichgroßem Integrationsintervall** sind insofern hier zu erwähnen, als sie durch einfache Transformation in Integralgleichungen mit endlichem Integrationsintervall, aber unendlichem Kern übergehen.[96])

13. Allgemeinere Integrationsbereiche. Systeme von Integralgleichungen. Um an eine konkrete Vorstellung anzuknüpfen, ist in den vorangehenden Nummern stets der Fall eines eindimensionalen (reellen) endlichen Intervalls zugrunde gelegt worden. Eine entscheidende und insbesondere für die Anwendungen bedeutsame Eigenschaft der Theorie der Integralgleichungen ist die Schmiegsamkeit, mit der sie sich den verschiedenartigsten Verallgemeinerungen anzupassen vermag. Die Zusammenstellung der Einzeluntersuchungen dieser Art, die unten folgt, kann kein Bild von dem geben, worauf es hier ankommt. Das Wesentliche ist die *Durchsichtigkeit der Beweismethoden der Integralgleichungslehre,* die die Ausdehnbarkeit der zugrunde gelegten Vor-

---

91) *L. Lichtenstein,* J. f. Math. 140 (1911), p. 100—119: Kerne von der Form $P_1(s, t) + f(s) P_2(s, t)$, wo P_1, P_2 stetig, $f(s)$ summabel und von niederer als 1. Ordnung unendlich.

92) *E. W. Hobson*[89]): Kerne von der Form $\mu(s) \nu(t) P(s, t)$, wo P beschränkt und summabel, $\mu(s)$, $\nu(s)$ nicht beschränkt, aber $\mu(s) \cdot \nu(s)$ summabel; ein Spezialfall bei *C. E. Love,* Ann. of Math. (2) 21 (1919), p. 104—111. — *A. Ostrowski,* F. d. Math. 45 (1921), p. 521, weist auf eine Verallgemeinerung hin.

93) *E. Schmidt*[42]), p. 174; [41]), p. 467 und p. 457ff.

94) *E. E. Levi,* Rom Acc. Linc. (5) 16_2 (1907), p. 604—612, setzt voraus, daß $\int_t |K(s, t)| \, dt$ gleichmäßig konvergiert im Sinne von *de la Vallée-Poussin,* d. h. $\int_{t-\delta}^t |K(s, t)| \, dt$ kann für alle s, t gleichmäßig beliebig klein gemacht werden.

95) *A. C. Dixon,* London Math. Soc. Proc. (2) 7 (1909), p. 314—337 wendet die Methode für beschränkte Kerne und den *Lebesgue*schen Integralbegriff an.

96) *H. v. Koch,* Arkiv f. Mat. 7 (1911), Nr. 4, 17 S. behandelt Kerne für das Intervall 0 bis ∞, unter der Annahme $\int_0^\infty |K(s, s)| \, ds$ konvergent, $\int_0^\infty \int_0^\infty K^2 \, ds \, dt < 1$ u. ä.

aussetzungen auf mehrere unabhängige Veränderliche, auf andere Integrationswege u. dgl. m. unmittelbar abzulesen gestattet. Von einem erweiterten Standpunkt wird eine solche Betrachtungsweise in Nr. **20**d und Nr. **45**c zur Geltung kommen.

a) **Allgemeinere Integrationsbereiche.** Daß die Auflösungstheorie für *mehrfache* Integrale, d. h. dann, wenn sowohl s als auch t Stellen eines Gebietes im n-dimensionalen Raum bedeuten, unmittelbar in Geltung bleibt[97]), ist bereits in allen grundlegenden Arbeiten der Theorie hervorgehoben worden.[19])[29])[54])[41])[42]) Ebenso können s und t über einen *komplexen* Integrationsweg erstreckt sein, längs dessen die eingehenden Funktionen als reelle oder auch komplexe Belegungen aufgepflanzt sind (vgl. Nr. **21**a, Schluß). Wegen solcher *Integrationsbereiche, die sich ins Unendliche erstrecken,* vgl. Nr. **12**d.

b) Als **gemischte Integralgleichungen**[98]) bezeichnet man Gleichungen vom Typus

$$(1) \qquad \varphi(s) + \sum_{\nu=1}^{n} K_\nu(s)\,\varphi(x_\nu) + \int_a^b K(s,t)\,\varphi(t)\,dt = f(s),$$

wo $f(s)$, $K(s,t)$, $K_1(s)$, $\ldots$, $K_n(s)$ gegebene Funktionen und $x_1, \ldots, x_n$ gegebene Stellen im Intervall $a \leq s \leq b$ sind, und allgemeiner Gleichungen, in denen Integrale verschiedener Dimension nebeneinander auftreten, wie z. B.

$$(2) \quad \varphi(s_1, s_2) + \int_{a_1}^{b_1} K_1(s_1, s_2; t)\,\varphi(t, s_2)\,dt + \int_{a_1}^{b_2} K_2(s_1, s_2; t)\,\varphi(s_1, t)\,dt$$

$$+ \int_{a_1}^{b_1}\!\!\int_{a_2}^{b_2} K_3(s_1, s_2; t_1, t_2)\,\varphi(t_1, t_2)\,dt_1\,dt_2 = f(s_1, s_2).$$

---

97) In Ergänzung von Nr. **12** muß hier hervorgehoben werden, daß Bedingungen, unter denen die Iterierten von einer bestimmten an endlich sind (Schlußbemerkung von **12**a), nur unter sinngemäßer Modifikation für mehr Dimensionen aufgestellt werden können; z. B. ist für 2 Dimensionen die Endlichkeit von $\varrho^\alpha K(s_1, s_2; t_1, t_2)$, wo $\varrho^2 = (s_1 - t_1)^2 + (s_2 - t_2)^2$, für $\alpha < 2$ eine hinreichende Bedingung (*J. Fredholm*, Acta 27[29]), p. 387).

98) *W. A. Hurwitz*, Note on mixed linear integral equations, Amer. Math. Soc. Bull. 18 (1912), p. 291—294 und Amer. Math. Soc. Trans. 16 (1915), p. 121—133; *A. Kneser*, Palermo Rend. 37 (1914), p. 169—197, der den Namen *belastete Integralgleichungen* gebraucht. Übrigens hatte schon *V. Volterra*, Rom Acc. Linc. Rend. (5) 5_1 (1896), p. 289—300, Gleichungen vom Typus (2) behandelt. — Nach Lösungen der gewöhnlichen Integralgleichung 2. Art, die an einer gegebenen Stelle oder deren Ableitung an einer gegebenen Stelle verschwindet oder die sonstigen linearen Bedingungen genügt, hatten *H. Bateman*, Darb. Bull. (2) 30 (1906), p. 264—270, Cambr. Trans. 20 (1907), p. 281—290 und *A. Myller*, Darb. Bull. (2) 31 (1907), p. 74—76, gefragt.

Die Lösung solcher gemischter Integralgleichungen ergibt sich ebenfalls im Sinne der vorangeschickten allgemeinen Bemerkung, wenn man den aus Summation und Integration bzw. aus Integralen verschiedener Vielfachheit oder Erstreckung gemischten Operator an Stelle der gemeinen Integration in der gewöhnlichen Integralgleichung treten läßt.[99]) Ein anderer, der Natur und der rechnerischen Behandlung der gemischten Integralgleichungen gut angepaßter ·Weg benutzt den in Nr. **10a**, 4 formulierten Abspaltungsgedanken und wendet diesen, anders als bei dem *E. Schmidt*schen Verfahren, auf die durch die verschiedendimensionalen Bestandteile sich hier naturgemäß ergebende Zerspaltung an[100])[101]).

c) **Systeme von Integralgleichungen.** Man führt das System

$$(3) \qquad \varphi_\alpha(s) + \sum_{\beta=1}^{n} \int_a^b K_{\alpha\beta}(s,t)\,\varphi_\beta(t)\,dt = f_\alpha(s) \qquad (\alpha = 1, \ldots, n)$$

für die n unbekannten Funktionen $\varphi_1(s), \ldots, \varphi_n(s)$ auf eine einzige gewöhnliche Integralgleichung für das n-mal so große Intervall $a \leqq s \leqq a + n(b-a)$ zurück[102]), indem man die n unbekannten Funktionen nicht in einem und demselben Intervall, sondern in n gleich großen aneinanderstoßenden Intervallen getrennt ausbreitet und zu einer einzigen Funktion $\varphi(s)$ zusammenfaßt, und mit den bekannten Funktionen in entsprechender Weise verfährt; man setzt also für

$$a + (\alpha - 1)(b - a) \leqq s < a + \alpha(b - a),$$
$$a + (\beta - 1)(b - a) \leqq t < a + \beta(b - a)$$

---

99) *A. Kneser*[98]), § VI hat, gestützt auf Mitteilungen von *E. Schmidt*, genaue Axiome formuliert, die ein solcher Operator erfüllen muß, damit die Eigenwerttheorie von *E. Schmidt* gültig ist; es ist leicht, dies auf das *Schmidt*sche Abspaltungsverfahren oder andere Auflösungstheorien zu übertragen; vgl. auch Nr. **24 c**, [309]).

100) *V. Volterra*[98]); *L. Sinigallia*, Lomb. Ist. Rend. (2) 44 (1911), p. 292—313; *J. Pérès*, Palermo Rend. 35 (1913), p. 253—264; *A. Kneser*[98]), § V.

101) In anderer Weise, nämlich durch Approximation mit gewöhnlichen Integralgleichungen, behandelt *G. Andreoli*, Rom Acc. Linc. Rend. 23_2 (1914), p. 159—162, den Gegenstand.

102) *V. Volterra*, Rom Acc. Linc. Rend. (5) 5_1 (1896), p. 177—185; *O. D. Kellogg*, Diss.[35]), p. 12; *J. Fredholm*, Acta 27 [29]), p. 378f. — *G. Greggi*, Ven. Ist. Atti 71 [(8) 14] (1912), p. 541—551 rechnet die sich daraus ergebende Gestalt der Lösungsformeln explizite aus; *M. Botasso*, Torino Att. 48 (1913), p. 19—42 und *L. J. Rouse*, Diss. Michigan, 1918, 33 S.; Amer. Math. Soc. Bull. 24 (1918), p. 426; Tôhoku Math. J. 15 (1919), p. 184—216, besprechen Systeme von weniger Gleichungen als unbekannten Funktionen. — Die in der mathematischen Physik auftretenden Systeme (3) werden oft vektoriell zusammengefaßt [*C. E. Weatherburn*, Quart. J. 46 (1915), p. 334—356, führt es in einer besonderen Arbeit aus].

$$(4) \quad \begin{cases} \varphi(s) = \varphi_\alpha(s - (\alpha - 1)(b - a)), \quad f(s) = f_\alpha(s - (\alpha - 1)(b - a)), \\ K(s, t) = K_{\alpha\beta}(s - (\alpha - 1)(b - a), t - (\beta - 1)(b - a)) \\ \quad (\alpha, \beta = 1, \ldots, n). \end{cases}$$

Das allgemeinere System

$$(5) \quad \sum_{\beta=1}^{n} k_{\alpha\beta}(s)\,\varphi_\beta(s) + \sum_{\beta=1}^{n} \int_a^b K_{\alpha\beta}(s, t)\,\varphi_\beta(t)\,dt = f_\alpha(s) \quad (\alpha = 1, \ldots, n)$$

führt man durch Kombination der Gleichungen auf (3) zurück, falls die Determinante $|k_{\alpha\beta}(s)|$ nirgends verschwindet.[103])

d) **Abhängigkeit der Lösung vom Integrationsbereich.** Dieser Gegenstand, der in der Eigenwerttheorie eine erhebliche Bedeutung hat (s. Nr. **35**), ist hier nur vereinzelt behandelt worden.[104])

14. Besondere Kerne. In der Literatur findet man, abgesehen von den vielen in den Anwendungen auftretenden einzelnen Kernen, die nach der allgemeinen Theorie behandelt werden, eine Reihe Bemerkungen über besondere Kerne. Diese Kerne sind fast durchgehend vom Typus $K(s, t) = f(t - s)$, wo $f(x)$ eine periodische Funktion mit der Periode $b - a$ ist.[105]) Die besondere Eigenschaft dieser Kerne ist die, daß der lösende Kern wieder den gleichen Typus hat; man kann dies der *Fredholm*schen Theorie entnehmen, aber auch direkt aus der Eigenart des Kernes unmittelbar folgern, wenn man von der allgemeinen Theorie nur weiß, daß die Lösung der Integralgleichung (J)

---

103) *Ch. Platrier*[53]), Chap. III. Ist die Determinante an einzelnen Stellen 0, aber von niederer als der 1. Ordnung, so erhält er (Chap. V) uneigentlich singuläre Systeme von Integralgleichungen.

104) *Ch. Platrier*, Nouv. Ann. (4) 13 (1913), p. 183—186, differenziert die Lösung nach der oberen Grenze; *J. Puzyna*, Krak. Anz. (A), 1913, I, p. 1—45.

105) *E. v. Egerváry*, Math. és phys. lapok 23 (1914), p. 303—355; *G. C. Evans*, Amer. Math. Soc. Bull. 22 (1916), p. 493—503, hier auch allgemeine Kerne vom Typus $f(s - t) + g(s + t)$. Wie beide hervorheben, sind das algebraische Analogon dieser Kerne diejenigen Determinanten, die man *Zyklanten* oder *Zirkulanten* (Encykl. I A 2, Nr. **27**) nennt; vgl. auch die entsprechenden Bildungen bei unendlichvielen Variabeln Nr. **43** d. *C. Cailler*, Ens. 15 (1913), p. 33—47, betrachtet Systeme von Integralgleichungen, deren n^2 Kerne einzeln *Volterra*sche Kerne vom Typus $f(s - t)$ sind, also nicht genau vom obigen Typus, aber doch auch, wie *O. Toeplitz* in F. d. M. 44 (1918), p. 406 hervorhebt, alle untereinander vertauschbar. Auf dieser Tatsache allein beruht es, wenn *Cailler* mit Erfolg Determinanten betrachtet, deren Elemente nicht Zahlen, sondern Kerne der geschilderten Art sind, und mit deren Hilfe das System auf eine einzige, gewöhnliche Integralgleichung zurückführt. — Vgl. noch *D. Pompeju*, Palermo Rend. 35 (1913), p. 277—281 und Math. Ann. 74 (1913), p. 275—277. — Gewisse Grenzfälle solcher Kerne bei *A. C. Dixon*, London Math. Soc. Proc. (2) 17 (1918), p. 20—22. — Funktionentheoretische Behandlung der Integralgleichung der Potentialtheorie (Nr. **5**) bei *J. Fredholm*, Acta math. 45 (1924), p. 11—28.

eindeutig ist. Eine entsprechende Bemerkung ist für Kerne in drei Dimensionen gemacht worden, die orthogonalinvariant sind.[106]) Alle diese Bemerkungen subsumieren sich in Wahrheit einem allgemeinen Prinzip (vgl. Nr. **18** b, 3, Ende); vgl. auch die Untersuchungen über vertauschbare Kerne, insbes. Nr. **26** a, 3.

Weitere besondere Integralgleichungen findet man in Nr. **21** c **22** c, **23** d, **37**, **44** b.

B. Die Methode der unendlichvielen Veränderlichen.

D. Hilbert[39]) hat parallel zur Theorie der Integralgleichungen eine Theorie der Gleichungen mit unendlichvielen Unbekannten entwickelt, die zugleich eine neue Methode zur Behandlung sowohl der Auflösungstheorie als auch der Eigenwerttheorie der Integralgleichungen liefert (vgl. Nr. **8**); hier ist zunächst der Teil darzustellen, der für die *Auflösungstheorie* der Integralgleichung 2. Art (Kap. II, A) in Betracht kommt.

15. **Zusammenhang zwischen Integralgleichungen und linearen Gleichungssystemen mit unendlichvielen Unbekannten.**[107])

a) Das Bindeglied zwischen Integralgleichungen und Gleichungen mit unendlichvielen Unbekannten ist ein *orthogonales vollständiges Funktionensystem*[108]) für das Intervall (a, b), d. i. ein System von unendlichvielen in $a \leq s \leq b$ stetigen Funktionen $\omega_1(s)$, $\omega_2(s)$, $\ldots$, die den folgenden beiden Bedingungen genügen:

1. sie sind für das Intervall (a, b) *orthogonal und normiert:*

$$(1) \qquad \int_a^b \omega_p(s)\,\omega_q(s)\,ds = e_{pq} = \begin{cases} 0 & (p \neq q), \\ 1 & (p = q); \end{cases}$$

2. sie genügen der *Vollständigkeitsrelation*[109]), d. h. für jede stetige Funktion $u(s)$ besteht die Identität

$$(2\,\mathrm{a}) \qquad \int_a^b u(s)^2\,ds = \left\{ \int_a^b u(s)\,\omega_1(s)\,ds \right\}^2 + \left\{ \int_a^b u(s)\,\omega_2(s)\,ds \right\}^2 + \cdots,$$

---

106) Im Anschluß an *D. Hilberts* Untersuchungen über kinetische Gastheorie *E. Hecke,* Math. Ann. 78 (1917), p. 398—404.

107) Die historische Darstellung des Gegenstandes in Nr. 8 wird hier *nicht* vorausgesetzt.

108) *D. Hilbert,* 5. Mitteil., Gött. Nachr. 1906 = Grundzüge, Kap. XIII, p. 177 ff.

109) Über die Aufstellung dieser Relation für trigonometrische Funktionen und die Bedeutung der Entwicklungskoeffizienten vgl. Nr. 8[44]). — Daß die rechte Seite von (2a) nicht größer ist als die linke (sog. „*Bessel*sche Ungleichung", Nr. **30** b[385])), ist bekanntlich eine *Folge* von (1); vgl. Encykl. II C 11, *Hilb-Szász,* Nr. **2.**

oder — was nur scheinbar allgemeiner ist — für jedes Paar stetiger Funktionen $u(s)$, $v(s)$ besteht die Identität

$$(2\,\mathrm{b}) \qquad \int_a^b u(s)\,v(s)\,ds = \int_a^b u(s)\,\omega_1(s)\,ds \int_a^b v(s)\,\omega_1(s)\,ds$$

$$+ \int_a^b u(s)\,\omega_2(s)\,ds \int_a^b v(s)\,\omega_2(s)\,ds + \cdots$$

Das hier auftretende Integral vom Typus

$$(2\,\mathrm{c}) \qquad\qquad x_p = \int_a^b u(s)\,\omega_p(s)\,ds \qquad\qquad (p = 1, 2, \ldots)$$

nennt man den p^{ten} *Entwicklungskoeffizienten* (*Fourierkoeffizienten*) der Funktion $u(s)$ in bezug auf das Orthogonalsystem $\omega_1(s)$, $\omega_2(s)$, $\ldots$

In der Sprache der analytischen Geometrie läßt sich der Gebrauch eines solchen Funktionensystems $\omega_p(s)$ als Einführung eines *rechtwinkligen Koordinatensystems im Raume Ω aller stetigen Funktionen* deuten. Sieht man die Werte $u(s)$ als Bestimmungsstücke eines die Funktion $u(s)$ repräsentierenden Punktes in Ω bzw. des „Vektors" vom Koordinatenanfangspunkt $(u(s) \equiv 0)$ nach diesem Punkt und $\int_a^b u(s)^2\,ds$ als Quadrat der Länge dieses Vektors an, so bestimmen die Funktionen $\omega_p(s)$ gemäß (1) unendlichviele paarweis aufeinander senkrechte Vektoren von der Länge 1. Der Entwicklungskoeffizient (2c) aber ist als Länge der Projektion des Vektors $u(s)$ in die Richtung von $\omega_p(s)$ anzusprechen, und (2a) besagt, daß das Quadrat der Länge jedes Vektors $u(s)$ gleich der Summe der Quadrate seiner Projektionen auf die Richtungen $\omega_p(s)$ ist (pythagoreischer Satz). Betrachtet man also die Vektoren $\omega_p(s)$ als „Achsen eines rechtwinkligen Koordinatensystems" in Ω, die Größen (2c) als die „rechtwinkligen Koordinaten" von $u(s)$, so deutet sich (2a) dahin, daß die Menge der verwendeten Achsen ausreicht, um sämtliche stetigen Funktionen nach dem Muster der kartesischen Koordinatengeometrie darzustellen.

Ein Beispiel eines solchen vollständigen normierten Orthogonalsystems bieten die durch eine passende lineare Substitution der unabhängigen Veränderlichen vom Intervall $(0, 2\pi)$ auf das Intervall $a \leq s \leq b$ übertragenen trigonometrischen Funktionen[44]

$$\frac{1}{\sqrt{b-a}}, \quad \sqrt{\frac{2}{b-a}}\cos\frac{2\pi(s-a)}{b-a}, \quad \sqrt{\frac{2}{b-a}}\sin\frac{2\pi(s-a)}{b-a},$$

$$\sqrt{\frac{2}{b-a}}\cos\frac{4\pi(s-a)}{b-a}, \quad \sqrt{\frac{2}{b-a}}\sin\frac{4\pi(s-a)}{b-a}, \quad \ldots$$

Weitere vollständige Orthogonalsysteme erhält man in folgender Weise[110]): Es sei $P_1(s)$, $P_2(s)$, ... eine Folge stetiger Funktionen im Intervall $a \leq s \leq b$ der Eigenschaft: jede stetige Funktion $u(s)$ läßt sich in $a \leq s \leq b$ durch lineare homogene Aggregate endlichvieler $P_1(s)$, ..., $P_n(s)$ „im Mittel" beliebig genau approximieren, d. h. zu jedem $\varepsilon > 0$ lassen sich die Konstanten $c_1, \ldots, c_n$ derart bestimmen, daß

$$(3) \qquad \int_a^b \left\{ u(s) - c_1 P_1(s) - \cdots - c_n P_n(s) \right\}^2 ds < \varepsilon.$$

Der bekannte Orthogonalisierungsprozeß von *E. Schmidt*[111]) liefert nämlich, falls keine der Funktionen $P_n(s)$ von den früheren der Folge linear abhängig ist, rekursiv eine Folge linearer homogener Kombinationen $\omega_n(s)$ von $P_1(s), \ldots, P_n(s)$, die orthogonal und normiert sind:

$$(4) \quad \begin{cases} \omega_1(s) = \dfrac{P_1(s)}{\sqrt{\displaystyle\int_a^b P_1(s)^2\, ds}} \\[4mm] \omega_n(s) = \qquad\qquad\qquad\qquad\qquad\qquad\qquad (n = 2, 3, \ldots) \\[2mm] \dfrac{P_n(s) - \omega_1(s)\displaystyle\int_a^b P_n(s)\omega_1(s)\, ds - \cdots - \omega_{n-1}(s)\displaystyle\int_a^b P_n(s)\omega_{n-1}(s)\, ds}{\left\{\displaystyle\int_a^b \left[P_n(s) - \omega_1(s)\displaystyle\int_a^b P_n(s)\omega_1(s)\, ds - \cdots - \omega_{n-1}(s)\displaystyle\int_a^b P_n(s)\,\omega_{n-1}(s)\, ds\right]^2 ds\right\}^{\frac{1}{2}}}, \end{cases}$$

derart, daß auch umgekehrt $P_n(s)$ eine lineare Kombination von $\omega_1(s), \ldots, \omega_n(s)$ wird; derselbe Prozeß liefert auch — durch das identische Verschwinden der im Zähler stehenden Kombinationen — die sämtlichen zwischen endlichvielen $P_n(s)$ etwa bestehenden linearen Relationen. Für diese Funktionen $\omega_n(s)$ ist nun[111a]) die Vollständigkeitsrelation (2a) eine unmittelbare Folge von (3). Ein Beispiel einer solchen Folge $P_1(s)$, $P_2(s)$, ... bildet die Folge der Potenzen s^0, s^1, s^2, ..., aus der nach der beschriebenen Konstruktion die *Legendreschen Polynome* als Beispiel eines vollständigen Orthogonalsystemes entstehen.[112])

---

110) Die folgende Konstruktion nach *D. Hilbert*[108]), p. 178 ff. Die Bedeutung dieses Verfahrens zur Herstellung vollständiger Orthogonalsysteme beruht darauf, daß es sich auch auf andere Integrationsbereiche als einfache Strecken (mehrdimensionale, gemischte u. dgl.) ohne prinzipielle Schwierigkeiten übertragen läßt und damit die Theorie der Integralgleichungen in solchen Bereichen (vgl. Nr. 13 a, b) der Methode der unendlichvielen Veränderlichen erschließt.

111) *E. Schmidt*[41]), § 3. Vgl. Encykl. II C 11, *Hilb-Szász*, Nr. 1.

111 a) Dieser Schluß ist für trigonometrische Funktionen schon von *W. A. Stekloff* verwendet worden [vgl. Encykl. II C 10, *Hilb-Riesz*, Nr. 9[90])].

112) Für weitere Angaben über vollständige Orthogonalsysteme vgl. Encykl. II C 11, *Hilb-Szász*, Nr. 1.

b) Die Umwandlung einer gegebenen Integralgleichung 2. Art mit stetigem $K(s, t)$ und $f(s)$

$$(J) \qquad \varphi(s) + \int_a^b K(s, t)\,\varphi(t)\,dt = f(s)$$

in ein System linearer Gleichungen mit unendlichvielen Unbekannten geschieht nun folgendermaßen[113]): Führt man die Entwicklungskoeffizienten von $\varphi(s)$ in bezug auf die $\omega_p(s)$ ein:

$$(5) \qquad x_p = \int_a^b \varphi(s)\,\omega_p(s)\,ds,$$

die die Unbekannten des Problems darstellen, und verwendet ferner die bekannten Entwicklungskoeffizienten von $K(s, t)$ und $f(s)$:

$$(6) \quad \left\{ \begin{aligned} &\int_a^b K(s, t)\,\omega_q(t)\,dt = K_q(s), \\ &\int_a^b\!\!\int_a^b K(s, t)\,\omega_p(s)\,\omega_q(t)\,ds\,dt = \int_a^b K_q(s)\,\omega_p(s)\,ds = K_{pq}, \\ &\int_a^b f(s)\,\omega_p(s)\,ds = f_p, \end{aligned} \right.$$

so folgt durch wiederholte Anwendung von (2a) Konvergenz und Abschätzung der Quadratsummen

$$(7) \quad \left\{ \begin{aligned} &\sum_{q=1}^{\infty} K_q(s)^2 = \int_a^b K(s, t)^2\,dt, \quad \sum_{q=1}^{n}\sum_{p=1}^{\infty} K_{pq}^2 \leqq \int_a^b\!\!\int_a^b K(s, t)^2\,ds\,dt, \\ &\sum_{p,q=1}^{\infty} K_{pq}^2 \leqq \int_a^b\!\!\int_a^b K(s, t)^2\,ds\,dt, \quad \sum_{p=1}^{\infty} f_p^2 = \int_a^b f(s)^2\,ds. \end{aligned} \right.$$

Mit Hilfe von (2b) läßt sich nun (J) in der Gestalt schreiben:

$$(8) \qquad \varphi(s) + \sum_{q=1}^{\infty} K_q(s)\,x_q = f(s);$$

ferner konvergiert für eine stetige Lösung $\varphi(s)$ von (J) die Quadratsumme

$$(7\,a) \qquad \sum_{q=1}^{\infty} x_q^2 = \int_a^b \varphi(s)^2\,ds,$$

und auf Grund der *Lagrange-Cauchyschen Ungleichung*[114])

$$(9) \qquad \Big(\sum_{p=1}^{n} u_p v_p\Big)^2 \leqq \sum_{p=1}^{n} u_p^2 \sum_{p=1}^{n} v_p^2$$

---

113) *D. Hilbert*[108]), p. 180 ff.

114) *A. Cauchy*, Cours d'Analyse de l'Éc. polyt., Analyse algébrique, 1821, note II, théor. XVI = Œuvres (2) t. III, p. 373 ff. Für den Fall $n = 3$ findet sich

folgt wegen (7) aus der Beschränktheit von $\int\limits_a^b K(s,t)^2\,dt$ die gleichmäßige Konvergenz der in (8) eingehenden Reihe für $a \leq s \leq b$. Daher ergibt Multiplikation von (8) mit $\omega_p(s)$ und Integration die unendlichvielen linearen Gleichungen[115])

$$(U) \qquad x_p + \sum_{p=1}^{\infty} K_{pq} x_q = f_p;$$

die Entwicklungskoeffizienten x_p *jeder Löung von* (J) *bilden also ein Lösungssystem von* (U) *mit konvergenter Quadratsumme.* Ist speziell $f(s) \equiv 0$ (homogene Integralgleichung (J_h)), so ist $f_p = 0$, und die x_p genügen dem (U) entsprechenden homogenen Gleichungssystem (U_h).[116])

c) Ist umgekehrt $x_1, x_2, \ldots$ ein Lösungssystem der Gleichungen (U) mit konvergenter Quadratsumme[117]), so folgt wiederum die gleichmäßige Konvergenz der Reihe $\sum\limits_{q=1}^{\infty} K_q(s) x_q$, und daher ist die gemäß (8) gebildete Funktion

$$(10) \qquad \varphi(s) = f(s) - \sum_{q=1}^{\infty} K_q(s) x_q$$

stetig. Durch Integration ergibt sich auf Grund von (U) als ihr Entwicklungskoeffizient

$$\int\limits_a^b \varphi(s)\, \omega_p(s)\, ds = x_p,$$

---

die diese Ungleichung liefernde Identität bereits bei *J. L. Lagrange,* Nouv. Mém. Acad. Berlin 1773 = Oeuvres 3, p. 662 f. Aus ihr folgt unmittelbar die entsprechende Ungleichung für unendliche Summen

$$(9\,a) \qquad \Big(\sum_{p=1}^{\infty} u_p v_p\Big)^2 \leq \sum_{p=1}^{\infty} u_p^2 \sum_{p=1}^{\infty} v_p^2,$$

in dem Sinne, daß die Konvergenz der rechts stehenden Reihen die absolute Konvergenz der links stehenden nach sich zieht. Sie entspricht formal und sachlich genau der *Schwarz*schen Integralungleichung (22) von Nr. 7 und mag daher kurz als *Schwarzsche Summenungleichung* bezeichnet werden (vgl. *D. Hilbert,* Grundzüge, p. 126; *Hellinger-Toeplitz*[164]), p. 293 f.).

115) Sie sind identisch mit denjenigen Gleichungen, die aus (J) durch formales Einzetzen der Entwicklungen von $\varphi(s)$, $f(s)$, $K(s,t)$ nach den Orthogonalfunktionen $\omega_p(s)$ hervorgehen [vgl. Nr. 8, (23) ff.].

116) Die in Nr. 1 a dargestellte Ersetzung der Integralgleichung durch n lineare Gleichungen mit n Unbekannten auf Grund der Einteilung von $a \leq s \leq b$ in n Teilintervalle für unbegrenzt wachsendes n läßt sich dem oben geschilderten Verfahren als Spezialfall einordnen, wenn man als vollständiges Orthogonalsystem die von *A. Haar,* Zur Theorie der orthogonalen Funktionensysteme (Diss. Göttingen 1909 = Math. Ann. 69 (1910), p. 331—371, Kap. III) konstruierten Orthogonalsysteme verwendet, deren Funktionen jeweils nur in einem mit wachsendem Index unbegrenzt abnehmenden Teilintervalle von 0 verschieden sind.

117) *D. Hilbert*[108]), p. 182 f.

und daher nach (2b)

$$\sum_{q=1}^{\infty} K_q(s)\, x_q = \int_a^b K(s,\,t)\, \varphi(t)\, dt;$$

(10) zeigt danach direkt, daß $\varphi(s)$ eine Lösung von (J) ist. Da ferner nach (2a) die Entwicklungskoeffizienten einer stetigen Funktion nur dann sämtlich verschwinden, wenn die Funktion identisch verschwindet, entstehen auf diese Weise aus einem Lösungssystem des homogenen Gleichungssystemes (U_h) nur Lösungen der Integralgleichung (J_h), und eine Anzahl von Lösungssystemen von (U_h) ist dann und nur dann linear unabhängig, wenn die entsprechenden Lösungen von (J_h) es sind. Endlich entspricht der transponierten Integralgleichung (J') mit dem Kern $K(t, s)$ (s. p. 1376) das durch Vertauschung von Zeilen und Kolonnen im Koeffizientenschema von (U) entstehende transponierte Gleichungssystem

$$(U') \qquad x_p + \sum_{q=1}^{\infty} K_{qp}\, x_q = g_p\,.$$

Die Auflösungstheorie der Integralgleichung (J) und die des Gleichungssystems (U) sind also im angegebenen Sinne völlig äquivalent. —

Die Gültigkeit der Vollständigkeitsrelationen (2a), (2b) läßt sich unmittelbar auf Funktionen ausdehnen, die nicht stetig, sondern nur samt ihrem Quadrat integrierbar sind. Man kann daher das gleiche Übergangsverfahren auch auf Integralgleichungen mit **unstetigem Kern** anwenden, wofern nur $K(s, t)$ an endlichvielen analytischen Kurven $s = F(t)$ des Quadrats $a \leq s,\, t \leq b$ von niederer als $\frac{1}{2}^{\text{ter}}$ Ordnung unendlich wird (vgl. Nr. 13 a, b)[118]); dabei entsprechen Lösungen von (J) mit integrierbarem Quadrat Lösungssystemen von (U) mit konvergenter Quadratsumme.

d) **Eine andere Methode zum Nachweis der Äquivalenz** der Integralgleichung (J) und des Gleichungssystems (U) wird durch das *Theorem von E. Fischer*[119]) *und F. Riesz*[120]) gegeben: Bildet man die Entwicklungskoeffizienten in bezug auf ein orthogonales Funktionensystem durch *Lebesguesche Integration*, so gehört nicht nur zu jeder samt ihrem Quadrat im Lebesgueschen Sinne integrierbaren Funktion $\varphi(s)$ ein System von Entwicklungskoeffizienten x_p mit konver-

---

118) *D. Hilbert*[108]), p. 204; er hat ferner darauf hingewiesen, daß diese Methode auch darüber hinaus zur Behandlung solcher Kerne geeignet ist, die bei $s = t$ unendlich werden, aber absolut integrierbar bleiben. Vgl. dazu *J. Radon*[303]), p. 137 ff.

119) *E. Fischer*, Paris C. R. 144 (1907), p. 1022—1024.

120) *F. Riesz*, Paris C. R. 144 (1907), p. 615—619; Gött. Nachr. 1907, p. 116—122; Math. phys. és lap. 19 (1910), p. 165—182, 228—243.

genter Quadratsumme, sondern auch jedes System von Zahlen x_p mit konvergenter Quadratsumme stellt die Entwicklungskoeffizienten einer samt ihrem Quadrat integrierbaren Funktion $\varphi(s)$ dar; ist das Orthogonalsystem vollständig, so ist $\varphi(s)$ bis auf eine additive Funktion vom unbestimmten Integral 0 bestimmt.[121]) Danach ist die Äquivalenz von (J) und (U) sofort ersichtlich. Denn (U) bedeutet gerade die Übereinstimmung der Entwicklungskoeffizienten beider Seiten von (J); ist also $\varphi(s)$ die Funktion, die ein Lösungssystem von (U) mit konvergenter Quadratsumme zu Fourierkoeffizienten hat, so ist (J) mit Ausnahme einer Nullmenge erfüllt. Bei stetigem $K(s, t)$ aber wird $\int\limits_a^b K(s, t)\,\varphi(t)\,dt$ unabhängig von jener Willkürlichkeit von $\varphi(t)$ eine stetige Funktion von s und daher ist

$$\varphi(s) = f(s) - \int\limits_a^b K(s, t)\,\varphi(t)\,dt$$

eine stetige Lösung von (J). Ähnliches gilt bei Unstetigkeiten hinreichend niedriger Ordnung von $K(s, t)$.[122])

e) **Durch spezielle geeignete Wahl des vollständigen Orthogonalsystems** $\omega_p(s)$ kann man für einzelne Kerne $K(s, t)$ oder für gewisse Klassen von Kernen unter Umständen erreichen, daß das Gleichungssystem (U) eine besonders einfache für die vollständige, auch numerische Durchführung des Problems geeignete Gestalt annimmt. In diesen Zusammenhang ordnet sich ein einmal das Verfahren von *W. Ritz*[123]) zur numerischen Lösung von Randwertaufgaben, andererseits die Methode von *L. Lichtenstein*[124]) zur vollständigen Behandlung der Randwertaufgaben durch direkte Zurückführung auf Gleichungen mit unendlichvielen Unbekannten.[125])

---

121) Vgl. auch Encykl. II C 11 (*Hilb-Szász*), Nr. 2.

122) *F. Riesz*, Paris C. R. 144 (1907), p. 734—736 und Gött. Nachr.[110]), p. 122.

123) *W. Ritz*, Über eine neue Methode zur Lösung gewisser Variationsprobleme der math. Phys., J. f. Math. 135 (1909), p. 1—61; Theorie der Transversalschwingungen einer quadratischen Platte mit freien Rändern, Ann. d. Phys. (4) 28 (1909), p. 737—786. — S. auch Ges. Werke, Paris 1911, p. 192—250, 265—316.

124) *L. Lichtenstein*, Paris C. R. 156 (1913), p. 993—996, sowie eine größere Zahl anschließender Arbeiten, aus denen für die Darstellung der Methode hier nur „Zur Analysis der unendlichvielen Variablen I", Palermo Rend. 38 (1914), p. 113—166, genannt sei. Ein Versuch in ähnlicher Richtung bei *J. Bertrand*, Bruxelles Soc. sc. (B) 38 (1913—1914), p. 318—322. Vgl. dazu Nr. 45 c.

125) Hierhin gehört auch der Versuch von *Ch. Müntz*[258]), p. 145, Integralgleichungen durch Verwendung spezieller, dem Kern angepaßter Orthogonalsysteme zu behandeln.

Unter Umständen ist es auch zweckmäßig, die Bedingung der Orthogonalität (1) zu modifizieren; so verwendet *D. Hilbert*[126]) zur Behandlung „polarer Integralgleichungen" (s. Nr. **38** b, 1) ein System von Funktionen, die — unter $k(s)$ eine gegebene Funktion wechselnder Vorzeichen verstanden — den Bedingungen genügen

$$\int_a^b k(s)\,\omega_p(s)\,\omega_q(s)\,ds = \begin{cases} 0 & (p \neq q), \\ (-1)^p & (p = q), \end{cases}$$

wobei dann auch die Vollständigkeitsbedingung entsprechend abzuändern ist. Ferner ist hier die Methóde von *D. Enskog*[72]) zur numerischen Lösung von Integralgleichungen mit symmetrischem Kern zu nennen; sie bezieht sich auf Kerne von der Art, daß für jede nicht identisch verschwindende Funktion $\varphi(s)$

$$\int_a^b \varphi(s)^2\,ds + \int_a^b\!\int_a^b K(s,t)\,\varphi(s)\,\varphi(t)\,ds\,dt > 0$$

ist, und beruht auf der Verwendung eines gemäß den Bedingungen

$$\int_a^b \omega_p(s)\,\omega_q(s)\,ds + \int_a^b\!\int_a^b K(s,t)\,\omega_p(s)\,\omega_q(t)\,ds\,dt = \begin{cases} 0 & (p \neq q), \\ 1 & (p = q) \end{cases}$$

bestimmten Funktionensystems.[126a])

16. Hilberts Theorie der vollstetigen Gleichungssysteme. Die Auflösungstheorie der Gleichungen (U) von Nr. **15** hat *D. Hilbert*[127]) nicht nur unter der Annahme eines Koeffizientensystems von konvergenter Quadratsumme $\sum\limits_{p,q=1}^{\infty} K_{pq}^2$ entwickelt, wie es sich aus einer Integralgleichung mit stetigem Kern ergibt, sondern er hat eine wesentlich umfassendere Klasse von Koeffizientensystemen (K_{pq}) entdeckt, für die jenes unendliche Gleichungssystem den sämtlichen determinantenfreien Auflösungssätzen von Nr. **10** — in sinngemäßer Übertragung auf die Verhältnisse bei unendlichvielen Veränderlichen — genügt, sofern man an der *Bedingung konvergenter Quadratsumme* für rechte Seiten und Unbekannte festhält; es bleiben dann also auch für die gemäß Nr. **15** äquivalente Integralgleichung die Auflösungssätze von Nr. **10** bestehen. Die Koeffizientensysteme, um die es sich hier handelt, entstehen aus der Betrachtung einer gewissen Klasse bilinearer Formen von unendlichvielen Veränderlichen:

126a) Vgl. dazu auch *F. L. Hitchcock* u. *N. Wiener*, Mass. J. of Math. 1 (1921), p. 1—20.

126) *D. Hilbert,* Grundzüge, Kap. XV, p. 195 ff.

127) *D. Hilbert,* 4. Mitteil., Gött. Nachr. 1906 = Grundzüge, Kap. XII, p. 164—174.

a) **Vollstetige Bilinearformen unendlichvieler Veränder-licher.** Es seien $x_1, x_2, \ldots;\ y_1, y_2, \ldots$ Wertsysteme von abzählbar unendlichvielen reellen Veränderlichen, die stets eine konvergente, nicht über 1 gelegene Quadratsumme besitzen:

$$(1) \qquad \sum_{p=1}^{\infty} x_p^2 \leq 1, \qquad \sum_{p=1}^{\infty} y_p^2 \leq 1.$$

Bilinearform der beiden Reihen von Veränderlichen heißt die durch die unendliche Doppelfolge der Koeffizienten K_{pq} $(p, q = 1, 2, \ldots)$ zunächst rein formal bestimmte Doppelreihe

$$(2) \qquad \sum_{p,q=1}^{\infty} K_{pq}\, x_p y_q = K_{11} x_1 y_1 + K_{12} x_1 y_2 + \cdots$$
$$+\ K_{21} x_2 y_1 + K_{22} x_2 y_2 + \cdots$$
$$+ \cdots,$$

n^{ter} *Abschnitt* die durch Nullsetzen der Veränderlichen $x_{n+1}, x_{n+2}, \ldots;$ $y_{n+1}, y_{n+2}, \ldots$ entstehende endliche Bilinearform von zwei Reihen von n Veränderlichen

$$(2\,\mathrm{a}) \qquad \mathfrak{K}_n(x, y) = \sum_{p,\, q=1}^{n} K_{pq}\, x_p y_q.$$

Die Bilinearform (2) heißt *vollstetig*[128]), wenn die Differenz $\mathfrak{K}_n(x, y) - \mathfrak{K}_m(x, y)$ mit wachsendem n und m gleichmäßig für alle (1) genügenden Wertsysteme gegen Null konvergiert:

$$(3) \qquad |\mathfrak{K}_n(x, y) - \mathfrak{K}_m(x, y)| < \varepsilon \quad \text{für} \quad n, m > N(\varepsilon).$$

Dann konvergiert

$$(2\,\mathrm{b}) \qquad \lim_{n=\infty} \mathfrak{K}_n(x, y) = \mathfrak{K}(x, y) = \sum_{p,\,q=1}^{\infty} K_{pq}\, x_p y_q$$

gleichmäßig für alle (1) genügenden Wertsysteme und definiert den Wert $\mathfrak{K}(x, y)$ der *Bilinearform* (2).

Dieser Wert hängt, wie unmittelbar aus der gleichmäßigen Konvergenz von (2 b) folgt, von den unendlichvielen Veränderlichen x_p, y_p im Bereich (1) in dem Sinne stetig ab ("vollstetig"), daß sich $\mathfrak{K}(x, y)$ von $\mathfrak{K}(x', y')$ beliebig wenig unterscheidet, wenn sich hinreichend viele (aber endlichviele) der Veränderlichen x_p und y_p von den entsprechenden x_p' und y_p' hinreichend wenig unterscheiden —

---

128) *D. Hilbert,* 4. Mitteil., Gött. Nachr. 1906 = Grundzüge, Kap. XI, p. 147 f. Vorübergehend hat Hilbert [im Original der 5. Mitteil., Gött. Nachr. 1906, p. 439 und in ^{870}), p. 61] das Wort „stetig" an Stelle von „vollstetig" benutzt. Über die *Formulierung* der Definition vgl. ^{129}).

gleichgültig welche Werte die übrigen unendlichvielen Veränderlichen haben:

$$(4) \quad \begin{cases} |\Re(x, y) - \Re(x', y')| < \varepsilon, \quad \text{wenn} \\ |x_p - x_p{}'| < \delta(\varepsilon), \quad |y_p - y_p{}'| < \delta(\varepsilon) \quad \text{für} \quad p = 1, 2, \ldots, N(\varepsilon); \end{cases}$$

die Ungleichung ist gleichmäßig für alle (1) genügenden Wertsysteme x, y, x', y' erfüllt.

Repräsentiert man übrigens jedes Wertsystem $x_1, x_2, \ldots$ durch einen Punkt x des unendlichdimensionalen Raumes R_∞, so hat man hierin eine genaue Übertragung der üblichen Stetigkeitsdefinition auf den R_∞. Bedeutet nämlich $x_p^{(\nu)}, y_p^{(\nu)}$ ($\nu = 1, 2, \ldots$) eine unendliche Folge von (1) genügenden Wertsystemen, die mit $\nu \to \infty$ für jeden Index p gegen ein ebenfalls (1) genügendes Wertsystem konvergieren,

$$(5a) \qquad \lim_{\nu = \infty} x_p^{(\nu)} = x_p, \quad \lim_{\nu = \infty} y_p^{(\nu)} = y_p \qquad (p = 1, 2, \ldots),$$

so ergibt sich aus (4)

$$(5b) \qquad \lim_{\nu = \infty} \Re(x^{(\nu)}, y^{(\nu)}) = \Re(x, y).^{129})$$

Die Definition einer *vollstetigen Linearform*

$$(6) \qquad \mathfrak{L}(x) = \sum_{p=1}^{\infty} l_p x_p = l_1 x_1 + l_2 x_2 + \cdots$$

vollzieht sich genau nach dem Muster der vorigen Betrachtungen; entsprechend (3) heißt $L(x)$ vollstetig, wenn für alle (1) genügenden x_p

$$|L_n(x) - L_m(x)| < \varepsilon \quad \text{für} \quad n, m > N(\varepsilon).$$

Da nach der Ungleichung (9) von **Nr. 15** unter der Bedingung (1)

$$|\mathfrak{L}_n(x) - \mathfrak{L}_m(x)| = \Big|\sum_{p=m+1}^{n} l_p x_p\Big| \leqq \sqrt{\sum_{p=m+1}^{n} l_p^2}$$

ist, und da andererseits die hiermit gegebene Schranke für

$$x_p = l_p \Big(\sum_{p=m+1}^{n} l_p^2\Big)^{-\frac{1}{2}} \qquad (p = m+1, \ldots, n)$$

erreicht wird, ist $\mathfrak{L}(x)$ *dann und nur dann vollstetig, wenn die Quadratsumme der Koeffizienten* $\sum_{p=1}^{\infty} l_p^2$ *konvergiert*; alsdann konvergiert die Reihe (6) stets *absolut*.$^{130})$

---

129) *D. Hilbert* ^{128}) und Grundzüge, Kap. XIII, p. 175f. verwendet *diese* Eigenschaft als Definition der Vollstetigkeit und zeigt mit seinem Auswahlverfahren (Nr. **16** b), daß aus ihr (3) folgt. Im folgenden wird die Definition (3) zugrunde gelegt.

130) *D. Hilbert* ^{370}), p. 61; vgl. auch Grundzüge, p. 126 u. p. 176.

Setzt man in $\Re(x, y)$ alle Veränderlichen der einen Reihe bis auf eine gleich 0, so wird es eine vollstetige Linearform der andern Variablenreihe; *notwendige Bedingung* für die Vollstetigkeit einer Bilinearform ist also *die Konvergenz der Quadratsumme der Koeffizienten jeder einzelnen Zeile und Kolonne:*

$$(7) \qquad \sum_{q=1}^{\infty} K_{1q}^2, \quad \sum_{q=1}^{\infty} K_{2q}^2, \quad \ldots; \quad \sum_{p=1}^{\infty} K_{p1}^2, \quad \sum_{p=1}^{\infty} K_{p2}^2, \quad \ldots \quad \text{konvergent.}$$

Wendet man andererseits (5) auf eine Folge von Wertsystemen an, bei denen jeweils nur *eine* Zahl $x_{p_\nu}^{(\nu)}$ und $y_{q_\nu}^{(\nu)}$ gleich 1, alle andern Null sind und p_ν und q_ν mit ν gegen ∞ konvergieren, so ist für jedes p $\lim_{\nu=\infty} x_p^{(\nu)} = \lim_{\nu=\infty} y_p^{(\nu)} = 0$ und daher $\lim_{\nu=\infty} \Re(x^{(\nu)}, y^{(\nu)}) = \lim_{\nu=\infty} K_{p_\nu q_\nu} = 0$; also ist eine weitere *notwendige Bedingung* für Vollstetigkeit das *Verschwinden des Doppellimes*

$$(8) \qquad \lim_{p,q=\infty} K_{pq} = 0.$$

Da (7) und (8) nicht gleichzeitig erfüllt zu sein brauchen $\Big($Beispiele: $K_{pp} = 1$, $K_{pq} = 0$ $(p \neq q)$ bzw. $K_{pq} = \dfrac{1}{\sqrt{p+q}}\Big)$, ist keine der beiden Bedingungen hinreichend für Vollstetigkeit.[131]

Eine *hinreichende Bedingung* ist die *Konvergenz der Quadratsumme aller Koeffizienten* K_{pq}[132]:

$$(9) \qquad \sum_{p,q=1}^{\infty} K_{pq}^2 \quad \text{konvergent;}$$

denn durch wiederholte Anwendung der *Cauchy*schen Ungleichung Nr. **15**, (9) folgt unter Berücksichtigung von (1) für $n > m$

$$(\Re_n(x, y) - \Re_m(x, y))^2 = \Big(x_1 \sum_{q=m+1}^{n} K_{1q} y_q + \cdots + x_m \sum_{q=m+1}^{n} K_{mq} y_q$$

$$+ x_{m+1} \sum_{q=1}^{n} K_{m+1,q} y_q + \cdots + x_n \sum_{q=1}^{n} K_{nq} y_q \Big)^2$$

$$\leqq \Big(\sum_{q=m+1}^{n} K_{1q} y_q\Big)^2 + \cdots + \Big(\sum_{q=m+1}^{n} K_{mq} y_q\Big)^2 + \Big(\sum_{q=1}^{n} K_{m+1,q} y_q\Big)^2 + \cdots + \Big(\sum_{q=1}^{n} K_{nq} y_q\Big)^2$$

$$\leqq \sum_{q=m+1}^{n} K_{1q}^2 + \cdots + \sum_{q=m+1}^{n} K_{mq}^2 + \sum_{q=1}^{n} K_{m+1,q}^2 + \cdots + \sum_{q=1}^{n} K_{nq}^2,$$

---

131) Weitere leicht anzugebende Beispiele, etwa $K_{pq} = (p+q)^{-s}$, $\frac{1}{2} < s < 1$, zeigen, daß auch (7) und (8) zugleich für nichtvollstetige Formen erfüllt sein können; vgl. *Hellinger-Toeplitz*[164], p. 306.

132) *D. Hilbert*, Grundzüge, Kap. XI, p. 151 für symmetrische Formen $(K_{pq} = K_{qp})$ und Kap. XII, p. 165.

und das wird als Rest der Reihe (9) mit wachsendem m, n beliebig klein. Diese Bedingung ist *nicht notwendig* (Beispiel: $\sum\limits_{p=1}^{\infty}\dfrac{1}{\sqrt{p}}x_p y_p$ ist vollstetig, da $|\Re_n - \Re_m| \leqq \dfrac{1}{\sqrt{m}}$ für $n > m$).

Aus (3), (2b) ergibt sich unmittelbar die Existenz einer Schranke M, unterhalb deren die Absolutwerte sämtlicher Abschnitte sowie die Werte der vollstetigen Bilinearform unter der Nebenbedingung (1) für die Veränderlichen bleiben:

$$(10) \qquad |\Re_m(x,\, y)| \leqq M, \quad |\Re(x,\, y| \leqq M.$$

Also sind vollstetige Bilinearformen *beschränkt* im *Hilbert*schen Sinne (vgl. Nr. 18a, Nr. 19[195])); sie besitzen ferner die folgenden Eigenschaften[133]):

---

133) *Hilbert* leitet diese Eigenschaften aus den von ihm vorher aufgestellten Sätzen über beschränkte Formen her (Grundzüge, p. 150—152, 164 f.; vgl. Nr. 18a). Man kann sie aber auch direkt aus den obigen Definitionen herleiten und damit die Theorie der vollstetigen Gleichungssysteme in sich geschlossen begründen:

1. Setzt man in (4) für $n > N(\varepsilon)$ $x_1' = x_1, \ldots, x_n' = x_n$, $x_{n+1}' = x_{n+2}' = \cdots = 0$, $y_q' = y_q$, so kann $\Re(x',\, y')$ als Summe der n (als vollstetige Linearformen von y_1', y_2', ...) absolut konvergenten Reihen $x_p' \sum\limits_{q=1}^{\infty} K_{pq} y_q'$ $(p = 1, 2, \ldots, n)$ angesehen werden, und diese sind gleich den ersten n Zeilen von $\Re(x,\, y)$; damit folgt (11a) unmittelbar aus (4).

2. $\Re(x,\, y)$ ist nach (11a) eine vollstetige Linearform der Veränderlichen $x_1, x_2, \ldots$ mit der oberen Schranke M; also folgt wie oben Konvergenz der Quadratsumme der Koeffizienten

$$(\text{a}) \qquad \sum_{p=1}^{\infty}\Big(\sum_{q=1}^{\infty} K_{pq} y_q\Big)^2 \leqq M^2 \quad \text{für} \quad \sum_{p=1}^{\infty} y_p^2 \leqq 1\,;$$

ferner ergibt sich aus (4), wenn man beide Werte $\Re$ aus (11a) entnimmt und $x_p' = x_p, y_1' = y_1, \ldots, y_n' = y_n, y_{n+1}' = \cdots = 0$, $n \geq N(\varepsilon)$ setzt: $\left| \sum\limits_{p=1}^{\infty} x_p \sum\limits_{q=n+1}^{\infty} K_{pq} y_q \right| \leqq \varepsilon$, und daraus wie soeben

$$(\text{b}) \qquad \sum_{p=1}^{\infty}\Big(\sum_{q=n+1}^{\infty} K_{pq} y_q\Big)^2 \leqq \varepsilon^2 \quad \text{für} \quad \sum_{p=1}^{\infty} y_p^2 \leqq 1\,.$$

3. Eine vollstetige Form $\mathfrak{H}(x,\, z)$ konvergiert wegen (a) für $z_p = \sum\limits_{q=1}^{\infty} K_{pq} y_q$; z_p und $z_p' = \sum\limits_{q=1}^{n} K_{pq} y_q$ unterscheiden sich nach (b) für jedes p um weniger als ε, und daher wird nach (4) $|\mathfrak{H}(x,\, z) - \mathfrak{H}(x,\, z')|$ gleichmäßig für alle x und y mit wachsendem n beliebig klein. Nun ist für $x_{n+1} = \cdots = 0$

$$\mathfrak{H}(x,\, z') = \sum_{p=1}^{n} x_p \sum_{r=1}^{\infty} H_{pr} \sum_{q=1}^{n} K_{rq} y_q = \sum_{p,\,q=1}^{n} x_p y_q \sum_{r=1}^{\infty} H_{pr} K_{rq}$$

α) Der Wert $\Re(x, y)$ ist als Summe der unendlichvielen für sich konvergenten Zeilen oder Kolonnen von (2) darstellbar[134]:

----

der n^{te} Abschnitt der Faltung $\mathfrak{H}\,\Re(x,y)$; die soeben gegebene Abschätzung zeigt direkt seine gleichmäßige Konvergenz, und zwar gegen $\mathfrak{H}(x, z) = \sum\limits_{p=1}^{\infty} x_p \sum\limits_{r=1}^{\infty} H_{pr} \sum\limits_{q=1}^{\infty} K_{rq} y_q$, d. h. die Vollstetigkeit der Faltung $\mathfrak{H}\,\Re(x, y)$. — Ist $|\mathfrak{H}(x, y)| \leqq N$ für (1), so folgt aus (a) $\left|\mathfrak{H}\left(x, \dfrac{z}{M}\right)\right| \leqq N$, $|\mathfrak{H}\,\Re(x, y)| = |\mathfrak{H}(x, z)| < MN$.

4. Ist $\Re'\,\Re = \sum\limits_{p, q=1}^{\infty} x_p y_q \left(\sum\limits_{\alpha=1}^{\infty} K_{\alpha p} K_{\alpha q}\right)$ vollstetig, so ergibt die Anwendung der Stetigkeitseigenschaft (4) für $x_p' = y_p' = 0$, während alle Veränderlichen $x_p = y_p$ bis auf die vom Index $n+1$, $n+2$, ..., $n+m$ verschwinden:

$$\left|\sum\limits_{p,\,q=n+1}^{n+m} y_p y_q \sum\limits_{\alpha=1}^{\infty} K_{\alpha p} K_{\alpha q}\right| \leqq \varepsilon^2\,;$$

da aber $\sum\limits_{\alpha=1}^{\infty} K_{\alpha p} K_{\alpha q}$ absolut konvergiert, kann das in

$$\text{(c)} \qquad \sum\limits_{\alpha=1}^{\infty} \left(\sum\limits_{q=n+1}^{n+m} K_{\alpha q} y_q\right)^2 \leqq \varepsilon^2$$

umgeformt und daraus in bekannter Weise für jedes v

$$\text{(d)} \qquad \left|\sum\limits_{\alpha=1}^{v} x_\alpha \sum\limits_{q=n+1}^{n+m} K_{\alpha q} y_q\right| \leqq \varepsilon \quad \text{für} \quad \sum\limits_{\alpha=1}^{\infty} x_\alpha^2 \leqq 1$$

geschlossen werden. Um von hier zu $\Re_m$ überzugehen, bemerke man, daß aus (c) die Konvergenz der Reihen $\sum\limits_{\alpha=1}^{\infty} K_{\alpha q}^2$ und daher die Vollstetigkeit der Linearformen $\sum\limits_{\alpha=1}^{\infty} x_\alpha K_{\alpha q}$ für jedes q folgt; man kann daher durch Wahl von $n' > n$ die endliche Summe

$$\text{(e)} \qquad \left|\sum\limits_{q=1}^{n} y_q \sum\limits_{\alpha=n'}^{\infty} x_\alpha K_{\alpha q}\right| \leqq \sum\limits_{q=1}^{n} \left|\sum\limits_{\alpha=n'}^{\infty} x_\alpha K_{\alpha q}\right|$$

gleichmäßig im Bereich (1) beliebig klein machen, und hat dann für $n+m > n' > n$

$$|\Re_{m+n}(x, y) - \Re_{n'}(x, y)| = \left|\sum\limits_{\alpha=1}^{m+n} x_\alpha \sum\limits_{q=n'+1}^{m+n} K_{\alpha q} y_q + \sum\limits_{q=1}^{n'} y_q \sum\limits_{\alpha=n'+1}^{m+n} K_{\alpha q} x_\alpha\right|$$

$$= \left|\sum\limits_{\alpha=1}^{m+n} x_\alpha \sum\limits_{q=n+1}^{m+n} K_{\alpha q} y_q - \sum\limits_{\alpha=1}^{n'} x_\alpha \sum\limits_{q=n+1}^{n'} K_{\alpha q} y_q + \sum\limits_{q=1}^{n} y_q \sum\limits_{\alpha=n'+1}^{m+n} K_{\alpha q} x_\alpha\right|,$$

und da sich jede der 3 Teilsummen nach (d), (e) abschätzen läßt, folgt die Vollstetigkeit von $\Re$.

134) Die Doppelreihe braucht nicht notwendig absolut zu konvergieren; Beispiel bei *O. Toeplitz*, Gött. Nachr. 1913, p. 417—432, Nr. 8 (die dort als μ_α bezeichneten Faktoren sind so zu wählen, daß $\lim \mu_\alpha = 0$ wird, die Zahlen $\mu_\alpha \cdot 2^\alpha$ aber nicht beschränkt sind; $\sum \mu_\alpha \cdot 2^\alpha$ konvergent reicht nicht aus, wie dort irrtümlich steht).

$$(11\,\mathrm{a}) \qquad \Re(x,\,y) = \sum_{p=1}^{\infty}\Big(\sum_{q=1}^{\infty}K_{pq}x_p y_q\Big),$$

$$(11\,\mathrm{b}) \qquad \Re(x,\,y) = \sum_{q=1}^{\infty}\Big(\sum_{p=1}^{\infty}K_{pq}x_p y_q\Big),$$

und jede dieser einfach unendlichen Reihen konvergiert absolut und gleichmäßig im Bereich (1).

β) Die durch *Faltung* aus zwei vollstetigen Bilinearformen $\Re(x,\,y)$ und $\mathfrak{H}(x,\,y) = \sum_{p,\,q=1}^{\infty}H_{pq}x_p y_q$ entstehende Bilinearform

$$(12)\quad \mathfrak{H}\Re(x,\,y) = \sum_{p,\,q=1}^{\infty}\Big(\sum_{\alpha=1}^{\infty}H_{p\alpha}K_{\alpha q}\Big)x_p y_q = \sum_{\alpha=1}^{\infty}\Big(\sum_{p=1}^{\infty}H_{p\alpha}x_p\Big)\Big(\sum_{q=1}^{\infty}K_{\alpha q}y_q\Big)$$

ist wiederum vollstetig und ihre Werte im Bereich (1) bleiben unterhalb des Produktes der entsprechenden Schranken von $\Re$ und $\mathfrak{H}$.

γ) Ist die Faltung von $\Re$ mit der durch Vertauschung der beiden Variablenreihen (d. h. durch Vertauschung der Zeilen und Kolonnen im Koeffizientenschema) entstehenden *transponierten Form* $\Re'(x,\,y)$ $= \Re(y,\,x)$ vollstetig, so ist auch $\Re(x,\,y)$ vollstetig.[135]

Wendet man auf $\Re\Re'$ und die daraus durch fortgesetzte Faltung entstehenden Formen das Kriterium (9) an, so findet man eine Reihe weiterer immer umfassenderer *hinreichender Bedingungen* der Vollstetigkeit.[136]

Der Begriff der Vollstetigkeit in der Formulierung (3) oder (5) läßt sich nach *D. Hilbert*[128] unmittelbar auf *beliebige Funktionen* $\mathfrak{F}(x_1,\,x_2,\,\ldots)$ abzählbar unendlichvieler Veränderlicher ausdehnen, die im Bereiche $\sum_{p=1}^{\infty}x_p^2 \leq 1$ definiert sind; n^{ter} Abschnitt ist dabei der für $x_{n+1} = x_{n+2} = \cdots = 0$ entstehende Wert.

b) **Das Auswahlverfahren.** Als wesentliches Hilfsmittel für die Theorie der vollstetigen Bilinearformen und der aus ihnen gebildeten

---

135) Die Vollstetigkeit von $\Re\Re(x,\,y)$ genügt hingegen nicht, um die von $\Re(x\,y)$ zu gewährleisten, wie das Beispiel $\Re(x,\,y) = x_2 y_1 + x_4 y_3 + x_6 y_5 + \cdots$, $\Re\Re(x,\,y) \equiv 0$ zeigt. — *F. Riesz* benutzt in der Darstellung in seinen „Équations linéaires" (Literatur A 8), p. 96 ff., als Definition der Vollstetigkeit von $\Re$ die auf die Vollstetigkeit von $\Re'\Re(x,\,y)$ hinauslaufende (und nach β), γ) mit der Definition des Textes äquivalente) Aussage, daß $\sum_{p=1}^{\infty}\Big(\sum_{q=1}^{\infty}K_{pq}x_q^{(\nu)} - \sum_{q=1}^{\infty}K_{pq}x_q\Big)^2$ gegen 0 konvergiert, wenn jedes einzelne $x_q^{(\nu)}$ gegen x_q konvergiert.

136) *D. Hilbert*, Grundzüge, p. 150 ff., Satz 36; es ist nicht wesentlich, daß diese Bedingungen dort nur für symmetrische Formen ($K_{pq} = K_{qp}$) ausgesprochen sind. — Eine weitere hinreichende Bedingung für Vollstetigkeit findet man in [175].

Gleichungen benutzt *Hilbert* ein durch ein charakteristisches Auswahl-verfahren gewährleistetes Konvergenzprinzip[137]): Aus jeder Menge von unendlichvielen Wertsystemen $x = (x_1, x_2, \ldots)$ mit konvergenter beschränkter Quadratsumme $\sum\limits_{p=1}^{\infty} x_p^2 \leq M^2$, d. h. von unendlichvielen Punkten x innerhalb oder auf einer Kugel des unendlichdimensionalen Raumes, läßt sich eine unendliche Teilfolge $\bar{x}^{(n)} = (\bar{x}_1^{(n)}, \bar{x}_2^{(n)}, \ldots)$ $(n = 1, 2, \ldots)$ derart herausgreifen, daß der Limes jeder einzelnen Koordinatenfolge konvergiert:

$$(13) \qquad \lim_{n=\infty} \bar{x}_1^{(n)} = a_1, \quad \lim_{n=\infty} \bar{x}_2^{(n)} = a_2, \quad \ldots, \quad \sum_{p=1}^{\infty} a_p^2 \leq M^2,$$

d. h. daß die Punktfolge $\bar{x}^{(n)}$ in dem hierdurch ausgedrückten Sinne gegen einen Punkt a derselben Kugel konvergiert. Zum Beweise bemerke man, daß die sämtlichen ersten Koordinaten x_1 wegen $|x_1| \leq M$ mindestens eine Häufungsstelle a_1 besitzen; man kann demgemäß aus der Menge eine Teilfolge auswählen,

$$(\alpha_1) \qquad x' = (x_1', x_2', \ldots), \quad x'' = (x_1'', x_2'', \ldots), \quad \ldots, \qquad \text{so daß}$$
$$(\beta_1) \qquad \qquad \lim_{n=\infty} x_1^{(n)} = a_1 .$$

Aus *dieser* Folge (α_1) kann man ebenso wegen $|x_2^{(n)}| \leq M$ eine weitere Teilfolge auswählen,

$$(\alpha_2) \qquad x^{(n_1)} = (x_1^{(n_1)}, x_2^{(n_1)}, \ldots), \quad x^{(n_2)} = (x_1^{(n_2)}, x_2^{(n_2)}, \ldots), \quad \ldots, \quad \text{so daß}$$
$$(\beta_2) \qquad \qquad \lim_{v=\infty} x_2^{(n_v)} = a_2,$$

aus dieser eine dritte,

$$(\alpha_3) \qquad x^{(n_1')} = (x_1^{(n_1')}, x_2^{(n_1')}, \ldots), \quad x^{(n_2')} = (x_1^{(n_2')}, x_2^{(n_2')}, \ldots), \quad \ldots, \quad \text{so daß}$$
$$(\beta_3) \qquad \qquad \lim_{v=\infty} x_3^{(n_v')} = a_3,$$

und so fort. Die aus dem ersten Wertsystem von (α_1), dem zweiten von (α_2), dem dritten von (α_3) usf. bestehende „Diagonalfolge"

$$\bar{x}^{(1)} = x' = (x_1', x_2', \ldots), \quad \bar{x}^{(2)} = x^{(n_2)} = (x_1^{(n_2)}, x_2^{(n_2)}, \ldots),$$
$$\bar{x}^{(3)} = x^{(n_3')} = (x_1^{(n_3')}, x_2^{(n_3')}, \ldots), \quad \ldots$$

erfüllt die Behauptung. Denn da sie eine Teilfolge von (α_1) ist, konvergieren die $\bar{x}_1^{(n)}$ wegen (β_1) gegen a_1; da sie ferner abgesehen von ihrem ersten Gliede eine Teilfolge von (α_2) ist, konvergieren die $\bar{x}_2^{(n)}$ wegen (β_2) gegen a_2; und so fort.

---

137) *D. Hilbert*, Grundzüge, Kap. XI, p. 116 f.; das gleiche Auswahlverfahren hatte er bereits in seinen Untersuchungen „Über das Dirichletsche Prinzip" auf Folgen von Funktionen angewandt [Festschr. d. Gesellsch. d. Wissensch. zu Göttingen 1901, 27 S. = Math. Ann. 59 (1904), p. 161—186, § 5].

c) **Lösungsmethode auf Grund des Auswahlverfahrens.**
Die so entwickelten Hilfsmittel liefern die vollständige Auflösungstheorie des Gleichungssystems[127]

$$(U) \quad x_p + \sum_{q=1}^{\infty} K_{pq} x_q = x_p + K_{p1} x_1 + K_{p2} x_2 + \cdots = y_p \quad (p = 1, 2, \ldots),$$

wo die mit den Koeffizienten K_{pq} gebildete Bilinearform $\mathfrak{K}$ vollstetig ist, wo ferner die y_p gegebene Größen von konvergenter Quadratsumme sind und wo endlich die Unbekannten x_p gleichfalls der Bedingung der Konvergenz der Quadratsumme $\sum_{p=1}^{\infty} x_p^2$ unterworfen sind.

Der Grundgedanke der Methode ist die Approximation der Gleichungen (U) durch das algebraische System von n linearen Gleichungen mit n Unbekannten, das zu dem n^{ten} Abschnitt $\mathfrak{K}_n$ gehört:

$$(A) \qquad x_p^{(n)} + \sum_{q=1}^{n} K_{pq} x_q^{(n)} = y_p \qquad (p = 1, 2, \ldots n)$$

unter Benutzung einer geeignet ausgewählten Folge von Indizes n. In bezug auf das Verhalten dieser Gleichungen werden zwei Fälle unterschieden[188]): es sei m_n das Minimum des Quotienten aus der nicht negativen quadratischen Form von n Veränderlichen

$$(14) \quad \sum_{p=1}^{n} \Big(x_p + \sum_{q=1}^{n} K_{pq} x_q\Big)^2 = \sum_{p=1}^{n} x_p^2 + 2 \sum_{p,q=1}^{n} K_{pq} x_p x_q + \sum_{p,q,r=1}^{n} K_{pq} K_{pr} x_q x_r$$

$$= \sum_{p=1}^{n} x_p^2 + 2 \mathfrak{K}_n(x, x) + \mathfrak{K}_n' \mathfrak{K}_n(x, x)$$

und der Quadratsumme $x_1^2 + \cdots + x_n^2$:

$$\sum_{p=1}^{n} \Big(x_p + \sum_{q=1}^{n} K_{pq} x_q\Big)^2 \geqq m_n \sum_{p=1}^{n} x_p^2;$$

dann ist entweder

A. für unendlichviele n $m_n \geqq m > 0$

oder

B. die m_n konvergieren gegen 0: $\lim_{n=\infty} m_n = 0$.

Im Falle A ist für alle diese n die Determinante des Systems (A) ungleich 0, da sonst das zu (A) gehörige homogene System (A_h) eine Lösung hätte, für die dann (14) verschwinden würde; also

---

138) Die gleiche Methode hat *R. Courant*[67]) direkt auf Integralgleichungen angewandt (s. Nr. **10** b, 3); nur beruht seine Fallunterscheidung nicht wie bei *Hilbert* auf einer nur von den Koeffizienten der linken Seiten abhängigen Größe, sondern setzt bestimmt gegebene rechte Seiten voraus.

besitzt (A) eine Lösung $x_1^{(n)}, x_2^{(n)}, \ldots, x_n^{(n)}$, und es ist

$$\sum_{p=1}^{n} y_p^2 = \sum_{p=1}^{n}\Big(x_p^{(n)} + \sum_{q=1}^{n} K_{pq} x_q^{(n)}\Big)^2 \geqq m_n \sum_{p=1}^{n} x_p^{(n)2}$$

und wegen $m_n \geqq m > 0$, wenn die y_p die gegebenen rechten Seiten von (U) sind,

$$\sum_{p=1}^{n} x_p^{(n)2} \leqq \frac{1}{m} \sum_{p=1}^{\infty} y_p^2.$$

Nach dem Auswahlverfahren b) kann daher eine Zahlenfolge $n_1, n_2, \ldots$ bestimmt werden, so daß die Grenzwerte

(15) $$\lim_{\nu=\infty} x_1^{(n_\nu)} = x_1, \quad \lim_{\nu=\infty} x_2^{(n_\nu)} = x_2, \quad \ldots$$

existieren und ihre Quadratsumme konvergiert:

(15′) $$\sum_{p=1}^{\infty} x_p^2 \leqq \frac{1}{m} \sum_{p=1}^{\infty} y_p^2.$$

Wegen der Vollstetigkeit der Linearformen $\sum\limits_{q=1}^{\infty} K_{pq} x_q$ (vgl. Nr. **16** a, p. 1401) ist

$$x_p + \sum_{q=1}^{\infty} K_{pq} x_q = \lim_{\nu=\infty}\Big(x_p^{(n_\nu)} + \sum_{q=1}^{n_\nu} K_{pq} x_q^{(n_\nu)}\Big) = y_p,$$

d. h. (15) *gibt eine Lösung des Systems (U) mit konvergenter Quadratsumme.*

Im Falle B seien $\xi_1^{(n)}, \ldots, \xi_n^{(n)}$ die Werte der Veränderlichen, für die das Minimum eintritt:

(16) $$\begin{cases} \sum\limits_{p=1}^{n}\Big(\xi_p^{(n)} + \sum\limits_{q=1}^{n} K_{pq}\xi_q^{(n)}\Big)^2 = 1 + 2\Re_n\big(\xi^{(n)}, \xi^{(n)}\big) + \sum\limits_{p,q=1}^{n} K_{pq}\xi_q^{(n)}\Big(\sum\limits_{r=1}^{n} K_{pr}\xi_r^{(n)}\Big) \\ \qquad\qquad = m_n, \qquad\qquad \sum\limits_{p=1}^{n}\big(\xi_p^{(n)}\big)^2 = 1. \end{cases}$$

Wiederum kann nach dem Auswahlverfahren eine Folge $n_1, n_2, \ldots$ bestimmt werden, so daß die Grenzwerte

(17) $$\lim_{\nu=\infty} \xi_1^{(n_\nu)} = \xi_1, \quad \lim_{\nu=\infty} \xi_2^{(n_\nu)} = \xi_2, \quad \ldots$$

existieren und ihre Quadratsumme konvergiert:

(17′) $$\sum_{p=1}^{n} \xi_p^2 \leqq 1.$$

Aus (16) folgt nun

$$\Big|\xi_p^{(n)} + \sum_{q=1}^{n} K_{pq}\xi_q^{(n)}\Big| \leqq \sqrt{m_n}$$

und daher wegen der Vollstetigkeit der Linearformen und wegen $m_n \to 0$

$$(U_h) \qquad \xi_p + \sum_{q=1}^{\infty} K_{pq}\xi_q = 0 \qquad (p = 1, 2, \ldots).$$

Um weiter zu zeigen, daß nicht alle ξ_p verschwinden, entnimmt man aus (16) für $n = n_\nu$ und $\nu \to \infty$ wegen der Vollstetigkeit der Bilinearform $\Re(x, y)$

$$1 + 2\Re(\xi, \xi) + \Re'\Re(\xi, \xi) = 0,$$

da $\lim\limits_{\nu=\infty} \sum\limits_{r=1}^{n_\nu} K_{pr}\xi_r^{(n_\nu)} = \sum\limits_{r=1}^{\infty} K_{pr}\xi_r$ ist; andererseits folgt aus (U_h)

$$\sum_{p=1}^{\infty}\left(\xi_p + \sum_{q=1}^{\infty} K_{pq}\xi_q\right)^2 = \sum_{p=1}^{\infty}\xi_p^2 + 2\Re(\xi, \xi) + \Re'\Re(\xi, \xi) = 0,$$

also

$$(17'') \qquad \sum_{p=1}^{\infty}\xi_p^2 = 1,$$

d. h. (17) *liefert eine nicht identisch verschwindende Lösung der homogenen Gleichungen* (U_h) *von konvergenter Quadratsumme.*

In diesem Falle B besitzen die zu (U) gehörigen transponierten unhomogenen Gleichungen

$$(U') \qquad x_p + \sum_{q=1}^{\infty} K_{qp}x_q = y_p \qquad (p = 1, 2, \ldots)$$

für die besonderen rechten Seiten $y_p = \xi_p$ gewiß keine Lösung von konvergenter Quadratsumme, da sonst wegen (11) und (U_h)

$$\sum_{p=1}^{\infty}\xi_p^2 = \sum_{p=1}^{\infty}\xi_p\left(x_p + \sum_{q=1}^{\infty} K_{qp}x_q\right)^2 = \sum_{p=1}^{\infty}x_p\left(\xi_p + \sum_{q=1}^{\infty} K_{pq}\xi_q\right) = 0$$

wäre. Da sie genau die Form des oben behandelten Systems (U) haben, muß für sie gleichfalls der Fall B eintreten, d. h. die transponierten homogenen Gleichungen

$$(U_h') \qquad \eta_p + \sum_{q=1}^{\infty} K_{qp}\eta_q = 0 \qquad (p = 1, 2, \ldots)$$

müssen eine nicht identisch verschwindende Lösung von konvergenter Quadratsumme haben. Daraus folgt aber wie soeben, daß die unhomogenen Gleichungen (U) nicht für beliebige rechte Seiten eine Lösung von konvergenter Quadratsumme besitzen können. Also gilt der

Alternativsatz[139])*: Entweder hat das unhomogene System* (U) — *und gleichzeitig das transponierte System* (U') — *für beliebige rechte*

---

139) Der entsprechende Alternativsatz für Integralgleichungen ist in Nr. **10** (Anfang) nicht in dieser Form ausgesprochen; er ergibt sich unmittelbar durch Kombination von Satz 1 und 2: $d = 0$ oder $d > 0$.

Seiten von konvergenter Quadratsumme eine eindeutig bestimmte Lösung von konvergenter Quadratsumme, oder das homogene System (U_h) — und gleichzeitig das transponierte (U_h') — besitzt mindestens eine nicht identisch verschwindende Lösung von konvergenter Quadratsumme.

Im *ersten Falle* kann man hinzufügen, daß die Lösung von (U) sich durch die $y_1, y_2, \ldots$ in der zu (U) analogen Form

$$(18) \qquad x_p = y_p + \sum_{q=1}^{\infty} R_{pq} y_q \qquad (p = 1, 2, \ldots)$$

darstellen läßt, wo die nur von den K_{pq} abhängigen Größen R_{pq} die *Koeffizienten einer vollstetigen Bilinearform* $\Re(x, y)$ sind, die man als *Resolvente* von $\Re(x, y)$ bezeichnen kann.[140]) Denn aus (15), (15') ergibt sich, daß jedes einzelne x_p ebenso wie jedes $x_p^{(n\nu)}$ eine vollstetige Linearform der $y_1, y_2, \ldots$ ist; alsdann aber folgt aus (18) und (U)

$$\Re'\Re(y, y) = \sum_{p=1}^{\infty} \left(\sum_{q=1}^{\infty} R_{pq} y_q \right)^2 = \sum_{p=1}^{\infty} (y_p - x_p)^2 = \Re'\Re(x, x),$$

und da $\Re'\Re$ eine vollstetige Funktion von $x_1, x_2, \ldots$ ist, ist $\Re'\Re(y, y)$ vollstetig in $y_1, y_2, \ldots$, also nach Nr. **16** a, γ) auch $\Re(x, y)$ vollstetig.

Man kann übrigens zeigen, daß die Resolventen der Abschnitte $\Re_n$, d. h. die Lösungen von (A_n), in Wahrheit sämtlich, ohne Vornahme einer Auswahl, gegen $\Re$ konvergieren; vgl. [190a]).

Für den *zweiten Fall* des Alternativsatzes kann man feststellen[141]):

1. *Das homogene System* (U_h) *besitzt endlichviele linear unabhängige Lösungen von konvergenter Quadratsumme.* Denn ersetzt man die Lösungen nach dem Orthogonalisierungsverfahren (vgl. Nr. **19** a, 3) durch ein System orthogonaler und normierter Lösungen $\xi_1^{(\alpha)}, \xi_2^{(\alpha)}, \ldots$ ($\alpha = 1, 2, \ldots$), so folgt aus den homogenen Gleichungen (U_h)

$$(19) \qquad \Re(\xi^{(\alpha)}, \xi^{(\alpha)}) = \sum_{p, q = 1}^{\infty} K_{pq} \xi_p^{(\alpha)} \xi_q^{(\alpha)} = -\sum_{p=1}^{\infty} (\xi_p^{(\alpha)})^2 = -1 ;$$

nach der *Bessel*schen Ungleichung (6b) von Nr. **19** ist aber $\sum_\alpha (\xi_p^{(\alpha)})^2 \leqq 1$, also, falls unendlichviele Lösungen existieren, $\lim_{\alpha = \infty} \xi_p^{(\alpha)} = 0$ und daher wegen der Vollstetigkeit von $\Re$ $\lim_{\alpha = \infty} \Re(\xi^{(\alpha)}, \xi^{(\alpha)}) = 0$, im Widerspruch zu (19).

---

140) Entsprechend der Bezeichnung Resolvente des Kernes in der Theorie der Integralgleichungen [Nr. **4**[24]), **9** (p. 1373), **10**, Satz 2]. — Für die Vollstetigkeit der Resolvente vgl. [59]) und Nr. **18** b, 3 [187]).

141) Der Beweis von 1. ist die Übertragung des von *E. Schmidt*[384])[68]) für Integralgleichungen gegebenen Verfahrens (s. Nr. **10** c, 1) auf die hier vorliegenden allgemeineren Verhältnisse. In *Hilberts* Darstellung[127]) wird statt dessen die orthogonale Transformation der quadratischen Form $\Re'\Re(x, x) + 2\Re(x, x)$ auf eine Quadratsumme angewandt.

2. *Die Zahl d' der linear unabhängigen Lösungen von (U_h') mit konvergenter Quadratsumme ist gleich der Zahl d derjenigen von (U_h).* Sind nämlich $\eta_1^{(\alpha)}$, $\eta_2^{(\alpha)}$, $\ldots$ $(\alpha = 1, \ldots, d')$ die Lösungen von (U_h'), so bestehen zwischen den linken Seiten von (U_h) identisch in x_1, x_2, $\ldots$ die d' Relationen

$$(20) \qquad \sum_{p=1}^{\infty} \eta_p^{(\alpha)}\left(x_p + \sum_{q=1}^{\infty} K_{pq} x_q\right) = 0 \qquad (\alpha = 1, 2, \ldots, d').$$

Ist nun $d < d'$, so kann man daher aus dem System (U_h) d Gleichungen so auswählen — durch passende Numerierung der Veränderlichen kann man erreichen, daß es gerade die ersten d sind —, daß ihr Bestehen eine Folge des Erfülltseins der übrigen Gleichungen

$$(21) \qquad x_p + \sum_{q=1}^{\infty} K_{pq} x_q = 0 \qquad (p = d+1,\ d+2, \ldots)$$

ist, während zwischen den linken Seiten dieser Gleichungen noch mindestens eine Identität der Form (20)

$$(20\,\text{a}) \qquad \sum_{p=d+1}^{\infty} \eta_p\left(x_p + \sum_{q=1}^{\infty} K_{pq} x_q\right) = 0 \qquad \text{ident. in } x_1,\ x_2,\ \ldots$$

besteht. Also hat (21) genau d linear unabhängige Lösungen (dieselben wie (U_h)); man kann daher d Unbekannte $x_{i_1}, \ldots, x_{i_d}$ so auswählen, daß jede Lösung von (21), für die $x_{i_1} = \cdots = x_{i_d} = 0$ ist, identisch verschwindet, d. h. daß das durch Unterdrückung dieser d Unbekannten entstehende System

$$(21\,\text{a}) \qquad \left\{x_p + \sum_{q=1}^{\infty} K_{pq} x_q\right\}_{x_{i_1} = \cdots = x_{i_d} = 0} = 0 \qquad (p = d+1, d+2, \ldots)$$

keine nicht identisch verschwindende Lösung mehr besitzt, während das zugehörige transponierte System wegen (20a) eine solche Lösung besitzt. Nun kann man aber (21a) auf die Form des ursprünglichen Systemes (U_h) bringen, indem man in höchstens d Gleichungen (so oft nämlich der Gleichungsindex $p \geq d+1$ einer der Zahlen $i_1, \ldots i_d$ gleich ist) je einen passenden Koeffizienten K_{pq} durch $K_{pq} - 1$ ersetzt; da hierbei nur endlichviele Koeffizienten modifiziert werden, bleibt die Vollstetigkeitsbedingung bestehen und die zu (21a) festgestellte Tatsache widerspricht dem Alternativsatz. — Vertauscht man in dieser Überlegung die Rolle von (U_h) und (U_h'), so folgt ebenso die *Unmöglichkeit von* $d' < d$.

3. Die Durchführung der gleichen Betrachtungen für die unhomogenen Gleichungen zeigt, daß die aus den Identitäten (20) folgenden

d Bedingungen für die rechten Seiten von (U)

$$(22) \qquad \sum_{p=1}^{\infty} \eta_p^{(\alpha)} y_p = 0 \qquad\qquad (\alpha = 1, 2, \ldots, d)$$

nicht nur notwendig, sondern auch hinreichend für die Lösbarkeit von (U) sind. Damit sind die sämtlichen determinantenfreien Sätze von Nr. **10** übertragen.

d) Andere Lösungsmethoden.

1. Weitere Methoden zur Behandlung des Gleichungssystems (U) beruhen auf einem Reduktionstheorem, das zuerst *A. C. Dixon*[43]) — allerdings für andersartige Konvergenzbedingungen (vgl. Nr. **20a**) — angewendet hat und das man für den vorliegenden Fall folgendermaßen formulieren kann:

Es sei

$$(23) \qquad \Re(x, y) = \mathfrak{G}(x, y) + \mathfrak{H}(x, y)$$

gleich der Summe einer vollstetigen Bilinearform $\mathfrak{G}(x, y)$ *von endlichem Rang*[142]) — d. i. eine Summe von endlichvielen Produkten aus vollstetigen Linearformen von $x_1, x_2, \ldots$ und $y_1, y_2, \ldots$

$$\mathfrak{G}(x, y) = \sum_{\alpha=1}^{n} \mathfrak{L}_\alpha(x) \mathfrak{M}_\alpha(y) = \sum_{p, q=1}^{\infty} \Big(\sum_{\alpha=1}^{n} l_{\alpha p} m_{\alpha q} \Big) x_p y_q \; -$$

und einer vollstetigen Bilinearform $\mathfrak{H}(x, y)$, *die ihrerseits eine vollstetige Resolvente* $\mathfrak{R}(x, y)$ *(im Sinne von (18)) besitzt; dann gelten für die zu* $\Re$ *gehörigen Gleichungssysteme* (U), (U_h), (U'), (U_h') *die sämtlichen in* c) *bewiesenen Auflösungssätze* (d. h. die determinantenfreien Sätze von Nr. **10**).

Der Beweis dieses Satzes erfolgt in genauer Analogie zu den Schlüssen von Nr. **10a**, 1, 4, 5.

2. Solche Zerspaltungen einer vollstetigen Bilinearform sind in verschiedener Weise möglich; eine erste hat *D. Hilbert* in seiner *zweiten Methode* zur Behandlung vollstetiger Gleichungssysteme[143]) angegeben. Er gewinnt sie, indem er zuvor $\Re(x, y)$ in die symmetrische Form $\frac{1}{2}(\Re(x, y) + \Re(y, x))$ und die schiefsymmetrische Form $\frac{1}{2}(\Re(x, y) - \Re(y, x))$ zerlegt und auf die erste Form seine Theorie der orthogonalen Transformation quadratischer Formen in eine Quadratsumme (Nr. **40**) anwendet; die Resolvente des Restbestandteils $\mathfrak{H}$ der hier nicht im einzelnen zu schildernden Zerspaltung wird alsdann aus eben dieser Theorie gewonnen.

---

142) Die Bezeichnung analog wie bei Integralgleichungen; vgl. Anm.[61]).
143) *D. Hilbert*, 4. Mitteil. 1906 = Grundzüge, Kap. XII, p. 170—174.

3. Eine zweite Zerspaltung[144]) ergibt sich durch Übertragung des von *E. Schmidt*[42]) bei Integralgleichungen durchgeführten Gedankens, einen Bestandteil so abzuspalten, daß er die Anwendung der *Entwicklung nach Iterierten* gestattet (vgl. Nr. **10**a, inbes. 2.). Ist nämlich $\mathfrak{H}(x, y)$ die aus $\mathfrak{K}$ für $x_1 = \cdots = x_n = y_1 = \cdots = y_n = 0$ entstehende Form, so kann wegen der Vollstetigkeit von $\mathfrak{K}(x, y)$ das Maximum von $|\mathfrak{H}(x, y)|$ unter der Nebenbedingung $\sum\limits_{p=1}^{\infty} x_p^2 = \sum\limits_{p=1}^{\infty} y_p^2 = 1$ durch Wahl von n beliebig klein, gewiß also auch < 1 gemacht werden. Dann konvergiert die Reihe der durch wiederholte Faltung von $\mathfrak{H}$ mit sich selbst entstehenden iterierten Formen[145])

$$- \mathfrak{H} + \mathfrak{H}\mathfrak{H}(x, y) - \mathfrak{H}\mathfrak{H}\mathfrak{H}(x, y) \pm \cdots$$

gleichmäßig gegen die vollstetige Resolvente von $\mathfrak{H}$, wie leicht aus der Abschätzung Nr. **16**a, β) zu entnehmen ist (vgl. Nr. **18**b, 3, p. 1431). Andererseits ist aber $\mathfrak{K} - \mathfrak{H} = \sum\limits_{p,q=1}^{\infty} K_{pq}x_p y_q - \sum\limits_{p,q=n+1}^{\infty} K_{pq}x_p y_q$ offenbar ein Kern von endlichem Range ($\leq 2n$).

4. Endlich ist auf die in Nr. **17** behandelte Methode der unendlichen Determinanten zu verweisen, die einen Teil der vollstetigen Gleichungssysteme zu erledigen gestattet.

e) **Erweiterung des Gültigkeitsbereichs der Sätze und Methoden.** Das *Abspaltungsverfahren* läßt sich auf Klassen von Gleichungssystemen ausdehnen, die nicht vollstetig sind.[146]) Die vollstetigen Gleichungssysteme sind also durchaus nicht die einzigen, für die der Komplex der determinantenfreien Sätze gilt. Die bisher in dieser Richtung angestellten Erörterungen bewegen sich im Rahmen der *beschränkten* Gleichungssysteme und können daher erst in Nr. **18**b, 4 auseinandergesetzt werden.

C. Andere Untersuchungen über lineare Gleichungssysteme mit unendlichvielen Unbekannten und lineare Integralgleichungen.

Von allen Untersuchungen über lineare Gleichungssysteme mit unendlichvielen Unbekannten ist unter B. diejenige vorweggenommen worden, die der Lehre von den Integralgleichungen und der Anwen-

---

144) Durchgeführt bei *E. Goldschmidt*[189]) und *F. Riesz,* Équations linéaires (Literatur A 8), chap. IV, p. 97 ff.

145) Diese Entwicklung entspricht formal der Entwicklung nach iterierten Kernen (Neumannsche Reihe) bei Integralgleichungen (vgl. Nr. **4**, (8a), Nr. **11**, (2)). Auf beschränkte symmetrische Formen (s. Nr. **18**a) wurde sie von *D. Hilbert,* 4. Mitteil. 1906 = Grundzüge, p. 133 ff. zuerst angewendet.

146) *W. L. Hart,* Amer. Math. Soc. Bull. 23 (1917), p. 445; 24 (1918), p. 334—335.

dung auf sie ihre Entstehung verdankt, nämlich die Theorie der *vollstetigen* Gleichungssysteme für *Unbekannte von konvergenter Quadratsumme*. Aber auch unabhängig von ihrer Beziehung auf die Integralgleichungslehre bedeutet die Aufstellung dieser Theorie, als Glied in der gesamten Entwicklung der Lehre von den unendlichvielen linearen Gleichungen betrachtet, einen Wendepunkt prinzipieller Art.

Man kann in dieser gesamten Entwicklung drei Perioden unterscheiden. Die erste, *naive* Periode tritt an einzelne Gleichungssysteme von der Form

$$(1) \qquad \sum_{q=1}^{\infty} a_{pq} x_q = y_p \qquad\qquad (p = 1, 2, \ldots)$$

in der Regel so heran, daß sie erst die Auflösung von

$$(2) \qquad \sum_{q=1}^{n} a_{pq} x_q = y_p, \qquad\qquad (p = 1, \ldots, n)$$

des sogenannten „n^{ten} Abschnitts", explizite in der Gestalt

$$(2\,\text{a}) \qquad x_1^{(n)} = \frac{\sum A_{1q} y_q}{A}, \;\ldots, \; x_n^{(n)} = \frac{\sum A_{nq} y_q}{A}$$

vollzieht und in der Lösungsformel den Übergang zu unendlichgroßem n vornimmt[147]):

$$(2\,\text{b}) \qquad \lim_{n=\infty} x_1^{(n)} = x_1, \; \lim_{n=\infty} x_2^{(n)} = x_2, \; \ldots$$

Erst mit *G. W. Hill*[12]) beginnt die zweite Periode, die man — in einem noch näher zu charakterisierenden Sinne — als eine *formale* bezeichnen kann und deren Kennzeichen die *unendliche Determinante* ist. Hier werden Systeme

$$(U) \qquad x_p + \sum_{q=1}^{\infty} K_{pq} x_q = y_p \qquad\qquad (p = 1, 2, \ldots)$$

---

147) *J. J. Fourier*, Théorie analytique de la chaleur, Paris 1822, art. 166 ff. (insbes. noch art. 171 und 207) = Oeuvres 1, Paris 1888, p. 149 ff.; *E. Fürstenau*, Marburg 1860 bei N. G. Elwert, 35 S. und 1867 ebenda, 32 S.; *Th. Kötteritzsch*, Ztschr. Math. Phys. 15 (1870), p. 1—15, 229—268; *P. Appell*, Soc. Math. Fr. Bull. 13 (1885), p. 13—18 und in unmittelbarem Anschluß daran *H. Poincaré*, ebenda p. 19—27; man vergleiche hierzu insbesondere die ausführliche historische Darstellung bei *F. Riesz*, Literatur A 8, chap. I, p. 1—20. — Es ist zweckmäßig zu betonen, daß die „Abschnittsmethode", die den Kern aller dieser Arbeiten bildet, von der Methode der unendlichen Determinanten prinzipiell abgehoben werden muß; denn sie handelt nicht von Limites von Determinanten, sondern von Limites von Determinanten-*Quotienten* vom Typus (2 a), und gerade in den Beispielen, die den Gegenstand der aufgeführten Literatur bilden, pflegt weder die Zählerdeterminante noch die Nennerdeterminante für sich genommen zu konvergieren, sondern nur der Quotient.

bzw. homogene Systeme

$$(U_h) \qquad\qquad x_p + \sum_{q=1}^{\infty} K_{pq} x_q = 0 \qquad\qquad (p = 1, 2, \ldots)$$

unter gewissen Voraussetzungen über die Kleinheit der K_{pq} betrachtet, und der formale Apparat der Determinantentheorie wird in vollkommener Treue auf sie übertragen. Daß die Konvergenzbetrachtungen dieser Periode im scharfen Gegensatz zur ersten nirgends etwas zu wünschen übriglassen, ändert nichts an ihrem formalen Gesicht: die Auflösungs*formel* steht im Vordergrund des Interesses; die Bedingung, die an die Unbekannten x_p und ebenso an die rechten Seiten y_p gestellt wird, nämlich *beschränkt* zu sein,

$$(3) \qquad\qquad |x_p| \leqq M, \quad |y_p| \leqq N,$$

bildet zwar die Grundlage der ganzen Untersuchung, aber ihre Aufstellung ist doch wesentlich durch die Rücksicht bestimmt, daß die Konvergenz der Auflösungsformel sich ihr bequem anpaßt. Daß die so gefundenen Lösungen stets sogar eine absolut konvergente Summe haben, wenn die rechten Seiten sie haben, insbesondere also ohne weiteres bei allen homogenen Systemen, wird zunächst[148]) gar nicht berührt. Die Lehre von den Gleichungen ist hier im Grunde nur Anwendung; die unendliche Determinante ist weitgehend Selbstzweck der Theorie.

Die dritte Periode, die in *A. C. Dixon*[48]) einen Vorläufer hat und die in *Hilbert*s Theorie der vollstetigen Gleichungssysteme (Nr. **16**) bisher ihren reinsten Ausdruck gefunden hat, sieht ihr Ziel nicht in expliziten Lösungs*formeln*, sondern in Lösungs*tatsachen*, in den am Eingang von Nr. **10** für Integralgleichungen formulierten determinantenfreien Sätzen. Und zugleich ist für sie die bewußte Voranstellung der Erkenntnis charakteristisch, daß die Lösungstatsachen von der hinzugefügten Konvergenzforderung abhängen, daß dasselbe Gleichungssystem etwa bei der Forderung (3) lösbar sein kann, während es nicht durch Unbekannte von konvergenter Quadratsumme befriedigt wird. Die Voraus-

---

148) Erst 1912 bemerkt es *H. v. Koch* in Ark. för Mat. 8, Nr. 9, 30 S., p. 8 bei der Einarbeitung der Fredholm-Hilbertschen Gedankengänge in seine Theorie. — *T. Cazzaniga*, Torino Atti 34 (1899), cl. fis. mat. e. nat., p. 351—370 (= 495—514 der Gesamtausgabe), auf den übrigens v. Koch hier nicht Bezug nimmt, hatte lediglich bewiesen, daß die Reziproke einer Normaldeterminante wieder eine Normaldeterminante ist, ohne daraus die erwähnte Konsequenz für die Auflösung der linearen Gleichungen zu ziehen. Das gleiche übrigens bei *P. Sannia*, Torino Atti 46 (1911), p. 31—48, der die hier erwähnte und allein in Betracht kommende Arbeit von Cazzaniga nicht nennt.

setzungen, die über die Koeffizientenmatrix und über die rechten Seiten gemacht werden, sowie die Forderungen, die an die Unbekannten gestellt werden, sind bei Dixon ganz und gar andere, als bei Hilbert. Das Gemeinsame ist der Verzicht auf die Determinantenformel, die Statuierung der determinantenfreien Sätze.

Nach dem Erscheinen von Hilberts Theorie der vollstetigen Systeme ist dann in einer Reihe von Arbeiten eine **Erweiterung der Theorie** angestrebt worden. Man versuchte zuerst unter Festhaltung der Forderung konvergenter Quadratsumme für die rechten Seiten und die Unbekannten die Voraussetzungen über die Koeffizientenmatrix sukzessive abzuschwächen. Die naturgemäße erste Etappe auf diesem Wege war es, statt der Vollstetigkeit lediglich die *Beschränktheit* des Koeffizientensystems vorauszusetzen (Nr. **18 a**), ein Begriff, der sich zunächst in Hilberts Eigenwerttheorie der quadratischen Formen (vgl. Nr. **43**) dargeboten hatte und den auf das Auflösungsproblem zu verpflanzen nahegelegen hatte (Nr. **18 b**). Man schritt dann weiter bis zur äußersten Grenze der in diesem Rahmen erreichbaren Allgemeinheit vor und setzte lediglich voraus, daß die Quadratsumme der Koeffizienten jeder einzelnen Gleichung konvergiere — so daß man eben noch der Konvergenz der linken Seiten für irgendwelche Unbekannte von konvergenter Quadratsumme auf Grund der Schwarzschen Ungleichung sicher war (Nr. **19**). Daneben treten vereinzelte Untersuchungen, die auf andere Konvergenzbedingungen für rechte Seiten und Unbekannte basiert sind (Nr. **20**), sowie die entsprechenden Untersuchungen über eigentlich-singuläre Integralgleichungen und sonstige lineare Funktionalgleichungen (Nr. **21—24**). Die meisten dieser Untersuchungen sind durch die Tatsachen gezwungen, sich ihr Ziel niedriger zu stecken, als es in der dritten Periode geschehen konnte. Denn bei so erweiterten Voraussetzungen kann der Komplex der determinantenfreien Sätze nicht in vollem Umfange bestehen bleiben, und zu jeder Art der Konvergenzvoraussetzung über die Unbekannten die weiteste Voraussetzung über die Koeffizienten zu finden, unter der die determinantenfreien Sätze eben noch gelten, ist ein Problem, das in seiner vollen Allgemeinheit kaum ernstlich angegriffen, ja in dieser Form kaum ein ausreichend bestimmtes ist (in Nr. **20 d**, Schlußbemerkung von **20 e**, **24 c** und **45 b** werden diese prinzipiellen Fragen erneut aufgenommen). Die Mehrzahl der vorhandenen Arbeiten, von denen zu berichten sein wird, ist hier zu der Zielsetzung expliziter Lösungsformeln zurückgekehrt.

17. Die Methode der unendlichen Determinanten.[149]) $G.\,W.\,Hill$[12]) ist wohl der erste, der sich wirklicher unendlicher Determinanten bedient hat. Die numerische Integration einer Differentialgleichung von der Form $y'' + p(x)y = 0$ durch eine Reihe von der Form $x^\varrho \sum\limits_{n=-\infty}^{+\infty} c_n x^n$ führt ihn auf ein System von unendlichvielen linearen Gleichungen für die zu bestimmenden Koeffizienten c_n. Er definiert dessen Determinante als Grenzwert des n^{ten} Abschnitts,

$$(4) \qquad A = \lim_{n=\infty} A_n,$$

und ist sich über die Konvergenz der Determinante, auf deren numerische Auswertung es ihm eigentlich ankommt, in einer über die numerischen Besonderheiten seines Spezialfalles hinausgehenden Art im klaren. $H.\,Poincaré$[13]) füllt die vom Standpunkt des Mathematikers bestehenden Lücken sofort aus, indem er die Konvergenz und die elementaren Eigenschaften der Determinante

$$(5) \qquad \begin{vmatrix} 1 & a_{12} & a_{13} & \cdot \\ a_{21} & 1 & a_{23} & \cdot \\ a_{31} & a_{32} & 1 & \cdot \\ \cdot & \cdot & \cdot & \cdot \end{vmatrix}$$

und ihrer Unterdeterminanten unter der Voraussetzung der Konvergenz der Doppelreihe $\sum\limits_{p,q=1}^{\infty} |a_{pq}|$ beweist. $G.\,Mittag\text{-}Leffler$, der durch den Wiederabdruck der Hillschen Arbeit in den Acta mathematica das Interesse der Mathematiker auf sie gelenkt hatte, regte seinen Schüler H. v. Koch zu dem Ausbau der Theorie und ihrer Anwendung auf beliebige lineare Differentialgleichungen und die Fuchssche Theorie der determinierenden Gleichung an.

$H.\,v.\,Koch$[150]) behandelte zuerst die „*Normaldeterminanten*", d. h. die Determinanten

$$(6) \qquad A = \begin{vmatrix} a_{11} & a_{12} & \cdot \\ a_{21} & a_{22} & \cdot \\ \cdot & \cdot & \cdot \end{vmatrix} = \begin{vmatrix} 1+K_{11} & K_{12} & \cdot \\ K_{21} & 1+K_{22} & \cdot \\ \cdot & \cdot & \cdot \end{vmatrix},$$

---

149) Darstellungen dieser Theorie bei *A. Pringsheim*, Encykl. I A 3, Nr. **58—59**, p. 141—146; *H. v. Koch*, C. R. Stockholm Kongr. 1909, p. 43—61; *E. Pascal*, Die Determinanten, Leipzig 1900, § 51, p. 175—178; *G. Kowalewski*, Literatur B 3, p. 369—407; *F. Riesz*, Literatur A 8, chap. II, p. 21—41.

150) *H. v. Koch*, Stockh. Öfvers. 47 (1890), p. 109—129, 411—431, Voranzeige zu der großen Arbeit[14]), sowie außerdem § 1 der Arbeit Acta math. 18 (1894), p. 337—419.

bei denen $\sum\limits_{p,\,q=1}^{\infty} |K_{pq}|$ konvergiert, und die gegenüber den Poincaréschen Determinanten (5) lediglich insofern verallgemeinert sind, als die in der Diagonale auftretenden Größen $K_{11}, K_{22}, \ldots$ nicht zu verschwinden brauchen. Er ergänzt die Poincaréschen Untersuchungen durch die Betrachtung der höheren Minoren, d. h. derjenigen, die aus A durch Wegstreichung einer endlichen Anzahl von Zeilen und der gleichen Anzahl von Kolonnen hervorgehen, und die selbst wieder Normaldeterminanten sind, und fügt den Poincaréschen Sätzen vor allem den abschließenden hinzu, daß es im Falle $A = 0$ stets einen Minor *endlicher* Ordnung gibt, der nicht verschwindet. Auf Grund dessen kann dann die Theorie des *homogenen* Systems (U_h) gegeben werden, das (6) zur Determinante hat: ist $A \neq 0$, so ist (U_h) durch keine beschränkte Größenreihe $|x_p| \leq M$ lösbar; ist $A = 0$, so gibt es eine endliche Anzahl linear-unabhängiger beschränkter Lösungen, aus denen sich alle beschränkten Lösungen linear zusammensetzen. Die Möglichkeit der Behandlung des *unhomogenen* Systems (U) bei $|y_p| \leq N$ wird angedeutet.[151])

Etwas allgemeiner betrachtet *H. v. Koch* zugleich die „*normaloiden*" Determinanten[152]), d. h. diejenigen, bei denen man solche nichtverschwindende Faktoren $\mu_1, \mu_2, \ldots$ bestimmen kann, daß die mit den Größen $K_{pq}\dfrac{\mu_p}{\mu_q}$ gebildete Determinante normal ist; die Lösung des zugehörigen Gleichungssystems (U) ist dann im Sinne

$$(7) \qquad |x_p| \leq M \cdot \mu_p, \quad |y_p| \leq N \cdot \mu_p$$

zu verstehen.

Zu ernsteren Verallgemeinerungen sieht sich *H. v. Koch* durch die Anwendung auf lineare homogene Differentialgleichungen n^{ter} Ordnung, durch den Übergang zu Systemen linearer Differentialgleichungen, endlich durch den Aufstieg zu partiellen linearen Differentialgleichungen von wachsender Ordnung und Variabelnzahl sukzessive veranlaßt. Er stellt eine Kette von Bedingungen auf, unter denen die ganze Theorie in der gleichen Weise durchführbar ist; er sagt, die Determinante ist vom „*genre p*", wenn

---

151) Ausgeführt ist dies zuerst bei *T. Cazzaniga*, Ann. di mat. (2) 26 (1898), p. 143—218, wo die ganze Theorie nochmals ausführlich dargestellt ist.

152) *H. v. Koch*, Acta[14]), p. 235—238; der Name von *G. Vivanti*, Ann. di mat. (2) 21 (1893), p. 25—32, insbes. p. 27. Vgl. noch *T. Cazzaniga*[151]), § 12 und *M. Fujiwara*, Toh. Rep. 3 (1914), Nr. 4, p. 199—216, der normaloide Determinanten auf einen Satz über konvexe Körper anwendet.

$$(8) \quad \begin{cases} \displaystyle\sum_{\alpha=1}^{\infty} |K_{\alpha\alpha}|, \\[2ex] \displaystyle\sum_{\beta=1}^{\infty} \sideset{}{'}\sum_{\alpha_1,\ldots,\alpha_r} |K_{\beta\alpha_1} K_{\alpha_1\alpha_2} \ldots K_{\alpha_r\beta}| \qquad (r=1,2,\ldots,2p-2), \\[2ex] \displaystyle\sum_{\beta,\gamma=1}^{\infty} \sideset{}{'}\sum_{\alpha_1,\ldots,\alpha_r} |K_{\beta\alpha_1} K_{\alpha_1\alpha_2} \ldots K_{\alpha_r\gamma}| \qquad (r=p-1,p,\ldots,2p-2) \end{cases}$$

absolut konvergieren (die akzentuierten Summen sind über alle diejenigen Kombinationen ihrer Summationsindizes $\alpha_1, \ldots, \alpha_r$ zu erstrecken, bei denen keine zwei Indizes einander gleich sind). An der Spitze dieser Kette steht als 0tes Glied die Klasse der Normaldeterminanten, und jedes weitere Glied der Kette ist im nächsten als Teil enthalten.[153]

Alle diese Fälle, auch die, die sich hieraus ebenso ableiten, wie die normaloiden aus den normalen, sowie einige später aufgestellte sind in einem allgemeineren und viel natürlicheren Begriff *H. v. Koch*s enthalten, dem der *absolut konvergenten* Determinante.[154] Die Determinante wird dabei definiert als

$$\sum \pm\, a_{1\alpha_1} a_{2\alpha_2} \cdots,$$

erstreckt über alle Permutationen der Indizes $\alpha_1, \alpha_2, \ldots$, bei denen nur endlichviele Indizes ihren Platz in der natürlichen Reihenfolge verlassen haben[155]; das Vorzeichen wird wie bei gewöhnlichen Determinanten je nach der Natur der Permutation bestimmt; wenn nun diese unendliche Reihe absolut konvergiert, nennt *v. Koch* die Determinante absolut konvergent. Der Beweis des Satzes von der Endlich-

---

153) *H. v. Koch*, Paris C. R. 116 (1893), p. 179—181 (für $p=1$); Stockh. Acc. Bihang 22 (1896), Afd. I, Nr. 4, 31 S., insbes. §§ 3, 4; Acta math. 24 (1900), p. 89—122, insbes. § 3; *R. Palmqvist*, Ark. för Mat. 8 (1913), Nr. 32, 4 S.; 10 (1914), Nr. 23, 15 S. und Diss. Upsala 1915, 52 S.

154) *H. v. Koch* in den [153] zitierten Arbeiten, sowie Paris C. R. 120 (1895), p. 144—147. — Daß der Begriff der absolut konvergenten Determinante weiter ist als der aller Determinanten von endlichem genre zusammen, belegt H. v. Koch (in Stockh. Bih. 22 [153]), p. 26) durch das Beispiel: alle $K_{pq}=0$ außer denen der ersten Zeile und der ersten Spalte. In diesem Beispiel besteht A offenbar nur aus den Termen $K_{11} - K_{12}K_{21} - K_{13}K_{31} - \cdots$ und ist also, nebst allen seinen Minoren, absolut-konvergent, wenn diese Reihe absolut konvergiert, also z. B. für $K_{1n} = K_{n1} = \dfrac{1}{n}$, und er zeigt, daß diese spezielle Determinante von keinem endlichen genre ist.

155) Diese Reihe enthält abzählbar viele Summanden; daß man ohne die Beschränkung auf Permutationen von je nur endlichvielen Indizes ein Kontinuum von Termen erhalten würde, behandelt *N. J. Lennes*, Amer. Math. Soc. Bull. 18 (1911), p. 22—24.

keit des Defekts wird für diese Determinanten außerordentlich durchsichtig; desgleichen das Analogon der elementaren Sätze über Unterdeterminanten (Laplacesche Entwicklung), falls die Minoren ihrerseits wieder absolut konvergente Determinanten sind. Daß dies nicht automatisch der Fall ist, ist der erste Schönheitsfehler dieser Begriffsbildung.[156]) Ein entscheidendes Hindernis stellt sich dann der Durchführung dieser Theorie darin entgegen, daß das Multiplikationstheorem, das in den vorangehenden Fällen stets gültig war, für absolut konvergente Determinanten nicht allgemein durchführbar ist; *H. v. Koch* zeigt es an der Hand der Determinanten vom Typus

$$(9\,\text{a}) \quad \begin{vmatrix} 1 & u_{12} & u_{13} & \cdot \\ 0 & 1 & u_{23} & \cdot \\ 0 & 0 & 1 & \cdot \\ \cdot & \cdot & \cdot & \cdot \end{vmatrix} \quad \text{und} \quad (9\,\text{b}) \quad \begin{vmatrix} 1 & a_1 & 0 & \cdot \\ b_1 & 1 & a_2 & \cdot \\ 0 & b_2 & 1 & \cdot \\ \cdot & \cdot & \cdot & \cdot \end{vmatrix},$$

die nebst allen ihren Minoren absolut konvergent sind, und zwar (9 a), ohne daß die u_{pq} irgendwie beschränkt zu werden brauchen, (9 b) dann und nur dann, wenn $a_1 b_1 + a_2 b_2 + \cdots$ absolut konvergiert.[157])

Angesichts dieser Schwierigkeiten kehrt *v. Koch* zu der Aufsuchung immer anderer Spezialfälle von absolut konvergenten Determinanten zurück, für die er die volle Theorie durchführen kann. Es sei noch einer von diesen angeführt[158]):

$$(10\,\text{a}) \quad \sum_{p=1}^{\infty} |K_{pp}| \text{ konv.}, \qquad (10\,\text{b}) \quad |K_{pq}| \leq \varkappa_p, \text{ wo } \varkappa_1 + \varkappa_2 + \cdots \text{ konv.}$$

Nach dem Erscheinen der *Fredholm*schen und *Hilbert*schen Arbeiten erkennt *v. Koch* diejenigen Determinanten als absolut konvergent, die den Bedingungen

$$(11\,\text{a}) \quad \sum_{p=1}^{\infty} |K_{pp}| \text{ konv.}, \qquad (11\,\text{b}) \quad \sum_{p,q=1}^{\infty} |K_{pq}|^2 \text{ konv.}$$

---

156) Das Beispiel: alle $K_{pq} = 0$ außer $K_{23}, K_{24}, \ldots; K_{21}, K_{31}, \ldots$ zeigt eine Determinante, die absolut konvergent ist, welche Werte auch die noch freien Parameter darin haben, in der aber der Minor von a_{12} von dem in [154]) beschriebenen Typus ist, also nur dann absolut konvergent ist, wenn die Reihe $K_{21} - K_{31} K_{23} - K_{41} K_{24} - \cdots$ es ist, was bei passender Wahl der noch freien Größen K_{2n}, K_{m1} nicht der Fall sein wird. Das Beispiel, das *H. v. Koch* in Stockh. Bihang 22[153]), p. 8 angibt, enthält ein Versehen.

157) *H. v. Koch*, Paris C. R. 120[154]) und Acta math. 24[153]), § 2. Für $a_n = \dfrac{1}{\sqrt{n}}, b_n = \dfrac{1}{n}$ ist (9 b) absolut konvergent, aber die Determinante des Systems, das aus ihr durch Komposition von Reihen in irgendeiner der vier möglichen Kombinationen gebildet wird, ist nicht absolut konvergent, da bereits die Summe der Diagonalglieder divergiert (Acta 24, p. 99).

158) *H. v. Koch*, Acta 24[153]) (1900), § 3.

genügen, und entwickelt deren Theorie und die der zugehörigen linearen Gleichungen.[159]) Er kann daraus die Auflösungssätze für den Fall ableiten, daß nur die Bedingung (11b) allein erfüllt ist; denn die Größen $1 + K_{pp}$ sind auf Grund von (11b) von einer gewissen an von 0 verschieden; dividiert man also von dieser ab jede Gleichung des Systems (U) mit ihrem Diagonalkoeffizienten, so wird auch die Bedingung (11a) erfüllt und an der Konvergenz der Quadratsumme der rechten Seiten y_p ist dadurch nichts geändert worden.

Das ist allerdings weniger als *Hilbert*s Theorie der vollstetigen Systeme [vgl. Nr. **16**, (9) und den folgenden Text]. Aber auf der anderen Seite kann man unter der Voraussetzung (11b) mit Hilfe der Kochschen Untersuchung das Resultat ableiten, daß die Auflösung (2a) des n^{ten} Abschnitts mit wachsendem n gegen die Lösung konvergiert, ohne daß vorher irgendeine Auswahl (vgl. Nr. **16**c) in der Folge der Abschnitte vorzunehmen wäre — ein Resultat, das sich aus keiner der neueren Theorien unmittelbar ablesen läßt.[160])

In analoger Weise hätte v. Koch die Bedingung (10b) leicht von der Bedingung (10a) loslösen und damit zwar nicht die Methode, aber doch das Resultat von *A. C. Dixon*[43]) (vgl. Nr. **20**a) gewinnen können, einschließlich der oben angefügten Bemerkung über die Konvergenz der abschnittsweisen Auflösung.

Betrachtet man diese ganze Theorie der unendlichen Determinanten im Rahmen der modernen Auflösungstheorie der unendlichen linearen Gleichungssysteme, so kann man feststellen, daß sie in mannig-

---

159) *H. v. Koch.*[88]) Etwa gleichzeitig hat *R. d'Adhémar*, Brux. Soc. sc. 94 A, 28. Okt. 1909, p. 65—72 die Normalität in Richtung der Bedingungen (11) erweitert, ohne jedoch deren volle Allgemeinheit zu erreichen, und *O. Szász*, Diss. Budapest 1911, 74 S. = Math. és Phys. Lap. 21, p. 224—295 (vorgelegt Dez. 1909) das Kochsche Resultat mit Hilfe des Hadamardschen Determinantensatzes und Hilbertscher Begriffsbildungen bewiesen, während v. Koch den Hadamardschen Satz nur in geringerem Maße heranzieht und sich im übrigen der ihm geläufigen Methoden bedient. *H. v. Koch*[96]) reiht sodann der Bedingung (11) sukzessive eine ähnliche Kette weiterer Bedingungen an, wie er früher den Normaldeterminanten die Determinanten von wachsendem genre hatte folgen lassen. In [148]) und in Jahresb. Deutsch. Math.-Ver. 22 (1913), p. 285—291 führt er die Entwicklung nach Iterierten und das Abspaltungsverfahren in die Theorie der unendlichen Determinanten ein. *St. Bóbr*, Diss. Zürich 1918 und Math. Ztschr. 10 (1921), p. 1—11 [s. Nr. **20**c.[221])] verwendet die unendlichen Determinanten in entsprechender Weise bei Gleichungen für Unbekannte, bei denen $\sum |x_\alpha|^p$ konvergiert, um diejenigen Veränderungen abzuleiten, die F. Riesz (Literatur A 8) an den Hilbertschen Sätzen angebracht hat. — Wegen der entsprechenden Verwendung der unendlichen Determinanten für die Eigenwerttheorie vgl. Nr. **40**d[513]).

160) Durch die in [190a]) angegebene Schlußweise kann es allerdings für beliebige vollstetige Systeme hergeleitet werden.

facher Weise geeignet ist, darin verwendet zu werden, daß aber trotzdem einem Aufbau der Auflösungstheorie auf der Grundlage der unendlichen Determinanten von Natur enge und unübersteigliche Grenzen gezogen sind. *Einerseits* nämlich kann ein homogenes Gleichungssystem, dessen Determinante absolut konvergent und zugleich von 0 verschieden ist, eine eigentliche Lösung haben, die nicht nur beschränkt ist, sondern sogar eine absolut konvergente Summe hat, während gleichzeitig das transponierte homogene System (U_h') keine oder doch keine beschränkte Lösung hat.[161]) Ob man sich also auf den Standpunkt stellt, den *v. Koch* vor 1909 im wesentlichen festgehalten hat, beschränkte Lösungen zu betrachten, oder ob man sich auf den Standpunkt absolut konvergenter Summe oder aber auf den Standpunkt absolut konvergenter Quadratsumme der Unbekannten stellt, in keinem Falle wird eine vollständige Auflösungstheorie nach dem Muster der Algebra möglich sein, die für beliebige Systeme mit absolut konvergenter Determinante gilt. *Auf der anderen Seite* gibt es — wenn man etwa den Standpunkt der konvergenten Quadratsumme festhält — Fälle wiederum vom Typus (9b), wo alle Auflösungssätze gelten, wo aber die Determinante nicht absolut konvergiert; denn jene Sätze gelten gewiß, wenn das System der K_{pq} vollstetig ist, und das ist beim Typus (9b) dann und nur dann der Fall, wenn $\lim_{n=\infty} a_n = 0$, $\lim_{n=\infty} b_n = 0$ ist[162]); es ist aber leicht, die a_n, b_n so zu wählen, daß zugleich mit

---

161) Man erkennt dies sehr einfach, wenn man sich der von v. Koch zu anderem Zwecke verwendeten Typen (9) bedient. Setzt man in (9a) $u_{12} = u_{23} = \cdots = -1$, alle anderen $u_{pq} = 0$, so hat das zugehörige homogene System

$$(U_h) \qquad x_1 - x_2 = 0, \quad x_2 - x_3 = 0, \quad x_3 - x_4 = 0, \quad \ldots$$

die Lösung $x_1 = x_2 = x_3 = \cdots = 1$, die beschränkt ist, während die Determinante absolut konvergent ist und den Wert 1 hat und das transponierte System

$$(U_h') \qquad x_1 = 0, \quad x_2 - x_1 = 0, \quad x_3 - x_2 = 0, \quad \ldots$$

unlösbar ist. Indem man die Werte $u_{n,\,n+1}$ dahin abändert, daß man $u_{12} = -1$, $u_{23} = -2$, $u_{34} = -3$ usf. setzt, erhält man das gleiche mit dem Unterschied, daß die Lösung des homogenen Systems eine absolut konvergente Summe hat. Es ist nicht schwer, analoge Beispiele vom Typus (9b) zu konstruieren, bei denen die $b_n \neq 0$ sind, etwa indem man $a_n = -n$, $b_n = \dfrac{1}{n^3}$ setzt. — Auch Erweiterungen wie die von *W. L. Hart*, Amer. Math. Soc. Bull. 28 (1922), p. 171—178 betrachteten „summierbaren" Determinanten, bei denen die arithmetischen Mittel aus den Abschnittsdeterminanten D_1, D_2, ... konvergieren, u. dgl. können an dem Tatbestande dieser Beispiele nichts ändern.

162) Daß die Bedingung notwendig ist, findet man in Nr. **16**, (8), daß sie hinreichend ist, folgt leicht aus der Definition der Vollstetigkeit mit Hilfe der Schwarzschen Ungleichung.

diesen beiden Bedingungen auch noch die andere erfüllt ist, daß $|a_1 b_1| + |a_2 b_2| + \cdots$ divergiert.

Der Determinantenbegriff dieser zweiten formalen Periode ist also kein geeignetes Instrument einer allgemeinen Auflösungstheorie von unendlichvielen Gleichungen mit unendlichvielen Unbekannten.[163]

18. Theorie der beschränkten Gleichungssysteme.

a) Beschränkte Bilinearformen unendlichvieler Veränderlicher.[164]

1. Eine wie in Nr. **16** zunächst formal definierte Bilinearform

---

163) Es konnte sich im Text nur darum handeln, aus der Theorie der unendlichen Determinanten dasjenige herauszugreifen, was für die Auflösung der Gleichungen in Betracht kommt. Die Theorie der unendlichen Determinanten als solche ist am Ende des Artikels von Pringsheim [149] behandelt, der im September 1898 abgeschlossen ist. Es mögen aber hier in Kürze diejenigen Arbeiten zusammengestellt werden, die oben noch nicht aufgeführt und erst nach Abschluß des Pringsheimschen Artikels erschienen sind.

Im Anschluß an *S. Pincherle,* Ann. di mat. 12 (1884), p. 11—40 behandelt *T. Cazzaniga* in [151] und Ann. di mat. (3) 1 (1898), p. 83—94 Determinanten, bei denen

$$|a_{pq}| \leqq Mr^{-p}s^{-q}, \quad |rs| > 1$$

ist; derselbe bemerkt in Ann. di mat. (3) 2 (1899), p. 229—238, daß man normaloide Determinanten nicht multiplizieren kann, und gibt Math. Ann. 53 (1900), p. 272—288 eine Theorie der kubischen unendlichen Determinanten. Mehrdimensionale unendliche Determinanten behandelt auch *A. Calegari,* Periodico di Mat. (3) 2 (1904), p. 107—118.

G. Sannia überträgt Torino Atti 46 (1911) p. 67—77 den Sylvesterschen und Hadamardschen Determinantensatz in der durch Formel (14) von Nr. **5** gegebenen Formulierung auf unendliche normale Determinanten und behandelt Batt. Giorn. 49 (1911), p. 131—140 orthogonale Normaldeterminanten. *J. Schur,* Berl. Math. Ges. 22 (1923), p. 9—20, insbes. p. 19 f., gibt für Determinanten, die den Bedingungen (11) genügen, Verschärfungen des Hadamardschen Determinantensatzes.

Mit unendlichen Determinanten beschäftigen sich ferner noch die folgenden Arbeiten von *H. v. Koch:* Acta math. 15 (1891), p. 53—63; Paris C. R. 116 (1893), p. 91—93, 365—368; Paris C. R. 121 (1895), p. 517—519; Stockh. Öfvers. 52 (1895), Nr. 9, p. 721—728, die lediglich Anwendungen auf Differentialgleichungen enthalten, ferner Stockh. Acc. Bihang 25 (1895), Nr. 5, 24 S. mit einer Anwendung auf die Theorie der Funktionalgleichungen. Anwendungen auf die Kettenbruchtheorie endlich bringen die beiden Arbeiten: *H. v. Koch,* Paris C. R. 120 [154] und Stockh. Öfvers. 52 (1895), p. 101—112 sowie *O. Szász,* Münchn. Ber. 1912, p. 323—361.

164) Die hier darzustellenden Begriffe sind von *D. Hilbert* in der 4. Mitteilung (Gött. Nachr. 1906) entwickelt worden, zitiert nach Grundzüge, Kap. XI, insbes. p. 110, 125—131. Eine zusammenhängende Darstellung der Sätze und Beweise ist gegeben bei *E. Hellinger* u. *O. Toeplitz,* Grundlagen für eine Theorie der unendlichen Matrizen, Math. Ann. 69 (1910), p. 289—330, insbes. § 1—6. Vgl. *F. Riesz,* Literatur A 8, Chap. IV. — Über die Frage, in welchem Sinne die Begriffsbildung der beschränkten Matrizen eine abschließende ist, vgl. Nr. **19** a, 4.

der unendlichvielen Veränderlichen $x_1, x_2, \ldots; y_1, y_2, \ldots$

$$(1) \qquad \mathfrak{A}(x, y) = \sum_{p,q=1}^{\infty} a_{pq} x_p y_q$$

heißt *beschränkt*, wenn ihr n^{ter} Abschnitt für alle Wertsysteme, deren Quadratsumme 1 nicht überschreitet, absolut unterhalb einer von n unabhängigen Schranke M bleibt,

$$(1\,\text{a}) \quad |\mathfrak{A}_n(x, y)| = \Big|\sum_{p,q=1}^{n} a_{pq} x_p y_q\Big| \leqq M \quad \text{für} \quad \sum_{p=1}^{n} x_p^2 \leqq 1, \ \sum_{p=1}^{n} y_p^2 \leqq 1,$$

oder, was auf dasselbe hinauskommt, wenn für *beliebige* $x_1, x_2, \ldots$, $y_1, y_2, \ldots$

$$(1\,\text{b}) \qquad |\mathfrak{A}_n(x, y)| = \Big|\sum_{p,q=1}^{n} a_{pq} x_p y_q\Big| \leqq M \sqrt{\sum_{p=1}^{n} x_p^2 \sum_{p=1}^{n} y_p^2}.$$

M heißt dann eine „Schranke der Bilinearform". Das System der Koeffizienten

$$\mathfrak{A} = \begin{pmatrix} a_{11} & a_{12} & \cdots \\ a_{21} & a_{22} & \cdots \\ \cdots & \cdots & \cdots \end{pmatrix} = (a_{pq})$$

wird in diesem Falle eine *beschränkte unendliche Matrix* genannt.

Transponierte Form: Die durch Vertauschung der Zeilen mit den Kolonnen im Koeffizientensystem entstehende Form

$$(2) \qquad \mathfrak{A}'(x, y) = \sum_{p,q=1}^{\infty}{}' a_{qp} x_p y_q = \mathfrak{A}(y, x)$$

heißt die „transponierte Form zu $\mathfrak{A}$"; sie ist gleichzeitig mit $\mathfrak{A}$ beschränkt.

Konvergenz[165]): Für je zwei Wertsysteme der Veränderlichen x, y von konvergenter Quadratsumme konvergiert die unendliche Reihe (1) im Sinne der Konvergenz der Doppelreihen sowohl bei zeilenweiser, als auch bei kolonnenweiser, als auch bei abschnittsweiser Summation gegen ein und denselben Wert $\mathfrak{A}(x, y)$, den *Wert der beschränkten Bilinearform*, d. h.

$$(3) \qquad \mathfrak{A}(x, y) = \sum_{p=1}^{\infty}\Big(\sum_{q=1}^{\infty} a_{pq} x_p y_q\Big) = \sum_{q=1}^{\infty}\Big(\sum_{p=1}^{\infty} a_{pq} x_p y_q\Big)$$

$$= \lim_{n=\infty} \mathfrak{A}_n(x, y) = \lim_{m,n=\infty} \sum_{p=1}^{n} \sum_{q=1}^{m} a_{pq} x_p y_q,$$

und es ist

$$(3\,\text{a}) \qquad |\mathfrak{A}(x, y)| \leqq M \sqrt{\sum_{p=1}^{\infty} x^2 \sum_{p=1}^{\infty} y_p^2}.$$

---

165) *D. Hilbert*[164]), p. 127 ff.; *Hellinger-Toeplitz*[164]), § 2, Satz 2—4, p. 297—299.

Die Doppelreihe konvergiert jedoch *nicht notwendig absolut* [Beispiel[166]): $a_{pq} = \dfrac{1}{p-q}\,(p \neq q)$, $a_{pp} = 0$].

Stetigkeit: Aus (3a) folgt für den Unterschied der Werte von $\mathfrak{A}$ an zwei Stellen:

$$|\mathfrak{A}(x,y) - \mathfrak{A}(x',y')|$$
$$(4\,\mathrm{a}) \qquad \leqq M\left\{\sqrt{\sum_{p=1}^{\infty} x_p^2 \sum_{p=1}^{\infty}(y_p - y_p')^2} + \sqrt{\sum_{p=1}^{\infty} y_p'^2 \sum_{p=1}^{\infty}(x_p - x_p')^2}\right\}.$$

Daher besitzt die durch (3) für alle Wertsysteme x, y von konvergenter Quadratsumme definierte Funktion $\mathfrak{A}(x, y)$ die von Hilbert als *Stetigkeit* bezeichnete Eigenschaft[167]): konvergiert die Folge von Wertsystemen $x_1^{(\nu)}, x_2^{(\nu)}, \ldots; y_1^{(\nu)}, y_2^{(\nu)}, \ldots$ $(\nu = 1, 2, \ldots)$ von konvergenter Quadratsumme derart gegen ein Wertsystem $x_1, x_2, \ldots; y_1, y_2, \ldots$ von konvergenter Quadratsumme, daß[168])

$$(4\,\mathrm{b}) \qquad \lim_{\nu = \infty} \sum_{p=1}^{\infty}(x_p - x_p^{(\nu)})^2 = 0, \quad \lim_{\nu = \infty} \sum_{p=1}^{\infty}(y_p - y_p^{(\nu)})^2 = 0,$$

so ist stets

$$(4\,\mathrm{c}) \qquad \lim_{\nu = \infty} \mathfrak{A}(x^{(\nu)}, y^{(\nu)}) = \mathfrak{A}(x, y).$$

Hingegen ist nicht jede beschränkte Bilinearform vollstetig im Sinne von Nr. **16**, (5).[169])

2. Eine *Linearform* $\mathfrak{L}(x) = \sum\limits_{p=1}^{\infty} l_p x_p$ der unendlichvielen Veränder-

---

100) Daß die Bilinearform mit diesen Koeffizienten nicht notwendig absolut konvergiert, ist leicht zu zeigen; das wesentliche ist der Nachweis ihrer Beschränktheit, den zuerst *D. Hilbert* in einem Vortrag in der Göttinger math. Ges. [s. Jahresb. Deutsch. Math.-Ver. 16 (1907), p. 249] erbrachte; sein Beweis ist veröffentlicht bei *H. Weyl*[566]), p. 83 und *D. Hilbert*[164]), p. 125, Fußn. Andere Beweisgänge sind angedeutet bei *O. Toeplitz*, Gött. Nachr. 1910[555]), p. 503 (vgl. dazu auch *O. Toeplitz*, Gött. Nachr. 1907[562]), p. 113). Beispiele beschränkter *symmetrischer* Formen, bei denen (3) nicht absolut konvergiert, bei *O. Toeplitz*, Gött. Nachr. 1910[555]), p. 503; *J. Schur*[172]), § 6; *O. Toeplitz*[134]).

167) *D. Hilbert*[164]), p. 127; vorübergehend (Gött. Nachr. 1906, p. 439; Palermo Rend. 27[370]), p. 62) sagt er dafür *beschränkt stetig*, während er statt „vollstetig" das Wort „stetig" braucht; vgl. [128]).

168) Hier wird von der Folge der Wertsysteme $x_p^{(\nu)}$ wesentlich mehr verlangt, als in (5a) von Nr. **16** (Vollstetigkeitsdefinition); z. B. die Folge $x_p^{(\nu)} = 0$ für $p \neq \nu$, $x_\nu^{(\nu)} = 1$ $(\nu = 1, 2, \ldots)$, bei der für jedes p $\lim\limits_{\nu = \infty} x_p^{(\nu)} = 0$, also (5a) von Nr. 16 erfüllt ist, konvergiert im obigen Sinne nicht.

169) Beispiel: $\mathfrak{A}(x, y) = \sum\limits_{p=1}^{\infty} x_p y_p$ mit der Folge von [168]). Vgl. auch *Hellinger-Toeplitz*[164]), p. 308.

lichen heißt entsprechend der obigen Definition *beschränkt*[170]), wenn eine Schranke $M > 0$ existiert, so daß für jedes ganzzahlige n und für beliebige Werte der Variablen $x_1, \ldots, x_n$

$$(5) \qquad \left| \sum_{p=1}^{n} l_p x_p \right| \leq M \sqrt{\sum_{p=1}^{n} x_p^2};$$

$\mathfrak{L}(x)$ ist dann und nur dann beschränkt, wenn die **Quadratsumme** der Koeffizienten $\sum_{p=1}^{\infty} l_p^2$ konvergiert[170]). Für Linearformen sind daher [vgl. Nr. **16**, (6)] die Begriffsumfänge „vollstetig" und „beschränkt" identisch.

3. Für die Beschränktheit einer Bilinearform ist *notwendige Bedingung* die Konvergenz und Beschränktheit der Quadratsummen der Koeffizienten jeder einzelnen Zeile und Kolonne:

$$(6) \qquad \sum_{q=1}^{\infty} a_{pq}^2 \leq M^2 \quad (p = 1, 2, ..), \qquad \sum_{p=1}^{\infty} a_{pq}^2 \leq M^2 \quad (q = 1, 2, \ldots);$$

diese Bedingung ist nicht hinreichend.[171]) *Hinreichende Bedingung* für Beschränktheit ist jede der in Nr. **16** aufgeführten Bedingungen für Vollstetigkeit, da jede vollstetige Bilinearform beschränkt ist [(10) von Nr. **16** und Nr. **19**[195])]. Eine Reihe darüber hinausgreifender hinreichender Kriterien hat *J. Schur*[172]) angegeben. Von besonderen Beispielen beschränkter Formen sind außer den trivialen Fällen vom Typus der „Diagonalform" $\sum_{p=1}^{\infty} a_p x_p y_p$ mit $|a_p| \leq M$ zu erwähnen: die *Hilbert*schen Formen $\sum_{p,q=1}^{\infty}{}' \dfrac{x_p y_q}{p+q}$ und $\sum_{p,q=1}^{\infty}{}' \dfrac{x_p y_q}{p-q}$ [173]) sowie die von *O. Toeplitz* untersuchten *regulären L-Formen*[174]).

4. Sind $\mathfrak{A}(x, y)$, $\mathfrak{B}(x, y)$ zwei beschränkte Bilinearformen, so sind die aus den Zeilen der Koeffizientenmatrix von $\mathfrak{A}$ und den Kolonnen

---

170) *D. Hilbert*[164]), p. 126; *Hellinger-Toeplitz*[164]), p. 294 f.

171) Ein Beispiel einer nichtbeschränkten Bilinearform, bei der alle Quadratsummen (6) konvergieren, ist $a_{pq} = (p+q)^{-s} (\frac{1}{2} < s < 1)$ [*Hellinger-Toeplitz*[164]), p. 306].

172) *J. Schur*, Bemerkungen zur Theorie der beschränkten Bilinearformen mit unendlichvielen Veränderlichen, J. f. Math. 140 (1911), p. 1—28, insbes. § 2, 3.

173) S. die in [166]) zitierten Stellen bei *Hilbert, Weyl, Toeplitz* (Gött. Nachr. 1910). Weitere Beweise der Beschränktheit dieser Formen bei *F. Wiener*, Math. Ann. 68 (1910), p. 361—366; *J. Schur*[172]), § 5; *G. H. Hardy*, Mess. of Math. 48 (1918), p. 107—112 und Math. Ztschr. 6 (1920), p. 314—317; *L. Fejér* u. *F. Riesz*, Math. Ztschr. 11 (1921), p. 308.

174) Vgl. darüber Nr. **43** d, 1. und [562]).

der von $\mathfrak{B}$ gebildeten Reihen

$$(7\,\mathrm{a}) \qquad c_{pq} = \sum_{\alpha=1}^{\infty} a_{p\alpha} b_{\alpha q} \qquad\qquad (p, q = 1, 2, \ldots)$$

wegen (6) absolut konvergent, und sie stellen, wie *D. Hilbert*[175]) gezeigt hat, die Koeffizienten einer neuen beschränkten Bilinearform

$$(7\,\mathrm{b}) \qquad \mathfrak{C}(x, y) = \mathfrak{A}\mathfrak{B}(x, y) = \sum_{p,q=1}^{\infty} \left(\sum_{\alpha=1}^{\infty} a_{p\alpha} b_{\alpha q}\right) x_p y_q$$

dar, die als *Faltung* von $\mathfrak{A}$ und $\mathfrak{B}$ bezeichnet wird; diese Form läßt sich auch durch die einfache absolut konvergente Reihe

$$(7\,\mathrm{c}) \qquad \mathfrak{C}(x, y) = \sum_{\alpha=1}^{\infty} \left(\sum_{p=1}^{\infty} a_{p\alpha} x_p\right)\left(\sum_{q=1}^{\infty} b_{\alpha q} y_q\right) = \sum_{\alpha=1}^{\infty} \frac{\partial \mathfrak{A}(x, y)}{\partial y_\alpha} \frac{\partial \mathfrak{B}(x, y)}{\partial x_\alpha}$$

darstellen, und ihre Werte haben das Produkt der Schranken von $\mathfrak{A}$, $\mathfrak{B}$ zur Schranke:

$$(7\,\mathrm{d}) \quad \left\{ \begin{aligned} & |\mathfrak{A}\mathfrak{B}(x, y)| \leqq MN \sqrt{\sum_{p=1}^{\infty} x_p^2 \sum_{p=1}^{\infty} y_p^2}, \quad \text{wo} \\[2ex] & |\mathfrak{A}(x, y)| \leqq M \sqrt{\sum_{p=1}^{\infty} x_p^2 \sum_{p=1}^{\infty} y_p^2}, \quad |\mathfrak{B}(x, y)| \leqq N \sqrt{\sum_{p=1}^{\infty} x_p^2 \sum_{p=1}^{\infty} y_p^2} \end{aligned} \right.$$

(Erster Hilbertscher Faltungssatz)[175]). — Die Faltungen $\mathfrak{A}\mathfrak{B}$ und $\mathfrak{B}\mathfrak{A}$ sind im allgemeinen voneinander verschieden.

Speziell sind die Faltungen von $\mathfrak{A}$ mit der transponierten Form beschränkte Formen mit symmetrischem Koeffizientensystem und der Schranke M^2:

$$(8) \quad \left\{ \begin{aligned} & \mathfrak{A}\mathfrak{A}'(x, y) = \sum_{p,q=1}^{\infty} \left(\sum_{\alpha=1}^{\infty} a_{p\alpha} a_{q\alpha}\right) x_p y_q = \sum_{\alpha=1}^{\infty} \left(\sum_{p=1}^{\infty} a_{p\alpha} x_p\right)\left(\sum_{q=1}^{\infty} a_{q\alpha} y_q\right), \\[2ex] & |\mathfrak{A}\mathfrak{A}'(x, y)| \leqq M^2 \sqrt{\sum_{p=1}^{\infty} x_p^2 \sum_{p=1}^{\infty} y_p^2}. \end{aligned} \right.$$

Umgekehrt folgt aus der Beschränktheit von $\mathfrak{A}\mathfrak{A}'(x, y)$ die von $\mathfrak{A}$ (und $\mathfrak{A}'$), und es gilt sogar für jedes Wertsystem der Variablen[176])

$$(8\,\mathrm{a}) \qquad |\mathfrak{A}(x, y)|^2 \leqq \mathfrak{A}\mathfrak{A}'(x, x) \cdot \sum_{p=1}^{\infty} y_p^2.$$

Ist $\mathfrak{C}$ eine dritte beschränkte Bilinearform, so ist die Faltung von $\mathfrak{A}\mathfrak{B}$ mit $\mathfrak{C}$ identisch mit der Faltung von $\mathfrak{A}$ mit $\mathfrak{B}\mathfrak{C}$ *(Zweiter*

---

175) *D. Hilbert*[164]), p. 128f.; *Hellinger-Toeplitz*[164]), p. 299ff. Hilbert bezeichnet die Faltung mit $\mathfrak{A}(x, \cdot)\mathfrak{B}(\cdot, y)$. — Ist $\mathfrak{A}$ oder $\mathfrak{B}$ vollstetig, so ist auch $\mathfrak{A}\mathfrak{B}$ vollstetig [*Hilbert*[164]), p. 152].

176) *Hellinger-Toeplitz*[164]), p. 304 Fußn.

Hilbertscher Faltungssatz)[177]):

$$(9) \quad \sum_{p,q=1}^{\infty}\Big\{\sum_{\beta=1}^{\infty}\Big(\sum_{\alpha=1}^{\infty}a_{p\alpha}b_{\alpha\beta}\Big)c_{\beta q}\Big\}x_p y_q = \sum_{p,q=1}^{\infty}\Big\{\sum_{\alpha=1}^{\infty}a_{p\alpha}\Big(\sum_{\beta=1}^{\infty}b_{\alpha\beta}c_{\beta q}\Big)\Big\}x_p y_q.$$

5. Man kann diese Eigenschaften der beschränkten Formen dahin zusammenfassen, daß sich auf die Gesamtheit der beschränkten Matrizen *der für endliche Matrizen übliche Kalkül* (s. Encykl. I A 4, Nr. **10**; *E. Study*) anwenden läßt und daß dabei die rationalen ganzen Operationen unbeschränkt ausführbar sind.[178]) *Summe* und *Differenz* $\mathfrak{A} \pm \mathfrak{B}$ der beschränkten Matrizen $\mathfrak{A}$, $\mathfrak{B}$ sind erklärt als die Matrizen mit den Elementen $a_{pq} \pm b_{pq}$, das Produkt $\mathfrak{A}\mathfrak{B}$ als die zur gefalteten Form gehörige Matrix

$$(10) \qquad \mathfrak{A}\mathfrak{B} = \Big(\sum_{\alpha=1}^{\infty}a_{p\alpha}b_{\alpha q}\Big);$$

es gilt dann, genau wie bei endlichen Matrizen, das kommutative und assoziative Gesetz der Addition, das assoziative Gesetz der Multiplikation und das distributive Gesetz — nicht aber das kommutative Gesetz der Multiplikation. Die Rolle der Null spielt die durchweg mit Nullen besetzte Matrix ($a_{pq} = 0$), die des Einheitselementes der Multiplikation die *Einheitsmatrix:*

$$(11) \quad \mathfrak{E} = (e_{pq}), \text{ wo } e_{pp} = 1, e_{pq} = 0 \text{ für } p \neq q; \quad \mathfrak{E}(x,y) = \sum_{p=1}^{\infty}x_p y_p;$$

es gilt für jede beschränkte Matrix $\mathfrak{A}$:

$$(11a) \qquad\qquad \mathfrak{A}\mathfrak{E} = \mathfrak{A}, \quad \mathfrak{E}\mathfrak{A} = \mathfrak{A}.$$

6. Die dargelegten Begriffe sind auf *komplexe* Koeffizienten und Veränderliche unmittelbar ausdehnbar, wenn man die Veränderlichen entsprechend durch Bedingungen für die Quadratsumme ihrer absoluten Beträge einschränkt.[179])

b) Auflösung der linearen Gleichungen; die reziproke Matrix.

1. Eine beschränkte Matrix $\mathfrak{B}$ heißt (*hintere*) *Reziproke*[180]) zu

---

177) *Hilbert*[164]), p. 129 (Hilfss. 4); *Hellinger-Toeplitz*[164]), p. 302.

178) *E. Hellinger* u. *O. Toeplitz*, Gött. Nachr. 1906, p. 351—355 und [164]), § 6. — Bereits 1901 hatte *A. C. Dixon* in seiner schon mehrfach hervorgehobenen Arbeit[43]) allerdings in einem durch andere Konvergenzbedingungen umschriebenen Bereich (s. Nr. **20**a) diesen Kalkül mit unendlichen Matrizen aufgestellt und verwendet.

179) *Hellinger-Toeplitz*[164]), p. 304 f. — Vgl. auch *J. Schur*[172]) und *E. Schmidt*[192]).

180) Diese auch bei endlichen Matrizen übliche Bezeichnung bei *Hellinger-Toeplitz*[164]), p. 311. Der Begriff tritt für beschränkte Matrizen — explizite allerdings nur für symmetrische Matrizen — zuerst auf bei *Hilbert*[164]), p. 124, wo die Reziproke von $\mathfrak{E} - \lambda\mathfrak{K}$ Resolvente von $\mathfrak{K}$ genannt wird; der davon abwei-

$\mathfrak{A}$, wenn

$$(12) \qquad \mathfrak{A}\mathfrak{B} = \mathfrak{E}.$$

Existiert sie, so hat wegen (7c) das zur Matrix $\mathfrak{A}$ gehörige *beschränkte Gleichungssystem*

$$(13) \qquad \sum_{q=1}^{\infty} a_{pq} x_q = y_p \qquad (p = 1, 2, \ldots)$$

für beliebige rechte Seiten y_p mit konvergenter Quadratsumme die Lösungen

$$(13\,\mathrm{a}) \qquad x_q = \sum_{r=1}^{\infty} b_{qr} y_r \qquad (q = 1, 2, \ldots),$$

die wegen (8) gleichfalls konvergente Quadratsumme besitzen.

Speziell sind die in Nr. **16**c behandelten vollstetigen Gleichungssysteme (U) unter dem Typus (13) enthalten; und zwar ist bei ihnen $\mathfrak{A} = \mathfrak{E} + \mathfrak{K}$, wo $\mathfrak{K}$ eine *vollstetige* Bilinearform ist. Die Lösungsformel (18) von Nr. **16** besagt, daß in diesem Falle eine hintere Reziproke $\mathfrak{B} = \mathfrak{E} + \mathfrak{R}$ existiert, wo $\mathfrak{R}$ gleichfalls vollstetig ist [*Resolvente*[180]) von $\mathfrak{K}$]. Während in diesem speziellen Falle gemäß dem Alternativsatz von p. 1409 genau wie im Falle endlicher Matrizen die Reziproke eindeutig bestimmt ist, wenn sie überhaupt existiert, können im allgemeinen zu einem beschränkten $\mathfrak{A}$ *unendlichviele beschränkte hintere Reziproke* vorhanden sein (Beispiel[181]): $\mathfrak{A} = x_1 y_2 + x_2 y_3 + \cdots$, $\mathfrak{B} = x_1(b_1 y_1 + b_2 y_2 + \cdots) + x_2 y_1 + x_3 y_2 + \cdots$ mit willkürlichen $b_1, b_2, \ldots$).

2. Um diese Verhältnisse zu übersehen, betrachtet man neben der hinteren die *vordere Reziproke*[180]), d. i. eine beschränkte Matrix $\mathfrak{C}$, für die

$$(14) \qquad \mathfrak{C}\mathfrak{A} = \mathfrak{E}$$

(im soeben genannten Beispiel ist keine vorhanden). Nach *O. Toeplitz*[182]) bestehen dann die folgenden *Formalsätze*, die allein aus den formalen Rechnungsregeln des Matrizenkalkuls geschlossen werden können:

α) Besitzt $\mathfrak{A}$ sowohl eine vordere als auch eine hintere beschränkte Reziproke, so sind beide identisch und sind eindeutig bestimmt, und

---

chende Gebrauch des Wortes Resolvente im Text entspricht dem in der Theorie der Integralgleichungen für den gleichen Begriff üblichen [lösender Kern; vgl. Nr. **4**, **9**, **10** sowie **16** [140])].

181) *Hellinger-Toeplitz*, Gött. Nachr. [178]), p. 355 und [164]), p. 311. — Übrigens kann man das gleiche Phänomen in der Algebra feststellen, wenn man statt quadratischer Matrizen von gleicher Zeilen- und Kolonnenanzahl Rechtecke von weniger Zeilen als Kolonnen verwendet, also Systeme mit weniger Gleichungen als Unbekannten.

182) *O. Toeplitz*[184]), § 4. — Vgl. auch *Hellinger-Toeplitz*[164]), § 7.

(13) besitzt für jedes Wertsystem y_p von konvergenter Quadratsumme eine eindeutig bestimmte Lösung von konvergenter Quadratsumme.

β) Besitzt $\mathfrak{A}$ eine und nur eine hintere beschränkte Reziproke, so ist diese auch vordere und ist eindeutig bestimmt.[183]

Speziell gilt für eine *symmetrische* Matrix ($\mathfrak{A}' = \mathfrak{A}$): sie besitzt entweder keine vordere und keine hintere Reziproke oder nur eine einzige zugleich vordere und hintere; diese ist alsdann ebenfalls symmetrisch.

Bei einer unsymmetrischen Matrix soll von einer Reziproken $\mathfrak{A}^{-1}$ schlechtweg nur dann gesprochen werden, wenn diese zugleich vordere und hintere und also einzige ist.

3. *O. Toeplitz*[184] hat weiterhin folgendes Theorem aufgestellt: *Eine beschränkte Matrix $\mathfrak{A}$ besitzt dann und nur dann eine beschränkte hintere Reziproke, wenn die Werte der quadratischen Form $\mathfrak{A}\mathfrak{A}'(x, x)$* [die aus der symmetrischen Bilinearform $\mathfrak{A}\mathfrak{A}'(x, y)$ durch Gleichsetzen der beiden Variablenreihen entsteht] *für alle Wertsysteme von der Quadratsumme $\sum\limits_{p=1}^{\infty} x_p^2 = 1$ oberhalb einer Zahl $m > 0$ liegen, d. h. wenn*

$$(15) \qquad \mathfrak{A}\mathfrak{A}'(x, x) = \sum_{\alpha=1}^{\infty}\Big(\sum_{p=1}^{\infty} a_{p\alpha} x_p\Big)^2 \geqq m \sum_{p=1}^{\infty} x_p^2, \quad m > 0.$$

Für die Existenz einer vorderen Reziproken ist die gleiche Eigenschaft von $\mathfrak{A}'\mathfrak{A}(x, x)$, für die einer eindeutigen Reziproken sind diese beiden Eigenschaften charakteristisch.

Die *Notwendigkeit* der Bedingung (15) ergibt sich unmittelbar durch Anwendung der Schwarzschen Summenungleichung[114] auf die aus $\mathfrak{A}\mathfrak{B} = \mathfrak{E}$ folgende Identität

$$\sum_{p=1}^{\infty} x_p^2 = \sum_{\alpha=1}^{\infty}\Big(\sum_{p=1}^{\infty} a_{p\alpha} x_p\Big)\Big(\sum_{q=1}^{\infty} b_{\alpha q} x_q\Big),$$

die, wenn N eine obere Schranke von $\mathfrak{B}$ bedeutet,

$$\Big(\sum_{p=1}^{\infty} x_p^2\Big)^2 \leqq \mathfrak{A}\mathfrak{A}'(x, x) \cdot \mathfrak{B}'\mathfrak{B}(x, x) \leqq \mathfrak{A}\mathfrak{A}'(x, x) \cdot N^2 \sum_{p=1}^{\infty} x_p^2$$

liefert. Um andererseits zu zeigen, daß (15) *hinreichend* für die Existenz einer hinteren Reziproken von $\mathfrak{A}$ ist, genügt es zu beweisen,

---

183) *E. Hilb,* Math. Ann. 82 (1920), p. 1—39 [vgl. Nr. 24 d, 3,[325]] hat diese Sätze angewandt, um in Fällen, wo sich die vordere Reziproke leicht aufstellen läßt (z. B. wenn in der p^{ten} Kolonne von $\mathfrak{A}$ $a_{pp} \neq 0$, $a_{p+1,p} = a_{p+2,p} = \cdots = 0$ ist), von ihr aus auf die hintere Reziproke zu schließen.

184) *O. Toeplitz,* Die Jacobische Transformation der quadratischen Formen von unendlichvielen Veränderlichen, Gött. Nachr. 1907, p. 101—109. — Ein entsprechendes Kriterium für die Existenz einer beschränkten Quotientenmatrix $\mathfrak{C}$ zweier beschränkten Matrizen $\mathfrak{A}$, $\mathfrak{B}$ ($\mathfrak{A}\mathfrak{C} = \mathfrak{B}$) gibt *J. Hyslop*[523].

daß aus (15) die Existenz der Reziproken $\mathfrak{S}^{-1}$ von $\mathfrak{S} = \mathfrak{A}\mathfrak{A}'$ folgt; denn aus $\mathfrak{S}^{-1}$ gewinnt man in $\mathfrak{B} = \mathfrak{A}'\mathfrak{S}^{-1}$ sofort eine hintere Reziproke von $\mathfrak{A}$.[184a]) Es kommt also alles darauf an, die Existenz von $\mathfrak{S}^{-1}$ zu beweisen.

O. Toeplitz beweist sie, indem er erstens die Formeln der *Jacobischen Transformation* einer quadratischen Form endlichvieler Veränderlicher auf Grund ihrer rekursiven Natur von den einzelnen Abschnitten $\mathfrak{S}_n$ simultan auf $\mathfrak{S}$ überträgt, und zweitens die Konvergenz der so zunächst formal entstehenden Darstellung von $\mathfrak{S}^{-1}$ und deren Beschränktheit erweist.[185])

E. Hilb[186]) beweist die Existenz von $\mathfrak{S}^{-1}$, indem er mit Hilfe der Entwicklung nach Iterierten eine wesentlich andere formale Konstruktion vornimmt, die ihrer Einfachheit wegen vielfach angewendet worden ist. Er konstruiert mit Hilfe einer passend bestimmten[186a]) positiven Zahl σ eine symmetrische Bilinearform $\mathfrak{S}^* = \mathfrak{E} - \sigma\mathfrak{S}$, deren obere Schranke für Variablenwerte der Quadratsumme 1 unterhalb $1 - \sigma m < 1$ liegt. Dann konvergiert die Entwicklung von $(\mathfrak{E} - \mathfrak{S}^*)^{-1}$

nach iterierten Formen [145]) $\mathfrak{E} + \mathfrak{S}^* + \mathfrak{S}^*\mathfrak{S}^* + \cdots = \sum_{\alpha=0}^{\infty}(\mathfrak{E} - \sigma\mathfrak{S})^{\alpha}$, die wegen (7d) durch die Reihe $\sum_{\alpha=0}^{\infty}(1 - m\sigma)^{\alpha} = \dfrac{1}{\sigma m}$ majorisiert wird, absolut und gleichmäßig; es ist daher

$$(16) \quad \mathfrak{A}^{-1} = \mathfrak{A}'\mathfrak{S}^{-1} = \mathfrak{A}'\sigma(\mathfrak{E} - \mathfrak{S}^*)^{-1} = \sigma\mathfrak{A}'\sum_{\alpha=0}^{\infty}(\mathfrak{E} - \sigma\mathfrak{A}\mathfrak{A}')^{\alpha}.$$

An diese Aussagen schließt sich folgende gelegentlich nützliche Bemerkung: Hat man ein System beschränkter Matrizen, innerhalb dessen die Operationen der Addition, Multiplikation und der Summation gleichmäßig konvergenter Reihen nach Art von (16) ausführbar sind, und dem mit jeder Matrix zugleich die transponierte angehört, so

---

184a) Der gleiche Kunstgriff für Integralgleichungen 2. Art s. Nr. **10** b, 1. Hier wird klar, weshalb er auch dort den vollen Komplex der determinantenfreien Sätze allein nicht liefern kann; denn er kann, wie das Beispiel von Nr. **18** b, 1 (Ende) zeigt, eine hintere Reziproke auch in einem solchen Falle liefern, wo eine vordere nicht existiert.

185) Die eine der von *E. Schmidt*[192]) für die Auflösung nichtbeschränkter Gleichungssysteme angegebenen Methoden (Nr. **19** b, 3) ist, wie eine nähere Analyse der Formeln ergibt, in ihrer Anwendung auf beschränkte Gleichungssysteme sachlich mit dieser Toeplitzschen Methode identisch.

186) *E. Hilb*, Über die Auflösung linearer Gleichungen mit unendlichvielen Unbekannten, Sitzungsb. Phys.-med. Soz. Erlangen 40 (1908), p. 84—89.

186a) Er wählt σ so, daß die obere Grenze von $\sigma\mathfrak{S}(x, y)$ unterhalb 1 liegt. Dann ist für $\sum x_p^2 = 1$ $\mathfrak{S}^*(x, x) = 1 - \sigma\mathfrak{S}(x, x) \geqq 0$ und $< 1 - \sigma m$ und also auch (vgl. Nr. **43** a, 1) $|\mathfrak{S}^*(x, y)| \leqq 1 - \sigma m$.

gehört ihm auch die Reziproke jeder Matrix des Systems an, sofern sie überhaupt existiert.[187]

4. Neben den in 3. geschilderten allgemeinen Methoden kann man auf gewisse beschränkte Gleichungssysteme auch das *Abspaltungsverfahren* (vgl. Nr. 10a für Integralgleichungen und Nr. 16d, 1 für vollstetige Gleichungssysteme) anwenden, um weitergehende Resultate zu erzielen. Ist nämlich $\mathfrak{A}(x, y) = \mathfrak{G}(x, y) + \mathfrak{B}(x, y)$ die Summe einer beschränkten Bilinearform $\mathfrak{G}$ von endlichem Rang[188] und einer beschränkten Bilinearform $\mathfrak{B}$, die eine eindeutige beschränkte Reziproke besitzt, so gelten für die zu $\mathfrak{A}$ gehörigen inhomogenen und homogenen Gleichungssysteme die sämtlichen determinantenfreien Auflösungssätze von Nr. 10 (Beweis genau wie bei der spezielleren Aussage von Nr. 16d, 1, wobei nur $\mathfrak{B}$ an Stelle der Summe der Einheitsform und der vollstetigen Form $\mathfrak{H}$, $\mathfrak{B}^{-1}$ an Stelle der Summe von $\mathfrak{E}$ und der Resolvente $\mathfrak{R}$ von $\mathfrak{H}$ tritt). Hieraus kann man weiterhin ableiten, daß die genannten Auflösungssätze auch gelten, wenn $\mathfrak{A} = \mathfrak{B} + \mathfrak{K}$ die Summe einer beschränkten Form $\mathfrak{B}$ mit eindeutiger beschränkter Reziproker $\mathfrak{B}^{-1}$ und einer vollstetigen Bilinearform $\mathfrak{K}$ ist.[189] Damit ist die in Nr. 16e aufgestellte These dargetan.

5. Auch die *Abschnittsmethode* [p. 1414 [147]] kann für die Auflösung spezieller beschränkter Gleichungssysteme herangezogen werden[190]; man kann sie übrigens in den Fällen, wo sie nicht konver⌐

---

187) Auf das System der Matrizen $\mathfrak{E} + \mathfrak{K}$, wo $\mathfrak{K}$ vollstetig, angewendet, bedeutet diese Bemerkung die Vollstetigkeit der Resolvente von $\mathfrak{K}$ (vgl. Nr. 16c, p. 1410). In die Sprache der Integralgleichungen übertragen bedeutet sie z. B. die Stetigkeit der Resolvente eines stetigen Kernes (Nr. 4, 9, 10); darüber hinaus ergibt sie das in Nr. 14 angekündigte allgemeine Prinzip.

188) Bedeutung wie in Nr. 16d, 1; der Begriff fällt offenbar mit dem der vollstetigen Bilinearform endlichen Ranges zusammen.

189) *E. Goldschmidt*, Preisarbeit Würzburg 1912, 98 S., p. 24f. Der Beweis beruht auf der Zerlegung von $\mathfrak{K}$ in die Summe eines endlichen Abschnittes $\mathfrak{K}_n$ und des Restes $\mathfrak{K}^*$, für den eine beliebig kleine Schranke vorgeschrieben werden kann. Dann besitzt auf Grund des Toeplitzschen Satzes (Nr. 18b, 3) $\mathfrak{B} + \mathfrak{K}^*$ gleichzeitig mit $\mathfrak{B}$ eine eindeutige beschränkte Reziproke, und man kann das Abspaltungsverfahren auf die Zerlegung $\mathfrak{A} = \mathfrak{K}_n + (\mathfrak{B} + \mathfrak{K}^*)$ anwenden. Ist übrigens die Reziproke $\mathfrak{B}^{-1}$ von $\mathfrak{B}$ bekannt, so kann man die Reziproke von $\mathfrak{B} + \mathfrak{K}^* = \mathfrak{B}(\mathfrak{E} + \mathfrak{B}^{-1}\mathfrak{K}^*)$ auch statt nach den Methoden von Nr. 18b, 3 unmittelbar durch die Entwicklung nach Iterierten (Neumannsche Reihe, s. Nr. 16d, 3) angeben, da die Schranke von $\mathfrak{B}^{-1}\mathfrak{K}^*$ mit der von $\mathfrak{K}^*$ beliebig klein gemacht werden kann. — Einen besonderen Fall dieses Satzes ($\mathfrak{K}$ von endlichem Rang) hat *W. L. Hart*[146] behandelt.

190) So z. B. für besondere aus einer physikalischen Aufgabe entstehende Systeme bei *R. Schachenmeier*, zur mathematischen Theorie der Beugung an Schirmen von beliebiger Form, Karlsruhe 1914, 91 S.

giert, durch den von D. *Hilbert* im vollstetigen Falle angewendeten Gedanken der Auswahl ergänzen.[190a])

6. Alle Betrachtungen dieser Nummer lassen sich auch auf Matrizen mit komplexen Elementen ausdehnen; an Stelle von $\mathfrak{A}\mathfrak{A}'$ tritt dabei die Hermitesche Form $\mathfrak{A}\overline{\mathfrak{A}}'$ (vgl. Nr. **41 a**).[191])

19. Die allgemeinsten Gleichungssysteme für Unbekannte von konvergenter Quadratsumme. *E. Schmidt* hat sich in einer eingehenden Untersuchung[192]) mit dem Gleichungssystem (13) von Nr. **18** unter der gegenüber der Beschränktheit wesentlich allgemeineren Voraussetzung beschäftigt, daß lediglich die Quadratsummen $\sum\limits_{q=1}^{\infty} a_{pq}^2$ der Koeffizienten der einzelnen Gleichungen für sich konvergieren. Für die Unbekannten hält er die Forderung konvergenter Quadratsumme fest. Seine Voraussetzung garantiert dann die Konvergenz der linken Seiten für alle zugelassenen Wertsysteme, und man kann leicht zeigen, daß sie hierfür notwendig ist.[193])

190a) Für den Fall, daß $\mathfrak{A}$ von der in Nr. **16 c** betrachteten Art ist, also von der Form $\mathfrak{E} + \mathfrak{K}$, wo $\mathfrak{K}$ *vollstetig*, kann man mit Hilfe des in Nr. **18 b**, 3 gegebenen Kriteriums zeigen, daß, wenn $\mathfrak{A}^{-1}$ überhaupt existiert, die Reziproken $\mathfrak{A}_n^{-1}$ der Abschnitte $\mathfrak{A}_n$ von einem bestimmten n an existieren und *ohne Auswahl gleichmäßig gegen* $\mathfrak{A}^{-1}$ *konvergieren*. Aus der Existenz von $\mathfrak{A}^{-1}$ folgt nämlich vermöge jenes Kriteriums, daß unter der Bedingung $\mathfrak{E}(x, x) = 1$

$$\mathfrak{A}\mathfrak{A}'(x, x) = \mathfrak{E}(x, x) + \mathfrak{K}(x, x) + \mathfrak{K}'(x, x) + \mathfrak{K}\mathfrak{K}'(x, x) \geqq m > 0$$

gilt. Unter der Bedingung $\mathfrak{E}_n(x, x) = 1$, $x_{n+1} = \cdots = 0$ kann man aber aus der Vollstetigkeit von $\mathfrak{K}$ schließen, daß

$$\mathfrak{A}_n\mathfrak{A}_n'(x, x) = \mathfrak{E}_n(x, x) + \mathfrak{K}_n(x, x) + \mathfrak{K}_n'(x, x) + \mathfrak{K}_n\mathfrak{K}_n'(x, x)$$

von $\mathfrak{A}\mathfrak{A}'(x, x)$ gleichmäßig beliebig wenig abweicht und also $> \dfrac{m}{2}$ ist. Also existiert nach dem gleichen Kriterium auch $\mathfrak{A}_n^{-1}$ von einem bestimmten n ab und sein Maximum liegt unter einer von n unabhängigen Schranke. Aus der *Beschränktheit* kann man dann mit Hilfe der Entwicklung nach Iterierten in der Art von Nr. **18 b**, 4 leicht die *Konvergenz* gegen $\mathfrak{A}^{-1}$ ableiten.

191) Vgl. etwa die Darstellung von *F. Riesz,* Literatur A 8, p. 89 ff.

192) *E. Schmidt,* Über die Auflösung linearer Gleichungen mit unendlich vielen Unbekannten, Palermo Rend. 25 (1908), p. 53—77.

193) Es gilt nämlich der Satz: Die Reihe $\sum\limits_{q=1}^{\infty} a_q x_q$ konvergiert dann und nur dann für alle Wertsysteme $x_1, x_2, \ldots$ von konvergenter Quadratsumme, wenn $\sum\limits_{q=1}^{\infty} a_q^2$ konvergiert, d. h. wenn die Linearform $\sum\limits_{q=1}^{\infty} a_q x_q$ beschränkt ist [*Hellinger-Toeplitz*[178]), p. 353 und [164]), p. 318; der erste Beweis wurde von *E. Steinitz* gegeben. Eine Verallgemeinerung gibt *E. Landau*[220])]. Vgl. den analogen Satz über Bilinearformen Nr. **19 a**, 4.

Die Grundlage seiner Untersuchungen bilden gewisse allgemeine Begriffe der Geometrie des unendlichdimensionalen Raumes[194]), die auch sonst von Bedeutung sind und hier zunächst im Zusammenhang dargestellt werden sollen.

a) **Analytisch-geometrische Grundlagen.**

1. Betrachtet wird die Gesamtheit der Wertsysteme abzählbar unendlichvieler reeller Veränderlicher x_1, x_2, ... von konvergenter Quadratsumme, deren jedes einen *Punkt* (x_p) *oder* x *des Hilbertschen unendlichdimensionalen Raumes* R_∞ darstellt. Die Schwarzsche Summenungleichung [Nr. 15, (9a)] besagt für die Koordinaten je zweier solcher Punkte die absolute Konvergenz von

$$(1) \qquad \left| \sum_{p=1}^{\infty} x_p y_p \right| \leq \left| \sqrt{\sum_{p=1}^{\infty} x_p^2 \sum_{p=1}^{\infty} y_p^2} \right|$$

und daher auch von

$$(2) \qquad \sum_{p=1}^{\infty} (x_p - y_p)^2 = \sum_{p=1}^{\infty} x_p^2 + \sum_{p=1}^{\infty} y_p^2 - 2 \sum_{p=1}^{\infty} x_p y_p.$$

Die positive Quadratwurzel aus (2) wird als *Entfernung* der beiden Punkte x, y betrachtet; für drei Punkte gilt

$$(1\,\text{a}) \qquad \left| \sqrt{\sum_{p=1}^{\infty} (x_p - y_p)^2} \right| \leq \left| \sqrt{\sum_{p=1}^{\infty} (x_p - z_p)^2} \right| + \left| \sqrt{\sum_{p=1}^{\infty} (y_p - z_p)^2} \right|.$$

Danach können die üblichen Grundbegriffe der Punktmengenlehre auf den R_∞ übertragen werden: *Umgebung* (ε) eines Punktes x ist die Gesamtheit der Punkte y, für die das Entfernungsquadrat (2) unterhalb ε^2 liegt; eine Menge von Punkten hat x als *Häufungspunkt*, wenn in jeder Umgebung von x Punkte der Menge liegen, und sie bildet eine gegen x *(stark) konvergente Folge* $x^{(n)}$ $(n = 1, 2, \ldots)$, wenn x der einzige

---

194) Diese sind zuerst von *D. Hilbert* (4. Mitteil., Gött. Nachr. 1906 = Grundzüge, Kap. XI) aufgestellt worden, soweit er sie für seine Untersuchungen brauchte (vgl. Nr. 16, 40, 43). *E. Schmidt* hat sie für seine Zwecke weiter ausgebildet, in der Darstellung aber die geometrische Form vermieden; er spricht von „Funktionen eines ganzzahligen Index" statt von Punkten und Vektoren des unendlichdimensionalen Raumes. In geometrischer Sprache hat *P. Nabholz* [Dissert. Zürich 1910, 118 S. und Vierteljahrsschr. Zür. Naturf. Ges. 56 (1911), p. 149—155] die Schmidtschen Untersuchungen dargestellt. Andererseits hat *M. Fréchet*, Nouv. Ann. (4) 8 (1908), p. 97—116, 289—317, im Anschluß an die Anwendungen, die *E. Fischer* und *F. Riesz* von den Hilbertschen Begriffen gemacht hatten [siehe Nr. 15 d[119]) [120])] einen selbständigen Aufbau der Geometrie des Hilbertschen unendlichdimensionalen Raumes gegeben [vgl. dazu auch Nr. 24b, insbes. [302])]. Eine Ausdehnung auf einen elliptischen unendlichdimensionalen Raum bei *K. Ogura*, Tôhoku Math. J. 18 (1920), p. 1—22.

Häufungspunkt ist, d. h. wenn[195])

$$(3) \qquad \lim_{n=\infty} \sum_{p=1}^{\infty} (x_p^{(n)} - x_p)^2 = 0.$$

Die notwendige und hinreichende Bedingung für die starke Konvergenz einer Folge ist nun, wie *E. Schmidt*[196]) bewiesen hat, die Existenz eines $N(\varepsilon)$ zu jedem $\varepsilon > 0$, daß

$$(3\,\mathrm{a}) \qquad \sum_{p=1}^{\infty} (x_p^{(n)} - x_p^{(m)})^2 \leqq \varepsilon \qquad\qquad \text{für } n, m > N(\varepsilon).$$

2. Jedes System nicht durchweg verschwindender Größen a_p von konvergenter Quadratsumme kann in unmittelbarer Übertragung des Sprachgebrauches der n-dimensionalen Geometrie[197]) als Repräsentant eines *Vektors* A im R_∞ [vom Anfangspunkt nach dem Punkt (a_p) oder von einem beliebigen Punkt (x_p) nach $(x_p + a_p)$] angesehen werden; a_p heißen seine (*Achsen-*)*Komponenten*, $\left|\sum_{p=1}^{\infty} a_p^2\right|^{\frac{1}{2}}$ seine *Länge*. Ein Vektor O von der Länge 1 heißt *normiert* und bestimmt eine *Richtung* im R_∞; die Richtung des Vektors A ist durch den Vektor $a_p : \left|\sum_{p=1}^{\infty} a_p^2\right|^{\frac{1}{2}}$ gegeben. $\sum_{p=1}^{\infty} a_p o_p$ heißt *Komponente von A in der Richtung O*.

Zwei Vektoren A, B heißen zueinander *orthogonal*, wenn

$$(4) \qquad \sum_{p=1}^{\infty} a_p b_p = 0$$

Der Vektor mit den Komponenten $a_p - o_p \sum_{q=1}^{\infty} a_q o_q$ ist orthogonal zu O (*Lot von A auf O*), $o_p \sum_{q=1}^{\infty} a_q o_q$ bestimmt also die *orthogonale Projektion* von A in die Richtung O.

---

195) Dieser Begriff ist implizite bereits in Nr. 18 a, 1 als Hilfsmittel verwendet worden, um die Beschränktheit einer Bilinearform zu definieren. Ein *anderer* Konvergenzbegriff, die sog. *schwache Konvergenz*, ist implizite in Nr. 16 a verwendet worden, um die Vollstetigkeit einer Bilinearform zu erklären: eine Folge $x^{(n)}$ heißt schwach konvergent, wenn $\lim\limits_{n=\infty} (x_p^{(n)} - x_p) = 0$ für jedes einzelne $p = 1, 2, \ldots$. Jede stark konvergente Folge ist offenbar schwach konvergent, aber nicht jede schwach konvergente auch stark [vgl. das Beispiel Nr. 18 a[168])]; diese Tatsache besagt übrigens für die Theorie der Bilinearformen, daß jede vollstetige Bilinearform beschränkt ist, aber nicht umgekehrt [vgl. Nr. 16, (10); Nr. 18 a, 1.[169])].

196) *E. Schmidt*[191]), § 3.

197) Vgl die in[194]) zitierte Literatur, zur Nomenklatur insbes. *Nabholz*.

Liegen n normierte und zueinander orthogonale Vektoren $O^{(1)}, \ldots, O^{(n)}$ vor:

$$(5) \qquad \sum_{p=1}^{\infty} o_p^{(\alpha)} o_p^{(\beta)} = \begin{cases} 0 & (\alpha \neq \beta) \\ 1 & (\alpha = \beta) \end{cases} \qquad (\alpha, \beta = 1, \ldots, n),$$

so gilt für die Komponenten $a^{(1)}, \ldots, a^{(n)}$ eines Vektors A nach deren Richtungen die „Besselsche Identität"[198]

$$(6) \qquad \sum_{p=1}^{\infty} \left(a_p - \sum_{\alpha=1}^{n} o_p^{(\alpha)} a^{(\alpha)} \right)^2 = \sum_{p=1}^{\infty} a_p^2 - \sum_{\alpha=1}^{n} (a^{(\alpha)})^2, \quad \text{wo} \quad a^{(\alpha)} = \sum_{p=1}^{\infty} a_p o_p^{(\alpha)}$$

(Pythagoräischer Satz für das aus den Projektionen von A auf die $O^{(\alpha)}$ gebildete Parallelepiped), und daher die *Besselsche Ungleichung*[198]:

$$(6\,\mathrm{a}) \qquad \sum_{\alpha=1}^{n} (a^{(\alpha)})^2 = \sum_{\alpha=1}^{n} \left(\sum_{p=1}^{\infty} a_p o_p^{(\alpha)} \right)^2 \leq \sum_{p=1}^{\infty} a_p^2.$$

Die ebenso für unendlichviele orthogonale und normierte Vektoren gebildete unendliche Reihe konvergiert und genügt derselben Ungleichung[198]:

$$(6\,\mathrm{b}) \qquad \sum_{\alpha=1}^{\infty} (a^{(\alpha)})^2 = \sum_{\alpha=1}^{\infty} \left(\sum_{p=1}^{\infty} a_p o_p^{(\alpha)} \right)^2 \leq \sum_{p=1}^{\infty} a_p^2.$$

3. Man nennt n Vektoren $A^{(1)}, \ldots, A^{(n)}$ *linéar abhängig*, wenn für n nicht sämtlich verschwindende Größen c_α die Gleichungen

$$(7\,\mathrm{a}) \qquad \sum_{\alpha=1}^{n} c_\alpha a_p^{(\alpha)} = 0 \qquad (p = 1, 2, \ldots)$$

bestehen; notwendige und hinreichende Bedingung dafür ist das Verschwinden der Determinante n^{ter} Ordnung[199]:

$$(7\,\mathrm{b}) \qquad \left| \sum_{p=1}^{\infty} a_p^{(\alpha)} a_p^{(\beta)} \right| = 0.$$

n orthogonale Vektoren sind stets linear unabhängig. Ist eine Folge von endlich oder unendlichvielen Vektoren $A^{(1)}, A^{(2)}, \ldots$ so beschaffen, daß $A^{(1)}, \ldots, A^{(\alpha)}$ für jedes α linear unabhängig sind, so bilden die der

---

198) Diese Formeln entsprechen formal und sachlich genau den gleichbenannten Formeln über orthogonale Systeme stetiger Funktionen (s. Nr. **15 a**, **30**,[385]) und Encykl. II C 11, Nr. **1, 2**, *E. Hilb*); für unendlichviele Veränderliche treten sie dann in etwas anderer Darstellungsform bei *D. Hilbert* (4. Mitteil. 1906 = Grundzüge, p. 141—143) auf und sind von *E. Schmidt*[192]), § 1, 5 als wesentliches Hilfsmittel seiner Untersuchung entwickelt und benutzt worden. Vgl. dazu auch Nr. **40** b.

199) *E. Schmidt*[192]), § 6 nach Analogie des Kriteriums für lineare Unabhängigkeit von n Funktionen von *J. P. Gram*, J. f. Math. 94 (1883), p. 41—73.

Reihe nach konstruierten Vektoren mit den Komponenten

$$(8)\quad\begin{cases} o_p^{(1)} = \dfrac{a_p^{(1)}}{\left|\sqrt{\displaystyle\sum_{p=1}^{\infty} a_p^{\,2}}\right|},\ \ldots, \\[3em] o_p^{(\alpha)} = \dfrac{a_p^{(\alpha)} - \left\{ o_p^{(1)} \displaystyle\sum_{p=1}^{\infty} a_p^{(\alpha)} o_p^{(1)} + \cdots + o_p^{(\alpha-1)} \displaystyle\sum_{p=1}^{\infty} a_p^{(\alpha)} o_p^{(\alpha-1)} \right\}}{\left|\sqrt{\displaystyle\sum_{p=1}^{\infty}(a_p^{(\alpha)})^2 - \left\{ \left(\displaystyle\sum_{p=1}^{\infty} a_p^{(\alpha)} o_p^{(1)}\right)^2 + \cdots + \left(\displaystyle\sum_{p=1}^{\infty} a_p^{(\alpha)} o_p^{(\alpha-1)}\right)^2 \right\}}\right|} \end{cases} \begin{array}{l} (p=1,2,\ldots) \\ (\alpha=1,2,\ldots) \end{array}$$

ein System orthogonaler und normierter Vektoren [*E. Schmidt*scher *Orthogonalisierungsprozeß*[198])], das überdies dem System der $A^{(\alpha)}$ *linear äquivalent* ist, d. h. jeder Vektor des einen Systems ist von endlich vielen Vektoren des anderen linear abhängig. Läßt man die Voraussetzung der linearen Unabhängigkeit für die Folge der $A^{(\alpha)}$ fallen und tritt in der α^{ten} der sukzessive gebildeten Formeln (8) zum erstenmal ein identisch in p verschwindender Zähler auf, so gibt dieser die lineare Abhängigkeit des $A^{(\alpha)}$ von den linear unabhängigen $A^{(1)}, \ldots, A^{(\alpha-1)}$; setzt man die Folge der Formeln (8) unter Fortlassung dieser α^{ten} und ebenso aller folgenden mit identisch in p verschwindendem Zähler fort, so liefern die verbleibenden Formeln wiederum ein den $A^{(\alpha)}$ linear äquivalentes System orthogonaler normierter Vektoren, und man erhält gleichzeitig alle zwischen endlichvielen $A^{(\alpha)}$ bestehenden linearen Abhängigkeiten.

Die Grenzbegriffe von 1. übertragen sich sofort auf Vektoren und liefern die Begriffe des *Häufungsvektors* sowie der *starken Konvergenz* einer *Folge* oder *Reihe* von Vektoren gegen einen *Grenzvektor.*

Lineares Vektorgebilde $\{A^{(\alpha)}\}$ *mit der Basis* $A^{(1)}, A^{(2)}, \ldots$[200]) heißt die Gesamtheit der Vektoren, die aus endlichvielen $A^{(\alpha)}$ linear zusammengesetzt sind, und ihrer Häufungsvektoren. Ersetzt man die $A^{(\alpha)}$ durch ein linear äquivalentes System orthogonaler normierter Vektoren $O^{(\alpha)}$, so besteht $\{A^{(\alpha)}\}$ aus allen Vektoren mit den Komponenten $\displaystyle\sum_{\alpha=1}^{\infty} c_\alpha o_p^{(\alpha)}$, wo c_α beliebige Größen von konvergenter Quadratsumme sind. Ist B ein beliebiger Vektor, so ist der Vektor L mit den Komponenten

$$(9)\qquad l_p = b_p - \sum_{\alpha=1}^{\infty} o_p^{(\alpha)} \left(\sum_{q=1}^{\infty} b_q o_q^{(\alpha)}\right)$$

orthogonal zu allen Vektoren von $A^{(\alpha)}$ (*Lot* oder *Perpendikelvektor* von B auf $\{A^{(\alpha)}\}$)[200]); B gehört dann und nur dann dem Gebilde $\{A^{(\alpha)}\}$ an,

---

200) *E. Schmidt*[192]), § 4, 8, 9; *P. Nabholz*[194]).

wenn $l_p = 0$ oder

$$(9\,a) \qquad \sum_{\alpha=1}^{\infty}\Big(\sum_{p=1}^{\infty} b_p o_p^{(\alpha)}\Big)^2 = \sum_{p=1}^{\infty} b_p^2.$$

E. Schmidt[192]) hat alle diese Betrachtungen sogleich für Systeme komplexer Größen a_p ausgesprochen, wobei nur $\sum_{p=1}^{\infty} |a_p|^2$ an Stelle von $\sum_{p=1}^{\infty} a_p^2$ zu treten hat und die Orthogonalitätsbedingung $\sum_{p=1}^{\infty} a_p \bar{b}_p = 0$ lautet[201]), wo $\bar{b}_p$ konjugiert imaginär zu b_p ist.

4. Zu jeder *beschränkten* Matrix $\mathfrak{A}$ (Nr. **18 a**) gehört eine *affine Transformation* der Punkte (und ebenso der Vektoren) des R_∞:

$$(10) \qquad x_p' = \sum_{q=1}^{\infty} a_{pq} x_q \qquad\qquad (p = 1, 2, \ldots)$$

von folgenden Eigenschaften[202]): α) Jedem Punkte x des R_∞ entspricht *eindeutig* ein Punkt x' desselben. β) Der Punkt mit den Koordinaten $cx_p' + dy_p'$ entspricht dem Punkte $cx_p + dy_p$, wenn (x_p') dem (x_p) und (y_p') dem (y_p) entspricht (*Linearität*). γ) Einer stark konvergenten Folge von Punkten (x_p) entspricht eine stark konvergente von Punkten (x_p') (*Stetigkeit*). — Die Aufeinanderfolge zweier zu den Matrizen $\mathfrak{A}$, $\mathfrak{B}$ gehöriger affiner Transformationen gehört zu dem Matrizenprodukt $\mathfrak{A}\mathfrak{B}$; die affinen Transformationen bilden eine Gruppe.

Es gilt folgende Umkehrung obiger Aussagen[202]): Besitzt eine Transformation der Punkte des R_∞ die Eigenschaften α), β), γ), so ist sie mit Hilfe einer beschränkten Matrix $\mathfrak{A}$ in der Form (10) darstellbar. Das ist eine leichte Folge des Konvergenzsatzes von *E. Hellinger* und *O. Toeplitz*[203]), daß eine Bilinearform $\mathfrak{A}(x, y)$ beschränkt ist, wenn die Doppelreihe $\sum_{p,q=1}^{\infty} a_{pq} x_p y_q$ etwa bei zeilenweiser Summation für jedes Punktepaar x, y des R_∞ konvergiert.

Man kann den hierin liegenden Sachverhalt auch nur für Systeme unendlicher Matrizen aussprechen, ohne den Begriff der Transformationen heranzuziehen[204]): Es ist nicht möglich, das System der beschränkten Matrizen derart zu erweitern, daß in dem erweiterten System

---

201) Man nennt diese modifizierte Bedingung nach *L. Autonne* [Palermo Rend. **16** (1902), p. 104] und *J. Schur*[435]), p. 489 auch *unitäre Orthogonalität.*

202) Vgl. *F. Riesz*, Literatur A 8, Chap. IV, wo die Stetigkeitsdefinitionen etwas abweichend formuliert sind. — Über orthogonale Transformationen vgl. Nr. **40** b.

203) *Hellinger-Toeplitz*[178]) und [164]), § 10 — an der ersten Stelle nur für Formen mit positiven Koeffizienten. Den analogen Satz über Linearformen s. [193]).

204) *Hellinger-Toeplitz*[164]), § 11.

die Operationen der Matrizenaddition und -multiplikation stets ausführbar bleiben (*Vollständigkeitseigenschaft*). Andererseits gibt es Systeme von Matrizen, in denen diese Rechenoperationen ausführbar sind und die in sich dieselbe Vollständigkeitseigenschaft besitzen, ohne mit dem System der beschränkten Matrizen identisch zu sein; sie entsprechen den affinen Transformationen in unendlichdimensionalen Räumen, die durch andere Konvergenzbedingungen als die Konvergenz der Quadratsumme definiert sind (vgl Nr. **20** b)[205]).

Kollineare Transformationen im R_∞ hat *J. Hjelmslev*[206]) untersucht.

b) **Die Schmidtschen Auflösungsformeln.** Mit Hilfe der in a) dargelegten Begriffsbildungen stellt *E. Schmidt*[192]) notwendige und hinreichende Bedingungen für die Lösbarkeit der Gleichungen

$$(U) \qquad \sum_{p=1}^{\infty} a_{\alpha p} x_p = c_\alpha \qquad (\alpha = 1, 2, \ldots)$$

durch Größen von konvergenter Quadratsumme $\sum_{p=1}^{\infty} x_p^2$ auf, unter der Voraussetzung, daß für jede Zeile die Koeffizientenquadratsumme $\sum_{p=1}^{\infty} a_{\alpha p}^2$ konvergiert, während die c_α beliebig gegeben sind; er gibt ferner Formeln für sämtliche derartigen Lösungen:

1. Zur Lösung der *homogenen Gleichungen*[207])

$$(U_h) \qquad \sum_{p=1}^{\infty} a_{\alpha p} x_p = 0 \qquad (\alpha = 1, 2, \ldots)$$

wird das lineare Vektorgebilde $\{A^{(\alpha)}\}$ betrachtet, dessen Basis die Vektoren $A^{(\alpha)}$ mit den Komponenten $a_{\alpha 1}, a_{\alpha 2}, \ldots$ sind und zu jedem Einheitsvektor $E^{(q)}$ (mit den Komponenten $e_p^{(q)} = 0$ für $p \neq q$, $e_q^{(q)} = 1$) der Perpendikelvektor $L^{(q)}$ auf $\{A^{(\alpha)}\}$ konstruiert (s. Nr. **19** a, 3). Dann stellen die Komponenten der sämtlichen dem linearen Vektorgebilde mit der Basis $L^{(1)}, L^{(2)}, \ldots$ angehörigen Vektoren die sämtlichen Lösungen von (U_h) dar; (U_h) hat dann und nur dann keine nichttriviale Lösung, wenn alle $L^{(q)}$ durchweg verschwindende Komponenten besitzen. — Besteht speziell zwischen keiner endlichen Anzahl der $A^{(\alpha)}$ eine lineare Abhängigkeit, und setzt man

$$(11\,\text{a}) \qquad s_{\alpha\beta} = \sum_{p=1}^{\infty} a_{\alpha p} a_{\beta p} = s_{\beta\alpha} \qquad (\alpha, \beta = 1, 2, \ldots),$$

so lassen sich die Komponenten von $L^{(q)}$ durch den folgenden stark

---

205) Vgl. *Hellinger-Toeplitz*[178]) und [164]), § 12 sowie *F. Riesz*[202]).

206) *J. Hjelmslev*, Festskr. til H. G. Zeuthen, Kopenhagen 1909, p. 66—77.

207) *E. Schmidt*[192]), § 10—11.

konvergenten Grenzwert darstellen:

$$(11\,\text{b})\quad l_p^{(q)} = \lim_{\alpha=\infty}\left\{ \begin{vmatrix} s_{11} & \cdots & s_{1\alpha} & a_{1p} \\ \cdot & \cdots & \cdot & \cdot \\ s_{\alpha 1} & \cdots & s_{\alpha\alpha} & a_{\alpha p} \\ a_{1q} & \cdots & a_{\alpha q} & e_p^{(q)} \end{vmatrix} : \begin{vmatrix} s_{11} & \cdots & s_{1\alpha} \\ \cdot & \cdots & \cdot \\ s_{\alpha 1} & \cdots & s_{\alpha\alpha} \end{vmatrix} \right\} \quad (p, q = 1, 2, \ldots),$$

und es ist ferner

$$(11\,\text{c})\quad \sum_{p=1}^{\infty}(l_p^{(q)})^2 = \lim_{\alpha=\infty}\left\{ \begin{vmatrix} s_{11} & \cdots & s_{1\alpha} & a_{1q} \\ \cdot & \cdots & \cdot & \cdot \\ s_{\alpha 1} & \cdots & s_{\alpha\alpha} & a_{\alpha q} \\ a_{1q} & \cdots & a_{\alpha q} & 1 \end{vmatrix} : \begin{vmatrix} s_{11} & \cdots & s_{1\alpha} \\ \cdot & \cdots & \cdot \\ s_{\alpha 1} & \cdots & s_{\alpha\alpha} \end{vmatrix} \right\} \quad (q = 1, 2, \ldots).$$

Das Verschwinden der Ausdrücke (11c) ist die Bedingung dafür, daß (U_h) keine nichttrivialen Lösungen hat.[208]

2. Eine *erste Methode*[209] Schmidts zur Lösung von (U) besteht darin, daß die künstlich homogen gemachten Gleichungen (U)

$$\sum_{p=1}^{\infty} a_{\alpha p} x_p - c_\alpha x_0 = 0 \qquad (\alpha = 1, 2, \ldots)$$

nach 1. daraufhin untersucht werden, ob sie eine Lösung mit $x_0 \neq 0$ haben. Besteht speziell wiederum keine lineare Abhängigkeit zwischen endlichvielen $A^{(\alpha)}$, so ergibt sich: (U) hat dann und nur dann eine Lösung von konvergenter Quadratsumme, wenn

$$(12\,\text{a})\quad X = \lim_{\alpha=\infty}\left\{ \begin{vmatrix} s_{11}+c_1^2 & \cdots & s_{1\alpha}+c_1 c_\alpha & -c_1 \\ \cdot & \cdots & \cdot & \cdot \\ s_{\alpha 1}+c_\alpha c_1 & \cdots & s_{\alpha\alpha}+c_\alpha^2 & -c_\alpha \\ -c_1 & \cdots & -c_\alpha & 1 \end{vmatrix} : \begin{vmatrix} s_{11}+c_1^2 & \cdots & s_{1\alpha}+c_1 c_\alpha \\ \cdot & \cdots & \cdot \\ s_{\alpha 1}+c_\alpha c_1 & \cdots & s_{\alpha\alpha}+c_\alpha^2 \end{vmatrix} \right\} \neq 0;$$

sie ist gegeben durch den stark konvergenten Grenzwert

$$(12\,\text{b})\quad x_p = \frac{1}{X}\lim_{\alpha=\infty}\left\{ \begin{vmatrix} s_{11}+c_1^2 & \cdots & s_{1\alpha}+c_1 c_\alpha & a_{1p} \\ \cdot & \cdots & \cdot & \cdot \\ s_{\alpha 1}+c_\alpha c_1 & \cdots & s_{\alpha\alpha}+c_\alpha^2 & a_{\alpha p} \\ -c_1 & \cdots & -c_\alpha & 0 \end{vmatrix} : \begin{vmatrix} s_{11}+c_1^2 & \cdots & s_{1\alpha}+c_1 c_\alpha \\ \cdot & \cdots & \cdot \\ s_{\alpha 1}+c_\alpha c_1 & \cdots & s_{\alpha\alpha}+c_\alpha^2 \end{vmatrix} \right\}$$
$$(p = 1, 2, \ldots),$$

und ihre Quadratsumme $\sum_{p=1}^{\infty} x_p^2$ ist kleiner als die Quadratsumme jedes anderen Lösungssystems von (U).

---

208) Sind die $A^{(\alpha)}$ speziell orthogonale und normierte Vektoren, so lauten diese Bedingungen $\sum_{\alpha=1}^{\infty} a_{\alpha q}^2 = 1$ und sind mit den schon von *D. Hilbert*[198] aufgestellten Bedingungen für die Vollständigkeit eines Systems orthogonaler Linearformen identisch; vgl. auch Nr. 40b, [509].

209) *E. Schmidt*[192], § 12.

3. Eine *weitere Lösungsmethode*[210]) ersetzt, wiederum unter der Voraussetzung linearer Unabhängigkeit je endlichvieler $A^{(\alpha)}$, diese nach (8) durch ein System orthogonaler und normierter Vektoren mit den Komponenten

$$o_p^{(\beta)} = \sum_{\alpha=1}^{\beta} \gamma_{\beta\alpha} a_{\alpha p}.$$

(U) ist dann und nur dann lösbar, wenn die Quadratsumme

$$(13\,\mathrm{a}) \qquad \sum_{\beta=1}^{\infty} \Big(\sum_{\alpha=1}^{\beta} \gamma_{\beta\alpha} c_\alpha\Big)^2$$

konvergiert; das Lösungssystem von kleinster Quadratsumme, deren Wert übrigens (13 a) ist, ist gegeben durch die stark konvergente Reihe:

$$(13\,\mathrm{b}) \qquad x_p = \sum_{\beta=1}^{\infty} o_p^{(\beta)} \Big(\sum_{\alpha=1}^{\beta} \gamma_{\beta\alpha} c_\alpha\Big) \qquad (p = 1, 2, \ldots).$$

4. Bezeichnet $L^{(\alpha)}$ das Perpendikel von $A^{(\alpha)}$ auf das lineare Gebilde, dessen Basis $A^{(1)}$, $A^{(2)}$, $\ldots$ unter Fortlassung von $A^{(\alpha)}$ bilden, so sind *hinreichende Bedingungen*[211]) für die Lösbarkeit von (U), daß

$\sum_{p=1}^{\infty}(l_p^{(\alpha)})^2 \neq 0$ für jedes α und daß ferner $\sum_{\alpha=1}^{\infty} c_\alpha : \sqrt{\sum_{p=1}^{\infty}(l_p^{(\alpha)})^2}$ konver-

giert; die Lösung kleinster Quadratsumme ist alsdann gegeben durch die stark konvergenten Reihen:

$$(14) \qquad x_p = \sum_{\alpha=1}^{\infty} \frac{c_\alpha\, l_p^{(\alpha)}}{\sum_{q-1}^{\infty}(l_q^{(\alpha)})^2} \qquad (p = 1, 2, \ldots).$$

Für jedes verschwindende $\sum_{p=1}^{\infty}(l_p^{(\alpha)})^2$ ergibt sich ferner als *notwendig* für die Lösbarkeit von (U) eine lineare homogene Relation zwischen den $c_1, c_2, \ldots$[211]).

5. Endlich hat *E. Schmidt* das Lösbarkeitskriterium von *O. Toeplitz* (Nr. **18** b, 3.) in folgender Weise auf nichtbeschränkte Systeme (U) ausgedehnt[212]): Es sei $\mu_n \geqq 0$ das Minimum der definiten quadratischen

---

210) *E. Schmidt*[192]), § 14. Über die Beziehung zu der *O. Toeplitz*schen Methode der Jacobischen Transformation (Nr. **18** b, 3) vgl. [185]).

211) *E. Schmidt*[192]), § 13.

212) Schon die *Hilbert*schen Untersuchungen über quadratische Formen [Gött. Nachr. 1906 = Grundzüge, Kap. XI, p. 113—125, insbes. Satz 31; vgl. hierzu *M. Plancherel*, Math. Ann. 67 (1909), p. 511—514] und die Methode von *O. Toeplitz*[184]) gestatten unter Umständen für *symmetrische* nichtbeschränkte Koeffizientensysteme die Konstruktion einer beschränkten Reziproken, ohne daß aber bei ihnen Resultate im obigen Umfang angegeben sind. — Die Sätze des Textes sind bei *E. Schmidt*[192]), § 15 zum Teil nur ohne Beweis ausgesprochen,

Form von $y_1, \ldots, y_n$

$$(15) \quad \mathfrak{S}_n(y) = \sum_{p=1}^{\infty} \left(\sum_{\alpha=1}^{n} a_{\alpha p} y_\alpha \right)^2 = \sum_{\alpha, \beta=1}^{n} s_{\alpha\beta} y_\alpha y_\beta, \quad \text{während} \quad \sum_{\alpha=1}^{n} y_\alpha^2 = 1;$$

dann ist das Nichtverschwinden des Limes der nicht zunehmenden Folge der μ_n

$$m = \lim_{n=\infty} \mu_n > 0$$

notwendig und hinreichend dafür, daß (U) für *alle* rechten Seiten von konvergenter Quadratsumme $\sum_{\alpha=1}^{\infty} c_\alpha^2$ eine Lösung von konvergenter Quadratsumme besitzt, sowie dafür, daß eine *beschränkte Reziproke* im Sinne von Nr. **18** b existiert, d. h. daß den Gleichungen

$$\sum_{p=1}^{\infty} a_{\alpha p} b_{p\beta} = \begin{cases} 0 & (\alpha \neq \beta) \\ 1 & (\alpha = \beta) \end{cases} \quad (\alpha, \beta = 1, 2, \ldots)$$

durch die Koeffizienten einer beschränkten Bilinearform genügt werden kann. Bedingungen für die Existenz einer nichtbeschränkten Reziproken ergeben sich aus Nr. **19** b, 4.[213])

6. Einen anderen Weg zur Behandlung des Schmidtschen Problemes hat *E. Hilb*[214]) eingeschlagen. Er fügt den wie in 2. homogen gemachten Gleichungen (U) solche Faktoren hinzu, daß das Koeffizientensystem vollstetig wird, bildet die Quadratsumme der linken Seiten und wendet die Hilbertsche orthogonale Transformation der vollstetigen Form auf eine Quadratsumme (Nr. **40** d) an, um so schließlich zu Auflösungsformeln zu gelangen.

20. Andere Konvergenzbedingungen für die Unbekannten. Die Gesamtheit derjenigen Arbeiten über unendlichviele lineare Gleichungen mit unendlichvielen Unbekannten, die *nicht* die Bedingung konvergenter Quadratsumme für die Unbekannten an die Spitze setzen, stellt nach Anlaß, Art und Grad der erstrebten Allgemeinheit ein buntes Gemisch dar. Sieht man von einer Reihe verstreuter Untersuchungen ab,

---

die Beweise sind nach seinen Methoden ausgeführt bei *G. Kowalewski*, Literatur B 3, p. 444 ff. und *M. Egli*, Dissert. Zürich 1910, 60 S., der auch den Fall nichtbeschränkter Reziproken näher untersucht.

213) Teilweise modifizierte Darstellungen dieser Schmidtschen Untersuchungen finden sich bei *G. Kowalewski*, Literatur B 3, § 164—179; *P. Nabholz*, Dissert.[194]); *M. Bôcher* und *L. Brand*, Ann. of math. (2) 13 (1912), p. 167—186; vgl. auch die Untersuchungen von *F. Riesz*, Nr. **20** c. — Über einen Versuch von *A. J. Pell*, Ann. of math. (2) 16 (1914), p. 32—37, die Voraussetzungen der Schmidtschen Resultate auszudehnen vgl. die Bemerkung von *G. Szegö* in Fortschr. d. Math. 45 (1922), p. 519.

214) *E. Hilb*, Math. Ann. 70 (1910), p. 79—86.

die überhaupt keine bestimmte Konvergenzbedingung formulieren[215])
— in methodischer Beziehung operieren alle diese Untersuchungen
mit dem in der Vorbemerkung zu **C.** geschilderten Verfahren der abschnittsweisen Auflösung — so sind es im ganzen *fünf Typen von
Konvergenzbedingungen*, die mehr oder weniger systematisch in Betracht gezogen worden sind.

a) **Beschränkte Veränderliche** $|x_n| \leqq M$ legt *H. v. Koch* mit
Ausnahme von einigen seiner späteren Arbeiten stets zugrunde, wenn
er seine unendlichen Determinanten zur Auflösung linearer Gleichungssysteme benutzt; darüber ist bereits in Nr. **17** eingehend berichtet
worden. Daß automatisch die Summe der Beträge des Lösungssystems
$|x_1| + |x_2| + \cdots$ konvergiert, wenn die der rechten Seiten in (U)
(s. p. 1414), $|y_1| + |y_2| + \cdots$, es tut, und daß dies insbesondere auch
von den transponierten Gleichungen (U') und (U_h') gilt, hat *H. v. Koch*
zunächst nicht hervorgehoben.[148])

Es ist der große prinzipielle Fortschritt, den *A. C. Dixon* in seiner
mehrfach erwähnten Arbeit[43]) [vgl. Nr. **8**, **10**[60]), **16** d, 1, Vorbem. zu **C.**,
18[178])] demgegenüber vollzogen hat, daß er die Systeme $(U), (U')$ einander gegenüberstellt und den ganzen Komplex der determinantenfreien
Sätze (vgl. Nr. **10**, in sinngemäßer Übertragung auf unendlichviele Veränderliche wie in Nr. **16** c) aufstellt, indem er ausdrücklich die Unbekannten beim System (U) an die Bedingung der Beschränktheit, bei
(U') an die der absolut konvergenten Summe bindet. Die Voraussetzung dagegen, die er über die Koeffizientenmatrix (K_{pq}) macht, ist
zwar erheblich weiter als die v. Kochsche der Normalität, aber identisch mit einer gelegentlich (1900) von *v. Koch*[158]) angegebenen; sie
lautet: sei σ_q die obere Schranke der Beträge der Elemente der q^{ten}
Kolonne, also $|a_{pq}| \leqq \sigma_q$ $(p = 1, 2, \ldots)$, so soll die Kolonnenschrankensumme $\sigma = \sigma_1 + \sigma_2 + \cdots$ konvergieren.

Liegt also *inhaltlich* der Fortschritt Dixons nicht in der Natur
seiner Voraussetzung über die K_{pq}, sondern in den Anforderungen
an die Unbekannten und der Art der aufgestellten Sätze, so liegt er
methodisch in der Loslösung vom Determinantenapparat, in der erstmaligen Aufstellung eines Kalküls mit unendlichen Matrizen, der die
Methode der Entwicklung nach Iterierten in diesem Bereich anzuwenden gestattet. Dixons Verfahren ist dieses: er bestimmt n so
groß, daß $\sigma_{n+1} + \sigma_{n+2} + \cdots < 1$ ausfällt, schreibt das System (U),

---

215) Vgl. [147]), sowie *E. Borel*, Ann. Éc. Norm. (3) 12 (1895), p. 9—55 und
K. Ogura, Tôhoku J. 16 (1919), p. 99—102. Neuerdings hat *R. D. Carmichael*,
Amer. J. 36 (1914), p. 13—20 sich damit befaßt, das Verfahren von *Kötteritzsch*[147])
zu legalisieren.

indem er seine n ersten Gleichungen zunächst wegläßt, in der Form

$$x_p + \sum_{q=n+1}^{\infty} K_{pq} x_q = y_p - \sum_{q=1}^{n} K_{pq} x_q \qquad (p = n+1, \ldots),$$

in der es, wenn man $x_1, \ldots, x_n$ zunächst irgendwelche Werte erteilt, ein System für die Unbekannten $x_{n+1}, \ldots$ darstellt, dessen Kolonnenschrankensumme unter 1 gelegen ist; für ein solches System zeigt er, daß die Entwicklung nach Iterierten stets konvergiert und eine beschränkte Lösung liefert, und zwar die einzige. Damit sind $x_{n+1}, \ldots$ durch die noch freien Größen $x_1, \ldots, x_n$ ausgedrückt, ersichtlich als Linearformen derselben; geht man mit den so gefundenen linearen Ausdrücken in die bisher weggelassenen ersten n Gleichungen ein, so erhält man n lineare Gleichungen für $x_1, \ldots, x_n$; und indem Dixon die Gültigkeit der determinantenfreien Sätze für diese als bekannt voraussetzt, leitet er sie daraus für sein System ab.[216]

---

216) Die Übereinstimmung dieses Verfahrens mit dem von *E. Schmidt*[42]) bei Integralgleichungen verwendeten (Nr. **10**a) tritt am deutlichsten hervor, wenn man die in Nr. **16** d, 1 angegebene Übertragung des Schmidtschen Verfahrens auf vollstetige Systeme für unendlichviele Veränderliche mit konvergenter Quadratsumme mit dem hier über Dixon Berichteten vergleicht; diese Übereinstimmung wird in d) dieser Nummer am sinnfälligsten werden, wo sowohl Dixons Theorie als auch die von Nr. **16** d, 1 als Spezialfälle einer und derselben allgemeinen Theorie erscheinen.

In der Richtung der Dixonschen Methode liegt eine Bemerkung von *J. L. Walsh*, Amer. J. **42** (1920), p. 91—96, der die Entwicklung nach Iterierten verwendet, um die Auflösungstheorie für Gleichungssysteme mit normaler Determinante ohne den Apparat der unendlichen Determinanten abzuleiten.

Ferner ist im Anschluß an die Bedingung a) zu erwähnen, daß man auf der Grundlage derselben eine Konvergenzbedingung für die Koeffizienten des Systems $\sum a_{pq} x_q = y_p$ aufstellen kann, die die gleiche Rolle spielt, wie die Beschränktheit auf der Grundlage der Bedingung konvergenter Quadratsumme: sei jede Zeilensumme der a_{pq} absolut konvergent, und seien die Zeilenbetragsummen $\sum_q |a_{pq}| = \mathfrak{z}_p(A)$ ihrerseits beschränkt, $\mathfrak{z}(A)$ ihre obere Schranke, so hat man damit eine Klasse von Matrizen, in der Matrizenkalkül durchgeführt werden kann und die ebensowenig erweiterungsfähig ist wie die Klasse der beschränkten Matrizen. Dabei übernimmt $\mathfrak{z}(A)$ die Rolle, die die obere Grenze von $A(x, y)$ in der *Hilbert*schen Theorie (Nr. **18** a) spielt; die Durchführung ist hier wesentlich elementarer. — In der Richtung dieser Bedingung liegt übrigens eine Bemerkung von *A. Pellet*, S. M. F. Bull. **42** (1914), p. 48—53, die das System (U) unter der Bedingung $\sum_q |K_{pq}| < 1$ behandelt, sowie ein Satz von *H. v. Koch*, Jahresb. Deutsch. Math.-Ver. **22** (1913)[159]), der die Konvergenz der Entwicklung nach Iterierten und das Abspaltungsverfahren feststellt für ein normales Gleichungssystem (U), bei dem $\sum_{v \neq q} |K_{pq}| < \varrho |K_{pp}|$, $\varrho < 1$, $|y_p| < M |K_{pp}|$, $|x_p|$ beschränkt ist. Wesentlich mehr besagt der Satz von *A. Wintner*, Math. Ztschr.

b) **Die Bedingung** $|x_n| \leqq M\varrho^n$ tritt überall dort auf, wo eine Potenzreihe $\sum\limits_{n=0}^{\infty} x_n z^n$ vom Konvergenzradius ϱ irgendwelche funktionentheoretischen Forderungen erfüllen soll, die rechnerisch auf unendlichviele lineare Gleichungen für die Koeffizienten x_n hinauslaufen. Über diese Bedingung liegen nur Einzelresultate vor, die aus den funktionentheoretischen Mitteln der jeweiligen Aufgabe gewonnen werden.[217] Sie ist in Wahrheit nur eine Variante der Bedingung a), aus der sie sich durch die Transformation $\xi_n = \varrho^n x_n$ ergibt.

In derselben Weise kann man, unter λ_n irgendwelche Zahlen verstanden, durch die Transformation $\xi_n = \lambda_n x_n$ und die entsprechende Transformation der y_n aus jeder einzelnen Auflösungstheorie Varianten ableiten.[218]

c) **Konvergenz von** $|x_1|^p + |x_2|^p + \cdots$. *O. Hölder* hat folgende Verallgemeinerung der Lagrange-Cauchyschen Ungleichung Nr. **15**, (9) aufgestellt[219]:

$$\left| \sum_{\alpha=1}^{n} u_\alpha v_\alpha \right| \leqq \left(\sum_{\alpha=1}^{n} |u_\alpha|^{\frac{p}{p-1}} \right)^{\frac{p-1}{p}} \left(\sum_{\alpha=1}^{n} |v_\alpha|^p \right)^{\frac{1}{p}} \qquad (p > 1).$$

Gestützt auf eine vorbereitende Bemerkung von *E. Landau*[220] hat

---

24 (1925), p. 259—265, p. 266, der, gestützt auf ein Verfahren von *E. Lindelöf,* Darb. Bull. (2) 23 (1899), p. 68—75 für n Unbekannte, unter der Voraussetzung $|y_p| + \sum |K_{pq}| \leqq 1$ die Existenz einer Lösung $|x_p| \leqq 1$ beweist.

217) Die Konstruktion einer Potenzreihe vom Konvergenzradius ϱ, die eine periodische Funktion mit der Periode $p\,(|p| < \varrho)$ darstellt, behandelt *P. Stäckel,* Weber-Festschrift, Teubner 1912, p. 396—409 und Acta math. 37 (1914), p. 59—73, woran *O. Perron,* ebenda, p. 301—304 anknüpft, und unabhängig davon *H. v. Koch,* Proc. 5. int. congr. Cambr. I (1912), p. 352—365; andere derartige funktionentheoretische Aufgaben *H. v. Koch,* Ark. for Math., Astr. och Fys. 15 (1921), Nr. 26, 16 S.; *O. Perron,* Math. Ztschr. 8 (1920), p. 159—170 und Math. Ann. 84 (1921), p. 1—15 und [325]) sowie *E. Hilb*[183]) und [324]) (1920/21).

218) Vgl. dazu *E. Hellinger* und *O. Toeplitz*[205]). Vgl. auch *H. v. Kochs* „normaloide" Determinanten, Nr. 17[152]).

219) *O. Hölder,* Über einen Mittelwertsatz, Gött. Nachr. 1889, p. 38—47, insbes. Nr. 7 [im Anschluß an *J. Rogers,* Mess. of Math. 17 (1888), Nr. 10] und ebenso *J. L. W. V. Jensen,* Acta math. 30 (1906), p. 175—193, insbes. p. 181, folgert es aus der Tatsache, daß der Schwerpunkt von n Punkten einer konvexen Kurve auf ihrer Innenseite gelegen ist, indem er die durch $y = x^p$ gegebene Kurve betrachtet.

220) *E. Landau,* Gött. Nachr. 1907, p. 25—27; er beweist in Verallgemeinerung des von *E. Hellinger* und *O. Toeplitz*[193]) für den Fall $p = 2$ bewiesenen Satzes: ist $\sum a_n x_n$ für alle Wertsysteme positiver x_n, die der Bedingung $\sum x_n^p = 1$ genügen, konvergent ($a_n \geqq 0$, $p > 1$), so konvergiert $\sum\limits_n a_n^{\frac{p}{p-1}}$ und ist die obere Schranke der Linearform.

dann *F. Riesz*[221]) die in Nr. **19** referierte Theorie von *E. Schmidt* auf
die hier in Rede stehende Konvergenzbedingung übertragen, indem er
statt der konvergenten Quadratsumme die Konvergenz von

$$\sum_{\alpha=1}^{\infty}|x_\alpha|^p \quad \text{und} \quad \sum_{\alpha=1}^{\infty}|a_\alpha|^{\frac{p}{p-1}}$$

zugrunde legte, die eine für die Unbekannten, die andere für die
Koeffizienten jeder einzelnen der gegebenen Gleichungen; sein Resultat
lautet: für irgendwie gegebene Größen c_1, c_2, ..., die an keinerlei Konvergenzbedingung gebunden sind, sind die Gleichungen $\sum a_{\alpha\beta}x_\beta = c_\alpha$
dann und nur dann durch Größen x_β lösbar, die der angegebenen Konvergenzbedingung genügen, wenn es eine Zahl $m > 0$ gibt, so daß für
jedes ganzzahlige n und beliebige Werte u_1, ..., u_n stets

$$\left|\sum_{\alpha=1}^{n}u_\alpha c_\alpha\right|^{\frac{p}{p-1}} \leqq m \sum_{\beta=1}^{\infty}\left|\sum_{\alpha=1}^{n}u_\alpha a_{\alpha\beta}\right|^{\frac{p}{p-1}}$$

gilt.

d) In Verallgemeinerung der Bedingung c) betrachtet *E. Helly*[222])
im Raume von **n** Dimensionen einen **beliebigen konvexen Aichkörper** $\mathfrak{D}_n$, der den Nullpunkt zum Mittelpunkt hat, und definiert
eine Funktion $D(x_1, \ldots, x_n)$, indem er ihr für einen Punkt $x_1, \ldots, x_n$
der Begrenzung von $\mathfrak{D}_n$ den Wert 1 erteilt, für den λ-mal so weit von
0 abstehenden Punkt $\lambda x_1, \ldots, \lambda x_n$ $(\lambda > 0)$ aber den Wert λ, so daß
diese Funktion D die drei Eigenschaften hat:

(1) $D(\lambda x_1, \ldots, \lambda x_n) = |\lambda| D(x_1, \ldots, x_n)$,

(2) $D(x_1 + y_1, \ldots, x_n + y_n) \leqq D(x_1, \ldots, x_n) + D(y_1, \ldots, y_n)$,

(3)   aus $D(x_1, \ldots, x_n) = 0$ folgt $x_1 = 0, \ldots, x_n = 0$,

die umgekehrt für sie charakteristisch sind. Ist dann $\Delta(u_1, \ldots, u_n)$
das Maximum des Ausdrucks $|u_1 x_1 + \cdots u_n x_n|$ unter der Nebenbedin-
gung $D(x_1, \ldots, x_n) = 1$ („Stützebenenfunktion"), so gilt die Unglei-
chung $|u_1 x_1 + \cdots + u_n x_n| \leqq D(x_1, \ldots, x_n)\,\Delta(u_1, \ldots, u_n)$,

---

221) *F. Riesz*, Literatur A 8, chap. III; das der Form nach entsprechende
Kriterium bei *E. Schmidt* weicht von dem Rieszschen insofern ab, als es — im
Gegensatz zu den anderen Kriterien dieser Schmidtschen Arbeit — die Frage der
Lösbarkeit nur bei *willkürlichen* rechten Seiten *von konvergenter Quadratsumme*
behandelt. — *St. Bóbr*[159]) leitet unter der Konvergenzbedingung c) die Lösung
von (U) mittels unendlicher Determinanten her, indem er neben $\sum|K_{\alpha\alpha}|$ noch

$$\sum_{\alpha=1}^{\infty}\left\{\sum_{\beta=1}^{\infty}|K_{\alpha\beta}|^p\right\}^{\frac{1}{p-1}}$$

als konvergent voraussetzt.

222) *E. Helly*, Monatsh. Math. Phys. 31 (1921), p. 60—91.

die für die Einheitskugel als speziellen Aichkörper in die Cauchy-Lagrangesche Ungleichung und für

$$D = (|x_1|^p + \cdots + |x_n|^p)^{\frac{1}{p}}, \quad \text{wo} \quad \Delta = (|u_1|^{\frac{p}{p-1}} + \cdots + |u_n|^{\frac{p}{p-1}})^{\frac{p-1}{p}}$$

wird, in die Höldersche Ungleichheit übergeht.

Diese dem Gedankenkreis von *H. Minkowski* entstammenden Begriffe zieht nun *Helly* für die Theorie der unendlichvielen Veränderlichen heran. Er setzt voraus, daß für einen Teilraum des unendlichdimensionalen Raumes eine Funktion $D(x_1, x_2, \ldots)$ definiert ist, die die Eigenschaften (1), (2), (3) besitzt. Indem er dann genau wie oben eine Funktion $\Delta(u_1, u_2, \ldots)$ hinzukonstruiert und über den u-Raum die weitere Annahme hinzufügt, es sei darin eine abzählbare Punktmenge vorhanden, die ihn im Sinne der durch Δ gegebenen Maßbestimmung überall dicht überdeckt, gelingt es ihm, die Betrachtungen von *F. Riesz* auf diesen allgemeinen Fall zu übertragen. Allerdings gewinnt er nicht Lösungen $x_1, x_2, \ldots$, für die die linken Seiten der gegebenen Gleichungen konvergieren und gleich den rechten Seiten werden, sondern er konstruiert Folgen von Wertsystemen, für die die Gleichungen approximativ erfüllt sind.

Auf diese Arbeit von Helly ist auch deshalb hier so genau eingegangen worden, weil man von ihren Begriffen aus über die so disparaten Einzelarbeiten dieser Nummer einen einheitlichen Überblick erhält. Die sämtlichen bisher erwähnten Konvergenzbedingungen können nämlich derjenigen von Helly untergeordnet werden. Die Bedingung c) zunächst hat für Helly selbst den Ausgangspunkt gebildet. Die Bedingung a) erhält man, wenn man den n-dimensionalen Würfel mit den Eckpunkten $(\pm 1, \ldots, \pm 1)$ als Aichkörper $\mathfrak{D}_n$ nimmt, also $D(x_1, \ldots, x_n) = \mathrm{Max}(|x_1|, \ldots, |x_n|)$; der duale Körper der Stützebenen im u-Raume ist dann das Oktaeder mit den Achseneinheitspunkten als Ecken, $\Delta(u_1, \ldots, u_n) = |u_1| + \cdots + |u_n|$; die Konvergenzbedingung der absolut konvergenten Summe erweist sich also als die zur Beschränktheit der Veränderlichen duale. Die Bedingung b) ist durch $D(x_1, \ldots, x_n) = \mathrm{Max}(|x_1\varrho|, \ldots, |x_n\varrho^n|)$ und $\Delta(u_1, \ldots, u_n) = |u_1|\varrho + \cdots + |u_n|\varrho^n$ als Variante von a) gegeben (rechtwinkliges Parallelepiped statt Würfel).[223] — In allen diesen Fällen hat die Funktion $D(x_1, \ldots, x_n)$ übrigens auch die sogleich anzugebende Eigenschaft (4).

Der Nutzen dieser Bemerkung geht weit über diejenige Anwendung hinaus, die Helly davon gemacht hat. Denn diejenige Auflösungsmethode, die *A. C. Dixon* für die Bedingung a), *E. Schmidt* für

---

223) Eine größere Reihe weiterer Bedingungen bei *H. Hahn*, Monatsh. Math. Phys. 32 (1922), p. 3—88.

die Hilbertsche Bedingung angegeben hat, gilt wörtlich ganz allgemein, wenn $D(x_1, x_2, \ldots)$ außer den Bedingungen (1), (2), (3) noch der Bedingung

$$(4) \qquad D(x_1, x_2, \ldots,) = D(|x_1|, |x_2|, \ldots)$$

genügt und wenn außerdem die Koeffizienten K_{pq} des Systems (U) die Bedingung erfüllen, daß man zu gegebenem $\varepsilon > 0$ ein $N(\varepsilon)$ bestimmen kann, so daß

$$\left| \sum_{p,q=1}^{n} K_{pq} u_p x_q - \sum_{p,q=1}^{m} K_{pq} u_p x_q \right| \leqq \varepsilon \quad \text{für} \quad m, n \geqq N(\varepsilon),$$

falls $D(x_1, x_2, \ldots) \leqq 1$, $\Delta(u_1, u_2, \ldots) \leqq 1$, also diejenige Bedingung, die im Falle der Hilbertschen Konvergenzbedingung als *Vollstetigkeit* bezeichnet wird (Nr. **16 a**, (3)). *Ist $\mathfrak{D}$ ein den Bedingungen* (1), (2) (3), (4) *genügender konvexer Körper im Bereich der unendlichvielen Veränderlichen, so gilt für jedes „in bezug auf den Aichkörper $\mathfrak{D}$ vollstetige Gleichungssystem" der Komplex der determinantenfreien Sätze.*[224]) Alle in dieser Nummer bisher verzeichneten Auflösungstatsachen, die nicht in bloßen Auflösungs*formeln* bestehen, ordnen sich dieser allgemeinen Tatsache als ganz spezielle Fälle unter.

e) **Zeilenfinite Systeme. Zusammenfassende Schlußbemerkung.** Die einzige, bisher bearbeitete Bedingung, die sich der allgemeinen Bedingung d) nicht subsumiert, ist diejenige von *O. Toeplitz*[225]), die den Unbekannten des Gleichungssystems überhaupt keine Beschränkungen auferlegt, während sie dual dazu annimmt, daß in jeder einzelnen Gleichung nur endlichviele Koeffizienten von 0 verschieden sind. Von einem solchen „zeilenfiniten" Gleichungssystem, d. h. von einem System der Form

$$y_1 = a_{11} x_1 + \cdots + a_{1 n_1} x_{n_1}$$
$$y_2 = a_{21} x_1 + \cdots\cdots + a_{2 n_2} x_{n_2}$$
$$\cdot \quad \cdot \quad \cdot \quad \cdot \quad \cdot \quad \cdot \quad \cdot \quad \cdot \quad \cdot \quad \cdot \quad \cdot \quad \cdot$$

beweist Toeplitz zuerst den Satz, daß es stets eine Lösung hat, wenn keine linearen Abhängigkeiten zwischen endlichvielen der Gleichungen bestehen, d. h. wenn das transponierte homogene System unlösbar ist. Darüber hinaus aber gibt er eine volle determinantenfreie Theorie dieser Systeme.[225a])

<hr>

224) Die Darstellung von Nr. 16 ist so angelegt, daß sowohl das Auswahlverfahren als auch das Abspaltungsverfahren unter den hier vorliegenden allgemeineren Voraussetzungen anwendbar sind und den Beweis des obigen Theorems liefern

225) *O. Toeplitz*, Palermo Rend. 28 (1909), p. 88—96.

225a) Eine Anwendung hiervon auf zeilenfinite Systeme von linearen Kongruenzen nach dem Modul 1 macht *H. Bohr*, Danske Wid. Selsk. math. fys. Medd. 7 (1925), Nr. 1. 42 S.

Hier, wie auch bei jeder auf die Hilbertsche oder irgendeine andere Konvergenzbedingung sich stützenden Theorie darf man von einer solchen determinantenfreien Behandlung nicht den genauen Komplex der in Nr. 10 in der Redeweise der Integralgleichungen formulierten Sätze erwarten. Denn diese Sätze stellen das Analogon der algebraischen Auflösungssätze von n Gleichungen mit n Unbekannten, also ebensoviel Gleichungen als Unbekannten dar; ein System von unendlichvielen Gleichungen mit unendlichvielen Unbekannten aber, das nach Wegstreichung einer oder mehrerer seiner Gleichungen immer noch ein System von unendlichvielen Gleichungen mit unendlichvielen Unbekannten bleibt, kann diese Analogie höchstens dann aufweisen, wenn man seinen Koeffizienten solche Konvergenzbedingungen auferlegt, daß ein Wegstreichen dadurch ausgeschlossen ist, wie z. B. eine Kochsche Normaldeterminante nach Wegstreichung einiger Zeilen den Typus der Kochschen Normaldeterminante verliert oder ein vollstetiges Gleichungssystem im Sinne von Hilbert nach Wegstreichung einiger Gleichungen seinen Charakter als solches einbüßt. Mit diesen Worten ist genauer gekennzeichnet, was in Nr. 2 über den Vorzug der Integralgleichungen zweiter Art vor denen erster Art angedeutet wurde. Wenn man aber den Koeffizienten des Gleichungssystems keine derartigen Bedingungen auferlegt, sondern solche, die durch Wegstreichen von Gleichungen oder Nullsetzen einiger Unbekannten ihren Typus nicht verlieren, wie z. B. die Beschränktheit im Sinne von Hilbert oder im Sinne irgendeiner anderen Konvergenzbedingung über die x_n, oder wie die Voraussetzungen der Schmidtschen Theorie von Nr. 19 oder ihrer Übertragungen auf andere Konvergenzbedingungen für die x_n, oder wie endlich auch die Zeilenfinitheit, so kann man höchstens erwarten, daß diejenigen Sätze gelten, die in der Algebra von m linearen Gleichungen für n Unbekannte richtig sind.

Die Theorie der Systeme von m linearen Gleichungen mit n Unbekannten, soweit sie den Determinantenbegriff vermeidet, findet ihren vollständigsten Ausdruck in dem Theorem, daß man jedes solche System durch eindeutig invertierbare lineare Transformation der Unbekannten und durch eindeutig invertierbare lineare Kombination der Gleichungen auf die Normalform

$$x_1 = y_1, \ldots, x_r = y_r \qquad\qquad (r \leq m, n)$$

bringen kann. Das hierzu analoge Theorem also beweist Toeplitz für die zeilenfiniten unendlichen Systeme, indem er für die Transformationen und Kombinationen ebenfalls nur solche lineare Substitutionen zuläßt, deren Koeffizientenmatrix zeilenfinit ist und die im Sinne zeilenfiniter Matrizen — deren Kalkül übrigens leicht zu etablieren ist —

eindeutig invertierbar sind. Für beschränkte oder andere Systeme, in denen der Matrizenkalkül möglich, also das in Rede stehende Problem formulierbar ist[226]), wo aber die Verhältnisse wesentlich verwickelter liegen, ist ein solches erschöpfendes System von Normalformen bisher nicht aufgestellt worden.

21. Eigentlich singuläre Integralgleichungen zweiter Art. In den Bereich der in Nr. 18—20 dargestellten Untersuchungen gehören ihrem Wesen nach auch die Integralgleichungen 2. Art mit Kernen, die so hoch singulär sind, daß die Sätze der Auflösungstheorie der Integralgleichungen 2. Art mit stetigen Kernen nicht mehr gelten, und ihre Methoden nicht mehr anwendbar sind; sie sollen *eigentlich singuläre Integralgleichungen* (im Gegensatz zu den in Nr. 12 behandelten „uneigentlich singulären") heißen. Der Übergang zu unendlichvielen Variablen, wie er nach den Methoden von Nr. 15 durchführbar ist, läßt erkennen, daß bei hinreichend großer Willkür der zugelassenen Kerne die besondere Form der Integralgleichung 2. Art ihre wesentliche Bedeutung verliert. Diese Transformation führt nämlich stetige und uneigentlich singuläre Integralgleichungen in „vollstetige Gleichungssysteme" (Nr. 16) über, in deren Koeffizientenmatrix $\mathfrak{E} + \mathfrak{K}$ die aus dem Summanden $\varphi(s)$ der Integralgleichung entstehende Einheitsform $\mathfrak{E}$ sich von der aus dem Integralbestandteil entstehenden vollstetigen Form $\mathfrak{K}$ klar abhebt; demgegenüber fällt bei eigentlich singulären Integralgleichungen die dem Integralbestandteil entsprechende Form $\mathfrak{K}$ nicht mehr vollstetig aus, und das Gleichungssystem hebt sich aus den Systemen der in Nr. 18—20 behandelten Art nicht mehr besonders hervor. Demgemäß sind allgemeine Auflösungstheoreme nach Art der Fredholmschen hier nicht zu erwarten[226a]); in der Tat liegen auch nur Aussagen über besondere Typen solcher eigentlich singulären Integralgleichungen vor. Die unbekannte Funktion wird dabei in den meisten Fällen stetig oder doch wenigstens von *konvergentem Quadratintegral* angenommen, entsprechend der in Nr. 18, 19 verwendeten Bedingung konvergenter Quadratsumme; andere Funktionenklassen werden in Nr. 24 b zu berücksichtigen sein.

a) Die erste hierhin gehörige Gruppe von Untersuchungen bezieht sich auf die Auflösung der sog. Integralgleichungen 3. Art[227]),

---

226) *E. Hellinger* und *O. Toeplitz* [164]), § 8.

226a) Die allgemeinen Lösbarkeitsbedingungen von Nr. 18, 19, insbesondere Nr 18 b, 3 hat *H. Weyl* [567]), p. 283 ff. gelegentlich auf Integralgleichungen übertragen.

227) *D. Hilbert,* Gött. Nachr. 1906, 5. Mitteil. = Grundzüge, Kap. XV hatte das Problem der Eigenwerttheorie dieser Integralgleichungen behandelt; s. Nr. 38 b, 1.

das sind Gleichungen der Form

$$(1) \qquad A(s)\,\varphi(s) - \lambda \int_a^b k(s,\,t)\,\varphi(t)\,dt = f(s),$$

wo $A(s)$ im Intervall $a \leq s \leq b$ Nullstellen besitzt, während $k(s,\,t)$ stetig ist. Die Transformation $\psi(s) = A(s)\,\varphi(s)$ führt sie in eine Integralgleichung 2. Art mit dem an den Nullstellen von $A(t)$ singulären Kern $k(s,\,t) : A(t)$ über. $\acute{E}$. *Picard*[228]) hat solche Gleichungen für den Fall behandelt, daß $A(s)$ von *erster Ordnung* an Stellen verschwindet, an denen $k(s,\,t)$ nicht verschwindet. Sein Verfahren besteht, für den typischen Fall

$$(2) \qquad \varphi(s) - \lambda \int_a^b \frac{k(s,\,t)}{t}\,\varphi(t)\,dt = f(s), \quad \text{wo } a < 0 < b,$$

ausgesprochen, darin, daß er entsprechend einer Hilbertschen Approximationsmethode (vgl. Nr. **12** b) die Gleichung (2) durch eine Integralgleichung mit endlichem (abteilungsweise stetigem) Kerne annähert:

$$(2\,\text{a}) \; \varphi(s) - \lambda \int_a^{-\varepsilon} \frac{k(s,\,t)}{t}\,\varphi(t)\,dt - \lambda \int_\eta^b \frac{k(s,\,t)}{t}\,\varphi(t)\,dt = f(s), \text{ wo } \begin{cases} 0 < \varepsilon < -a \\ 0 < \eta < b. \end{cases}$$

Indem er auf diese die Fredholmschen Formeln anwendet und alsdann ε, η so gegen 0 konvergieren läßt, daß $\log \frac{\eta}{\varepsilon}$ einen endlichen Grenzwert $C \neq 0$ hat, zeigt er unter der Voraussetzung eines analytischen Kernes $k(s,\,t)$, daß die Lösung $\varphi(s)$ von (2a) gegen eine gebrochen lineare Funktion von C konvergiert, die — in dem durch den Grenzübergang bezeichneten Sinne — (2) genügt. Er untersucht ferner die Werte von λ, für die speziell $\varphi(t) : t$ bei $t = 0$ endlich bleibt [also das Integral (2) eigentlich existiert] und zeigt, daß sie die Nullstellen einer gewissen ganzen transzendenten Funktion sind.[229]) *Ch. Platrier*[230]) hat diese Untersuchungen auf Nullstellen höherer Ordnung von $A(s)$ und auf Systeme von Integralgleichungen ausgedehnt. Im Zusammenhang damit stehen Bemerkungen von $\acute{E}$. *Picard*[228]), *T. Lalesco*[231]) und *G. Julia*[231a]) über Integralgleichungen mit komplexen Integrationswegen.

228) $\acute{E}$. *Picard*, Paris C. R. 150 (1910), p. 489—491; 152 (1911), p. 1545—1547; 153 (1911), p. 529—531, 615—617; Ann. Éc. Norm. (3) 28 (1911), p. 459—472.

229) Eine andere Herleitung der Picardschen Resultate bei *G. Fubini*, Rom Acc. Linc. Rend. (5) 21_1 (1912), p. 325—330.

230) *Ch. Platrier*, Paris C. R. 154 (1912), p. 808—811; 156 (1913), p. 1825—1828; 157 (1913), p. 28—31; 162 (1916), p. 118—120; ferner zusammenfassend in [53]), Chap. V.

231) *T. Lalesco*, Literatur A 6, p. 117 ff.

231a) *G. Julia*, Paris C. R. 172 (1921), p. 1279—1281.

b) Vielfach behandelt worden sind weiterhin gewisse Integralgleichungen 2. Art mit Kernen, die wie $\operatorname{ctg}(s - t)$ unendlich werden, und die sich aus Problemen der Funktionentheorie (konforme Abbildung von Gebieten mit Ecken) und anderen Randwertaufgaben ergeben; dabei wird für die Integrale über den Kern stets der *Cauchysche Hauptwert* $[\varepsilon = \eta$ im Beispiel (2a)] genommen. Diese Untersuchungen gehen auf *D. Hilbert*[232]) zurück; auf Grund der „Reziprozitätsformeln" für den ctg-Kern (s. (2) von Nr. **22 a**) erkannte er, daß sich durch Iterierung der Integraloperation mit einem solchen Kern eine Integraloperation 2. Art mit stetigem oder uneigentlich singulärem Kern ergibt, und er konnte so das Problem auf eine gewöhnliche Integralgleichung 2. Art zurückführen. In anderer Weise (Übergang zu komplexen Integrationswegen unter Benutzung des Cauchyschen Integralsatzes) hat *H. Poincaré*[233]) Kerne der gleichen Art behandelt. *F. Noether*[234]) hat durch konsequente Ausbildung der Hilbertschen Methode und unter Ausfüllung einiger in den früheren Arbeiten gebliebener Lücken[235]) eine eingehende Theorie von Integralgleichungen des Typus

$$(3) \qquad a(s)\,\varphi(s) + \int\limits_{-\pi}^{+\pi} \left\{ \frac{b(s)}{2\pi} \operatorname{ctg} \frac{t-s}{2} + K(s,t) \right\} \varphi(t)\,dt = f(s)$$

entwickelt, wo $a(s)$, $b(s)$ hinreichenden Stetigkeitsvoraussetzungen genügen und die Periode 2π haben, $a(s)^2 + b(s)^2 \neq 0$ ist, und $K(s,t)$ einen stetigen oder uneigentlich singulären Kern mit derselben Periode bedeutet. Er zeigt insbesondere, daß die Anzahlen d, d' der linear unabhängigen Lösungen der homogenen und der transponierten homogenen Gleichung zwar *endlich* bleiben, aber nicht mehr notwendig gleich sind, und daß ihre Differenz $d - d'$ nur von den Funktionen $a(s)$, $b(s)$ und nicht von dem Zusatzkern $K(s,t)$ abhängt; ferner z. B., daß Satz 3 von Nr. **10** bestehen bleibt.

c) **Eigentlich singuläre Integralgleichungen mit unendlichen Grenzen** (über die Transformation auf endliche Grenzen vgl. Nr. **12** d)

---

232) *D. Hilbert,* Verh. d. 3. intern. Math.-Kongr. Heidelberg 1904 (Leipzig 1905), p. 233—240. — Die Methode ist auf Grund von Hilbertschen Vorlesungen zuerst veröffentlicht von *O. D. Kellogg,* Dissert.[35]), p. 41 ff. und weiterhin angewandt von *O. D. Kellogg,* Math. Ann. 58 (1904), p. 441—456 und 60 (1905), p. 424—433.

233) *H. Poincaré,* Literatur C 4, 2. Vortrag. — Vgl. auch die Behandlung ähnlicher spezieller Integralgleichungen bei *H. Villat,* Paris C. R. 153 (1911), p. 758—761 und Acta math. 40 (1915), p. 101—178.

234) *F. Noether,* Math. Ann. 82 (1920), p. 42—63.

235) Vgl. dazu [234]), p. 46, Fußn. 8) und *D. Hilbert,* Grundzüge, p. 82, Fußn.

sind gelegentlich nach speziellen Methoden behandelt worden, insbesondere wenn der Kern nur von $s - t$ und ähnlichen Ausdrücken abhängt[236]) (vgl. Nr. 14). Eine größere Klasse solcher Integralgleichungen, deren Kerne homogene Funktionen $(-1)^{\text{ter}}$ Dimension von s, t sind, hat neuerdings *A. C. Dixon*[237]) untersucht.

22. Integralgleichungen erster Art. Momentenproblem. Auch die Integralgleichungen 1. Art

$$(1) \qquad \int_a^b K(s, t)\, \varphi(t)\, dt = f(s)$$

gehören ihrer Natur nach in den Problemkreis von Nr. **18—20**, wie der Übergang zu unendlichvielen Veränderlichen (Nr. **15**) unmittelbar zeigt[238]); auch hier ist demgemäß keine eigentliche Auflösungstheorie, sondern nur eine Reihe von besonderen Lösbarkeitskriterien und Lösungsformeln sowie von Resultaten über spezielle Gleichungen vorhanden. Je stärkeren Stetigkeitsforderungen $K(s, t)$ unterworfen wird, um so mehr verengt sich naturgemäß der Bereich der Funktionen $f(s)$, für die (1) etwa durch ein stetiges $\varphi(s)$ lösbar ist[239]); erst Gleichungen (1) mit eigentlich singulären Kernen können unter Umständen in dem Umfang wie reguläre Integralgleichungen 2. Art lösbar sein.[240]) Für die unbekannte Funktion gilt das am Ende der Einleitung von Nr. **21** gesagte.

---

236) *E. v. Egerváry*[105]); *G. Andreoli*, Rom Acc. Linc. Rend. (5) 26_1 (1917), p. 289—295, 531—538 (spezielle von $\alpha s - \beta t$ abhängige Kerne für kleine Parameterwerte). — *J. E. Littlewood*, Proceed. Cambr. Phil. Soc. 21 (1922), p. 205—214 löst eine homogene Integralgleichung, deren Kern der Integrallogarithmus von $|s - t|$ $(-\infty < s,\ t < +\infty)$ ist; *G H. Hardy* u. *E. C. Titchmarch*, London Math. Soc. Proc. (2) 23 (1924), p. 1—26 behandeln weitere verwandte Beispiele. — Andersartige aus Differenzialgleichungen entstehende Beispiele bei *P. Humbert*[253]).

237) *A. C. Dixon*, London Math. Soc. Proc. (2) 22 (1923), p. 201—222.

238) Die oft gemachte Bemerkung, daß (1) aus der Integralgleichung 2. Art mit dem Parameter λ (Nr. **11**c) im Grenzfall $\lambda \to \infty$ entsteht, ergibt für ihre Behandlung keinerlei Nutzen, da $\lambda = \infty$ eine wesentlich singuläre Stelle der Lösungen der Integralgleichung 2. Art ist.

239) Einige Bemerkungen in dieser Richtung zusammengestellt bei *H. Bateman*, London Math. Soc. Proc. (2) 4 (1906), p. 90—115, 461—498. Für spezielle Kerne vgl. auch *St. Mohorovičić*, Bull. Jugoslav. Acad., math.-phys. Kl. 6—7 (1916), p. 73—88; Rada jugoslav. Acad. 215 (1916), p. 26.

240) Denn damit z. B. (1) für jedes $f(s)$ mit konvergentem Quadratintegral eine Lösung derselben Eigenschaft hat, muß die Koeffizientenmatrix des entsprechenden unendlichen Gleichungssystemes eine beschränkte Reziproke besitzen, und das ist nach dem Toeplitzschen Kriterium (Nr. **18**b, 3) sicher nicht der Fall, wenn sie vollstetig, insbesondere also, wenn $K(s, t)$ stetig oder uneigentlich singulär ist.

a) **Gleichungen mit stark singulären Kernen.** Diesem Typus gehört eines der ältesten Beispiele einer mit ihrer Lösung bekannten Integralgleichung 1. Art an, die *Fouriersche Doppelintegralformel*[241]) (6) von Nr. 4. Hier liegt noch die Besonderheit vor, daß der Kern $\cos 2\pi st$ symmetrisch ist, und die Lösung durch eine Integralgleichung mit genau dem gleichen Kerne gegeben wird [d. h. im Gebiete der unendlichvielen Veränderlichen entspricht dem eine symmetrische Form, die mit ihrer Reziproken identisch, also orthogonal ist[242])]. Analoge Formeln sind aus der Theorie der Besselschen und verwandten Funktionen bekannt[243]), und sie sind neuerdings auch unter dem formalen Gesichtspunkt der Theorie der Integralgleichungen mehrfach behandelt worden[244]).

Eine ähnliche Formelgruppe spielt in den Anwendungen der Integralgleichungen eine große Rolle, die sog. *Hilbertschen Reziprozitätsformeln für den* ctg-*Kern*[245]), in denen der an einer Stelle des *endlichen* Integrationsintervalles von der Länge 2π von *1. Ordnung unendliche,* sonst stetige und periodische symmetrische Kern $\operatorname{ctg} \frac{s-t}{2}$ auftritt:

$$
(2)\quad
\begin{cases}
f(s) = \dfrac{1}{2\pi}\displaystyle\int_{-\pi}^{+\pi}\operatorname{ctg}\frac{s-t}{2}\,\varphi(t)\,dt + \dfrac{1}{2\pi}\displaystyle\int_{-\pi}^{+\pi}\varphi(t)\,dt \\[2ex]
\varphi(s) = \dfrac{1}{2\pi}\displaystyle\int_{-\pi}^{+\pi}\operatorname{ctg}\frac{s-t}{2}\,f(t)\,dt + \dfrac{1}{2\pi}\displaystyle\int_{-\pi}^{+\pi}f(t)\,dt
\end{cases}
\quad (-\pi \leq s \leq +\pi).
$$

Diese Gleichungen lösen sich gegenseitig auf, wenn die Integrale als Cauchysche Hauptwerte aufgefaßt werden und $f(s)$, $\varphi(s)$ stetige Funktionen der Periode 2π sind.[246]) Die Reziprozitätsformeln sind in ver-

---

241) Über dieses und andere ältere Beispiele von Integralgleichungen 1. Art vgl. Encykl. II A 11, *Pincherle,* Nr. 28, 29.

242) Von diesem Gesichtspunkt aus behandelt *H. Weyl*[566]), § 4—6 diese und ähnliche Formeln; vgl. auch *H. Weyl,* Jahresb. Deutsch. Math.-Ver. 20 (1911), p. 129—141, 339.

243) Vgl. außer [241]) *H. Hankel,* Math. Ann. 8 (1875), p. 471—494.

244) *H. Bateman,* Math. Ann. 63 (1907), p. 525—548, § 1; Mess. of Math. 41 (1912), p. 94—101, 180—184; *G. H. Hardy,* ibid. 42 (1912), p. 89—93; *L. Pisati,* Palermo Rend. 25 (1908), p. 272—282; *M. Plancherel,* London Math. Soc. Proc. (2) 24 (1925), p. 62—70.

245) Zuerst nach *Hilberts* Vorlesungen veröffentlicht bei *O. D. Kellogg,* Dissert.[85]), p. 17 ff. und Math. Ann. 58[232]). Vgl. auch *D. Hilbert,* 2. Mitteil. Gött. Nachr. 1904 = Grundzüge, Kap. IX, p. 75 f. und 3. Mitteil. Gött. Nachr. 1905 = Grundzüge, Kap. X, p. 84 ff.

246) Ausdehnung auf unstetige Funktionen bei *O. D. Kellogg,* Bull. Amer. Math. Soc. (2) 13 (1907), p. 168—170; *A. Plessner,* Dissert. Gießen 1923 (Mitteil. math. Sem. Gießen X), 36 S., § 1.

schiedener Weise auf andere von 1. Ordnung unendliche Kerne ausgedehnt worden[247]).

Kennt man für einen unstetigen Kern eine solche Reziprozitätsformel, so kann man, wie *D. Hilbert* und im Anschluß an ihn *O. D. Kellogg* für eine Reihe von Fällen durchgeführt hat[245]), auch Integralgleichungen 1. Art mit Kernen, die sich von jenem unstetigen Kern nur um einen additiven stetigen Kern unterscheiden, unschwer auf Integralgleichungen 2. Art mit stetigem Kern zurückführen. Ähnlich behandelt *H. Poincaré*[248]) Integralgleichungen 1. Art mit unendlichem Integrationsintervall und Kernen, deren Unstetigkeit vom Typus e^{ist} ist, durch Anwendung der Fourierschen Integralformel.

b) **Lösbarkeitskriterien.** In einer Reihe von Untersuchungen werden Kriterien für die Lösbarkeit der Integralgleichung (1) mit stetigem oder uneigentlich singulärem Kern unter der Voraussetzung gegeben, daß die von *E. Schmidt* eingeführten, sog. adjungierten Eigenfunktionen $\varphi_n(s)$, $\psi_n(s)$ und zugehörigen Eigenwerte λ_n von $K(s, t)$ (s. Nr. **36** c) bekannt sind. Nachdem *G. Lauricella*[249]) darauf hingewiesen hatte, daß für die Existenz einer Lösung von (1) mit konvergentem Quadratintegral die *Konvergenz der Quadratsumme*

$$\sum_{n=1}^{\infty} \lambda_n \left(\int_a^b f(s)\, \varphi_n(s)\, ds \right)^2$$

notwendig ist, hat *É. Picard*[250]) aus dem *Fischer-Rieszschen* Satz (s. Nr. **15** d) geschlossen, daß diese Bedingung auch *hinreicht*, um die Existenz wenigstens einer samt ihrem Quadrat im *Lebesgueschen* Sinne integrierbaren Lösung zu garantieren, vorausgesetzt, daß die $\varphi_n(s)$ ein vollständiges Orthogonalsystem bilden; andernfalls tritt als weitere Bedingung die Orthogonalität von $f(s)$ zu allen samt ihrem Quadrat integrierbaren Nullösungen der transponierten homogenen Gleichung

---

247) *O. D. Kellogg*, Math. Ann. 58[232]); *H. Villat*, Paris C. R. 166 (1918), p. 981—984 und Darb. Bull. (2) 43 (1919), p. 18—48. — Vgl. auch die verwandten Formeln bei *G. H. Hardy*, Mess. of Math. 53 (1924), p. 135—142; 54 (1924), p. 20—27 sowie in der daselbst zitierten Literatur.

248) *H. Poincaré*, Paris C. R. 148 (1909), p. 125—126; Acta math. 33[77]), § 5; Literatur C 4, 1. Vortr., p. 7—10. Im selben Zusammenhang führt er die gleiche Integralgleichung für das Intervall $0 \leq t \leq 2\pi$, deren Bestehen indessen nur für *ganzzahlige* Werte von s gefordert wird — also ein nach Nr. **22** d gehöriges Problem — durch Anwendung der Fourierschen Reihenentwicklung auf ein unendliches lineares Gleichungssystem zurück.

249) *G. Lauricella*, Rom Acc. Linc. Rend (5) 17_1 (1908), p. 775—786; 17_2 (1908), p. 193—204.

250) *É. Picard*, Paris C. R. 148 (1909), p. 1563—1568, 1707—1708; Palermo Rend. 29 (1910), p. 79—97; vgl. auch Paris C. R. 157 (1913), p. 813—814.

$$\int_a^b K(s, t)\,\chi(s)\,ds = 0 \text{ hinzu}[251]).$$ — Andere Formen der Lösbarkeitskriterien, auch unter anderen Bedingungen für $\varphi(s)$, die den in Nr. **18,
19, 20** angegebenen entsprechen, haben sich aus den in d) wiederzu-
gebenden Überlegungen ergeben[252]).

c) **Besondere Integralgleichungen 1. Art** sind von einzelnen
Autoren nach speziellen Methoden gelegentlich vollständig gelöst
worden. Als geeignetes Hilfsmittel erwies sich dabei vielfach die
Methode der komplexen Integration[253]); besonders hervorzuheben ist
die Lösung der Integralgleichung mit dem Abelschen Kern $(s-t)^{-\alpha}$
im Intervall $(0, 1)$ durch *T. Carleman.*[254]) Auch Reihenentwicklungen
sind in einzelnen Arbeiten herangezogen worden.[255]) — Systeme von

---

251) *G. Lauricella,* Rom Acc. Linc. Rend. (5) 18_2 (1909), p. 71—75; 20_1 (1911),
p. 528—536. — Andere Beweisanordnungen und Umformungen dieser Kriterien bei
L. Amoroso, Rom Acc. Linc. Rend. (5) 19_1 (1910), p. 68—75 (vgl. Nr. **22** d [258]));
H. Bateman, Mess. of Math. 39 (1910), p. 129—135; *J. Mollerup,* Paris C. R. 150
(1910), p. 313—315 = Palermo Rend. 29 (1910), p. 378—379; *C. Severini,* Rom Acc.
Linc. Rend. (5) 23_1 (1914), p. 219—225, 315—321; *L. Silla,* ibid. p. 600—607. Übertragung auf Systeme von Integralgleichungen 1. Art bei *L. Silla*[257]). — Herleitungen,
die mit der Begründung der Sätze über adjungierte Eigenfunktionen (s. Nr. **36** c)
verknüpft sind, geben *A. Vergerio,* Rom Acc. Linc. Rend. (5) 24_1 (1915), p. 1199—
1205; 24_2 (1915), p. 185—190, 513—519, 610—616; Palermo Rend. 41 (1916), p. 1—35;
42 (1917), p. 285—302; *J. Mollerup,* Mat. Tidsskrift 19 (1923), p. 47—53. —
Weitere, mehr formale Bemerkungen über die Auflösung gewisser Integralgleichungen 1. Art im Zusammenhang mit der Eigenwerttheorie bei *H. Bateman,*
Mess. of Math. 38 (1908), p. 8—13, 70—76; 39 (1909), p. 6—19, 182—191; *A. Vergerio,*
Rom Acc. Linc. Rend. (5) 23_2 (1914), p. 385—389; *P. J. Daniell,* ibid. 25_1 (1916),
p. 15—17; vgl. auch *K. Popoff,* Paris C. R. 157 (1913), p. 1395—1397 und die
Berichtigung dazu von *A. Vergerio,* Lomb. Ist. Rend. (2) 47 (1914), p. 172—176. —
Eine Anwendung des Lauricella-Picardschen Kriteriums auf Integralgleichungen,
deren Kern einen Parameter enthält, gibt *G. Wiarda,* Dissert. Marburg 1915, 63 S.

252) Durchgeführt insbesondere bei *F. Riesz*[264]), § 12—13 (vgl. auch Nr. **24** b)
und bei *E. Helly*[266]), § 10 für Integralgleichungen mit Stieltjesschen Integralen.

253) *H. Bateman,* Math. Ann. 63[244]), § 2; *C. Cailler,* Arch. Sc. phys. et nat.
Genève 38 (1914), p. 301—328. — Vgl. auch die durch Anwendung der Laplaceschen Integraltransformation auf gewisse gewöhnliche und partielle Differentialgleichungen entstehenden Lösungsformeln besonderer Integralgleichungen bei
S. Pincherle[321]) und *P. Humbert,* Edinb. Math. Soc. Proc. 32 (1914), p. 19—29;
33 (1915), p. 35—41.

254) *T. Carleman,* Math. Ztschr. 15 (1922), p. 111—120.

255) *C. Runge,* Math. Ann. 75 (1914), p. 130—132 [Kern $k(s-t)$ im Inter-
vall $(-\infty, +\infty)$; formale Lösung durch Reihen Hermitescher Polynome]; vgl.
dazu *W. Kapteyn,* Amst. Akad. Versl. 23 (1914), p. 49—59 und *L. Crijns,* Nieuw
Arch. Wisk. Amsterdam (2) 13 (1919—20), p. 292—294. — *F. Tricomi,* Palermo
Rend. 46 (1922), p. 357—387 (überall endlicher Kern auf geschlossener Fläche als
Integrationsbereich).

Integralgleichungen 1. Art sind behandelt bei *Ch. Platrier*[256]), *L. Silla*[257]) und *C. E. Weatherburn.*[102])

d) **Das Momentenproblem.** Dem Wesen nach äquivalent mit der Lösung der Integralgleichung 1. Art ist das Problem der Bestimmung einer Funktion $\varphi(s)$ durch abzählbar unendlichviele lineare Integralbedingungen

$$(3) \qquad \int_a^b k_n(t)\,\varphi(t)\,dt = c_n \qquad\qquad (n = 1, 2, \ldots),$$

wo die $k_n(t)$ gegebene Funktionen, die c_n gegebene Konstante sind; an Stelle des kontinuierlich veränderlichen Parameters s in (1) tritt hier also der ganzzahlige Parameter n. Der Übergang von (1) zu (3) läßt sich wie in Nr. **15** mit Hilfe eines vollständigen Orthogonalsystems unmittelbar bewerkstelligen[258]), und ebenso kann man von (3) zu unendlichvielen Gleichungen mit unendlichvielen Unbekannten (Nr. **19, 20**) übergehen [vgl. [248])]. Für den Fall, daß die $k_n(t)$ gleich den Potenzen t^{n-1} sind, ist das Problem (3) lange vor dem Entstehen der Theorie der Integralgleichungen behandelt worden (s. Encykl. II A 11, *Pincherle*, p. 805) und namentlich von *T. J. Stieltjes*[259]) als *Momentenproblem* zum Gegenstand einer klassischen Untersuchung im Zusammenhang mit der Theorie der Kettenbrüche gemacht worden. Stieltjes betrachtet das Integrationsintervall $(0, \infty)$ und fragt nur nach *nichtnegativen Lösungen* $\varphi(t) \geqq 0$ und allgemeiner nach *monotonen Funktionen* $\Phi(t)$, welche — die Integrale im Stieltjesschen Sinne verstanden (s. Encykl. II C 9b, Nr. **35 d**, *Montel-Rosenthal*) — den Gleichungen genügen:

$$(4) \qquad \int_0^\infty t^n\,d\,\Phi(t) = c_n \qquad\qquad (n = 0, 1, 2, \ldots).$$

Notwendige und hinreichende Bedingung für die Existenz einer monotonen Lösung ist die Positivität der Determinanten C_n und C_n' der quadratischen Formen $\sum\limits_{p,q=0}^{n-1} c_{p+q}\, x_p\, x_q$ und $\sum\limits_{p,q=0}^{n-1} c_{p+q+1}\, x_p\, x_q$; die Lösungen werden aus der Integraldarstellung der zu der Potenzreihe $\sum\limits_{n=0}^{\infty} (-1)^n c_n z^{-n-1}$

---

256) *Ch. Platrier*[53]), note II.

257) *L. Silla*, Rom Acc. Linc. Rend. (5) 22_2 (1913), p. 13—20.

258) Darauf beruht die Behandlung der Integralgleichungen 1. Art bei *L. Amoroso*[264])[251]) sowie bei *Ch. Müntz*, Math. Ann. 87 (1922), p. 139—149, § 1, 2.

259) *T. J. Stieltjes*, Récherches sur les fractions continues, Paris C. R. 118 (1894), p. 1315—1317, 1401—1403; Mém. sav. étrang. Paris 32, Nr. 2, 197 S. = Ann. Fac. sciences de Toulouse 8 (1894) J., p. 1—122; 9 (1895) A., p. 5—47. — Über die Bedeutung dieser Untersuchungen für die Theorie der quadratischen Formen unendlichvieler Veränderlicher vgl. Nr. **43** c.

gehörigen Kettenbrüche gewonnen. Unter Verwendung der seither in der Kettenbruchtheorie entwickelten Hilfsmittel hat *H. Hamburger*[260]) das gleiche Problem für das Integrationsintervall $(-\infty, +\infty)$ gelöst:

$$(5) \qquad \int_{-\infty}^{+\infty} t^n \, d\,\Phi(t) = c_n \qquad\qquad (n = 0, 1, 2, \ldots).$$

Notwendig und hinreichend für die Lösbarkeit ist $C_n > 0$; bezeichnet C_n'' die Determinante der Form $\sum_{p,\,q\,=\,2}^{n-1} c_{p+q} x_p x_q$, so ist die Lösung im wesentlichen eindeutig bestimmt (derart, daß zwei Lösungen an allen Stetigkeitsstellen übereinstimmen), wenn $\lim_{n\,=\,\infty}(C_n : C_n'') = 0$; ist dieser Limes > 0, so gibt es unendlichviele wesentlich verschiedene Lösungen. *M. Riesz*[261]) hat die gleichen Resultate ohne explizite Benutzung der Kettenbrüche hergeleitet und erweitert, indem er die algebraischen Eigenschaften der durch (5) gegebenen Funktionaloperation, die jedem Polynom $x_0 + x_1 t + \cdots + x_n t^n$ die Zahl $x_0 c_0 + x_1 c_1 + \cdots + x_n c_n$ zuordnet, schärfer untersucht und den Grenzprozeß $n \to \infty$ ausführt. Andere Darstellungen unter Benutzung der Eigenschaften analytischer Funktionen haben *R. Nevanlinna*[262]) und *T. Carleman*[263]) gegeben.

Das allgemeine Problem (3) hat *F. Riesz*[264]) genau mit den Methoden behandelt, die er später (Nr. **20**c) auf unendlichviele Glei-

---

260) *H. Hamburger*, Über eine Erweiterung des Stieltjesschen Momentenproblems, Sitzungsber. Bayr. Akad., Math.-phys. Kl. 1919, p. 381—393; Math. Ann. 81 (1920), p. 235—319; 82 (1921), p. 120—164, 168—187.

261) *M. Riesz*, Sur le problème des moments, Ark. f. Mat. 16 (1921), Nr. 12, 23 S.; Nr. 19, 21 S.; 17 (1923), Nr. 16, 52 S. — Die dritte Arbeit enthält eine von den ersten beiden im Gedankengang unabhängige Begründung, die von einer begrifflichen Ausdehnung jener Funktionaloperation auf beliebige Funktionen ausgeht.

262) *R. Nevanlinna*, Ann. Ac. Scient. Fenn. A 18 (1922), Nr. 5, 53 S.

263) *T. Carleman*, Paris C. R. 174 (1922), p. 1527—1530, 1680—1682.

264) *F. Riesz*, Math. Ann. 69 (1910), p. 449—497. — Den Fall quadratisch integrierbarer $\varphi(t)$ hat *L. Brand*, Ann. of Math. (2) 14 (1913), p. 101—118 nach dem Muster der *Bôcher-Brand*schen Darstellung[213]) des *E. Schmidt*schen Auflösungsverfahrens von Nr. 19 behandelt; vorher hatte bereits *L. Amoroso*, Ann. di mat. (3) 16 (1909), p. 123—140 durch Anwendung des Orthogonalisierungsverfahrens auf die $k_n(t)$ einige Resultate in dieser Richtung gegeben; sachlich identisch damit ist die Methode von *Ch. Müntz*[258]); vgl. auch *J. Takenaka*, Tôhoku math. J. 23 (1923), p. 167—196. Ferner sind hier die Untersuchungen von *W. Stekloff*, Mem. Ac. Imp. Petersbourg 32 (1915) zu erwähnen. Das Problem (3) mit Nebenbedingungen für $\varphi(s)$ hat weiter untersucht *S. Kakeya*, Tôhoku math. J. 4 (1914), p. 186—190; 8 (1915), p. 14—23; Tokyo Math. Ges. (2) 8 (1916), p. 83—102, 408—420; (2) 9 (1918), p. 93—100.

chungen mit unendlichvielen Unbekannten angewendet hat; er findet als notwendig und hinreichend für die Existenz einer Lösung $\varphi(t)$, für die $\int_a^b |\varphi(t)|^\alpha\, dt$ (im Lebesgueschen Sinne) existiert, die Existenz einer Zahl m derart, daß für jedes ganzzahlige n und beliebige Werte $u_1, \ldots, u_n$

$$(6) \qquad \left|\sum_{p=1}^{n} u_p c_p\right|^{\frac{\alpha}{\alpha-1}} \leqq m \int_a^b \left|\sum_{p=1}^{n} u_p k_p(t)\right|^{\frac{\alpha}{\alpha-1}} dt.$$

Darüber hinaus haben *F. Riesz*[265]) und nach ihm *E. Helly*[266]) unter Verwendung des Stieltjesschen Integralbegriffes die Lösbarkeit der Gleichungen

$$(7) \qquad \int_a^b k_n(t)\, d\,\Phi(t) = c_n \qquad\qquad (n = 1, 2, \ldots)$$

durch Funktionen *beschränkter Schwankung* untersucht und in der Existenz einer Zahl m gemäß

$$\left|\sum_{p=1}^{n} u_p c_p\right| \leqq m \cdot \operatorname*{Max}_{a \leqq t \leqq b} \left|\sum_{p=1}^{n} u_p k_p(t)\right|$$

für jedes ganzzahlige n und beliebige $u_1, \ldots, u_n$ die Bedingung der Lösbarkeit erkannt.

23. Neuere Untersuchungen über lineare Volterrasche Integralgleichungen.[267])

a) Als Volterrasche Integralgleichungen bezeichnet man [vgl. Nr. 3, Ende[17])] solche Integralgleichungen, in denen die obere Integrationsgrenze gleich der freien Veränderlichen s des Kernes ist oder — allgemeiner — in denen die Grenzen von s abhängen. *J. Le Roux*[18]) und *V. Volterra*[5])[19]) gingen von der Integralgleichung 1. Art dieses Typus aus:

$$(1) \qquad g(s) = \int_0^s N(s, t)\, \varphi(t)\, dt, \quad \text{wo } g(0) = 0,$$

und bemerkten, daß man sie durch Differentiation in die Gestalt

$$(2) \qquad g'(s) = N(s, s)\, \varphi(s) + \int_0^s \frac{\partial N(s, t)}{\partial s}\, \varphi(t)\, dt$$

---

265) *F. Riesz*, Paris C. R. 149 (1909), p. 974—977; 150 (1910), p. 674—677; Ann. Éc. Norm. (3) 28 (1911), p. 33—62; es ergeben sich auch Bedingungen für die Existenz monotoner Lösungen. — Vgl. auch *S. Kakeya*, Tôhoku Sc. Rep. 4 (1915), p. 361—372; 5_2 (1916), p. 127—134.

266) *E. Helly*, Wiener Ber. II a 121 (1912), p. 265—297.

267) Eine ausführlichere Behandlung dieser Gleichungen findet man in folgenden Lehrbüchern: *T. Lalesco*, Literatur A 6, p. 5—18, 103—111; *V. Volterra*, Literatur A 9, p. 34—101; *G. Vivanti*, Literatur A 10, p. 55—99.

umsetzen kann, falls $g(s)$ und $N(s, t)$ stetig differenzierbar sind. Ist $N(s, s) \geq m > 0$ im ganzen in Betracht gezogenen Intervall $0 \leq s \leq b$, so liegt hierin eine (Volterrasche) Integralgleichung 2. Art mit stetigem Kern $K(s, t)$ vor:

$$(3) \qquad f(s) = \varphi(s) + \int_0^s K(s, t)\, \varphi(t)\, dt,$$

und *Le Roux*[18]) und *Volterra*[19]) zeigten, daß die Lösung einer solchen Gleichung eindeutig bestimmt ist und durch die in $0 \leq s \leq b$ gleichmäßig konvergente Entwicklung nach iterierten Kernen geliefert wird[268]):

$$(4) \qquad \varphi(s) = f(s) + \sum_{n=1}^{\infty} \int_0^s K^{(n)}(s, t) f(t)\, dt;$$

die Definitionsformel der iterierten Kerne [vgl. (1) von Nr. **11**] nimmt hier wegen der besonderen oberen Grenze die Gestalt an:

$$(4\mathrm{a}) \qquad K^{(n)}(s, t) = \int_t^s K^{(n-1)}(s, r) K(r, t)\, dr \quad (t \leq s;\ n = 2, 3, \ldots),$$

und hieraus ergibt sich unmittelbar, falls $|K(s, t)| \leq M$ ist, die die behauptete Konvergenz gewährleistende Abschätzung[269])

$$(4\mathrm{b}) \qquad |K^{(n)}(s, t)| \leq M^n \frac{|s - t|^{n-1}}{(n - 1)!}.$$

Die früheren Arbeiten über Volterrasche Integralgleichungen, die vor der Fredholmschen Entdeckung entstanden sind, sind in Encykl. II A 11, *S. Pincherle*, Nr. **30, 31 b** referiert; über die Bedeutung der Volterraschen Integralgleichungen in der Entstehungsgeschichte der allgemeinen Integralgleichungstheorie vgl. Nr. **3, 4** dieses Artikels. Es bleibt hier noch über eine Reihe neuerer Untersuchungen zu berichten, die die Eigenart der Volterraschen Integralgleichungen gegenüber dem allgemeinen Typ nach verschiedenen Richtungen hin betreffen.

b) Diese Untersuchungen beziehen sich in erster Linie auf das *Verhalten der Lösung in der Umgebung der Stelle $s = 0$*, die bei der Volterraschen Integralgleichung naturgemäß eine besondere Rolle

---

268) Man kann das zur Reihe (4) führende Verfahren der sukzessiven Approximation auch ohne den Übergang zu (2) direkt auf die durch geeignete andere Kunstgriffe umgeformte Gleichung (1) anwenden; s. *P. Burgatti*, Rom Acc. Linc. Rend. (5) 12_2 (1903), p. 443—452; *É. Picard*, Paris C. R. 139 (1904), p. 245—248. Andererseits kann man von (1) auch durch partielle Integration zu einer Integralgleichung 2. Art mit dem Kern $\dfrac{\partial N(s, t)}{\partial t}$ und dem unbestimmten Integral von φ als unbekannter Funktion übergehen [vgl. *V. Volterra*[5]), 1. Note].

269) Anwendungen dieser Abschätzung auf die approximative Lösung Volterrascher Gleichungen bei *A. Viterbi*, Ist. Lomb. Rend. (2) 45 (1912), p. 1027—1060.

spielt; man nimmt dabei meist die gegebenen Funktionen als *analytische* Funktionen *komplexer* Veränderlicher und bestimmt $\varphi(s)$ in der komplexen Umgebung von $s = 0$.[270]) So ergibt sich unmittelbar aus der in a) angegebenen Entwicklung das *Volterra*sche Resultat[5])[19]): Sind $g(s)$, $N(s, t)$ bei $s = 0$ bzw. $s = t = 0$ regulär analytisch und ist $N(0, 0) \neq 0$, so hat (1) eine eindeutig bestimmte regulär analytische Lösung $\varphi(s)$ in dem größten Kreis um 0, innerhalb dessen keine Nullstelle von $N(s, s)$ und keine singuläre Stelle von $g(s)$ und $N(s, t)$ liegt. Die Behandlung des Falles $N(0, 0) = 0$ — die entsprechende Integralgleichung zweiter Art (3) ist dann singulär — ist unter gewissen einschränkenden Voraussetzungen von *V. Volterra*[271]), *E. Holmgren*[272]), *T. Lalesco*[273]) durchgeführt worden; als Hauptresultat sei folgendes angeführt: Sind $\sum\limits_{\nu=0}^{n} A_\nu s^{n-\nu} t^\nu$ die Glieder niederster Dimension in der Potenzentwicklung von $N(s, t)$ und ist $\sum\limits_{\nu=0}^{n} A_\nu = \lim\limits_{s=0} s^{-n} N(s, s) \neq 0$, so hat (1) dann und nur dann eine bei $s = 0$ endliche Lösung, wenn $g(s)$ samt seinen ersten n Ableitungen bei $s = 0$ verschwindet und wenn die „charakteristische Gleichung"

(5) $A_0(\lambda - 1)^{-1} + A_1(\lambda - 2)^{-1} + \cdots + A_n(\lambda - n - 1)^{-1} = 0$

lauter Wurzeln λ mit positiv reellem Teil hat; hat sie andere Wurzeln, so treten entsprechend viele gleichartige Lösungen der zugehörigen homogenen Gleichung auf. Man gewinnt diese Sätze am bequemsten durch ein Verfahren der sukzessiven Approximation[272]), das von einer durch wiederholte Differentiation (bzw. eine analoge Integraloperation) aus (1) gewonnenen linearen Differentialgleichung vom Fuchsschen Typus ausgeht, deren determinierende Gleichung bei $s = 0$ (5) ist.

Den Ausnahmefall $\sum\limits_{\nu=0}^{n} A_\nu = 0$ hat erst *J. Horn*[274]) wenigstens für $n = 1$ erschöpfend untersucht; hier hat die entsprechende Differentialgleichung eine Stelle der Unbestimmtheit, und demgemäß bestimmt Horn

---

270) Eine mit der *E. Schmidt*schen Methode (Nr. **10** a) verwandte Methode zur Untersuchung des Verhaltens in der Nähe anderer Stellen, als der in der unteren Grenze auftretenden, bei *L. Orlando*, Rom Acc. Linc. Rend. (5) 24_1 (1915), p. 1040—1041.

271) *V. Volterra*[5]), 3. und 4. Note.

272) *E. Holmgren*, Bihang Sven. Ak. Handl. 25_1 (1899), I, Nr. 3, 19 S.; Upsala nova acta (3) **20** (1899), 32 S.; Torino Atti **35** (1900), p. 570—580.

273) *T. Lalesco*, Thèse[17]), 1. P., Nr. 5—8.

274) *J. Horn*, J. f. Math. **140** (1911), p. 120—158. Vgl. auch *M. Watanabe*, Tokyo Math. Ges. (2) **8** (1915), p. 212—213; Tôhoku Math. J. 8 (1915), p. 130—174; 10 (1916), p. 220—224.

das Verhalten der Lösungen der inhomogenen und homogenen Integralgleichung durch Verwendung der in der Theorie der linearen Differentialgleichungen gebräuchlichen asymptotischen Reihenentwicklungen (vgl. Encykl. II B 5, Nr. 5, *E. Hilb*). *J. Horn* hat weiterhin[275]) die Untersuchung vertieft, indem er die Laplacesche Integraltransformation (vgl. Encykl. II A 11, Nr. 16, *S. Pincherle*) auf die Volterrasche Integralgleichung und ebenso auf *Systeme* Volterrascher Integralgleichungen (bzw. auf die durch Differentiation aus ihnen entstehenden Gleichungen) anwendet und so wiederum zu Volterraschen Integralgleichungen kommt, die er durch konvergente Reihen von erfaßbarem asymptotischen Verhalten lösen kann; ähnlich hat er[276]) die aus linearen Differentialgleichungen und Differenzengleichungen durch die Laplacesche Transformation entstehenden Volterraschen Integralgleichungen behandelt.

In etwas anderer Richtung hat *G. C. Evans*[277]) die Volterrasche Integralgleichung zweiter Art (3) untersucht. Nachdem er zunächst die Gültigkeit der Entwicklung nach iterierten Kernen auf gewisse unstetige absolut integrierbare Kerne ausgedehnt hat[278]), hat er auch nicht absolut integrierbare Kerne in Betracht gezogen und eine Reihe von Bedingungen für die Existenz einer oder auch mehrerer stetiger Lösungen angegeben. *G. C. Evans*[279]) hat ferner diese Resultate auf Volterrasche Integralgleichungen 2. Art mit einer Integrationsgrenze ∞ übertragen.

c) **Verallgemeinerte Volterrasche Integralgleichungen.** Neben den schon erwähnten Systemen mit mehreren unbekannten Funktionen sind auch im Gebiete der Volterraschen Integralgleichungen die übrigen in Nr. 13 aufgeführten Verallgemeinerungen vielfach untersucht worden. Es sei hier nur die schon von *V. Volterra*[98])

---

275) *J. Horn*, J. f. Math. 146 (1915), p. 95—115; Math. Ztschr. 3 (1919), p. 265—313; 8 (1920), p. 100—114.

276) *J. Horn*, Jahresb. Deutsch. Math.-Ver. 24 (1915), p. 210—225, 309—329; 25 (1917), p. 74—83, 301—325; zu den Differenzengleichungen vgl. Encykl. II C 7, Nr. 6, p. 701, *N E. Nörlund*.

277) *G. C. Evans*, Bull. Amer. Math. Soc. (2) 16 (1909), p. 130—136; Trans. Amer. Math. Soc. 11 (1910), p. 393—413; 12 (1911), p. 429—472.

278) Vgl. auch die Bemerkungen von *W. H. Young*, Quart. J. 41 (1910), p. 175—192 über Kerne, die in Lebesgueschem Sinne integrierbar sind; weitere spezielle Typen singulärer Kerne bei *R. d'Adhémar*, Atti 4. congr. int. Roma 1909, t. 2, p. 115—121

279) *G. C. Evans*, Rom Acc. Linc. Rend. (5) 20₁ (1911), p. 409—415, 656—662 20₂ (1911), p. 7—11; *C. E. Love*, Trans. Amer. Math. Soc. 15 (1914), p. 467—476 gibt andere Bedingungen für diesen Fall.

behandelte Integralgleichung 1. Art für Funktionen von zwei Unbe-
bekannten hervorgehoben:

$$(6) \qquad \int\limits_0^s \int\limits_0^\sigma N(s,\sigma;t,\tau)\,\varphi(t,\tau)\,dt\,d\tau = g(s,\sigma),$$

aus der durch zweimalige Differentiation eine gemischte Volterrasche
Integralgleichung 2. Art vom Typus Nr. **13**, (2) entsteht; diese kann
außer durch die in Nr. **13** b genannten Methoden auch durch sukzessive Approximation, d. h. durch passende Verallgemeinerung der Entwicklung nach Iterierten behandelt werden[280]).

Diejenigen Verallgemeinerungen der Volterraschen Integralgleichung (3), bei denen die obere Grenze nicht s, sondern eine beliebig
gegebene stetige Funktion $h(s)$ ist, liefern, falls überall $0 \leq h(s) \leq s$
ist, nichts Neues. Andernfalls haben sie einen wesentlich anderen
Charakter; insbesondere gilt nicht mehr, daß das Bestehen der Integralgleichung in *jedem* Intervall $0 \leq s \leq b$ die Funktion $\varphi(s)$ in diesem
Intervall eindeutig bestimmt, denn wenn man — bei passendem b —
$\varphi(s)$ in den Intervallen $\mathrm{Min}\, h(s) \leq s \leq 0$ bzw. $b \leq s \leq \mathrm{Max}\, h(s)$ willkürlich wählt, bleibt eine gewöhnliche Integralgleichung 2. Art für
die Werte von $\varphi(s)$ im Intervall $0 \leq s \leq b$ zurück. Man wird also
die Gültigkeit der Gleichung für *alle* $s \geq 0$ bzw. auch für negative s
fordern, um zu einem bestimmten Problem zu kommen; sie ist damit
einer *singulären* Integralgleichung (mit unendlichem Integrationsintervall) bzw. einem System zweier Integralgleichungen [mit den Werten
von $\varphi(s)$ für $s \geq 0$ und $s \leq 0$ als Unbekannten] äquivalent.[281]) Analoges gilt natürlich, wenn auch die untere Grenze von s abhängt.

Von Gleichungen dieser Gruppe hat bereits *V. Volterra*[282]) den
Fall behandelt, daß beide Grenzen proportional s sind; er führt ihn
auf den Typus

$$(7) \qquad g(s) = \int\limits_{\alpha s}^s N(s,t)\,\varphi(t)\,dt, \quad |\alpha| \leq 1,$$

und durch Differentiation auf die verallgemeinerte (funktionale) Volterrasche Integralgleichung 2. Art

$$(8) \qquad \varphi(s) + P(s)\,\varphi(\alpha s) + \int\limits_{\alpha s}^s K(s,t)\,\varphi(t)\,dt = f(s)$$

---

280) *T. Lalesco*, Thèse [17]), 1. P., Nr. 13; *M. Mason*, Math. Ann. 65 (1908), p. 570
—575; *T. H. Gronwall*, Ann. of. Math. (2) 16 (1915), p. 119—122.

281) Dieser Sachverhalt kommt in der Mehrzahl der Arbeiten über Probleme dieser Gruppe mehr oder weniger ausdrücklich zur Geltung; ein Beispiel
für die Unbestimmtheit der Lösung ist vollständig durchgerechnet bei *P. Nalli*,
Palermo Rend. 46 (1922), p. 261—264.

282) *V. Volterra*, Ann. di mat. 25[19]), Art. II.

zurück, die je nach dem Vorzeichen von α für $s \gtreqless 0$ oder für $s \geqq 0$ und $s \leqq 0$ zu betrachten ist. Eine ähnliche Integralgleichung, in der nur 0 statt αs als untere Grenze auftritt, hat für $|\alpha| < 1$ *É. Picard*[283]) durch sukzessive Approximation von einer Funktionalgleichung aus gelöst; er hat gezeigt, daß sie unter geeigneten Voraussetzungen über die eingehenden Funktionen genau eine bei $s = 0$ stetige Lösung besitzt; *T. Lalesco*[284]) hat diese Methode auf (7) angewandt. Für gewisse singuläre Kerne, wie sie aus einer Abelschen Integralgleichung entstehen (s. Nr. **23** d), hat *P. J. Browne*[285]) die Gleichung (8) eingehend untersucht und hat insbesondere gezeigt, daß die Lösung eine meromorphe Funktion eines in $P(s)$ und $K(s, t)$ linear eingehenden Parameters λ ist. Einen singulären Charakter hat der Fall $\alpha = -1$, den *V. Volterra*[282]) und weiterhin *T. Lalesco*[286]) behandelt hat.

Endlich sind mit ähnlichen Methoden in einer Reihe von Arbeiten[287]), zum Teil in direkter Verbindung mit Randwertaufgaben hyperbolischer Differentialgleichungen, Volterrasche Integralgleichungen 1. und 2. Art untersucht worden, bei denen eine oder beide Grenzen nicht mehr linear von s abhängen.

d) **Besondere Volterrasche Integralgleichungen.** Das klassische Vorbild der Volterraschen Problemstellung, die **Abelsche Integralgleichung** [s. Nr. **4**, (7)], d. i. die Gleichung (1) mit dem

---

283) *É. Picard*, Paris C. R. 144 (1907), p. 1009—1012. Weitere Lösungen dieser Gleichung, die sich aus anderen Lösungen der Ausgangs-Funktionalgleichung ergeben, haben *C. Popovici*, Paris C. R. 158 (1914), p. 1866—1869 und *A. Myller* u. *V. Valcovici*, Bukar. Bull. 3 (1914), p. 165—171 untersucht. Ein Eigenwertproblem für eine solche Integralgleichung bei *P. Nalli*, Rom Acc. Linc. Rend. (5) 29_2 (1920), p. 23—25, 84—86; 30_2 (1921), p. 85—90, 122—127, 295—300, 405—410, 451—456; 31_1 (1922), p. 245—248; Palermo Rend. 47 (1923), p. 1—14. Eine weitere Verallgemeinerung, in der $\varphi(h(s))$ mit gegebenem $h(s)$ statt $\varphi(\alpha s)$ auftritt, behandelt *A. Myller*, Paris C. R. 148 (1909), p. 1090—1091 und Math. Ann. 68 (1909), p. 75—106. Vgl. auch die hierhin gehörige Gleichung bei *G. Andreoli*, Rom Acc. Linc. Rend. (5) 25_1 (1916), p. 79—84.

284) *T. Lalesco*, Thèse[17]), 1. P., Nr. 10; vgl. dazu *M. Picone*, Rom Acc. Linc. Rend. (5) 19_2 (1910), p. 259—265 und *C. Popovici*, Palermo Rend. 39 (1915), p. 341—344.

285) *P. J. Browne*, Paris C. R. 154 (1912), p. 1289—1291, 1402—1404; Thèse (Paris 1913), 146 S. = Ann. Fac. Sc. Toulouse (3) 4 (1912), p. 63—198.

286) *T. Lalesco*, Thèse[17]), 1. P., Nr. 14.

287) *T. Lalesco*, Paris C. R. 152 (1911), p. 579—580; Darb. Bull. (2) 35 (1911), p. 205—212; *M. Picone*, Palermo Rend. 31 (1911), p. 133—169; 32 (1911), p. 188—190; Batt. Giorn. 49 (1911), p. 173—180; *G. Andreoli*, Rom Acc. Linc. Rend. (5) 22_1 (1913), p. 776—781; 23_2 (1914), p. 196—201; Palermo Rend. 37 (1914), p. 76—112; Battagl. Giorn. 53[360]) (auch Gleichungen, in denen nebeneinander Integrale mit konstanten und variablen Grenzen auftreten).

singulären Kern $(s - t)^{-n}$ $(n < 1)$, ist samt ihren unmittelbaren Verallgemeinerungen in Encykl. II A 11, Nr. **30**, *S. Pincherle*, behandelt.[288]) Mit Hilfe der Abelschen Umkehrungsformeln lassen sich Integralgleichungen (1) mit Kernen $(s - t)^{-n} G(s, t)$, wo G endlich und stetig ist, leicht auf solche mit endlichem Kern zurückführen.[289])

In seiner ersten Arbeit von 1823[21]) hat *N. H. Abel* ferner einen Gleichungstyp erwähnt, der auf eine Volterrasche Integralgleichung 1. Art mit dem singulären Kern $\frac{1}{t} N\left(\frac{t}{s}\right)$ und den Grenzen as, bs hinauskommt, ohne jedoch eine Lösung anzugeben; er ist ausführlich von *P. J. Browne*[290]) durch Zurückführung auf eine Integralgleichung der Form (8) sowie in speziellen Fällen von *E. Holmgren*[291]) durch Potenzentwicklungen, die formal an Abelsche Gedankengänge anschließen, behandelt worden.

Die, meist in Rücksicht auf bestimmte Anwendungen, explizit gelösten Volterraschen Integralgleichungen haben durchweg Kerne, die Funktionen der Differenz $s - t$ allein sind[292]) (vgl. auch Nr. **14**, **26**a, 3). Hervorgehoben sei hier nur die Behandlung der Integral-

---

288) Der dort angegebenen Literatur ist noch hinzuzufügen: *C. Cailler*, Darb. Bull. (2) 23 (1899), p. 26—48; *E. Goursat*, Acta math. 27 (1903), p. 129—134; *J. G. Rutgers*, Amsterd. Ak. Versl. 22 (1913), p. 265—272; 24 (1915), p. 557—568; *A. Kienast*, Zürich Naturf. Gesellsch. 62 (1917), p. 59—66.

289) *V. Volterra*[5]), 2. Note; Ann. di mat. 25[19]), Art. I; *É. Picard*[268]); *T. Lalesco*, Thèse[17]), 1. P., Nr. 9. — *V. Volterra*, Rom Acc. Linc. Rend. (5) 11[342]), Chap. VI behandelt analog Kerne, die für $s = t$ logarithmisch unendlich werden.

290) *P. J. Browne*, Thèse[285]) sowie Paris C. R. 155 (1912), p. 129—132, 1136 —1140; 158 (1914), p. 1562—1565.

291) *E. Holmgren*, Ark. for Mat. 16 (1922), Nr. 15, 20 S.

292) *N. Hirakawa*, Tôhoku Math. J. 8 (1915), p. 38—41; *T. Hayashi*, ibid. 10 (1916), p. 56—59; *J. Usai*, Batt. Giorn. 56 (1918), p. 209—215; Palermo Rend. 45 (1921), p. 271—283; *J. Kaucky*, Univ. Masaryk public. Nr. 17 (1922), 16 S. [Kerne $(s - t)^n$]. — *St. Mohorovičić*, Jugosl. Acad. Bull., Math.-phys. Kl. 6/7 (1916), p. 1—6, 180; Rada jugosl. Acad. 213 (1916), p. 1; *H. Bateman*, Mess. of Math. 49 (1920), p. 134—137; *T. Hayashi*, Tôhoku Math. J. 19 (1921), p. 126—135 (Exponentialfunktion von $s - t$). — *W. Kapteyn*, Amsterd. Akad. Versl. 23 (1914), p. 232—245; *O. Tedone*, Rom. Acc. Linc. Rend. (5) 22_1 (1913), p. 757—761; 23_1 (1914), p. 120—126, 473—480; 24_1 (1915), p. 544—554 (Besselsche Funktionen von $s - t$). — *O. Tedone*, ibid., 29_1 (1920), p. 333—344; *F. Sbrana*, ibid., 30_2 (1921), p. 492—494 (Hypergeometrische Funktionen von $s - t$). — *E. T. Whittaker*, Lond. Roy. Soc. Proc. (A) 94 (1918), p. 367—383; *F. Sbrana*, Rom Acc. Linc. Rend. (5) 31_1 (1922), p. 454—456; *V. Fock*, Math. Ztschr. 21 (1924), p. 161—173, vgl. dazu *G. Doetsch*, ibid. 24 (1926), p. 785—788 und [345]) (Beliebige Funktionen von $s - t$, bei Whittaker im Hinblick auf numerische Lösung).

gleichungen 2. Art mit den Grenzen $0, s$ und $s - 1, s$ und dem beliebigen Kern $K(s - t)$ durch *G. Herglotz* [293]).

e) Unter den Gleichungssystemen mit unendlichvielen Unbekannten hat *J. Horn* [294]) einen Typus „Volterrascher Summengleichungen" herausgehoben:

$$\sum_{n=0}^{\infty} N(s, s + n)\, \varphi(n) = f(s),$$

die genau den Volterraschen Integralgleichungen (1) entsprechen; er hat für sie in genauer Analogie zu seinen in b) erwähnten Arbeiten unter der Annahme, daß $N(s, t)$, $f(s)$ im Unendlichen reguläre Funktionen von s, t sind, das asymptotische Verhalten der Lösung $\varphi(t)$ für große t untersucht.

24. Lineare Funktionaloperationen. Aus der allgemeinen Theorie der Funktionaloperationen [295]) sei hier dasjenige zusammengestellt, was nach Fragestellung und Methode mit der Auflösung der linearen Integralgleichungen und der Systeme von unendlichvielen linearen Gleichungen zusammenhängt.

a) Die Algebra der Funktionaloperationen.

Das Wort „Funktionaloperation" wird in etwas schwankendem Umfange gebraucht. Allgemein zu reden, bezeichnet es irgendeine Operation $\mathfrak{F}$, die nicht auf Zahlen x, sondern auf Funktionen $\varphi(s)$ angewendet wird, wie z. B. das Differenzieren, das Bilden eines bestimmten Integrals in gegebenen Grenzen, das Einsetzen einer Funktion in die linke Seite einer Differentialgleichung oder Integralgleichung u. a. m. Vielfach aber wird es vorzugsweise nur in dem engeren Sinne verwendet, daß das Resultat der Operation eine Zahl ist (wie beim bestimmten Integral), und zum Unterschiede davon werden dann solche Funktionaloperationen, deren Resultat selbst wieder eine Funktion ist, wohl auch als Funktional*transformationen* bezeichnet. Eine *lineare Funktionaloperation* („distributive Operation") insbesondere ist

---

293) *G. Herglotz*, Math. Ann. 65 (1908), p. 87—106 im Anschluß an die von *P. Hertz*, ibid., p. 1—86 behandelten speziellen Integralgleichungen der Elektronentheorie. Vgl. auch *F. Schürer* [323]), p. 227 ff.

294) *J. Horn*, J. f. Math. 140 (1911), p. 159—174; Arch. Math. Phys. (3) 26 1918), p. 132—145. Vgl. auch *H. v. Koch*, Arkiv 15 [217]) und *O. Perron*, Math Ztschr. 8, Math. Ann. 84 [217]).

295) Vgl. die Gesamtdarstellung dieses Kalküls Encykl. II A 11, *S. Pincherle* (abgeschlossen 1905; vom Autor erweiterte und bis 1912 fortgeführte Bearbeitung in Encycl. franç. II 26). Vgl. ferner zu a): *S. Pincherle* und *U. Amaldi*, Le operazioni funzionali distributive, Bologna 1901; zu b): *P. Lévy*, Leçons d'analyse, fonctionelle, Paris 1922 (Coll. Borel), 442 S.; Analyse fonctionelle, Paris (Gauthier-Villars) 1925, mém. des sciences math., fasc. V, 56 S.

eine solche, für die gilt:

$$\mathfrak{F}(\varphi_1(s) + \varphi_2(s)) = \mathfrak{F}(\varphi_1(s)) + \mathfrak{F}(\varphi_2(s)),$$
$$\mathfrak{F}(c\,\varphi(s)) = c\,\mathfrak{F}(\varphi(s)).$$

Betrachtet man gleichzeitig zwei Funktionaloperationen, und zwar zwei solche, die die Eigenschaft haben, jede Funktion einer gegebenen Klasse von Funktionen in eine Funktion derselben Klasse überzuführen, so ergibt sich der Begriff des symbolischen Produkts der beiden Operationen $\mathfrak{F}\mathfrak{G}(\varphi)$ als $\mathfrak{F}(\mathfrak{G}(\varphi))$, also als der Erfolg der Anwendung erst von $\mathfrak{G}$ auf φ, dann von $\mathfrak{F}$ auf das Resultat $\mathfrak{G}(\varphi)$, insbesondere auch der der symbolischen Potenz $\mathfrak{F}^n$; die Rolle der 1 in diesem Kalkül übernimmt die identische Transformation $\mathfrak{E}(\varphi) = \varphi$. Als *lineare Funktionalgleichung* bezeichnet man die Aufgabe, zu einer gegebenen linearen Funktional*transformation* $\mathfrak{F}$ eine Funktion φ zu finden, für die $\mathfrak{F}(\varphi) = 0$ ist.

Die Idee der sukzessiven Approximation oder — wie ihre Anwendung auf Integralgleichungen und unendlichviele Veränderliche hier durchweg bezeichnet wurde (vgl. Nr. **3**, **11**, (2), **16** d, 3) — die „Entwicklung nach Iterierten" liefert ein Beispiel für den Nutzen einer solchen allgemeinen formalen Begriffsbildung. Dieser analytische Kunstgriff erweist sich nämlich als die Anwendung der elementaren Idee der geometrischen Reihe statt auf Zahlen auf Funktionaloperationen der eben betrachteten Art. Setzt man — indem man dabei von allen Konvergenzüberlegungen absieht — nach dem Muster

$$x = 1 + a\ + a^2 +\cdots$$
$$\underline{ax = a + a^2 + a^3 +\cdots}$$
$$x - ax = 1$$

die symbolische geometrische Reihe an:

$$(1) \qquad \varphi = \mathfrak{E}(f) + \mathfrak{F}(f) + \mathfrak{F}^2(f) + \cdots,$$

so wird entsprechend

$$(2) \qquad \mathfrak{F}(\varphi) = \mathfrak{F}(f) + \mathfrak{F}^2(f) + \mathfrak{F}^3(f) + \cdots,$$

also

$$(3) \qquad \varphi - \mathfrak{F}(\varphi) = \mathfrak{E}(f) = f,$$

d. h. die Funktionalgleichung (3) wird durch die in (1) definierte Funktion φ gelöst (vgl. Nr. **3** [16])). [296])

Dieser in der Hauptsache von *S. Pincherle* ausgebildete Operations-

---

296) In ähnlicher Weise erscheint übrigens der Kunstgriff des Abspaltungsverfahrens Nr. **10** a, 4, wenn man ihn in die Sprache dieses Operationskalküls überträgt, als durchaus naturgemäß; vgl. Nr. **24** b Ende, *F. Riesz* [304]).

kalkül[297]) spielt in der Analysis des Funktionenraumes die gleiche
Rolle, wie die Vektoranalysis für den dreidimensionalen Raum und
wie der Matrizenkalkül für die Algebra des Raumes von n Dimensionen. Seine Nützlichkeit tritt übrigens in der *Eigenwerttheorie* noch
stärker hervor (vgl. Nr. **45** a und Nr. **39** a[491])). Im Rahmen der *Auflösungstheorie* ist noch die Einführung der Lieschen Idee der Transformationsgruppe und ihrer infinitesimalen Transformation in die Geometrie des Funktionenraumes zu erwähnen[298]).

b) Der Standpunkt der Mengenlehre.

Die zentrale Stellung der Integraloperationen innerhalb aller
linearen Funktionaloperationen hat zuerst *J. Hadamard*[299]) dargetan, indem er bewies: Sei $\mathfrak{F}(\varphi(s))$ eine beliebige lineare Funktionaloperation,
die jeder im Intervall $a \leq s \leq b$ stetigen Funktion $\varphi(s)$ eine bestimmte
Zahl zuordnet, und sei $\mathfrak{F}$ eine *stetige* Operation [d. h. $\lim\limits_{n=\infty} \mathfrak{F}(\varphi_n) = \mathfrak{F}(\varphi)$,
wenn die $\varphi_n(s)$ im Intervall $a \leq s \leq b$ gleichmäßig gegen $\varphi(s)$ konvergieren], so kann man eine Folge stetiger Funktionen $k_n(s)$ so be-

---

297) In Ergänzung der unter [295]) aufgeführten zusammenfassenden Darstellungen seien hier nur diejenigen Arbeiten zusammengestellt, in denen *S. Pincherle* nach der Entstehung der Integralgleichungstheorie deren Beziehungen zu
seinem Kalkül erörtert hat: a) Rom Acc. Linc. Rend. (5) 14_2 (1905), p. 366—374;
b) Bol. Mem. (6) 3 (1906), p. 143—171; c) Rom Acc. Linc. Rend. (5) 18_2 (1909),
p. 85—86; d) Bol. Mem. (6) 8 (1911), p. 55—90 (117—152 der anderen Paginierung); e) Rom Acc. Linc. Rend. (5) 20_1 (1911), p. 487—493; f) Batt. Giorn.
50 [(3) 3] (1912), p. 1—16; g) Bol. Mem. (6) 9 (1912), p. 61—70. Vgl. auch
H. B. A. Bockwinkel, Amsterd. Akad. Versl. 25 (1916), p. 363—374, 646—660,
805—821, 905—917, 1017—1032, 1351—1365, 1426—1444; 27 (1919), p. 1232
—1235.

298) *G. Kowalewski*, Paris C. R. 153 (1911), p. 931—933 (die aus den Volterraschen Integralgleichungen entspringende Transformationsgruppe), ebenda
p. 1452—1454 (projektive Gruppe im Funktionenraum), Wien. Ber. 120 (1911)
IIa, p. 77—109, 1435—1472 (die aus den Fredholmschen Integralgleichungen entspringende Gruppe, insbesondere die orthogonalen Transformationen in ihr und
deren Cayleysche Parameterdarstellung; Liesche Klammerausdrücke), ebenda 121
(1912) IIa, p. 941—947 (Verwendung der Volterragruppe für lineare homogene
Differentialgleichungen). Ferner *E. Vessiot*, Paris C. R. 154 (1912), p. 571—573 und
[347]); *L. L. Dines*, Amer. Math. Soc. Trans. 20 (1919), p. 45—65 und anschließend
daran *T. H. Hildebrandt*, Amer. Math. Soc. Bull. 26 (1920), p. 400—405 (die projektive Gruppe), endlich *J. A. Barnett*, Amer. Nat. Ac. Proc. 6 (1920), p. 200—204
und *A. D. Michal*, Amer. Math. Soc. Bull. 30 (1924), p. 338—344. — Wegen der
Einordnung dieser Untersuchungen in den Komplex der Integrodifferentialgleichungen vgl. Nr. **24** d, 2[319]) und **27** a[362]).

299) *J. Hadamard*, Paris C. R. 136 (1903), p. 351—354; vgl. hierfür und für
das folgende Encykl. II A 11, *Pincherle*, Nr. **13**, und Encycl. franç. II 26, Nr. **19**.
Anderer Beweis bei *M. Fréchet*, Amer. Math. Soc. Trans. 5 (1904), p. 493—499.

stimmen, daß für jedes stetige $\varphi(s)$

$$\mathfrak{F}(\varphi(s)) = \lim_{n=\infty} \int_a^b k_n(s)\,\varphi(s)\,ds$$

gilt. Nachdem Hadamard auf diese Weise damit begonnen hatte, den rein formalen Operationskalkül in einem konkreten Falle von einigermaßen allgemeiner Natur zu realisieren, haben *M. Fréchet* u. a. durch Heranführung der Mittel der modernen Mengenlehre den Inhalt dieses Satzes in den drei in Betracht kommenden Richtungen erweitert[300]):

1 wird der Bereich der stetigen Funktionen, auf die die Operation $\mathfrak{F}$ anzuwenden ist, durch einen anderen Funktionenraum ersetzt;

2. wird der Begriff der gleichmäßigen Konvergenz der bei der Definition der Stetigkeit von $\mathfrak{F}$ auftretenden Funktionenfolgen durch einen anderen Konvergenzbegriff ersetzt, indem an Stelle des bei der Definition der gleichmäßigen Konvergenz auftretenden $\underset{a \leq s \leq b}{\text{Max}} |\varphi_n(s) - \varphi(s)|$ irgendein anderer „Entfernungsbegriff" (écart) im Funktionenraum gesetzt wird (vgl. Encykl. II C 9a, Nr. **26**a, *Zoretti-Rosenthal*);

3. wird der Riemannsche Integralbegriff durch einen anderen (Lebesgueschen, Stieltjesschen usw., vgl. Encykl. II C 9b, Nr. **30, 35**d) ersetzt.

Insbesondere ist es *F. Riesz*[301]) gelungen, durch Verwendung dieser

---

300) *M. Fréchet,* Amer. Math. Soc. Trans. 6 (1905), p. 134—140; 8 (1907), p. 433—446 (Raum der im Lebesgueschen Sinne integrierbaren Funktionen; statt gleichmäßiger Konvergenz tritt Konvergenz bis auf eine Nullmenge). *F. Riesz,* Paris C. R. 144 (1907), p. 1409—1411 und *M. Fréchet,* ebenda p. 1414—1416 (summierbare Funktionen, für die $\int_a^b \varphi^2 ds$ beschränkt, Entfernungsbegriff $\int_a^b (\varphi_1(s) - \varphi_2(s))^2 ds$).
M. Fréchet, Paris C. R. 148 (1909), p. 279—281 und Ann. Éc. Norm. (3) 27 (1910), p. 193—216 (Ausdehnung auf mehrfache Integrale). *H. Steinhaus,* Math. Ztschr. 5 (1919), p. 186—221 (summierbare Funktionen, Entfernungsbegriff $\int_a^b |\varphi_1(s) - \varphi_2(s)|\, ds$). Die mit dem Hadamardschen Satz eng zusammenhängende und seit Fréchet gelegentlich aufgeworfene Frage, wie die $k_n(s)$ beschaffen sein müssen, damit $\int k_n(s)\,\varphi(s)\,ds$ für jedes φ eines gegebenen Funktionenraumes konvergiert oder beschränkt ist, behandelt systematisch für zahlreiche Funktionenräume *H. Hahn*[223]); vgl. auch *E. W. Chittenden,* Palermo Rend. 45 (1921), p. 265—270 und 47 (1923), p. 336; *T. H. Hildebrandt,* Amer. Math. Soc. Bull. 28 (1922), p. 53—58; *S. Banach,* Fundam. math. 3 (1922), p. 133—181. — Zu dem gesamten Gegenstande vgl. übrigens *A. Schoenflies,* Literatur B 1.

301) *F. Riesz,* Paris C. R. 149 (1909), p. 974—977 und Ann. Éc. Norm. (3) 28 (1911), p. 33—62. Eine ähnliche Formulierung für summierbare Funktionen vor-

dritten Erweiterungsmöglichkeit das Theorem selbst folgendermaßen zu vereinfachen: es existiert eine Funktion von beschränkter Schwankung $\varkappa(s)$, so daß

$$\mathfrak{F}(\varphi(s)) = \int_a^b \varphi(s)\, d\varkappa(s);$$

dabei ist das Integral *im Stieltjesschen Sinne* (vgl. Encykl. II C 9 b, Nr. **35** d, *Montel-Rosenthal*) verstanden.

Die Lösung des analogen Problems für lineare Funktional*transformationen*, d. h. deren Darstellung durch ein in irgendeinem Sinne genommenes Integral $\int_a^b K(s,t)\,\varphi(t)\,dt$, würde jede lineare Funktionalgleichung auf eine lineare, evtl. eigentlich singuläre Integralgleichung zurückzuführen gestatten. Man hat diesen schwierigen Weg nicht beschritten, sondern hat statt dessen direkt für gewisse Funktionenräume die allgemeine lineare Funktionalgleichung nach dem methodischen Muster der Integralgleichungstheorie behandelt.[302]) Insbesondere hat *F.Riesz*[303]) die Lösung von linearen Funktionalgleichungen und die Invertierung von linearen Funktionaltransformationen in Räumen von Funktionen, für die $\int_a^b |\varphi(s)|^p\, ds$ im Lebesgueschen Sinne existiert, nach den Methoden gewonnen, die er späterhin auf die analogen Probleme in der

---

her bei *M.Fréchet,* Amer. Math. Soc. Trans. 8[300]). Andere Beweise von *E. Helly*[266]), § 8 und *F. Riesz,* Ann. Éc. Norm. (3) 31 (1914), p. 9—14. Umsetzung in Lebesguesche Integrale bei *H. Lebesgue,* Paris C. R. 150 (1910), p. 86—88; eine andere Umsetzung bei *M.Fréchet,* Paris C. R. 150 (1910), p. 1231—1233; C. R. du congrès des soc. savantes en 1913, sciences (1914), p. 45—54; Amer. Math. Soc. Trans. 15 (1914), p. 135—161, insbes. p. 152; *Ch. A. Fischer,* Amer. Nat. Ac. Proc. 8 (1922), p. 26—29. Übertragung auf bilineare Funktionaloperationen mit Stieltjesschen Doppelintegralen bei *M. Fréchet,* Amer. Math. Soc. Trans. 16 (1915), p. 215—234.

302) Für den Raum der nebst ihrem Quadrat im Lebesgueschen Sinne integrierbaren Funktionen erlaubt der *Fischer-Riesz*sche Satz (Nr. **15** d) jede lineare Funktionaloperation im Raume der unendlichvielen Veränderlichen von konvergenter Quadratsumme zu deuten. Bei sinngemäßer Definition der Stetigkeit von $\mathfrak{F}$ wird dann das Hadamardsche Theorem zu der leicht beweisbaren Tatsache, daß jede lineare homogene Funktion als Linearform $\sum a_n x_n$ darstellbar ist (vgl. *M. Fréchet*[194])). Analog führt die lineare Funktional*gleichung* auf ein unendliches lineares Gleichungssystem.

303) *F. Riesz*[264]), §§ 12, 13. *J. Radon,* Wien. Ber. 122 (1913) IIa, p. 1295—1438 hat diese Betrachtungen auf Funktionaltransformationen von Funktionenklassen übertragen, deren Elemente gewisse Funktionen von Punktmengen (additive Mengenfunktionen) sind. Ähnliche Übertragungen bei *A. I. Pell,* Amer. Math. Soc. Trans. 20 (1919), p. 343—355.

Theorie der unendlichvielen Veränderlichen angewendet hat (vgl. Nr. 20 c).
Ferner hat er[304]) für den Raum der stetigen Funktionen unter Ver-
wendung von $\mathrm{Max}\,|\varphi_1(s) - \varphi_2(s)|$ als Entfernungsbegriff diejenigen
Funktionaltransformationen behandelt, die den *vollstetigen* Gleichungssystemen analog sind, und hat für sie durch eine dem Abspaltungsverfahren (Nr. 10 a) analoge Methode eine volle Auflösungstheorie gegeben.

c) Der formal-abstrakte Standpunkt (general analysis).

E. H. Moore[305]) und seine Schüler haben sich das Ziel gesetzt,
dem allgemeinen Analogiegedanken, wie er in Nr. 1c der Einleitung
dieses Artikels geschildert wurde, auch den äußeren, formalen Ausdruck zu geben. „Formal" ist hier allerdings nicht in dem Sinne verstanden, daß es sich lediglich um die Einführung einer zusammenfassenden Nomenklatur handle. Die Aufgabe, die sich Moore stellt,
ist die, eine Theorie zu gewinnen, die nicht von stetigen Funktionen
$x(s)$ in einem Intervall $a \leq s \leq b$ handelt, wie die Integralgleichungslehre, nicht von Stellen $x = (x_1, \ldots, x_n)$ eines n-dimensionalen Raumes,
wie die Algebra der linearen Gleichungssysteme, und nicht von Stellen
$x = (x_1, x_2, \ldots)$ von konvergenter Quadratsumme, wie Hilberts Theorie
der unendlichvielen Veränderlichen, sondern von Belegungen $x(s)$ der
Elemente s einer ganz beliebigen abstrakten Menge $\mathfrak{P}$ mit reellen
(oder auch komplexen) Zahlen; Moores Ziel ist also eine Theorie,
die über die Gesamtheit $\mathfrak{M}$ dieser Belegungen $x(s)$ solche Aussagen
macht, daß darin die Sätze der Integralgleichungstheorie (für den
Fall, daß $\mathfrak{P}$ das Intervall $a \leq s \leq b$ ist) ebenso als Spezialfälle enthalten sind, wie die Auflösungssätze über lineare Gleichungen mit
n Unbekannten (falls $\mathfrak{P}$ aus n Dingen besteht) und die Sätze über
unendliche lineare Gleichungssysteme (wenn $\mathfrak{P}$ die Menge der positiven ganzen Zahlen bedeutet). Das ist, was Moore „*unifizieren*" nennt,
und „*general analysis*" ist die allgemeine Theorie, die sich ihm dabei
ergibt.

---

304) *F. Riesz,* Acta math. 41 (1916), p. 71—98. Hierzu entsprechende Übertragungen von *J. Radon*, Wien. Anz. 56 (1919), p. 189 und Wien. Ber. 128 (1919)
IIa, p. 1083—1121. — Vgl. dazu auch *Ch. A. Fischer*, Amer. Math. Soc. Bull. 27
(1920), p. 10—17.

305) *E. H. Moore:* a) Introduction to a form of general analysis, New
Haven Colloquium 1910, p. 1—150, hervorgegangen aus Vorlesungen im September
1906; b) Amer. Math. Soc. Bull. 12 (1906), p. 280, 283—284; c) Rom 4. intern.
Math. Kongr. 2 (1909), p. 98—114; d) Amer. Math. Soc. Bull. 18 (1912), p. 334—362;
e) Cambr. 5. intern. Math. Kongr. 1 (1913), p. 230—255. Wegen der abstrakten,
reichlich Symbole und z. T. sogar Begriffsschrift verwendenden Schreibweise
Moores ist die ausführliche Einführung von *O. Bolza*, Jahresb. Deutsch. Math.-
Ver. 23 (1914), p. 248—303 besonders hervorzuheben.

Es ist das Charakteristikum gerade der Untersuchungen von *E. Schmidt* und ist als solches oben (Nr. **7**, Schlußbemerkung, **16** d, **18** b, 4) hervorgehoben worden, daß er sowohl für die Eigenwerttheorie der Integralgleichungen[41]) als auch für die Auflösungstheorie[42]) solche Methoden gegeben hat, die sich unmittelbar auf unendlichviele Veränderliche übertragen lassen; insbesondere in der Eigenwerttheorie sind seine Methoden so beschaffen, daß sie auch für das Hauptachsentheorem der Formen von n Veränderlichen in derselben Weise funktionieren und hier eine sehr einfache Lösung dieser algebraischen Aufgabe darstellen, und Schmidt hat auch gelegentlich[306]) Axiome zusammengestellt, die für den Aufbau seiner Eigenwerttheorie ausreichen. Seine Auflösungstheorie ist nicht bis zu solcher axiomatischer Formulierung durchgeführt, da sie sowohl für Integralgleichungen als auch für unendlichviele Veränderliche das Problem auf die Lösung von n Gleichungen mit n Unbekannten zurückführt, also diese elementare algebraische Aufgabe bereits als gelöst voraussetzt, ohne sie erneut mitzulösen.

Daß eine solche axiomatische Formulierung oder Unifizierung noch mancherlei Aufgaben in sich birgt, wird vielleicht am deutlichsten, wenn man einen der wichtigsten Punkte dieses Bereichs ins Auge faßt. Sowohl in der Fredholmschen Theorie (Nr. **9**) als auch beim Beweise der Konvergenz der Entwicklung nach Iterierten für Volterrasche Kerne (Nr. **23** a) und für kleine Kerne (Nr. **10** a, 2[63])) wird der Begriff der gleichmäßigen Konvergenz ausgiebig verwendet. Die parallellaufenden Schlüsse im Hilbertschen Bereich der Veränderlichen von konvergenter Quadratsumme können sich nicht des genau entsprechenden Begriffs bedienen. Das Beispiel der Folge von Stellen[307])

$$x^{(1)} = (1, \quad 0, \quad 0, \quad 0, \quad \ldots)$$

$$x^{(2)} = \left(1, \frac{1}{\sqrt{2}}, \quad 0, \quad 0, \quad \ldots\right)$$

$$x^{(3)} = \left(1, \frac{1}{\sqrt{2}}, \frac{1}{\sqrt{3}}, \quad 0, \quad \ldots\right)$$

$$\cdots \cdots \cdots \cdots \cdots,$$

die offenbar alle dem Hilbertschen Raum angehören und *gleichmäßig* gegen die Stelle

$$x = \left(1, \frac{1}{\sqrt{2}}, \frac{1}{\sqrt{3}}, \frac{1}{\sqrt{4}}, \ldots\right)$$

konvergieren, die *nicht* dem Hilbertschen Raum angehört, zeigt, daß ein genaues Analogisieren des Begriffs der gleichmäßigen Konvergenz

---

306) Wiedergegeben bei *A. Kneser*[98]), p. 191 ff.; vgl. Nr. **13** b[99]).
307) Vgl. *E. H. Moore*[305]) a), p. 38.

auf den Hilbertschen Raum nicht in Betracht kommt. Und ebensowenig paßt der Begriff der „stark konvergenten Folge", dessen sich *D. Hilbert*[168]) und *E. Schmidt*[196]) bedienen, auf die Verhältnisse der stetigen Funktionen.

Das Vorgehen von *Moore* wird nun an diesem Falle besonders deutlich. Er ersetzt den Begriff der gleichmäßigen Konvergenz durch den der „relativ-gleichmäßigen Konvergenz in bezug auf den Bereich $\mathfrak{M}$": Eine Folge von Stellen $x^{(1)}(s)$, $x^{(2)}(s)$, ... von $\mathfrak{M}$ konvergiert relativ-gleichmäßig bezüglich $\mathfrak{M}$ gegen die Stelle $x(s)$, wenn man eine Stelle $\varrho(s)$ in $\mathfrak{M}$ finden kann und zu jedem $\varepsilon > 0$ einen Index $n(\varepsilon)$, so daß für alle $\nu \geq n(\varepsilon)$ und für alle Elemente s von $\mathfrak{P}$ die Ungleichung $|x^{(\nu)}(s) - x(s)| \leq \varepsilon \varrho(s)$ gilt. Ist $\mathfrak{M}$ der Bereich der stetigen Funktionen, so genügt die Verwendung *konstanter* $\varrho(s)$, um einzusehen, daß jede im gewöhnlichen Sinne gleichmäßig konvergente Folge auch relativ-gleichmäßig bezüglich $\mathfrak{M}$ konvergiert, und wegen der Existenz eines Maximums bei stetigen Funktionen ist offenbar auch das Umgekehrte richtig; hier kommen also beide Begriffe überein, und da die Grenzfunktion einer gleichmäßig konvergenten Folge stetiger Funktionen selbst eine stetige Funktion ist, gehört also in *diesem* Falle die Grenzfunktion $x(s)$ stets selbst dem Bereich $\mathfrak{M}$ der stetigen Funktionen an. Für den Hilbertschen Raum gilt nun ebenfalls, daß die Grenzstelle einer in bezug auf ihn relativ-gleichmäßig konvergierenden Folge von Stellen von konvergenter Quadratsumme selbst stets wieder eine Stelle von konvergenter Quadratsumme ist[308]). Damit ist also ein Allgemeinbegriff gefunden, der die beiden Tatbestände in einen einzigen zusammenfaßt, „unifiziert", nämlich der Begriff des Bereichs $\mathfrak{M}$ mit der Eigenschaft

C (closure property): Die Grenzstelle einer bezüglich $\mathfrak{M}$ relativ-gleichmäßig konvergierenden Folge von Stellen aus $\mathfrak{M}$ gehört stets wieder $\mathfrak{M}$ an.

Indem nun *E. H. Moore* nach diesem Rezept die Schlüsse von *J. Fredholm*[29]) und *E. Schmidt*[41]) genau und systematisch analysiert, gelangt er zu folgendem Ergebnis[305 d]). Er stellt eine Liste weiterer

---

308) Man beweist dies entweder leicht direkt oder folgert es aus der ebenfalls unmittelbar ersichtlichen Tatsache, daß jede relativ-gleichmäßig konvergierende Folge stark konvergiert, mit Hilfe des Satzes von *E. Schmidt*[196]). Übrigens braucht nicht umgekehrt jede stark konvergente Folge relativ-gleichmäßig zu konvergieren, wie man an der Hand des Beispiels

$$x_\alpha^{(\nu)} = \frac{1}{\sqrt{\nu \log \nu}} \quad \text{für} \quad \alpha \leq \nu, \qquad x_\alpha^{(\nu)} = 0 \quad \text{für} \quad \alpha > \nu$$

feststellen kann.

Eigenschaften des Bereichs $\mathfrak{M}$ auf, die der Eigenschaft C an die Seite treten:

L (Linearität). Mit $x(s)$ und $y(s)$ gehört auch $x(s) + y(s)$ und $cx(s)$ für jede Konstante c dem Bereich an.

D (erste Dominanteneigenschaft). Zu jeder Folge $x^{(1)}(s)$, $x^{(2)}(s)$, $\ldots$ von Stellen von $\mathfrak{M}$ kann man eine Folge positiver Zahlen $\mu_1, \mu_2, \ldots$ und eine Stelle $x(s)$ so hinzubestimmen, daß $|x^{(n)}(s)| \leqq \mu_n |x(s)|$ für jedes n und für jedes Element s von $\mathfrak{P}$ gilt.

D_0 (zweite Dominanteneigenschaft). Zu jeder Stelle $x(s)$ aus $\mathfrak{M}$ kann man eine reelle, nicht-negative Stelle $\mu(s)$ von $\mathfrak{M}$ finden, so daß $|x(s)| \leqq \mu(s)$ für alle Elemente s von $\mathfrak{P}$ gilt.

R (Realität). $\mathfrak{M}$ enthält mit $x(s)$ stets auch die dazu konjugiert-imaginäre Stelle $\overline{x(s)}$ in sich.

Er fügt dem eine weitere Liste von Eigenschaften der *Funktionaloperation* J hinzu, die im Falle der stetigen Funktionen die Rolle der bestimmten Integration, im Falle des Hilbertschen Raumes die Rolle der Summation übernehmen soll[309]:

L (Linearität). $J(a\,x(s) + b\,y(s)) = a\,J(x(s)) + b\,J(y(s))$.

M (Modulareigenschaft). Es gibt neben J eine andere Funktionaloperation M, die jeder reellen, nirgends negativen Stelle $\mu(s)$ eine reelle, nicht negative Zahl $M(\mu(s))$ zuordnet und für die mit $|x(s)| \leqq \mu(s)$ stets auch $|J(x(s))| \leqq M(\mu(s))$ zutrifft.

P (Positivität). $J(x\bar{x})$ ist reell und nicht negativ für jede Stelle $x(s)$ des Bereichs, auf dem die Operation J definiert wird.

P_0 (eigentliche Positivität). Die Eigenschaft P ist in dem Sinne erfüllt, daß $J(x\bar{x}) = 0$ nur für $x = 0$ eintritt.

H (Hermite-Eigenschaft). $\overline{J(x)} = J(\bar{x})$ oder allgemeiner, wenn J auf Funktionen von zwei Veränderlichen definiert ist, $\overline{J(x(s) \cdot y(t))} = J\big(\overline{x(t) \cdot y(s)}\big)$.

Mit Hilfe dieser beiden Listen von Axiomen gelingt nun *Moore* die Unifizierung der Fredholmschen Theorie in folgendem Sinne. Er setzt einen Stellenbereich $\mathfrak{M}$ voraus, der die Eigenschaften L, C, D, D_0

---

309) Die in [306] und [99] erwähnten Axiome unterscheiden sich von den hier aufgeführten — abgesehen davon, daß sie nicht für ein allgemeines $\mathfrak{P}$, sondern für „belastete Integralgleichungen“, d. h. in Moores Sprache für ein aus einem stetigen Intervall und außerdem n Dingen bestehendes $\mathfrak{P}$ formuliert sind — nur in dem einen Punkte, daß die Vertauschbarkeit der Integrationsfolge noch außerdem postuliert wird, während Moore dies unterlassen kann, weil er hernach den Stellenbereich, auf den er die Operation J anwendet, so einschränkt, daß er für ihn die Vertauschbarkeit mehrfacher Anwendungen der Operation J beweisen kann.

besitzt, und bildet aus ihm einen Bereich $\mathfrak{K}$ von Stellen $x(s, t)$ (Funktionen von zwei Veränderlichen), indem er Aggregate $x^{(1)}(s)\, y^{(1)}(t) + \cdots + x^{(n)}(s)\, y^{(n)}(t)$ aus Stellen von $\mathfrak{M}$ bildet und alles, was sich aus diesen im Sinne relativ-gleichmäßiger Konvergenz in bezug auf $\mathfrak{M}$[309a]) ableiten läßt; sodann bildet er den Bereich $\mathfrak{N}$ von Stellen mit *einem* Argument, die sich aus den Stellen von $\mathfrak{K}$ durch Gleichsetzen der beiden Argumente s, t ergeben. Für diesen Bereich $\mathfrak{N}$ nun denkt er die Operation J definiert, und dem Bereich $\mathfrak{K}$ entnimmt er den Kern $K(s, t)$ der „generalisierten" Integralgleichung

$$(G) \qquad x(s) + J_t(K(s, t) \cdot x(t)) = y(s),$$

in der der Operator J auf das als Funktion von t dem Bereich $\mathfrak{N}$ angehörige Produkt $K(s, t)\, x(t)$ angewendet wird. Alsdann kann er die Fredholmschen Schlüsse und die von E. Schmidt alle nachahmen.[310])

309a) d. h. die Majoranten werden hier in der Form $\varrho(s) \cdot \sigma(t)$ angenommen, wo ϱ, σ dem Bereich $\mathfrak{M}$ angehören.

310) In dieser Form ist die Behauptung zuerst in [305]) d) ausgesprochen, und in [305]) e) sind die wichtigsten zu ihrer Durchführung nötigen Hilfssätze zusammengestellt; [305]) a) hatte die „Basis" der Betrachtung, d. h. die Bereiche $\mathfrak{K}, \mathfrak{N}$ weiter angelegt, hatte dafür aber eine größere Zahl von Postulaten über sie einführen müssen. Die Darstellung in [305]) d) und [305]) e) vollzieht zugleich eine andere Verallgemeinerung: anstatt die für den Bereich $\mathfrak{N}$ erklärte Operation J auf $K(s, t)\, x(t)$ anzuwenden, das in Rücksicht auf das Argument t dem Bereich $\mathfrak{N}$ angehört, wendet sie eine für den Bereich $\mathfrak{K}$ definierte, wiederum mit den Eigenschaften L, M ausgestattete Operation J auf $K(s, t)\, x(u)$ an, das in bezug auf die beiden Argumente t, u dem Bereich $\mathfrak{K}$ (demselben also, wie der Kern K) angehört. Ein Beispiel einer solchen zweiargumentigen Operation J wäre die aus zwei sukzessiven einargumentigen Operationen J und einer Funktion $\omega(t, u)$ aufgebaute Operation $J_{tu}(K(s, t)\, \omega(t, u)\, x(u))$ (Doppelintegral, Doppelsumme). — Solche Erweiterungen der Integralgleichungstheorie, wie sie in Nr. **13** in einzelnen Richtungen erörtert wurden, insbesondere die Theorie der gemischten Integralgleichungen, sind in der general analysis in einheitlicher Weise geleistet.

Außer den aufgeführten sind noch folgende weitere Arbeiten von E. H. Moore und seinen Schülern zu nennen: *E. H. Moore*, Brit. Ass. Rep. 79 (1910), p. 387—388; Amer. Nat. Ac. Proc. 1 (1915), p. 628—632 (der generalisierte Grenzwertbegriff, mit Anwendung auf die Definition des Prozesses J, der „in der früheren Theorie undefiniert geblieben war"); Math. Ann. 86 (1922), p. 30—39 (Andeutungen über die Unifizierung der Hilbertschen Theorie der beschränkten quadratischen und Hermiteschen Formen, Nr. **43**); *E. H. Moore* und *H. L. Smith*, Amer. J. 44 (1922), p. 102—121 (insbesondere auf p. 113 f. die Analyse des Integralbegriffs); *M. E. Wells*, Amer. J. 39 (1917), p. 163—184 (Verallgemeinerungen der Schwarzschen Ungleichung); *T. H. Hildebrandt*, Ann. of Math. (2) 21 (1920), p. 323—330 (die Pseudoresolvente[51]) in der Redeweise der general analysis); Amer. Math. Soc. Bull. 29 (1923), p. 309—315 (beschränkte Formen, insbesondere der Konvergenzsatz[203])); *A. D. Pitcher*, Kansas Univ. Bull. 7 (1913), p. 1—67 und *E. W. Chittenden*, Amer. J. 44 (1922), p. 153—162 (die logische Abhängigkeit von acht grundlegenden Axiomen aus Moores Theorie).

Vergleicht man diese Theorie mit dem in Nr. **20** d aufgestellten zusammenfassenden Theorem, so bemerkt man *auf der einen Seite,* daß 1. Nr. **20** d sich von vornherein auf den Fall unendlichvieler Veränderlicher beschränkt oder — in Moores Redeweise — auf den Fall, daß $\mathfrak{P}$ die Menge der positiven, ganzen Zahlen ist, und daß man 2. aus den in Nr. **20** d zur Grundlage genommenen vier Postulaten unschwer folgern kann, daß der Bereich $\mathfrak{M}$ der diesen vier Postulaten genügenden Stellen $(x_1, x_2, \ldots)$ die Eigenschaften L, C, D, D_0, R hat; insoweit also verhält sich der Inhalt von Nr. **20** d spezieller als die general analysis. *Auf der anderen Seite* ist die Voraussetzung der Vollstetigkeit der Funktionaltransformation $\Re(x) = \sum\limits_{q=1}^{\infty} K_{pq} x_q$ erheblich weiter, als die entsprechenden Annahmen bei Moore und in ganz anderer Art formuliert, insofern sie in einem einfachen Postulat über die Funktionaltransformation besteht, während Moore diese in Summationsoperation und Kern auflöst und über beides einzeln Postulate aufstellt. Für den Hilbertschen Fall laufen die Mooreschen Postulate auf die Konvergenz von $\sum\limits_{p,q=1}^{\infty} |K_{pq}|^2$ hinaus, die weit enger ist als die Hilbertsche Vollstetigkeit (vgl. Nr. **16** a, p. 1402 f.), für den Raum der Konvergenz von $\sum |x_p|$ auf die Bedingung $\sum\limits_{p,q=1}^{\infty} |K_{pq}|$ konvergent, die weit enger ist als etwa die Dixonsche (vgl. Nr. **20** a).

Soweit die *materiellen* Unterschiede. *Prinzipiell* hebt sich die Betrachtungsweise, die in Nr. **20** d ihre präzise Formulierung gefunden hat, von der Mooreschen dadurch ab, daß sie nicht wie Moore an ein bestimmtes Lösungs*verfahren,* das Fredholmsche oder sonst eines, anknüpft und Postulate für seine Durchführbarkeit sucht, sondern daß sie die Lösungs*tatsachen* von den Lösungs*formeln* trennt und nun nach den Axiomen fragt, aus denen diese Lösungs*tatsachen* abgeleitet werden können. Als erstes Resultat ergibt sich auf diesem Wege — was bei Moore nie hervorgehoben wird — daß das Wirkungsfeld der Fredholmschen Formeln und ähnlich in der Eigenwerttheorie das Wirkungsfeld der Existenzschlüsse von E. Schmidt[41]) im Vergleich mit dem vollen Ausmaß der für vollstetige Formen gültigen Sätze ein begrenztes ist. Vom Standpunkt der Eigenwerttheorie wird der Sachverhalt in Nr. **45** b noch deutlicher gekennzeichnet werden können.

d) **Besondere lineare Funktionalgleichungen.**

Es soll hier endlich ein summarischer Überblick über diejenigen besonderen linearen Funktionalgleichungen gegeben werden, deren Auflösung in ausdrücklichem, mehr oder weniger engem Zusammenhang mit der Theorie der Integralgleichungen und der unendlichvielen Veränderlichen behandelt worden ist.[311]

1. *H. v. Koch*[312]) hat bereits im Anschluß an seine ersten Untersuchungen über unendliche Determinanten ein System von **unendlichvielen linearen Differentialgleichungen** 1. Ordnung mit unendlichvielen unbekannten Funktionen $x_1(t)$, $x_2(t)$, $\ldots$

$$(1) \qquad \frac{d\,x_p(t)}{dt} = \sum_{q=1}^{\infty} a_{pq}(t)\,x_q(t) \qquad\qquad (p = 1, 2, \ldots)$$

untersucht, wo die $a_{pq}(t)$ gegebene für $|t| \leq \varrho$ reguläre analytische Funktionen sind, die daselbst durch Produkte $m_p n_q$ mit konvergentem $\sum_{p=1}^{\infty} m_p n_p$ majorisiert werden: $|a_{pq}(t)| \leq m_p n_q$; durch Potenzentwicklung und Majorisierung zeigt er in genauer Analogie zu dem Existenzsatz bei endlichen Systemen die Existenz regulärer Lösungen $x_p(t)$, die für $t = 0$ vorgegebene Werte x_p^0 annehmen, für die $\sum_{p=1}^{\infty} |x_p^0|\, n_p$ konvergiert. Mit Hilfe seiner Determinantentheorie überträgt er ferner[313]) den Begriff des Fundamentalsystems und untersucht das Verhalten bei analytischer Fortsetzung um einen singulären Punkt. *W. L. Hart*[314]) hat das gleiche System unter der Annahme, daß die $a_{pq}(t)$ eine beschränkte Matrix (s. Nr. 18a, 1) bilden, mit Hilfe der Theorie der beschränkten Gleichungssysteme behandelt. Die Existenzbeweise sind genau nach dem Vorbild endlicher Systeme unter verschiedenen Konvergenzbedingungen auf nichtlineare Systeme übertragen worden[315]) (vgl. Nr. 25a).

2. Läßt man an Stelle der diskontinuierlichen Parameter p bzw. q die stetigen Veränderlichen s bzw. r treten, so entsteht aus (1) die

---

311) Die klassische Lehre von den Randwertaufgaben bei gewöhnlichen und partiellen Differentialgleichungen, die begrifflich hierhin gehört, würde, insofern sie eine *Anwendung* der Integralgleichungstheorie ist, den Rahmen dieses Artikels überschreiten. (Vgl. die Vorbemerkung.)

312) *H. v. Koch*, Stockholm Öfvers. 56 (1899), p. 395—411. — Den gleichen Existenzsatz beweist *P. Flamant*, Darboux Bull. (2) 45 (1921), p. 81—87.

313) *H. v. Koch*, Acta math. 24 (1900), p. 89—122. — Im wesentlichen die gleichen Sätze bei *W. Sternberg*, Heidelberger Akad. Sitzungsber. 1920, Nr. 10, 21 S.; spezielle Fälle bei *W. G. Simon*, Amer. J. 42 (1920), p. 27—46, berichtigt von *O. Perron* in Fortschr. d. Math. 47 (1924), p. 376 f.

314) *W. L. Hart*, Amer. Math. Soc. Bull. 23 (1917), p. 268—270; Amer. J. 39 (1917), p. 407—424.

315) *H. v. Koch*[312]); *F. R. Moulton*, Nat. Ac. Proc. 1 (1915), p. 350—354; *W. L. Hart*[336]) und Amer. J. 43 (1921), p. 226—231. Verschärfungen der *Koch*schen Sätze gibt *A. Wintner*, Math. Ann. 95 (1926), p. 544—556 mit seiner in [216]) angewandten Methode.

lineare Integrodifferentialgleichung

$$(2) \qquad \frac{\partial \varphi(s,t)}{\partial t} = \int_0^1 k(s,r;t)\,\varphi(r,t)\,dr,$$

wo $k(s,r;t)$ gegeben, $\varphi(s,t)$ gesucht ist. Nachdem *V. Volterra*[316]) spezielle Fälle, namentlich den einem Differentialgleichungssystem mit konstanten Koeffizienten entsprechenden Fall, daß k nicht von t abhängt, gelöst hatte, hat *L. Schlesinger*[317]) für analytisch von t abhängige k die analytische Theorie der endlichen linearen Differentialsysteme (Fundamentalsystem, Verhalten an singulären Punkten u. dgl.) durch den aus der Theorie der Integralgleichungen bekannten Grenzübergang (s. Nr. 1) auf (2) übertragen; *E. Hilb*[318]) hat sodann diese Theorie direkt durch Anwendung der Integralgleichungslehre entwickelt. Auch dieses Problem (2) ist nach verschiedenen Richtungen verallgemeinert worden[319]). — Über die weitere Theorie der Integrodifferentialgleichungen vgl. Nr. 27.

3. Ein formal mit (1) verwandtes, aber sachlich zu etwas anderen Fragestellungen führendes Problem ist das der linearen Differentialgleichung unendlichhoher Ordnung, etwa in der Form:

$$(3) \qquad P_0(t)\,x(t) + P_1(t)\,\frac{dx}{dt} + P_2(t)\,\frac{d^2x}{dt^2} + \cdots = g(t),$$

wo die $P_n(t)$ und $g(t)$ gegeben sind; die charakteristische Frage ist die nach Lösungen $x(t)$, für die die Folge der $x^{(n)}(t)$ ein bestimmtes

---

316) *V. Volterra*, Rom Acc. Linc. Rend. (5) 19_1 (1910), p. 107—114; 23_1 (1914), p. 393—399. Vgl. auch *M. Gramegna*, Torino Atti 45 (1910), p. 469—491 (bzw. math.-phys. Kl., p. 291—313); *J. A. Barnett*, Amer. Math. Soc. Bull. 26 (1919), p. 193—203. Weitere Verallgemeinerungen s. Nr. 28[375]).

317) *L. Schlesinger*, Paris C. R. 158 (1914), p. 1872—1875; Jahresb. Deutsch. Math.-Ver. 24 (1915), p. 84—123. Vgl. auch *A. Saßmannshausen*, Diss. Gießen 1916, 52 S.; Jahresb. Deutsch. Math.-Ver. 25 (1916), p. 145—156.

318) *E. Hilb*, Math. Ann. 77 (1916), p. 514—535. Seine Behandlung kommt darauf hinaus, daß (2) nach t integriert und dann als eine gewöhnliche Integralgleichung 2. Art in zwei Dimensionen angesehen wird.

319) *L. Amoroso*, Rom Acc. Linc. Rend. (5) 21_2 (1912), p. 41—47, 141—146, 257—263, 400—404; Atti soc. ital. del science, 6. reun. 1912, p. 743—746 (ähnliche Integrodifferentialgleichungen 1. u. 2. Ordn.); *T. H. Hildebrandt*, Amer. Math. Soc. Trans. 18 (1917), p. 73—96 (Verallgemeinerung im Mooreschen Sinne, Nr. 24 c); *M. Tah Hu*, ibid. 19 (1918), p. 363—407 (verschiedene Randbedingungen im Reellen); *A. Vergerio*, Rom Acc. Linc. Rend. (5) 28_1 (1919), p. 274—276, 297—300 (analoge Gleichungen n^{ter} Ordnung); *J. A. Barnett*, Amer. J. 44 (1922), p. 172—190 (nichtlineare Gleichung, auch für Volterrasche Linienfunktionen (s. Nr. 28) statt der Integrale); ibid. 45 (1923), p. 42—53 (analoge Gleichungen mit partiellen funktionalen Ableitungen, vgl. Nr. 28[375])). — Hierhin gehören auch die in Nr. 24 a[298]) erwähnten Untersuchungen.

infinitäres Verhalten aufweist, insbesondere $\sqrt[n]{|x^{(n)}(t)|}$ unter einer bestimmten endlichen Grenze ϱ bleibt. Für den Fall konstanter Koeffizienten $P_n(t) = a_n$ finden sich konkrete Resultate in dieser Richtung bereits bei *C. Bourlet*[320]); dabei tritt der Zusammenhang mit den Nullstellen der bei ihm als ganz transzendent angenommenen Funktion $a_0 + a_1 \varrho + a_2 \varrho^2 + \cdots$ auf, die durch Aufsuchen von Lösungen der homogenen Gleichung mit dem Ansatz $x(t) = e^{\varrho t}$ entsteht. *S. Pincherle*[321]) hat dieselbe Gleichung im Zusammenhang mit seiner Lehre von den linearen Funktionaloperationen und mit gewissen Integralgleichungen 1. Art betrachtet. Im Zusammenhang mit seiner Behandlung der Volterraschen Integralgleichungen gewinnt *T. Lalesco*[322]) eine Reihe von Aussagen über verschiedene Typen von Gleichungen (3), die durch unendlich oft wiederholte Differentiation (vgl. Nr. **23**b, p. 1461) aus einer Volterraschen Integralgleichung entstehen.

Das allgemeine Problem (3) hat *E. Hilb*[323]), zunächst für in t lineare Koeffizienten, in Angriff genommen, indem er aus (3) durch wiederholte Differentiation unendlichviele lineare Gleichungen für die Unbekannten $x(t)$, $x'(t)$, $x''(t)$, $\ldots$ gewinnt, die der Bedingung Nr. **20**b genügen, und die Hilfsmittel der Theorie der beschränkten Gleichungssysteme (s. Nr. **18**b, 2) anwendet: das transponierte System ist dann das System der Rekursionsformeln für die Koeffizienten der Potenzentwicklung des Integrals einer gewöhnlichen Differentialgleichung endlicher — hier erster — Ordnung, und daher werden die Lösungen von (3) mit Hilfe der bekannten Eigenschaften der Lösungen dieser Hilfsdifferentialgleichung beherrscht. Als charakteristisches Resultat sei angegeben: Ist $P_n(t) = a_n + b_n t$, sind die Reihen $\sum a_n z^n$ und $\sum b_n z^n$ für $|z| \leqq \varrho$ regulär, hat die zweite Reihe $m + 1$ Nullstellen, deren Be-

<hr>

320) *C. Bourlet*, Ann. Éc. Norm. (3) 14 (1897), p. 133—190.

321) *S. Pincherle*, Palermo Rend. 18 (1904), p. 273—293; Soc. It. Mem. (3) 15 (1908), p. 3—43. Vgl. *J. F. Ritt*, Amer. Math. Soc. Bull. 22 (1916), p. 484; Amer. Math. Soc. Trans. 18 (1917), p. 27—49.

322) *T. Lalesco*[17]), 2ième partie; weitere mehr formale Beziehungen in Paris C. R. 147 (1908), p. 1042—1043, Bucarest Bul. 19 (1910), p. 319—330 und Rom. Acc. Linc. Rend. (5) 27₁ (1918), p. 432—434.

323) *E. Hilb*[183]). Für konstante Koeffizienten hat bereits *F. Schürer*, Leipz. Ber. 70 (1918), p. 185—240 das entsprechende spezielle Resultat auf einem anderen, funktionentheoretischen Wege erhalten; bei ihm erscheinen die Gleichungen (3) mit konstanten Koeffizienten als Spezialfall allgemeiner Funktionalgleichungen, die aus ihnen durch Ersetzung des Differentiationsprozesses durch die Iterationen einer bestimmten Postulaten genügenden allgemeinen linearen Funktionaloperation entstehen. — Eine spezielle Gleichung (3) mit konstanten Koeffizienten hat *F. R. Berwald*, Ark. f. mat. 9 (1913), Nr. 14, 17 S. auf ein unendliches Gleichungssystem zurückgeführt, das er im Anschluß an *P. Appell*[147]) löst.

trag kleiner als ϱ ist, und genügt endlich die rechte Seite der Bedingung $\varlimsup\limits_{n=\infty} \sqrt[n]{|g^{(n)}(t)|} \leq \varrho$, so hat (3) abgesehen von einem leicht anzugebenden Ausnahmefall eine genau m willkürliche Konstante enthaltende in t ganze transzendente Lösung, für die $\varlimsup\limits_{n=\infty} \sqrt[n]{|x^{(n)}(t)|} \leq \varrho$ ist. Den Fall, daß die $P_n(t)$ Polynome beschränkten Grades sind, haben im Anschluß daran fast gleichzeitig *E. Hilb*[324]) und *O. Perron*[325]) durch Ausbildung und Modifikation dieser Methode und *H. v. Koch*[326]) auf funktionentheoretischem Wege erledigt. *E. Hilb*[327]) hat sein Verfahren, das in weitem Umfang von der speziellen Art der zu behandelnden linearen Funktionalgleichung unabhängig ist, weiterhin auf lineare Differenzengleichungen angewendet.

4. Bekanntlich lassen sich Differenzengleichungen und Differentialgleichungen, in denen die Werte der unbekannten Funktion an verschiedenen Stellen auftreten, mit Hilfe der Taylorschen Reihe formal auf Differentialgleichungen unendlichhoher Ordnung zurückführen. Hierhin gehören auch die **funktionalen Differentialgleichungen** vom Typus

$$(4)\qquad \varphi^{(n)}(s) + a_{n-1}\varphi^{(n-1)}(s - h_{n-1}) + \cdots + a_0\varphi(s - h_0) = g(s)$$

— wo $a_0, \ldots, a_{n-1}, h_0, \ldots, h_{n-1}$ gegebene Konstante sind —, für die *E. Schmidt*[328]) bereits vor den im letzten Abschnitt referierten Untersuchungen eine vollständige Theorie entwickelt hatte. Er betrachtet unter Annahme durchweg reeller h diese Gleichung für den Bereich aller reellen s und fragt nach· sämtlichen Lösungen, die samt ihren ersten $n-1$ Ableitungen für alle reellen s stetig und bei hinreichend großen s absolut unter einer passend gewählten Potenz $|s|^\alpha$ bleiben, falls $g(s)$ der gleichen Bedingung genügt. Durch den Ansatz $\varphi(s) = e^{i\varrho s}$ bildet er die ganze Transzendente $l(\varrho) = (i\varrho)^n + a_{n-1}(i\varrho)^{n-1}e^{-h_{n-1}i\varrho} + \cdots + a_0 e^{-h_0 i\varrho}$ und zeigt insbesondere, daß, falls $l(\varrho)$ keine reelle Nullstelle besitzt, (4) genau eine Lösung im angegebenen Sinne hat, daß aber, falls es m reelle Nullstellen besitzt, unendlichviele Lösungen existieren,

---

324) *E. Hilb*, Math. Ann. 84 (1921), p. 16—30, 43—52.

325) *O. Perron*, Math. Ann. 84 (1921), p. 31—42.

326) *H. v. Koch*, Ark. f. mat. 16 (1921), Nr. 6, 12 S.

327) *E. Hilb*, Math. Ann. 85 (1922), p. 89—98; Math. Ztschr. 14 (1922), p. 211—229; 15 (1922), p. 280—285; 19 (1924), p. 136—144. — Über die in diesem Rahmen nicht weiter zu erörternde Theorie der Differenzengleichungen s. Encykl. II C 7, *N. E. Nörlund* und den Bericht von *A. Walther,* Jahresb. Deutsch. Math.-Ver. 34 (1926), p. 118—131.

328) *E. Schmidt*, Math. Ann. 70 (1911), p. 499—524. *O. Polossuchin*, Diss. Zürich 1910, 52 S., hatte auf seine Anregung einige spezielle Typen verwandter funktionaler Differentialgleichungen durch Anwendung der Auflösungstheorie der Integralgleichungen behandelt.

die von m willkürlichen Konstanten linear und ganz abhängen; darüber
hinaus kann die Art des Unendlichwerdens der Lösungen noch näher
präzisiert und das Theorem auf etwas allgemeinere Gleichungstypen
ausgedehnt werden. Methodisch geht Schmidt analog zur Behandlung
gewöhnlicher Randwertaufgaben vor, indem er durch Integration der
Funktion $e^{i\varrho s} : l(\varrho)$ der komplexen Veränderlichen ϱ sich ein Analogon
der Greenschen Funktion verschafft und passend bestimmte den Green-
schen Formeln entsprechende Transformationen anwendet. An *Schmidts*
Arbeit schließen eine Reihe von Untersuchungen von *F. Schürer*[329]),
E. Hilb[330]), *G. Hoheisel*[331]) an.

D. Nichtlineare Probleme.

**25. Nichtlineare Integralgleichungen und nichtlineare Glei-
chungssysteme mit unendlichvielen Unbekannten.** Die Übertragung
der Auflösungssätze über lineare Gleichungssysteme mit n Unbekannten
auf lineare Integralgleichungen und auf unendliche lineare Gleichungssysteme hat den Versuch nahegelegt, auch den Sätzen der Algebra
über die Lösungen *nichtlinearer* Gleichungssysteme mit n Unbekannten
Aussagen über *nichtlineare* Integralgleichungen und *nichtlineare* unendliche Gleichungssysteme mit unendlichvielen Unbekannten nachzubilden.
Tatsächlich angegriffen und zu bestimmten Resultaten gefördert ist
die Übertragung der Aussagen über „Lösbarkeit im Kleinen“, d. h.
über die Existenz solcher Lösungen $x_1, \ldots, x_n$ der einen (oder auch
mehrere) Parameter y enthaltenden n Gleichungen

$$F_p(x_1, \ldots, x_n; y) = 0 \qquad (p = 1, \ldots, n),$$

die sich aus einer für einen speziellen Parameterwert $y = b$ bekannten Lösung $x_p = a_p$ für ein hinreichend nahe an b gelegenes y
ergeben.[332]) Und zwar handelt es sich einmal um die Existenz einer

---

329) *F. Schürer*, Leipz. Ber. 64 (1912), p. 167—236; 65 (1913), p. 139—143,
239—246, 247—263; 66 (1914), p. 137—159; 67 (1915), p. 356—363 (Verschärfung
der Schmidtschen Resultate in Spezialfällen mit anderen Methoden); ibid. 70
(1918)[323]) (allgemeinere Funktionalgleichungen analoger Art; Zurückführung auf
Differentialgleichungen unendlichhoher Ordnung); Preisschrift Jablonowskische
Ges. 46 (1919), 69 S. (ein Fall nichtkonstanter Koeffizienten und Integral-Diffe-
renzengleichungen).

330) *E. Hilb*, Math. Ann. 78 (1918), p. 137—170 (Allgemeinere Typen, bei
denen die Schmidtsche Randbedingung unendlichviele Lösungen zuläßt und Fest-
legung der Lösung durch Werte in einem endlichen Intervall).

331) *G. Hoheisel*, Math. Ztschr. 14 (1922), p. 34—98 (nichtkonstante Koeffizienten).

332) Nur einzelne Beispiele spezieller, meist quadratischer Integralgleichungen sind gelegentlich nach besonderen Methoden ohne solche Einschrän-

eindeutig bestimmten solchen Lösung, falls die Funktionaldeterminante $\left|\dfrac{\partial F_p}{\partial x_q}\right|$ für $x_p = a_p$, $y = b$ nicht verschwindet — andererseits um die *Puiseux*schen Sätze über die Verzweigung der Lösungen bei variierenden Parametern, falls jene Determinante verschwindet.

a) Einen Satz der ersten Art hat bereits *H. v. Koch*[333]) für das Gleichungssystem

$$(1) \qquad x_p = a_p t + f_p(t; x_1, x_2, \ldots) \qquad (p = 1, 2, \ldots)$$

aufgestellt, wo die f_p „*analytische Funktionen*" ihrer unendlichvielen Veränderlichen sind, die nur Glieder zweiter und höherer Dimension in ihnen enthalten. Unter einer analytischen Funktion $f(x_1, x_2, \ldots)$ wird dabei eine Potenzreihe des Typus

$$(1\,\text{a}) \quad f(x_1, x_2, \ldots) = c + \sum_{p=1}^{\infty} c_p x_p + \sum_{p,q=1}^{\infty} c_{pq} x_p x_q + \sum_{p,q,r=1}^{\infty} c_{pqr} x_p x_q x_r + \cdots$$

verstanden, die für alle den Ungleichungen $|x_p| < R_p$ genügenden Wertsysteme konvergiert, wenn man alle einzelnen Terme durch ihre absoluten Beträge ersetzt. *H. v. Koch* zeigt nun, daß, falls alle in der p^{ten} Gleichung (1) auftretenden Koeffizienten absolut unter einer endlichen Schranke m_p bleiben, die Gleichungen (1) für hinreichend kleine t eindeutig bestimmte Lösungen $x_1, x_2, \ldots$ haben, die für $t = 0$ verschwinden. Diese Lösungen werden zunächst formal durch Potenzreihen nach t dargestellt und die Konvergenz durch einfache Majorisierung dargetan. Tritt an Stelle von (1) das allgemeine System mit weiteren linearen Gliedern in den x_p:

$$(2) \qquad \sum_{q=1}^{\infty} A_{pq} x_q = a_p t + f_p(t; x_1, x_2, \ldots) \qquad (p = 1, 2, \ldots),$$

so beweist *v. Koch* mit Hilfe seiner Determinantentheorie für den Fall, daß die A_{pq} eine Normaldeterminante bilden und daß diese nicht verschwindet, das gleiche Resultat; im Falle verschwindender Determinante deutet er an, wie mit den gleichen Hilfsmitteln die Zurückführung auf endlichviele Gleichungen mit endlichvielen Unbekannten möglich ist.

---

kungen gelöst worden: *G. Fubini*, Ann. di mat. (3) 20 (1913), p. 217—244 (Anwendung eines Verfahrens der Variationsrechnung), verallgemeinert von *C. Poli*, Torino Atti 51 (1916), p. 912—922; *C. Runge*[255]) (formale Reihenentwicklung; vgl. auch *L. Crijns*[255])); *G. Polya*, Math. Ann. 75 (1914), p. 376—379 (Übertragung des Rungeschen Problems auf unendliche Gleichungssysteme und Konvergenzuntersuchung).

333) *H. v. Koch*, Soc. math. Fr. Bull. 27 (1899), p. 215—227. — Ein etwas schärferer Existenzsatz für speziellere Systeme (1) bei *A. Wintner*[216]).

Die hier verwendete Entwicklung der Lösungen nach Potenzen des Parameters t läßt sich, wie bekannt, auch als Anwendung des Verfahrens der sukzessiven Approximation deuten. Dies Verfahren ist in derselben Gestalt, in der es bei linearen Integralgleichungen zweiter Art zur Lösung durch die Entwicklung nach iterierten Kernen führt (s. Nr. 3, (5) und Nr. 5, (11) sowie Nr. 24a), auch auf besondere nichtlineare Integralgleichungen vielfach angewendet worden, welche etwa die Gestalt

$$\varphi(s) + \int_a^b K(s,t)\,\varphi(t)\,dt + \int_a^b H(s,t)\,\{\varphi(t)\}^2\,dt + \cdots = g(s)$$

haben, oder in welche gegebene Verbindungen dieser die unbekannte Funktion $\varphi(s)$ enthaltenden bestimmten Integrale oder mehrfache Integrale eingehen; es liefert alsdann eine Lösung für kleine Werte eines in der Integralgleichung auftretenden Parameters λ.[334]) Insbesondere ist auch der Fall der *nichtlinearen Volterraschen Integralgleichung* dieses Typus, wo also die Unabhängige s als obere Integrationsgrenze auftritt, vielfach mit dieser Methode behandelt worden.[335])

Im Gebiete unendlicher Gleichungssysteme ist der Kochsche Existenzsatz von *W. L. Hart*[336]) ausgedehnt worden auf Systeme der Gestalt

$$(3) \qquad f_p(x_1, x_2, \ldots; y_1, y_2, \ldots) = 0,$$

wo die f_p entweder vollstetige Funktionen ihrer Veränderlichen im Sinne der Definition von Nr. 16a, Ende — jedoch bezogen auf einen

<hr>

334) *G. Fubini*, Torino Atti 40 (1904), p. 616—631; *V. Volterra*, Paris C. R. 142 (1906), p. 601—695; *H. Block*, Ark. f. mat. 3 (1907), Nr. 22, 18 S.; *L. Orlando*, Rom Acc. Linc. Rend. (5) 16_2 (1907), p. 601—604; *R. d'Adhémar*, Bull. Soc. Math. Fr. 36 (1908), p. 195—204; *G. Bratu*, Paris C. R. 150 (1910), p. 896—899; 152 (1911), p. 1048—1050; *A. Pellet*, Bull. Soc. Math. Fr. 41 (1913), p. 119—126. Ein anderes Verfahren zur Bestimmung benachbarter Lösungen bei *A. Collet*, Toul. Ann. (3) 4 (1912), p. 199—249. — Vgl. auch die in Nr. 26b, 2 und 3 behandelten nichtlinearen Integralgleichungen.

335) *T. Lalesco* [17]), 1. P., Nr. 12; *M. Picone*, Palermo Rend. 30 (1910), p. 349 —376; *E. Cotton*, Bull. Soc. Math. Fr. 38 (1910), p. 144—154; Paris C. R. 150 (1910), p. 511—513; Ann. Éc. Norm. (3) 28 (1911), p. 473—521; *J. Horn*, J. f. Math. 141 (1912), p. 182—216; Jahresb. Deutsch. Math.-Ver. 23 (1914), p. 85—90; *H. Galajikian*, Amer. Math. Soc. Bull. 19 (1913), p. 342—346; Ann. of Math. (2) 16 (1915), p. 172—192; *M. Nanni*, Battagl. Giorn. 58 (1920), p. 125—160; *A. Vergerio*, Rom Acc. Linc. Rend. (5) 31_1 (1922), p. 15—17, 49—51; vgl. auch *A. Viterbi*[269]). Allgemeinere verwandte funktionale Integralgleichungen bei *C. Severini*, Atti Acc. Gioen. (5) 4 (1911), Nr. 15, 16; 5 (1912), Nr. 20. — Vgl. auch die in Nr. 26a, 2 erwähnten weiteren Typen Volterrascher Integralgleichungen.

336) *W. L. Hart*, Amer. Math. Soc. Bull. 22 (1916), p. 292—293; Amer. Math. Soc. Trans. 18 (1917), p. 125—160; Nat. Ac. Proc. 2 (1916), p. 309—313; Amer. Math. Soc. Trans. 23 (1922), p. 30—50.

Bereich $|x_p - a_p| \leqq r_p$ — oder stetige Funktionen im Sinne von (4) von Nr. **18a** sind und wo die „Funktionaldeterminante" aus den $\dfrac{\partial f_p}{\partial x_q}$ im Kochschen Sinne existiert.

b) Eine Übertragung der *Puiseux*schen Sätze in gewissem Umfang umfaßt die weitergehende Theorie, die *E. Schmidt*[337]) aufgestellt hat. Er hat sie für nichtlineare Integralgleichungen entwickelt, die eine etwa den Systemen (2) entsprechende Allgemeinheit haben, bei denen aber die zu ihrer Aufstellung und Behandlung notwendigen Mittel schwieriger zu übersehen waren als bei unendlichvielen Veränderlichen. Schmidt bezeichnet als *Integralpotenzreihe* $\mathfrak{P}\!\left(\begin{smallmatrix} s \\ u,\,v \end{smallmatrix}\right)$ von beispielsweise zwei stetigen Argumentfunktionen $u(s)$, $v(s)$ eine unendliche Reihe von Gliedern der Form

$$u(s)^{\alpha_0} v(s)^{\beta_0} \int_a^b \ldots \int_a^b K(s, t_1, \ldots, t_\nu)\, u(t_1)^{\alpha_1} v(t_1)^{\beta_1} \ldots u(t_\nu)^{\alpha_\nu} v(t_\nu)^{\beta_\nu}\, dt_1 \ldots dt_\nu$$

$$(\alpha_0 + \beta_0 \geqq 0, \quad \alpha_1 + \beta_1 \geqq 1, \quad \ldots, \quad \alpha_\nu + \beta_\nu \geqq 1, \quad \nu \geqq 0),$$

wo die Koeffizientenfunktionen $K(s, t_1, \ldots, t_\nu)$ stetige Funktionen ihrer Argumente im Intervall (a, b) und ν, α, β nichtnegative ganze Zahlen sind[338]); er bildet eine Majorantenreihe von $\mathfrak{P}$, indem er, eventuell nach Zusammenfassung gleichartiger Glieder, $u(s)$, $v(s)$ überall durch Konstante h, k, die Koeffizientenfunktionen durch ihren Betrag und sodann die Integrale durch ihr Maximum ersetzt, und nennt $\mathfrak{P}$ *regulär konvergent*, wenn diese Majorantenreihe konvergiert. Alsdann konvergiert die Integralpotenzreihe für je zwei stetige, absolut unterhalb h bzw. k bleibende Funktionen $u(s)$, $v(s)$ absolut und gleichmäßig und stellt eine stetige Funktion von s dar.

Es sei nun eine solche regulär konvergente Integralpotenzreihe $\mathfrak{P}\!\left(\begin{smallmatrix} s \\ u,\,v \end{smallmatrix}\right)$ gegeben, die kein von u und v freies Glied enthält, *unter deren Gliedern 1. Dimension aber eines der Form $A(s)u(s)$ mit $A(s) \geqq m > 0$*

---

337) *E. Schmidt*, Über die Auflösung der nichtlinearen Integralgleichung und die Verzweigung ihrer Lösungen, Math. Ann. 65 (1908), p. 370—399.

338) Dieser Begriff ist analog dem der analytischen Funktionen unendlichvieler Veränderlicher von *H. v. Koch* (s. Nr. **25a**), und zwar entspricht die Integralpotenzreihe einem *System* von unendlichvielen analytischen Funktionen $f_p(x_1, x_2, \ldots)$ (Funktionaltransformation), wobei die Variable s dem Index p entspricht. Die Analogie tritt noch klarer hervor, wenn man in die Integralpotenzreihe nur eine Argumentfunktion anstatt der oben in Rücksicht auf das folgende verwendeten zwei einführt; dann ist das oben hingeschriebene allgemeine Glied genau so gebaut, wie das allgemeine Glied der Reihe (1a) für die p^{te} Funktion $f_p(x_1, x_2, \ldots)$.

vorkommt; dann wird die nichtlineare Integralgleichung

$$\mathfrak{P}\begin{pmatrix} s \\ u,\, v \end{pmatrix} = 0,$$

oder, etwas anders geschrieben:

$$(4) \qquad u(s) + \int_a^b K(s,\, t)\, u(t)\, dt = \mathfrak{P}_1\begin{pmatrix} s \\ u,\, v \end{pmatrix},$$

wo $\mathfrak{P}_1$ regulär konvergent ist und außer Gliedern mindestens zweiter Dimension in u und v nur lineare Glieder in v enthält, durch $u = 0$, $v = 0$ befriedigt, und die Aufgabe ist, *für jede gegebene stetige Funktion $v(s)$ mit hinreichend kleinem Maximum des Betrages eine Lösung von* (4) *zu suchen.*

Die verschiedenen Möglichkeiten der Lösungsexistenz gruppieren sich alsdann nach der Art der Lösbarkeit der aus (4) entstehenden linearen homogenen Integralgleichung

$$(5) \qquad u(s) + \int_a^b K(s,\, t)\, u(t)\, dt = 0;$$

deren Fredholmsche Determinante spielt also die gleiche Rolle, wie die Funktionaldeterminante von endlichvielen Gleichungen und die unendliche Determinante in den Fällen von Nr. 25 a. Im einzelnen gilt folgendes:

1. *Gleichung* (5) *habe keine nicht identisch verschwindende Lösung; dann gibt es zwei positive Zahlen h', k', so daß zu jeder stetigen Funktion $v(s)$, für die* $\mathrm{Max}\,|v(s)| \leqq k'$ *ist, genau eine Lösung $u(s)$ von* (4) *von der Eigenschaft* $\mathrm{Max}\,|u(s)| \leqq h'$ *existiert, die sich übrigens als regulär konvergente Integralpotenzreihe in $v(s)$ darstellen läßt.* Schmidts Beweis geht davon aus, daß dann (vgl. Nr. **10**, Satz 2) ein lösender Kern von K existiert und daß sich mit dessen Hilfe (4) in die Gestalt

$$(6) \qquad u(s) = \mathfrak{P}_2\begin{pmatrix} s \\ u,\, v \end{pmatrix}$$

setzen läßt, wo $\mathfrak{P}_2$ von derselben Art wie $\mathfrak{P}_1$ in (4) ist. Für diese Gleichung ergibt sich durch sukzessive Approximation (bzw. Potenzentwicklung nach λ, wenn v durch $\lambda v(s)$ ersetzt wird), eine sie formal befriedigende Integralpotenzreihe, deren reguläre Konvergenz durch ein Majorantenverfahren dargetan wird.

2. *Gleichung* (5) *besitze genau eine Lösung.* Dann läßt sich eine ganze transzendente Gleichung in einer Unbekannten x („Verzweigungsgleichung") der Form

$$(7) \qquad L_2 x^2 + L_3 x^3 + \cdots = \mathfrak{R}\begin{pmatrix} s \\ v \end{pmatrix}$$

aufstellen, wo L_2, L_3, ... durch sukzessive Integrationen aus bekannten Funktionen herstellbare Konstante und $\Re$ eine mit $v = 0$ verschwindende bekannte regulär konvergente Integralpotenzreihe in v ist. *Ist nun L_ν der erste nicht verschwindende Koeffizient, so gibt es zu jedem $v(s)$ mit hinreichend kleinem Maximum genau ν Lösungen von* (4), *d. h. es liegt eine ν-fache Verzweigung wie im algebraischen Falle vor; verschwinden aber alle L_ν, so hat* (4) *für $v(s) = 0$ kontinuierlich viele (von dem willkürlich bleibenden x abhängige) Lösungen — über die Lösungen für benachbarte $v(s)$ aber (Art der Verzweigung) wird keine Aussage gewonnen.* Der Beweis geht aus von der unter der vorliegenden Annahme möglichen Darstellung von $K(s, t)$ als Summe eines Produktkernes $\psi(s)\varphi(t)$ vom Range 1 und eines Kernes, der einen lösenden Kern besitzt (s. Nr. **39** a, 2[490a])). Damit läßt sich (4) wiederum in eine Integralgleichung der Form (6) überführen, die jedoch noch den Integralwert

$$(8) \qquad x = \int_a^b u(t)\,\varphi(t)\,dt$$

linear enthält und die daher durch eine regulär konvergente Integralpotenzreihe in $v(s)$ und diesem Parameter x gelöst wird:

$$(9) \qquad u(s) = \mathfrak{O}\binom{s}{x,\,v}.$$

Die beiden Gleichungen (8), (9) geben die Lösung des Problems: Einsetzen von (9) in (8) gibt die Verzweigungsgleichung (7), jede hinreichend kleine Lösung x von dieser gibt durch (9) eine Lösung von (4).

3. *Hat* (5) *n linear unabhängige Lösungen, so ergeben sich ebenso n Verzweigungsgleichungen,* d. h. n mindestens mit quadratischen Gliedern beginnende Gleichungen vom Typus (7) in n Parametern, derart, daß jedes System hinreichend kleiner Lösungen von ihnen eine Lösung von (4) liefert. Die Verzweigung kann von algebraischem Typus sein, oder es kann der oben hervorgehobene Ausnahmefall eintreten.

Die Entwicklungen von *Schmidt* sind so eingerichtet, daß sich die hier angegebenen Hauptresultate in verschiedenen Richtungen (Potenzreihen nach mehreren Funktionen, mehrere unabhängige Variable, Unstetigkeiten der Koeffizientenfunktionen u. a.) erweitern lassen.[339])

---

339) *H. Falkenberg,* Diss. Erlangen 1912, 32 S. betrachtet in einem besonderen Falle die aus der Verzweigungsgleichung entstehende Entwicklung der Lösung nach gebrochenen Potenzen eines in $v(s)$ als Faktor auftretenden Parameters. Weitere Beispiele bei *L. Orlando,* Atti 4. congr. int. Roma 2 (1909), p. 122—128; *P. Levy,* Paris C. R. 150 (1910), p. 899—901; *G. Bucht,* Ark. f. mat. 8 (1912), Nr. 8, 20 S.; *G. Bratu,* Bull. Soc. Math. Fr. 41 (1913), p. 346—350; 42 (1914), p. 113—142; *St. Mohorovicic,* Jugoslav. Ak. Bull. math.-phys. Kl. 6/7 (1916), p. 7—18; Rada jugosl. Akad. 213 (1916), p. 12 ff.

26. Vertauschbare Kerne. In einer an *V. Volterra*[340]) anschließenden Reihe von Untersuchungen ist für gewisse Klassen von Kernen ein Kalkül entwickelt worden, der in seinem Bereich dem Kalkül mit beschränkten Matrizen (s. Nr. 18a, 5.) entspricht, und der auf lineare und namentlich auch nichtlineare Integralgleichungen angewendet wird. Dabei wird als Summe zweier Kerne $K_1(s, t)$, $K_2(s, t)$ die Summe im gewöhnlichen Sinne $K_1 + K_2$, als Produkt der „zusammengesetzte Kern"

$$(1) \qquad K_3(s, t) = \int_a^b K_1(s, r) K_2(r, t)\, dr = K_1 K_2(s, t) = K_1 K_2$$

betrachtet[340]); diese Zusammensetzung („composition") ist die gleiche Operation, die bei der Iterierung von Kernen (s. Nr. 11a) und bei der Faltung von Matrizen bzw. Bilinearformen (s. Nr. 18a, 4.) auftritt. Die Gültigkeit des assoziativen und kommutativen Gesetzes der Addition sowie die des distributiven Gesetzes ist evident; ferner ergibt die Vertauschbarkeit der Integrationsfolge unter hinreichenden Stetigkeitsvoraussetzungen für die Kerne unmittelbar die Assoziativität der Multiplikation:

$$(K_1 K_2) K_3 = K_1 (K_2 K_3),$$

während sie im allgemeinen ersichtlich *nicht kommutativ* ist $(K_1 K_2 \neq K_2 K_1)$. Volterra hat nun insbesondere solche Bereiche von Kernen behandelt, in denen *auch das kommutative Gesetz* gilt.

a) Volterrasche Kerne (Vertauschbarkeit 1. Art).

1. *V. Volterra* hat diesen Kalkül in erster Linie auf Kerne Volterrascher Integralgleichungen (s. Nr. 3, 23), d. h. für $t > s$ verschwindende Kerne angewandt.[340]) Mit K_1 und K_2 zugleich ist auch das Produkt (1) ein solcher Volterrascher Kern und sein Wert für $t \leq s$ ist (vgl. Nr. 23, (4a))

$$(2) \qquad K_3(s, t) = \int_t^s K_1(s, r) K_2(r, t)\, dr.$$

In diesem Falle spricht Volterra von „Zusammensetzung 1. Art" und bezeichnet die Funktion (2) mit

$$(2\,\text{a}) \qquad \overset{*}{K_1}\overset{*}{K_2}(s, t) \quad \text{oder} \quad K_1 K_2(s, t).$$

---

340) Erste Veröffentlichung: *V. Volterra*, Rom Acc. Linc. Rend. (5) 19₁ (1910), p. 169—180. Zusammenfassende Darstellungen bei *V. Volterra*, Literatur A 9, Chap. IV, insbes. p. 147 ff.; Literatur B 6, Chap. IX—XIV; Proc. 5. intern. congr. Cambridge (1912) I, p. 403—406; *V. Volterra*, The theory of permutable functions (Princeton Univ. press 1915); *V. Volterra* u. *J. Pérès*, Leçons sur la composition et les fonctions permutables, Paris (Coll. Borel) 1924, VIII u. 184 S.; Formales über die Operationsgesetze bei *G. C. Evans*, Rom Acc. Linc. Mem. (5) 8 (1911), p. 695—710.

Ist diese Zusammensetzung speziell für zwei Kerne kommutativ:

$$K_2 K_1(s,t) = \int_t^s K_2(s,r) K_1(r,t)\, dr = K_1 K_2(s,t),$$

so heißen K_1, K_2 „vertauschbar von der 1. Art" (permutable de première espèce); ist c eine Konstante, so sind gleichzeitig auch cK_1 und K_2 vertauschbar.

Liegt ein System endlichvieler paarweise vertauschbarer Kerne $K_1, K_2, \ldots, K_n$ vor, so sind alle Kerne, die man aus ihnen durch endlichviele Additionen und Zusammensetzungen unter Hinzunahme der Multiplikation mit konstanten Faktoren bilden kann, wiederum miteinander vertauschbar[340]); sie lassen sich insgesamt durch lineare Aggregate endlichvieler „Potenzprodukte" $K_1^{\alpha_1} K_2^{\alpha_2} \ldots K_n^{\alpha_n}$ mit konstanten Koeffizienten darstellen, wobei Potenzen als Zusammensetzung gleicher Volterrascher Kerne (Iterationen wie in Nr. **11** bzw. **23**, (4a)) zu verstehen sind. Hiernach entsteht aus jedem Polynom $P(z_1, z_2, \ldots, z_n)$ in n Veränderlichen, das kein konstantes Glied enthält ($P(0, 0, \ldots, 0) = 0$), ein bestimmter Kern $P(K_1, K_2, \ldots, K_n)$, indem man jede Potenz $z_\nu^{\alpha_\nu}$ durch den iterierten Volterraschen Kern $K_\nu^{\alpha_\nu}$, Multiplikation der Variablen z_ν durch Zusammensetzung der K_ν ersetzt. Das gleiche Verfahren läßt ferner aus jeder für $z_\nu = 0$ verschwindenden Potenzreihe $\mathfrak{P}(z_1, \ldots, z_n)$ $= \sum a_{\alpha_1 \ldots \alpha_n} z_1^{\alpha_1} \ldots z_n^{\alpha_n}$, die in einem gegebenen Bereich $|z_\nu| \leq R_\nu$ absolut konvergiert, einen mit den K_ν vertauschbaren Kern $\mathfrak{P}(K_1, \ldots, K_n)$ entstehen, falls jedes K_ν als Funktion von s, t beschränkt ist[341]); die Definition (2) ergibt nämlich unmittelbar für die Zusammensetzung von m beschränkten Volterraschen Kernen eine Abschätzung proportional $\dfrac{(s-t)^{m-1}}{(m-1)!}$ (vgl. die analoge Abschätzung Nr. **23**a, (4b) für den iterierten Kern K^m), und das liefert die absolute Konvergenz der Integralpotenzreihe $\mathfrak{P}(K_1, \ldots, K_n)$. Die Komposition zweier solcher Kerne $\mathfrak{P}_1(K_1, \ldots, K_n)$ und $\mathfrak{P}_2(K_1, \ldots, K_n)$ ist dann der nach dem gleichen Verfahren aus dem Produkt der Potenzreihen $\mathfrak{P}_1(z_1, \ldots, z_n)$ und $\mathfrak{P}_2(z_1, \ldots, z_n)$ entstehende Kern.[342])

---

341) *V. Volterra*[340]). Erweiterung für gewisse nicht konvergente Potenzreihen bei *J. Pérès*, J. de Math. (7) 1 (1915), p. 1—97, insbes. chap. I. — Wegen der Beziehungen zum Summationsverfahren divergenter Potenzreihen vgl. *V. Volterra*, Literatur B 6, p. 159 f. und *P. Nalli*, Palermo Rend. 42 (1917), p. 206—226.

342) *V. Volterra* hat darauf hingewiesen (vgl. z. B. Literatur B 6, p. 138), daß man diese Betrachtungen auch auf Potenzreihen mit nicht verschwindendem konstanten Glied ausdehnen kann. Das kommt darauf hinaus, daß der „Einheitskern" E, für den $EK = KE = K$ ist, der aber freilich durch keine stetige Funktion von s, t dargestellt werden kann, rein formal zu jedem System vertauschbarer Kerne hinzugenommen wird; dann ist $cE + K_1$ mit K_2 vertauschbar

2. Aus diesen Bemerkungen entnimmt *Volterra* unmittelbar die Lösung einer Klasse nichtlinearer Integralgleichungen, die einen besonders einfach zu handhabenden Spezialfall der in Nr. 25 behandelten Gleichungen darstellen. Sind nämlich $\Phi(z_1, \ldots, z_n, \zeta)$, $\mathfrak{P}(z_1, \ldots, z_n)$ für kleine Argumente absolut konvergente Potenzreihen, die für verschwindende Argumente verschwinden, und erfüllt $\zeta = \mathfrak{P}(z_1, \ldots, z_n)$ identisch in $z_1, \ldots, z_n$ die Gleichung

$$(4) \qquad \Phi(z_1, \ldots, z_n, \zeta) = 0,$$

so wird die nichtlineare Integralgleichung für K

$$(5) \qquad \Phi(K_1, \ldots, K_n, \mathsf{K}) = 0$$

— unter $K_1, \ldots, K_n$ gegebene vertauschbare Volterrasche Kerne verstanden — durch die Integralpotenzreihe

$$\mathsf{K} = \mathfrak{P}(K_1, \ldots, K_n)$$

gelöst.[343]) Neben den zahlreichen Beispielen hierzu, die in den zu dieser Nr. genannten Arbeiten gelegentlich enthalten sind, sei besonders der Fall hervorgehoben, daß die K_ν und K nur von der Differenz $s - t$ abhängen, was, wie leicht auszurechnen, die Vertauschbarkeit 1. Art notwendig nach sich zieht; mit K hängen auch die iterierten Kerne $\mathsf{K}^{(\nu)}$ nur von $s - t$ ab, und daher geht (5) in eine nichtlineare Integralgleichung über, in die die unbekannte Funktion $\varphi(s) = \mathsf{K}(s + t, t)$ in den Bildungen

$$\varphi^{(1)}(s) = \varphi(s), \qquad \varphi^{(\nu)}(s) = \int\limits_0^s \varphi^{(\nu-1)}(s - r)\,\varphi(r)\,dr$$

---

und ihr Produkt ist der eigentliche Kern $c K_2 + K_1 K_2$. Weitere formale Ausdehnungen des Kalkuls in ähnlicher Richtung geben *G. C. Evans*, Palermo Rend. 34 (1912), p. 1—28; 35 (1912), p. 394; *V. Volterra*, Rom Acc. Linc. Mem. (5) 11 (1916), p. 167—249; *J. Pérès*, Rom Acc. Linc. Rend. (5) 26_1 (1917), p. 45—49, 104—109.

343) *V. Volterra*[340]). Der einfachste Fall hiervon ist die Lösung der linearen Integralgleichung $\mathsf{K} - K\mathsf{K} = K$ durch die Potenzreihe $\mathsf{K} = K + K^2 + K^3 + \cdots$, d. h. die Bestimmung der Resolvente eines Volterraschen Kernes durch Reihenentwicklung nach Iterierten, deren Beziehung zur geometrischen Reihe $\zeta = z + z^2 + \cdots$ als Lösung von $(1 - z)\zeta = z$ hier klar zutage tritt (vgl. Nr. 24a). Hiermit verwandte Beispiele gibt *G. C. Evans*, Rom Acc. Linc. Rend. 20_2 (1911), p. 453—460, 688—694. Vgl. weiter eine Anwendung auf die Bestimmung von Kernen $K(s - t)$ linearer Volterrascher Integralgleichungen, deren Resolvente sich durch Integrationen und Differentiationen aus K ergibt, bei *V. Volterra*, Rom Acc. Linc. Rend. (5) 23_1 (1914), p. 266—269. — Auf nicht vertauschbare Kerne wird der obige Satz in gewissem Umfang ausgedehnt von *V. Volterra*[365a]) und *J. Pérès*, Rom Acc. Linc. Rend. (5) 22_1 (1913), p. 66—70.

eingeht. Besondere Integralgleichungen dieser Art haben *J. Horn*[344]), *F. Bernstein*[345]) und *G. Doetsch*[345]) nach verschiedener Richtung untersucht.

3. *V. Volterra* hat sich weiterhin insbesondere mit der Bestimmung *aller* mit einem gegebenen $K(s, t)$ vertauschbaren Kerne beschäftigt. Sein erstes Resultat, das aus einem Problem der Anwendungen (problème du cycle fermé) entstand, war die Tatsache, daß alle mit dem Volterraschen Kern $K(s, t) =$ Const. vertauschbaren Kerne die Gestalt $F(s - t)$ haben und daher untereinander vertauschbar sind.[340]) Er hat ferner das Problem für Kerne der Ordnung 1 und 2 durch Zurückführung auf eine Integrodifferentialgleichung gelöst; dabei heißt $K(s, t)$ von der Ordnung n, wenn es in der Form $(s - t)^{n-1} F(s, t)$ darstellbar ist, wo $F(s, t)$ Ableitungen bis zur Ordnung $n - 1$ besitzt und $F(s, s) \neq 0$ ist.[346]) Im Anschluß daran hat *E. Vessiot*[347]) bewiesen, daß alle mit einem gegebenen Kern endlicher Ordnung vertauschbaren Kerne untereinander vertauschbar sind. *J. Pérès*[348]) hat das Volterrasche Verfahren für den Fall, daß K von s, t analytisch abhängt, auf

---

344) *J. Horn*, J. f. Math. 144 (1914), p. 167—189; 146 (1915), p, 95—115; 151 (1921), p. 167—199; Jahresb. Deutsch. Math.-Ver. 23 (1914), p. 303—313; 25 (1915), p. 301—325; 27 (1918), p. 48—53; Math. Ztschr. 1 (1918), p. 80—114. Die Integralgleichungen gehen durch eine Laplacesche Transformation aus nichtlinearen Differential- und Funktionalgleichungen hervor.

345) *F. Bernstein*, Sitzungsber. Preuß. Akad. d. Wiss. 1920, p. 735—747; Amst. Ak. Versl. 29 (1920), p. 759—765 = Amst. Ac. Proc. 23 (1920), p. 817—823; *F. Bernstein* und *G. Doetsch*, Gött. Nachr. 1922, p. 32—46, 47—52; Jahresb. Deutsch. Math.-Ver. 31 (1922), p. 148—153; *G. Doetsch*, Math. Ann. 90 (1923), p. 19—25. Hier werden zunächst eine quadratische Integralgleichung jener Art für die elliptische Thetanullfunktion und weiterhin analoge Gleichungen aufgestellt und durch funktionentheoretische Methoden oder mit Hilfe der Laplaceschen Integraltransformation untersucht. *G. Doetsch*, Math. Ann. 89 (1923), p. 192—207 behandelt im Anschluß an diese Untersuchungen Integralgleichungen derselben Art, die sich durch eine Modifikation des oben geschilderten Volterraschen Prozesses aus algebraischen Gleichungen ergeben und durch eine Laplacesche Transformation mit Differentialgleichungen zusammenhängen.

346) *V. Volterra*, Rom Acc. Linc. Rend. (5) 19_1 (1910), p. 425—437; 20_1 (1911), p. 296—304; vgl. dazu *E. Bompiani*, ibid. 19_2 (1910), p. 101—104. — Etwas modifizierte Darstellungen gibt *J. Pérès*, Paris C. R. 166 (1918), p. 939—941; Ann. Éc. Norm. (3) 36 (1919), p. 37—50; Bull. Soc. Math. Fr. 47 (1919), p. 16—37; Rom Acc. Linc. Rend. (5) 30_1 (1921), p. 318—322; 344—348. Er gibt ferner hier sowie in Paris C. R. 166 (1918), p. 723—726, 806—808 und Rom Acc. Linc. Rend. (5) 27_2 (1918), p. 27—29, 374—378, 400—402 Anwendungen auf Entwicklungen nach Funktionssystemen, die durch eine Volterra-Transformation aus den sukzessiven Potenzen entstehen (Besselsche Funktionen u. dgl.).

347) *E. Vessiot*, Paris C. R. 154 (1912), p. 682—684.

348) *J. Pérès*, Paris C. R. 156 (1913), p. 378—381 und [341]), chap. II.

beliebige ganzzahlige Ordnung ausgedehnt; er hat aber darüber hinaus bewiesen[349]), daß alle mit $K(s, t)$ vertauschbaren von s, t *analytisch* abhängigen Kerne durch eine Reihe $\sum a_\nu K^\nu(s, t)$ nach Iterationen von K darstellbar sind, wobei nur $\sum a_\nu \frac{z^\nu}{\nu!}$ in einer Umgebung von $z = 0$ konvergieren muß, während alle *stetigen* Kerne, die mit einem Kern 1. Ordnung vertauschbar sind, wenigstens durch Polynome in K gleichmäßig approximiert werden können.

b) **Konstante Integrationsgrenzen (Vertauschbarkeit 2. Art).**

1. Die allgemeine Operation (1) nennt *V. Volterra*[340]) „Zusammensetzung 2. Art" und bezeichnet ihr Resultat mit

$$(1\,\mathrm{a}) \qquad \overset{**\,**}{K_1 K_2}(s, t) \quad \text{oder} \quad K_1 K_2(s, t).$$

Ist $\overset{**\,**}{K_1 K_2} = \overset{**\,**}{K_2 K_1}$, so heißen K_1 und K_2 „vertauschbar von der 2. Art" (permutable de deuxième espèce). Genau wie in Nr. 26a, 1. kann man aus endlichvielen vertauschbaren Kernen $K_1, \ldots, K_n$ durch endlichviele Additionen und Zusammensetzungen 2. Art unter Hinzunahme der Multiplikation mit konstanten Faktoren neue mit $K_1, \ldots, K_n$ vertauschbare Kerne bilden, die man formal als Polynome $P(K_1, \ldots, K_n)$ darstellen kann.[350])

Geht man jedoch zu Potenzreihen über, so gestalten sich die Verhältnisse wesentlich anders als in Nr. 26a, 1., da der durch die Zusammensetzung 2. Art aus m beschränkten Kernen entstehende Kern eine nur der Potenz $(b - a)^{m-1}$ proportionale obere Grenze hat. Ist $\mathfrak{P}(z_1, \ldots, z_n)$ eine für $z_\nu = 0$ verschwindende *beständig konvergente* Potenzreihe der $z_1, \ldots, z_n$ *(ganze Funktion)*, so wird die Ersetzung von z_ν durch K_ν unter Verwendung der Zusammensetzung 2. Art an Stelle der Multiplikation eine absolut konvergente Integralpotenzreihe $\mathfrak{P}(K_1, \ldots, K_n)$ liefern, die einen mit $K_1, \ldots, K_n$ auf die zweite Art vertauschbaren Kern darstellt. Dagegen wird die durch das gleiche Verfahren aus einer Potenzreihe $\mathfrak{P}(z_1, \ldots, z_n)$ von *endlichem* Konvergenzbereich $|z_\nu| < R_\nu$ entstehende Reihe im allgemeinen nicht mehr konvergieren; jedenfalls aber wird die Potenzreihe $\mathfrak{P}(z_1 K_1, \ldots, z_n K_n)$, in der jedem Kern K_ν der Faktor z_ν hinzugefügt ist, für hinreichend kleine Parameterwerte

---

349) *J. Pérès*, Rom Acc. Linc. Rend. (5) 22_2 (1913), p. 649—654; 23_1 (1914), p. 870—873; [341]), Chap. IV.

350) Vgl. dazu die in [340]) zitierte Literatur sowie *G. C. Evans*[342]). Spezielle Kerne bei *G. Giorgi*, Rom Acc. Linc. Rend. (5) 21_1 (1912), p. 748—754; *G. Andreoli*, ibid. 25_2 (1916), p. 252—257, 299—305.

z_ν konvergieren. In dem besonderen Falle, daß

$$(6) \qquad \mathfrak{P}(z_1, \ldots, z_n) = \frac{\mathfrak{P}_1(z_1, \ldots, z_n)}{1 + \mathfrak{P}_2(z_1, \ldots, z_n)}$$

die Potenzentwicklung des Quotienten zweier ganzen transzendenten Funktionen von $z_1, \ldots, z_n$ ist, zeigt *V. Volterra*[351]), daß der durch $\mathfrak{P}(z_1 K_1, \ldots, z_n K_n)$ zunächst für kleine $|z_\nu|$ definierte Kern K ebenfalls über diesen Bereich hinaus eindeutig fortsetzbar und als Quotient zweier beständig konvergenter Integralpotenzreihen in $z_1 K_1, \ldots, z_n K_n$ darstellbar ist. Aus der Identität

$$\mathfrak{P}(z_1, \ldots, z_n) + \mathfrak{P}_2(z_1, \ldots, z_n) \cdot \mathfrak{P}(z_1, \ldots, z_n) = \mathfrak{P}_1(z_1, \ldots, z_n)$$

entsteht nämlich durch den Volterraschen Prozeß die lineare Integralgleichung 2. Art für K

$$(7) \qquad K + \mathfrak{P}_2(z_1 K_1, \ldots, z_n K_n) \cdot K = \mathfrak{P}_1(z_1 K_1, \ldots, z_n K_n),$$

und die Anwendung der *Fredholm*schen Formeln auf sie ergibt die behauptete Quotientendarstellung.

2. Auch diesen Betrachtungen kann *Volterra* wiederum die *Lösung gewisser nichtlinearer Integralgleichungen*, diesmal mit beliebigen *konstanten Integrationsgrenzen*, entnehmen. Ist nämlich

$$\Phi(z_1, \ldots, z_n, \zeta) = 0$$

eine Gleichung, die durch einen Quotienten ζ zweier ganzer Funktionen von $z_1, \ldots, z_n$ gelöst wird, so ergibt die Ersetzung von z_ν durch $z_\nu K_\nu(s, t)$ und von ζ durch K unter Verwendung der Zusammensetzung zweiter Art eine nichtlineare Integralgleichung

$$\Phi(z_1 K_1, \ldots, z_n K_n, K) = 0,$$

und man erhält ihre Lösung durch die Betrachtungen von Nr. **26** b, 1.[352])

Über spezielle aus ganzen rationalen Φ entstehende Integralgleichungen vgl. Nr. **26** b, 3.

3. Das Problem der Bestimmung aller mit einem gegebenen Kern vertauschbaren Kerne ist hier bei der 2. Art wesentlich schwieriger und tiefer liegend als bei der 1. Art; es umfaßt die analoge Aufgabe für endliche Matrizen und greift tief in die Übertragung der Elementarteilertheorie auf Integralgleichungen ein (s. Nr. **39**, insbesondere d[502])). *L. Sinigallia*[353]) und allgemeiner *V. Volterra*[354]) haben dargelegt, wie

351) *V. Volterra*[340]) und Rom Acc. Linc. Rend. (5) 20_2 (1911), p. 79—88. — Über die Beziehung zur Funktionentheorie vgl. *H. Lebesgue*, Bull. Soc. Math. Fr. 40 (1912), p. 238—244.

352) *V. Volterra*[351]) und Literatur B 6, Chap. XIII.

353) *L. Sinigallia*, Rom Acc. Linc. Rend. (5) 20_1 (1911), p. 563—569; 20_2 (1911), p. 460—465; 21_2 (1912), p. 831—837; 22_1 (1913), p. 70—76. — Einige mehr formale Bemerkungen früher bei *H. Bateman*, Cambr. Phil. Trans. 20 (1908), p. 233—252.

354) *V. Volterra*, Rom Acc. Linc. Rend. (5) 20_1 (1911), p. 521—527.

sich für Kerne endlichen Ranges (Nr. **10** a, 1) $\sum\limits_{p,q=1}^{n} c_{pq}\varphi_p(s)\psi_2(t)$ die Vertauschbarkeitssätze unmittelbar aus der Elementarteilertheorie für die n-reihigen Matrizen (c_{pq}) und $\left(\int\limits_a^b \varphi_p(s)\psi_q(s)\,ds\right)$ gewinnen lassen.[355] —

Im Zusammenhang damit sind von *V. Volterra*[354] und anderen[356], gleichfalls in Analogie zu bekannten Anwendungen der Elementarteilertheorie, „algebraische Gleichungen" für unbekannte Kerne in zahlreichen besonderen Fällen untersucht worden, d. h. Gleichungen vom Typus $$K_0 \mathsf{K}^n + K_1 \mathsf{K}^{n-1} + \cdots + K_n = 0,$$ wo die Iterationen von K ganz rational auftreten und $K_0, \ldots, K_n$ vertauschbar sind.

27. Integrodifferentialgleichungen.[357] Gewisse lineare Funktionalgleichungen, in denen die unbekannte Funktion außer Integrationen auch Differentiationsoperationen unterworfen ist, sind bereits in Nr. **24** d, 2 behandelt worden. Probleme der Anwendungen[358] sowohl, wie auch der Wunsch, die in der Theorie der Integralgleichungen entwickelten Begriffsbildungen und Methoden weiterhin auszunutzen, haben den Anlaß gegeben, eine große Reihe verschiedenartiger Typen solcher linearer und nichtlinearer „Integrodifferentialgleichungen" zu

---

355) Die Beziehungen zwischen den Eigenfunktionen bzw. den Hauptfunktionen (s. Nr. **39** a) vertauschbarer Kerne behandelt *J. Soula*, Rom Acc. Linc. Rend. (5) 21_2 (1912), p. 425—431; 22_1 (1913), p. 222—225. — *G. Lauricella*, Rom Acc. Linc. Rend. (5) 22_1 (1913), p. 331—340 hat für alle mit einem beliebigen $K(s,t)$ vertauschbaren Kerne konvergente Darstellungsformeln angegeben, indem er die Kenntnis der *Schmidt*schen adjungierten Eigenfunktionen (Nr. **36** c) voraussetzt und die Theorie der Orthogonalfunktionen benutzt. Vgl. auch *C. Severini*, Atti Acc. Gioen. (5) 7 (1914), mem. 20, 22 S. — Vgl. auch *S. Pincherle*[297g].

356) *T. Lalesco*[492]; *G. Lauricella*, Rom Acc. Linc. Rend. (5) 20_1 (1911). p. 885—896; Ann. di mat. (3) 21 (1913), p. 317—351; *E. Daniele,* Palermo Rend. 37 (1914), p. 262—266; *J. Soula,* Rom Acc. Linc. Rend. (5) 23_1 (1914), p. 132—137; *A. Vergerio*, Torino Atti 51 (1916), p. 227—237 (bzw. math.-nat. Kl., p. 199—209); *G. Andreoli*, Rom Acc. Linc. Rend. (5) 25_2 (1916), p. 360—366, 427—433; 26_1 (1917), p. 234—239; *M. Precchia*, Atti Acc. Gioen. (5) 10 (1917), mem. 25, 41 S.

357) Zusammenfassende Darstellungen findet man bei *V. Volterra,* Literatur A 9, Chap. IV; B 6, Chap. V—X, XIII, XIV.

358) Es handelt sich hier insbesondere um Probleme der *Nachwirkung* und *Fernwirkung,* bei denen der momentane Zustand an einer Stelle des Systems jeweils auch von allen vor diesem Moment durchlaufenen Zuständen an dieser und allen anderen Stellen des Systems abhängt, und die man jetzt vielfach nach *É. Picard* als *hereditäre Mechanik* bezeichnet (vgl. Encykl. IV 30, Nr. 6, p. 640 f., *E. Hellinger).* Ein Teil der weiterhin zu nennenden Arbeiten knüpft direkt an solche Probleme an.

untersuchen, die Integrations- und Differentiationsprozesse gemischt enthalten. Eine methodische Durcharbeitung dieses außerordentlich vielgestaltigen Problemkreises liegt naturgemäß nicht vor; die einfache Bemerkung, daß die Integrodifferentialgleichungen alle Arten von Integralgleichungen und Differentialgleichungen als Sonderfälle enthalten, zeigt, mit welchen verschiedenen Fragestellungen man an sie herantreten kann. So beschränken sich die vorhandenen Resultate auf einzelne von bekannten Integralgleichungen oder Differentialgleichungen oder auch von algebraischen oder funktionentheoretischen Analogien her leichter zugängliche Gleichungstypen und enthalten Aussagen über die Existenz der Lösungen, Lösungsformeln und gelegentlich auch besondere Eigenschaften der Lösungen (Nr. 27 a). Eine weiterreichende Methode zur Erfassung einer größeren Klasse von Integrodifferentialgleichungen hat *V. Volterra* durch seinen Kalkul mit vertauschbaren Kernen von Nr. 26 gegeben (Nr. 27 b).

a) Als unmittelbare Verallgemeinerung des Ansatzes der linearen Integralgleichungen ergeben sich lineare Integrodifferentialgleichungen des folgenden Typus:

$$(1) \qquad \sum_{\nu=0}^{m} K_{\nu}(s) \frac{d^{\nu}\varphi(s)}{ds^{\nu}} + \sum_{\nu=0}^{n} \int_{a}^{b} K_{\nu}(s,t) \frac{d^{\nu}\varphi(t)}{dt^{\nu}}\, dt = f(s),$$

die übrigens als Grenzfälle der gemischten Integralgleichung Nr. 13 b, (1) aufgefaßt werden können. Einfachere Gleichungen dieser Art für den *Volterraschen Fall* (obere Integrationsgrenze s) haben sich zuerst bei der Behandlung der gewöhnlichen Volterraschen Integralgleichung 1. Art durch sukzessive Differentiation (s. Nr. 23 b) von selbst dargeboten, und nach dem Muster dieser Theorie hat man den Volterraschen Fall der Gleichung (1) unter mehr oder weniger einschränkenden Bedingungen behandeln können.[359] Andererseits kann (1), wenn man die höchste auftretende Ableitung als unbekannte Funktion ansieht, durch wiederholte partielle Integration in eine gewöhnliche Integralgleichung für diese Funktion übergeführt werden, wobei eventuell noch mehrfache Integrale auftreten; auch von dieser Seite her sind viele Fälle von (1) gelöst worden.[360] Auf Grund desselben Gedanken-

---

359) *P. Burgatti*, Rom Acc. Linc. Rend. (5) 12₂ (1903), p. 596—601; *G. Fubini*, Rend. Napoli (3) 10 (1904), p. 61—64; *T. Lalesco*[17]), 1. P., Nr. 11; *L. Sinigallia*, Rom Acc. Linc. Rend. (5) 17₂ (1908), p. 106—112.

360) *N. Praporgesco*, Bucarest Soc. Bulet. 20 (1911), p. 6—9; *V. Volterra*, Rom Acc. Linc. Rend. (5) 21₂ (1912), p. 1—12; *G. Andreoli*, Rom Acc. Linc. Rend. (5) 22₂ (1913), p. 409—414; 23₂ (1914), p. 196—201; Battagl. Giorn. 53 (1915), p. 97—135; Torino Atti 50 (1915), p. 1036—1052; *St. Mohorovičić*[292])[239]). Vgl. auch *W. Sternberg*, Math. Ann. 81 (1920), p. 119—186.

ganges ist von einer Reihe von Autoren auch der allgemeinere Fall konstanter Integrationsgrenzen unter verschiedenen Bedingungen behandelt worden.[361]) Diese Betrachtungen sind gelegentlich auch auf einfache Fälle ähnlicher Integrodifferentialgleichungen für Funktionen mehrerer Unabhängiger ausgedehnt worden.[362])

Auch andere in der Theorie der Differentialgleichungen ausgebildete Methoden sind auf Integrodifferentialgleichungen angewendet worden. *L. Lichtenstein*[363]) hat als Beispiel seiner Methode der direkten Zurückführung von Randwertaufgaben auf Gleichungssysteme mit unendlichvielen Unbekannten (Nr. **15**e) eine bestimmte *Randwertaufgabe für eine Integrodifferentialgleichung 2. Ordnung* ((1) mit $m = 2$, $n = 0$), die einen linearen Parameter enthält und genau analog der sich selbst adjungierten Differentialgleichung 2. Ordnung gebildet ist, nebst ihrer Eigenwerttheorie vollständig behandelt. Die Lösbarkeit der Randwertaufgabe für eine der Potentialgleichung entsprechend gebildete Integrodifferentialgleichung in zwei Unabhängigen (vgl. Nr. **27**b, (3 a)) hat *G. Fubini*[332]) mit Methoden der Variationsrechnung bewiesen.

In ähnlicher Weise wie die Gleichung (1) sind auch analog gebildete nichtlineare Integrodifferentialgleichungen im Zusammenhang mit der Theorie der nichtlinearen Integralgleichungen gelegentlich untersucht worden.[364]) Besonders hervorzuheben sind hier

---

361) *G. Fubini*, Boll. Acc. Gioen. 83 (1904), p. 3—7; *G. Lauricella*, Rom Acc. Linc. Rend. (5) 17_1 (1908), p. 775—786; *E. Bounitzky*, Darboux Bull. (2) 32 (1908), p. 14—31; *U. Crudeli*, Rom Acc. Linc. Rend. (5) 18_1 (1909), p. 493—496; *S. Pincherle*, ibid. 18_2 (1909), p. 85—86; *G. Bratu*, Paris C. R. 148 (1909), p. 1370 —1373; *N. Praporgesco*[360]); *Ch. Platrier*, Nouv. Ann. (4) 11 (1911), p. 508—513; *Ch. Platrier*[53]), note I. Übertragung der Eigenwerttheorie auf gewisse Gleichungstypen bei *A. Vergerio*, Ann. di mat. (3) 31 (1922), p. 81—119.

362) *L. Sinigallia*[100]); *M. Gevrey*, Paris C. R. 152 (1911), p. 428—431; J. de Math. (6) 9 (1914), p. 305—471, insbes. § 19, § 22; *G. Andreoli*, Venet. Ist. Atti 74 (1915), p. 1265—1274. Weitere Verallgemeinerungen im Sinne der general analysis (Nr. **24**c) bei *T. H. Hildebrandt*, Amer. Math. Soc. Trans. 19 (1918), p. 97—108. — Hierhin gehören ferner noch die in Nr. **24**d, 2 und Nr. **24**a[298]) erörterten besonderen linearen Integrodifferentialgleichungen.

363) *L. Lichtenstein*, Festschr. f. H. A. Schwarz (Berlin 1914), p. 274—285. — Hierhin gehören auch die von *R. v. Mises*, Jahresb. Deutsch. Math.-Ver. 21 (1913), p. 241—248 und Festschr. f. H. Weber (Leipzig 1912), p. 252—282 behandelten Randwertaufgaben mit Integralnebenbedingung sowie die nach *A. Kneser*schen Methoden (s. Nr. **33**c, **34**c) von *L. Koschmieder*, J. f. Math. 143 (1913), p 285—293, *H. Laudien*, ibid. 148 (1917), p. 79—87 und Diss. (Breslau 1914), 90 S., *W. Jaroschek*, Diss. (Breslau 1918), 103 S. behandelten Integrodifferentialgleichungen der Thermomechanik und die umfassenderen Problemstellungen bei *R. Courant*, Acta math. 49 (1926), p. 1—68 (vgl. Nr. **45**c).

364) *J. Horn*, Jahresb. Deutsch. Math.-Ver. 23 (1914), p. 303—313; *L. Baeri*, Palermo Rend. 44 (1920), p. 103—138.

eine Reihe von Untersuchungen von *L. Lichtenstein*[365]) über die Integrodifferentialgleichungen, welche die Gestalt der Gleichgewichtsfiguren
rotierender Flüssigkeiten bestimmen; die Lösung erfolgt durch sukzessive Approximation von einer linearen Integralgleichung aus, und
insbesondere wird nach dem Vorbild der *E. Schmidt*schen Theorie der
nichtlinearen Integralgleichung (Nr. 25 b) die *Verzweigung* der Lösungen
vollständig untersucht.

   b) *V. Volterra* hat seine in Nr. **26** dargestellten Begriffsbildungen
vorzugsweise zur Behandlung einer umfassenden Klasse von Integrodifferentialgleichungen angewendet.[357]) Die Grundlage seiner Betrachtungen bildet die folgende Erweiterung des Satzes von Nr. **26** a, 2
über die Lösung gewisser Integralgleichungen[340]): Die für verschwindende Argumente $z_1, \ldots, z_n$ verschwindende und in einem gewissen
Bereich konvergente Potenzreihe $\zeta = \mathfrak{P}(x_1, \ldots, x_m, z_1, \ldots, z_n)$ gehe
bei Ersetzung der Variablen $z_1, \ldots, z_n$ vermöge des Verfahrens von
Nr. **26** a, 1 durch die von der 1. Art vertauschbaren Kerne $K_1(s, t), \ldots,$
$K_n(s, t)$ in die gleichmäßig im betrachteten Bereich der $x_1, \ldots, x_m, s, t$
konvergente Integralpotenzreihe

$$\mathsf{K}(x_1, \ldots, x_m; s, t) = \mathfrak{P}(x_1, \ldots, x_m, K_1, \ldots, K_n)$$

über; erfüllt dann ζ die algebraische Differentialgleichung

$$(2) \qquad \Phi\left(x_1, \ldots, x_m; z_1, \ldots, z_n, \zeta, \frac{\partial \zeta}{\partial x_1}, \ldots, \frac{\partial^2 \zeta}{\partial x_1^2}, \frac{\partial^2 \zeta}{\partial x_1 \partial x_2}, \ldots\right) = 0,$$

so genügt $\mathsf{K}(x_1, \ldots, x_m; s, t)$ der durch Ersetzung von $z_1, \ldots, z_n, \zeta$
durch $K_1, \ldots, K_n, \mathsf{K}$ vermöge des gleichen Verfahrens aus (2) entstehenden Integrodifferentialgleichung:

$$(2a) \qquad \Phi\left(x_1, \ldots, x_m; K_1, \ldots, K_n, \mathsf{K}, \frac{\partial \mathsf{K}}{\partial x_1}, \ldots, \frac{\partial^2 \mathsf{K}}{\partial x_1^2}, \frac{\partial^2 \mathsf{K}}{\partial x_1 \partial x_2}, \ldots\right) = 0.$$

Diese Methode hat *V. Volterra*[365a]) zuerst auf die „Integrodifferentialgleichung 2. Ordnung von elliptischem Typus"

$$(3a) \qquad \sum_{\nu=1}^{3} \left\{ \frac{\partial^2 \mathsf{K}(x_1, x_2, x_3; s, t)}{\partial x_\nu^2} + \int_t^s \frac{\partial^2 \mathsf{K}(x_1, x_2, x_3; s, r)}{\partial x_\nu^2} K_\nu(r, t)\, dr \right\} = 0$$

---

365) *L. Lichtenstein,* Math. Ztschr. 1 (1918), p. 229—284; 3 (1919), p. 172—174;
7 (1920), p. 126—231; 10 (1921), p. 130—159; 12 (1922), p. 201—218; 13 (1922),
p. 82—118; 17 (1923), p. 62—110. — Diese Integrodifferentialgleichungen treten
in speziellerer Gestalt bereits in den Untersuchungen von *A. Liapounoff* [Mém.
Ac. imp. St. Pétersbourg (8) 17 (1905), Nr. 3, p. 1—31; Mém. prés. à l'Ac. imp. des
sciences 1906, p. 1—225; 1914, p. 1—112] auf; vgl. den historischen Bericht bei
L. Lichtenstein, Math. Ztschr. 1.

   365a) *V. Volterra,* Rom Acc. Linc. Rend. (5) 19_1 (1910), p. 361—363 (mit
einer Bemerkung über Ausdehnung auf nicht vertauschbare K_ν).

angewandt, die der Differentialgleichung

$$(3) \qquad \sum_{\nu=1}^{3} (1 + z_\nu) \frac{\partial^2 \zeta}{\partial x_\nu^2} = 0$$

entspricht; aus der Potenzentwicklung ihrer Grundlösung

$$\zeta = c \left\{ \sum_{\nu=1}^{3} \frac{x_\nu^2}{1 + z_\nu} \right\}^{-\frac{1}{2}}$$

erhält er so, wenn er noch die Konstante c durch den willkürlichen Kern $C(s, t)$ ersetzt, als „Grundlösung" von (3a) die beständig konvergente Reihe $\qquad \mathsf{K}(x_1, x_2, x_3; s, t) =$

$$\frac{1}{\sqrt{x_1^2 + x_2^2 + x_3^2}} \left\{ C(s, t) + \sum_{p=1}^{\infty} (-1)^p \binom{-\frac{1}{2}}{p} \int_t^s C(s, r) \left[\sum_{\nu=1}^{3} \frac{x_\nu^2 R_\nu(r, t)}{x_1^2 + x_2^2 + x_3^2} \right]^p dr \right\},$$

wo $\qquad R_\nu(s, t) = K_\nu - K_\nu^2 + K_\nu^3 \mp \cdots$

die $1 - (1 + z_\nu)^{-1}$ entsprechende Resolvente des Volterraschen Kernes $K_\nu(s, t)$ bedeutet. Weiterhin hat *Volterra*[365b]) nach Übertragung der Greenschen Sätze der Potentialtheorie auf (3a) die Eindeutigkeit der Lösung der „1. und 2. Randwertaufgabe" für (3a) bewiesen; die Lösung dieser Randwertaufgaben hat *J. Pérès*[100]) mit Hilfe desselben Übertragungsprinzipes nach dem Muster der Potentialtheorie durch Zurückführung auf Integralgleichungen gegeben. Von verschiedenen Autoren sind sodann analoge Untersuchungen für Integrodifferentialgleichungen von hyperbolischem und parabolischem Typus[365c]) sowie für solche höherer Ordnung[365d]) durchgeführt worden. Auch durch geeignete Modifikationen des Volterraschen Prozesses sind gelegentlich weitere Integrodifferentialgleichungen der Behandlung erschlossen worden.[366])

<hr>

365b) *V. Volterra*, Rom Acc. Linc. Rend. (5) 18_1 (1909), p. 167—174; Acta math. 35 (1912), p. 295—356. — Die gleichen Entwicklungen für den zweidimensionalen Fall bei *L. Sinigallia*, Rom Acc. Linc. Rend. (5) 24_1 (1915), p. 325—330.

365c) *V. Volterra*, Rom Acc. Linc. Rend. (5) 19_1 (1910), p. 239—243; *G. C. Evans*[342]); *G. C. Evans*, Rom Acc. Linc. Rend. (5) 21_2 (1912), p. 25—31; ibid. 22_1 (1913), p. 855—860; Amer. Math. Soc. Trans. 15 (1914), p. 477—496.

365d) *J. Pérès*, Paris C. R. 156 (1913), p. 378—381; *G. C. Evans*, Amer. Math. Soc. Trans. 15 (1914), p. 215—226; *N. Zeilon*, Rom Acc. Linc. Rend. (5) 24_1 (1915), p. 584—587, 801—806. — Integrodifferentialgleichungen höherer Ordnung werden auch in den in [346]) aufgeführten Untersuchungen von *V. Volterra* angewendet.

366) *G. Giorgi*, Rom Acc. Linc. Rend. (5) 21_2 (1912), p. 683—688; *G. C. Evans*[342])[365d]); *E. Daniele*, Rom. Acc. Linc. Rend. (5) 26_1 (1917), p. 302—308; *G. Doetsch*, Math. Ann. 89 (1923), vgl. [345]).

V. Volterra[367]) hat auch die Operation der Zusammensetzung 2. Art zur Bildung von Integrodifferentialgleichungen verwendet, in denen die auftretenden Integrale konstante Grenzen haben; sie entstehen aus der Differentialgleichung (2) durch den in Nr. **26** b, 1 geschilderten Prozeß der Ersetzung der Variablen z_ν durch vertauschbare Kerne 2. Art $z_\nu K_\nu$. Auch für sie kann er — analog der Aussage von Nr. **26** b, 2 über Integralgleichungen — eine Lösung angeben, die obendrein einer gewöhnlichen linearen Integralgleichung 2. Art genügt, wenn die Lösung von (2) ein Quotient beständig konvergenter Potenzreihen in $z_1, \ldots, z_n$ ist. Auf dieser Grundlage hat *V. Volterra* besonders die elliptische Integrodifferentialgleichung der Art (3 a) mit konstanten Integrationsgrenzen behandelt.[368])

Über Verallgemeinerungen des Begriffes der Integrodifferentialgleichungen[368a]) vgl. Nr. 28[375]).

28. Allgemeine nichtlineare Funktionaloperationen. Die mannigfaltigen Untersuchungen über nichtlineare Funktionaloperationen, Funktionen von Funktionen und Kurven (fonctions de lignes) u. dgl. haben die gemeinsame Tendenz, die Elemente der reellen und komplexen Funktionentheorie von einer oder mehreren Veränderlichen auf unendlichdimensionale Räume (unendlichviele Veränderliche unter verschiedenen Konvergenzbedingungen, Funktionsgesamtheiten verschiedener Art; vgl. Nr. **20, 24**) zu übertragen. Sie stehen ihrem Ursprung und ihrer Fragestellung nach zum Teil in so engen Beziehungen zur Theorie der nichtlinearen Integralgleichungen und der nichtlinearen Gleichungen mit unendlichvielen Unbekannten, daß hier wenigstens die wichtigsten Arbeitsrichtungen kurz skizziert und dabei diejenigen Arbeiten auf-

---

367) *V. Volterra*[351]). Vgl. auch die Darstellung bei *V. Volterra,* Literatur B 6, Chap. XIII, wo zunächst die entsprechenden Sätze für endliche Matrizen entwickelt und die Integrodifferentialgleichungen durch Grenzübergang gewonnen werden.

368) *V. Volterra,* Rom Acc. Linc. Rend. (5) 20_1 (1911), p. 95—99; 22_2 (1913), p. 43—49.

368 a) Die von *G. C. Evans* in den beiden letzten in [365c]) genannten Arbeiten, in [369]), Lect. IV sowie Rom Acc. Linc. Rend. (5) 28_1 (1919), p. 262—265 und Rendic. semin. matem. Roma 5 (1919), p. 29—48 behandelten „Integrodifferentialgleichungen von *Bôcher*schem Typus" stehen zu dem hier behandelten Gegenstand nur in loser Beziehung; sie bestehen im wesentlichen in der Umsetzung einer partiellen Differentialgleichung in eine Identität — im Falle zweier Unabhängiger — zwischen einem Integral über eine beliebige geschlossene Kurve und einem über das von dieser umschlossene Flächenstück, wie sie durch die Greenschen Sätze geliefert wird.

geführt werden sollen, die mit dem Auflösungsproblem mehr oder weniger zusammenhängen.[369])

Die durch absolut konvergente Potenzreihen definierten **analytischen Funktionen unendlichvieler Veränderlicher**, die *H. v. Koch*[312])[333]) zur Aufstellung und Auflösung nichtlinearer Gleichungssysteme benutzt hatte (s. Nr. 25a), hat *D. Hilbert*[370]), insbesondere auch im Hinblick auf analytische Fortsetzung, Gruppeneigenschaft u. dgl., näher untersucht; mit **reellen Funktionen unendlichvieler Veränderlicher**, insbesondere auch mit der Bestimmung ihrer Extremwerte sowie mit Anwendungen auf die partiellen Differentialgleichungen hat sich *J. Le Roux*[371]) befaßt. Die unendlichvielen Veränderlichen sind bei diesen Untersuchungen zumeist an die Bedingung $|x_p| \leq R_p$ $(p = 1, 2, \ldots)$ gebunden.

M. Fréchet[372]) hat seine Untersuchungen über lineare Funktionaloperationen (Nr. 24b) unter Zugrundelegung der nämlichen Entfernungsbegriffe auf **nichtlineare Operationen im Funktionenraum** ausgedehnt und hat da insbesondere für stetige Funktionaloperationen das Analogon des Weierstraßschen Satzes über Approximation durch Polynome entwickelt. In systematischer Weise hat *V. Volterra*[373]) in

---

369) Vgl. außer den beiden in [295]) genannten Encyklopädiereferaten die zusammenfassenden Darstellungen von *G. C. Evans*, Functionals and their applications (Cambridge Colloqu. 1916, New York 1918, 136 S.; s. auch Amer. Math. Soc. Bull. 25 (1919), p. 461—463), *P. Lévy*[295]) sowie *G. Doetsch*, Jahresb. Deutsch. Math.-Ver. 36 (1927), p. 1—30.

370) *D. Hilbert*, Palermo Rend. 27 (1909), p. 59—74. Vgl. dazu auch *W. D. A. Westfall*, Amer. Math. Soc. Bull. (2) 16 (1910), p. 230; Palermo Rend. 39 (1915), p. 74—80 (Polynome von unendlichvielen Variablen); *H. Bohr*, Gött. Nachr. 1913, p. 441—488 (Anwendung auf Dirichletsche Reihen unter Benutzung eines Resultates von *O. Toeplitz*[134])); *R. Gâteaux*, Bull. Soc. Math. Fr. 47 (1919), p. 70—96 (anderer Bereich der Veränderlichen); *E. H. Moore*, Math. Ann. 86 (1922), p. 30—39 (Einreihung in die general analysis).

371) *J. Le Roux*, Trav. Univ. Rennes 1 (1902), p. 237—250; 2 (1903), p. 23—29, 293—303; J. de Math. (5) 9 (1903), p. 403—455; Nouv. Ann. (4) 4 (1904), p. 448—458; Paris C. R. 150 (1910), p. 88—91, 202—204, 377—378.

372) *M. Fréchet*, Paris C. R. 139 (1904), p. 848—850; 140 (1905), p. 27—29, 567—568, 873—875; 148 (1909), p. 155—156; 150 (1910), p. 1231—1233; Ann. Éc. Norm. (3) 27 (1910), p. 193—216. Diese Untersuchungen wurden weiter ausgedehnt von *R. Gâteaux*, Paris C. R. 157 (1913), p. 325—327; Rom Acc. Linc. Rend. (5) 22_2 (1913), p. 646—648; 23_1 (1914), p. 310—315, 405—408, 481—486; Bull. Soc. Math. Fr. 47 (1919), p. 47—70; 50 (1922), p. 1—37; vgl. auch *P. Lévy*. Paris C. R. 168 (1919), p. 752—755; 169 (1919), p. 375—377.

373) *V. Volterra* hat selbst zusammenfassende Darstellungen seiner Entwicklungen (Erste Veröffentlichungen: Rom Acc. Linc. Rend. (4) 3_2 (1887), p. 97—105, 141—146, 153—158, 225—230, 274—281, 281—287; 4_1 (1888), p. 107—115, 196—202) in seinen Leçons sur les équations aux dérivées partielles, Stockholm

seiner Theorie der „fonctions de lignes" die Grundbegriffe der Analysis, wie partielle Ableitung, Differential, Taylorsche Reihe auf Funktionaloperationen übertragen; von den neuen Problemen, die damit entstehen, sind hier die Frage der Umkehrung von Funktionaltransformationen[374]) [Verallgemeinerung der Lösung der nichtlinearen Integralgleichungen. (Nr. **25**) und Integrodifferentialgleichungen (Nr. **27**)] sowie das Problem der „équations aux dérivées fonctionelles"[375]) (das Analogon der partiellen Differentialgleichungen und Integrodifferentialgleichungen) hervorzuheben.

Endlich ist hier noch auf die wichtige Rolle zu verweisen, die die Betrachtung der Funktionaloperationen und der Funktionen von Funktionen in der neueren Variationsrechnung spielt.[375a])

(Upsala 1906 und Paris 1912, 82 S.), Leç. I, V, VI, VII sowie in Literatur A 9, Chap. I und Literatur B 6, Chap. I—IV gegeben. Über den Begriff des Differentials vgl. auch *M. Fréchet,* Amer. Math. Soc. Trans. 15 (1914), p. 135—161. — Beispiele für den Zusammenhang mit Integralgleichungen bei *E. Daniele,* Atti Acc. Gioen. (5) 8 (1915), mem. 13, 9 S. und *E. Le Stourgeon,* Amer. Math. Soc. Trans. 21 (1920), p. 357—383.

374) *G. C. Evans,* Proc. 5. Congr. of Math. Cambridge 1912, I, p. 387—396; *A. A. Bennett,* Nat. Ac. Proc. 2 (1916), p. 592—598; Amer. Math. Soc. Bull. 23 (1916), p. 209; *P. Lévy,* Paris C. R. 168 (1919), p. 149—152; Bull. Soc. Math. Fr. 48 (1920), p. 13—27; *J. A. Barnett*[319]). — *G. D. Birkhoff* u. *O. Kellogg,* Amer. Math. Soc. Trans. 23 (1922), p. 96—115, haben durch Anwendung topologischer Gesichtspunkte (Existenz eines Fixpunktes bei stetiger Deformation) ein allgemeines Existenztheorem für nichtlineare Funktionalgleichungen der Form $\varphi(s) = \mathfrak{F}(\varphi(s))$ gegeben.

375) *V. Volterra,* Rom Acc. Linc. Rend. (5) 23_1 (1914), p. 393—399, 551—557 behandelt *lineare* Gleichungen dieser Art durch Zurückführung auf Integrodifferentialgleichungen 1. Ordn. vom Typus Nr. **24**d, (2) (oder allgemeiner auf solche, in denen an Stelle der Integrale allgemeine Funktionaltransformationen der unbekannten Funktionen auftreten), genau wie man lineare partielle Differentialgleichungen 1. Ordn. auf Systeme gewöhnlicher Differentialgleichungen zurückführt; *E. Freda,* ibid. 24_1 (1915), p. 1035—1039; *J. A. Barnett*[319]). — Weitere Klassen hierher gehöriger funktionaler Differentialgleichungen, die in gewissem Sinne totalen Differentialgleichungen analog sind, gehen auf das Vorbild der Relationen für die Variation Greenscher Funktionen zurück, die *J. Hadamard* aufgestellt und untersucht hatte (Paris C. R. 136 (1903), p. 351—354; Mémoir. Sav. étrang. Paris 33 (1908), Nr. 4, 128 S.; Leçons sur le calcul des variations, I (Paris 1910), p. 303—312); sie hat *P. Lévy* eingehend behandelt: Paris C. R. 151 (1910), p. 373—375, 977—979; 152 (1911), p. 178—180; 154 (1912), p. 56—58, 1405—1407; 156 (1913), p. 1515—1517, 1658—1660; J. Éc. Polyt. (2) 17 (1913), p. 1—120 (= thèse, Paris); Palermo Rend. 33 (1912), p. 281—312; 34 (1912), p. 187—219; 37 (1914), p. 113—168. Vgl. auch *J. Hadamard,* Paris C. R. 170 (1920), p. 355—359; *G. Julia,* ibid. 172 (1921), p. 568—570, 738—741, 831—833.

375a) Man vgl. hierüber etwa *L. Tonelli,* Fondamenti di calcolo delle variazioni, T. I (Bologna 1921), T. II (1923), insbes. Cap. V—XII von T. I und Cap. I, V von T. II sowie *R. Courant,* Jahresb. Deutsch. Math.-Ver. 34 (1925), p. 90—117.

29. Numerische Behandlung linearer und nichtlinearer Probleme.[376]) Für die angenäherte Auflösung der linearen Integralgleichungen 2. Art ist die Mehrzahl der theoretisch gegebenen Methoden (vgl. Nr. 9 und 10) nur von geringem Nutzen. Alle Methoden, die das Problem auf die Aufgabe der Auflösung von n linearen Gleichungen mit n Unbekannten zurückführen, wie z. B. die Methode des Grenzübergangs aus *Hilberts* erster Mitteilung (vgl. Nr. 1a und [54])), bedeuten numerisch keine wesentliche Förderung[377]); denn die numerische Auflösung eines endlichen linearen Systems mit einer größeren Zahl von Unbekannten stellt ein im Grunde nicht viel einfacheres Problem dar, für dessen praktische Bewältigung vor allem die dem Algebraiker und dem Zahlentheoretiker wichtigen Determinantenformeln im allgemeinen ausscheiden.[378]) Aus demselben Grunde kommt auch die *Fredholm*sche Auflösungsformel, die der Determinantenformel analog ist, in der Regel nicht in Betracht.

Eine Ausnahme bildet das in Nr. 10a ausführlich dargestellte *Abspaltungsverfahren von E. Schmidt*. Bei seiner praktischen Durchführung kommt alles darauf an, durch geschickte Wahl der Funktionen $u_1, \ldots, u_n; v_1, \ldots, v_n$ zu erreichen, daß $H(s, t) = K(s, t) - u_1(s)v_1(t) - \cdots - u_n(s)v_n(t)$ bei verhältnismäßig niedrigem n möglichst klein ausfällt; denn von der Kleinheit von H hängt die Güte der Konvergenz der Entwicklung nach Iterierten ab, von der Größe von n aber die Rechenarbeit bei der Auflösung der n linearen Gleichungen, auf die das Verfahren die Integralgleichung zurückführt. Auch hier ist also schließlich ein endliches System aufzulösen; aber der prinzipielle Unterschied liegt darin, das man ein einziges solches System mit einem niedrigen n, nicht eine Kette solcher Systeme mit wachsendem n zu lösen hat.[378a])

---

376) Die numerische Behandlung der Eigenwertprobleme ist hier alsbald mit einbezogen.

377) Die Annäherung einer Kurve durch Treppenfiguren ist ein numerisch recht ungünstiges Verfahren. Wenn also *L. Ballif*, Ens. math. 18 (1916), p. 111—116 einen aus n kommunizierenden Röhren bestehenden mechanischen Apparat zur Auflösung von n linearen Gleichungen beschreibt, um damit durch den eben genannten Grenzübergang lineare Integralgleichungen aufzulösen, so wirkt die Ungünstigkeit dieser Approximation dem Vorteil seiner Apparatur entgegen.

378) Vgl. die Artikel von *C. Runge*, Encykl. I B 3a, Nr. 15, p. 448 und von *J. Bauschinger*, I D 2, Nr. 11, p. 791. Die dort allein in Betracht gezogene sukzessive Approximation ist auf Integralgleichungen ebensogut direkt anwendbar (Entwicklung nach Iterierten, vgl. Nr. 3, 10a, 2 und 11a).

378a) Eine Modifikation bei *H. Bateman*, London Roy. Soc. Proc. A 100 (1922), p. 441—449. — *F. Tricomi*, Rom Acc. Linc. Rend. (5) 33_1 (1924), p. 483

Ferner hat *D. Enskog*[72])[66]) sein in Nr. 15e angegebenes Auflösungsverfahren praktisch erprobt und den numerischen Ansatz anwendungsbereit dargestellt. Das dürften die beiden einzigen vorliegenden Methoden von *allgemeiner* Anwendbarkeit sein.[379])

Für die angenäherte Auflösung von unendlichvielen linearen Gleichungen gilt in sinngemäßer Übertragung genau das gleiche. Hier hat *E. Goldschmidt*[189]) die verschiedenen in Betracht kommenden Methoden einer vergleichenden theoretischen und praktischen Prüfung unterzogen und ist zu dem entsprechenden Ergebnis gekommen: das Abspaltungsverfahren tritt wieder in den Vordergrund und ist hier noch bequemer in Gang zu setzen, da man sich nur einen passenden *Abschnitt* auszusuchen braucht.

Bei den unendlichvielen Veränderlichen tritt noch deutlicher als bei den Integralgleichungen in Erscheinung, daß das Problem der Auflösung von n linearen Gleichungen mit n Unbekannten schon genau die gleichen Schwierigkeiten enthält, und daß umgekehrt das wenige, was hier zu wirklicher numerischer Bearbeitung erdacht worden ist, unmittelbar auch für unendliche Systeme wirksam ist. Hier hat *Ph. L. Seidel*[379a]) die Ausgleichung eines Systems mit einer großen Anzahl von Unbekannten (sein System enthält 72 Unbekannte) bearbeitet. Die Ausgleichung erfordert, die Quadratsumme Q der linken Seiten der Gleichungen zum Minimum zu machen. Es ist dies genau der Kunstgriff der Zurückführung des Systems $\mathfrak{A}$ auf das System $\mathfrak{A}'\mathfrak{A}$, der in Nr. 10b, 1 und Nr. 18b, 3 besprochen worden ist — nur daß dort, was nebensächlich ist, $\mathfrak{A}\mathfrak{A}'$ statt $\mathfrak{A}'\mathfrak{A}$ gebildet wurde; vom Standpunkt der Ausgleichungsrechnung erscheint er als selbstverständlich, und Seidel unterläßt es nicht zu bemerken, daß er auch dann brauchbar bleibt, wenn die Zahl der Gleichungen die der Unbekannten nicht übertrifft, so daß es sich nur um gewöhnliche Auflösung handelt.

—486; 33_2 (1924), p. 26—30 schätzt die durch den Kern endlichen Ranges geleistete Annäherung mit den Mitteln des Hadamardschen Determinantensatzes ab.

379) Volterrasche Kerne von dem besonderen Typus $K(s, t) = k(t - s)$ behandelt *E. T. Whittaker*[292]) numerisch nach verschiedenen, auf den speziellen Fall zugeschnittenen Methoden.

379a) *Ph. L. Seidel*, Münch. Akad. Abh. 11 (1874), 3. Abt., p. 81—108. — Aus einem Brief von Gauß an Gerling vom 26. 12. 1823 (*C. F. Gauß*, Werke IX, p. 279f.; vgl. auch *Ch. L. Gerling*, Die Ausgleichungsrechnungen der praktischen Geometrie, Hamburg und Gotha 1843, p. 386—393), ergibt sich, daß *Gauß* bereits damals im Besitze der Seidelschen Methode gewesen ist.

Dieses symmetrische System nun behandelt *Seidel* mittels eines Reduktionsverfahrens, das sich auf die nämliche Formel stützt wie die Lagrangesche Transformation der quadratischen Form auf eine Summe von Quadraten; er hält dieses an sich für brauchbarer als die Methode, die er als Student bei *C. G. J. Jacobi* kennen gelernt hatte, als er ihm behilflich war, die Leverrierschen Gleichungen für die Säkularstörungen der sieben Planeten genauer nachzurechnen. *Jacobi*[379b]) hatte dieses Eigenwertproblem einer quadratischen Form von sieben Veränderlichen behandelt, indem er sich auf den Satz stützte, daß eine binäre orthogonale Transformation von x_p, x_q allein, die das Glied $a_{pq}x_p x_q$ beseitigt, die Quadratsumme der *außerhalb* der Diagonale stehenden Koeffizienten der Form um $2a_{pq}^2$ vermindert; nachdem er durch zehn solche vorbereitende binäre Transformationen alle beträchtlichen, außerhalb der Diagonale stehenden Glieder beseitigt hatte, hatte er das Eigenwertproblem der so präparierten Form durch eine Art von sukzessiver Näherung behandelt. Diese Methode von Jacobi ist dort, wo es sich nicht um die Herstellung der gesamten Eigenwerte und Eigenlösungen handelt, sondern nur um die *Auflösung* der Gleichungen, in der Tat ein Umweg, und das Verfahren von Seidel oder die in Nr. **18**b, 3 geschilderten Methoden (Jacobische Transformation oder Entwicklung nach Iterierten in dem von *Hilb* gegebenen Arrangement) sind dafür angemessener.

Für die numerische Behandlung der Eigenwerttheorie aber bleibt Jacobis Verfahren gewiß von Interesse. Auf diesem Gebiet ist späterhin erhebliches hinzugekommen.[880]) *W. Ritz*[125]) hat allerdings seine Rechnungen durchweg an Eigenwertprobleme für *Differential*gleichungen angeknüpft. Aber *R. Courant,* der die Ritzschen Untersuchungen im Anschluß an *Hilbert*sche Methoden in mannigfacher Weise ausgebaut hat, hat gelegentlich[67])[422]) (vgl. Nr. **10**b, 3 und Nr. **33**d) ihre Auswertung für Integralgleichungen ausgeführt (vgl. dazu auch Nr. **45**c).

379b) *C. G. J. Jacobi,* Astron. Nachr. 22 (1844), Nr. 523 = Werke, Bd. 3, p. 467—478; J. f. Math. 30 (1846), p. 51—94 = Werke, Bd. 7, p. 97—144.

380) Auch die Rechnungen von *G. W. Hill*[12]) gehören eigentlich hierher, da es sich bei ihnen in Wahrheit nicht um ein Auflösungsproblem, sondern um ein Eigenwertproblem gehandelt hat, das dann in den daran anschließenden Arbeiten von *H. v. Koch* ganz in den Hintergrund getreten ist.

III. Eigenwerttheorie.

A. Integralgleichungen mit reellem symmetrischem Kern.

Die von *D. Hilbert*[85]) entwickelte, von *E. Schmidt*[41]) neu begründete Eigenwerttheorie[381]) behandelt eine Integralgleichung 2. Art

$$(i) \qquad \varphi(s) - \lambda \int_a^b k(s,t)\,\varphi(t)\,dt = f(s) \qquad (a \leqq s \leqq b),$$

deren *Kern* $k(s,t)$ *eine reelle symmetrische Funktion der im Intervall* (a,b) *variierenden reellen Veränderlichen* s, t *ist:*

$$(1) \qquad k(s,t) = k(t,s) \qquad (a \leqq s,\ t \leqq b);$$

λ ist ein unbestimmter, beliebiger reeller und komplexer Werte fähiger Parameter. Zur Vereinfachung der Darstellung sei zunächst die für die Gültigkeit der Theorie übrigens nicht wesentliche Annahme (s. Nr. 36a) gemacht, daß $k(s,t)$ *eine stetige Funktion ihrer beiden Veränderlichen sei.*

30. Eigenwerte und Eigenfunktionen. *Eigenwert (constante charactéristique, valori eccezionali) des Kernes* $k(s,t)$ heißt ein Wert von λ, für den die zu (i) gehörige homogene Integralgleichung

$$(i_h) \qquad \varphi(s) - \lambda \int_a^b k(s,t)\,\varphi(t)\,dt = 0 \qquad (a \leqq s \leqq b)$$

eine nicht identisch verschwindende stetige (reelle oder komplexe) Lösung $\varphi(s)$ besitzt; jede solche Lösung heißt eine *zu dem Eigenwert* λ *gehörige Eigenfunktion (fonction fondamentale, normal fonction)*[382]). Es bestehen nun die folgenden grundlegenden Tatsachen:

---

381) Vgl. die Darstellung der historischen Entwicklung des Gegenstandes in Nr. 1, 6 und 7, die übrigens im folgenden nicht vorausgesetzt wird. Die *Hilbert*sche Theorie wird im folgenden nach dem Abdruck seiner 1. Mitteil. (Gött. Nachr. 1904, p. 49—91) in den „Grundzügen", 1. Abschnitt, die von ihr unabhängige Theorie von *E. Schmidt* nach dem Abdruck seiner Dissertation[41]) in Math. Ann. 63, p. 433—476 zitiert. — Über die Begründung der Eigenwerttheorie durch die Theorie der unendlichvielen Veränderlichen vgl. Nr. 40e.

382) In dieser Form stehen die Definitionen an der Spitze der Theorie von *E. Schmidt*[381]), § 4; sie setzen die Analogie mit den Längen und Richtungen der Hauptachsen einer quadratischen Fläche im n-dimensionalen Raum (s. Nr. 1) sowie mit den ausgezeichneten Parameterwerten und Eigenschwingungen der Eigenschwingungstheorie (s. Nr. 6) in Evidenz. Bei *Hilbert*[381]), p. 14, 16 entstehen Eigenwerte und Eigenfunktionen durch den Grenzübergang aus dem algebraischen Problem (s. Nr. 33b).

a) **Jeder Eigenwert ist reell.**[383]) Denn aus (i_h) folgt nach Multiplikation mit der zu $\varphi(s)$ konjugiert komplexen Funktion $\overline{\varphi}(s)$ und Integration von a bis b:

$$\int\limits_a^b \varphi(s)\,\overline{\varphi}(s)\,ds = \int\limits_a^b |\varphi(s)|^2\,ds = \lambda \int\limits_a^b\int\limits_a^b k(s,t)\,\overline{\varphi}(s)\,\varphi(t)\,ds\,dt,$$

und hieraus ergibt sich die Behauptung, da das Doppelintegral wegen (1) reell und $\int\limits_a^b |\varphi(s)|^2\,ds$ reell und > 0 ist. Bei reellem λ genügen Real- und Imaginärteil von $\varphi(s)$ selbst der Gleichung (i_h); man betrachtet daher *nur reelle Eigenfunktionen.*

b) **Zu jedem Eigenwert λ gehört eine endliche Anzahl n linear unabhängiger Eigenfunktionen; λ heißt alsdann ein n-facher Eigenwert.** Das ist eine unmittelbare Folge des Satzes 1 von Nr. **10.** *E. Schmidt*[384]) beweist sie unabhängig davon auf Grund der Bemerkung, daß jede mit konstanten Koeffizienten gebildete lineare homogene Kombination aus zu λ gehörigen Eigenfunktionen wieder eine solche ist; er bildet nämlich mit seinem Orthogonalisierungsprozeß[111]) (vgl. Nr. **15a**, (4)) aus n zu λ gehörigen linear unabhängigen Eigenfunktionen n zueinander in bezug auf das Intervall (a, b) orthogonale und normierte Eigenfunktionen und erhält durch Anwendung der Besselschen Ungleichung[385]) die Abschätzung

$$(2) \qquad n \leqq \lambda^2 \int\limits_a^b\int\limits_a^b k(s,t)^2\,ds\,dt.$$

---

383) *D. Hilbert*[381]), p. 13 f. durch Grenzübergang aus dem entsprechenden algebraischen Satz (Realität der Wurzeln der Säkulargleichung). — *E. Schmidt*[381]), § 4 führt den schon von *S. D. Poisson,* Bull. Soc. philomat. 1826, p. 147 für die Realität der ausgezeichneten Parameterwerte von Randwertaufgaben und von *A. Cauchy,* Exerc. de math. 4 (1829), p. 140 = Oeuvres, 2. sér., t. IX, p. 174—195 für die Realität der Wurzeln der Säkulargleichung gegebenen Beweis direkt für die Integralgleichung durch, was sich von der Anordnung des Textes nur unwesentlich durch Vorwegnahme von c) unterscheidet.

384) *E. Schmidt*[381]), § 5.

385) Über diese *Besselsche Ungleichung* vgl. Encykl. II C 11, Nr. **2,** (6), *Hilb-Szász;* sie besagt, daß, wenn $\varphi_1(s), \ldots, \varphi_n(s)$ normierte Orthogonalfunktionen sind, für jede stetige (und sogar jede quadratisch integrierbare) Funktion $u(s)$ gilt:

$$\left[\int\limits_a^b u(s)\,\varphi_1(s)\,ds\right]^2 + \cdots + \left[\int\limits_a^b u(s)\,\varphi_n(s)\,ds\right]^2 \leqq \int\limits_a^b u(s)^2\,ds.$$

Vgl. dazu auch Nr. **15a**, (2a) und [109]).

c) **Zu verschiedenen Eigenwerten $\lambda \neq \lambda^*$ gehörige Eigenfunktionen $\varphi(s)$, $\varphi^*(s)$ sind zueinander orthogonal:**

$$(3) \qquad \int_a^b \varphi(s)\,\varphi^*(s)\,ds = 0,$$

wie unmittelbar aus den für λ, λ^* angesetzten Gleichungen (i_h) folgt[386]. Ordnet man jedem n-fachen Eigenwert wie in b) ein System von n orthogonalen und normierten Eigenfunktionen zu, so erhält man ein normiertes Orthogonalsystem von (höchstens abzählbar unendlichvielen) Eigenfunktionen $\varphi_1(s)$, $\varphi_2(s)$, ... *(vollständiges normiertes Orthogonalsystem von $k(s, t)$)* derart, *daß jede Eigenfunktion von $k(s, t)$ eine lineare homogene Kombination von endlichvielen $\varphi_\nu(s)$ mit konstanten Koeffizienten ist.*[384] In der gleich numerierten Reihe der entsprechenden Eigenwerte λ_1, λ_2, ... tritt jeder Eigenwert so oft auf, wie seine Vielfachheit angibt. Durch Anwendung der Besselschen Ungleichung auf eine Anzahl der $\varphi_\nu(s)$ schließt *E. Schmidt*[384] analog zu (2) für jede Anzahl dieser Eigenwerte

$$(4) \qquad \sum_{(\nu)} \frac{1}{\lambda_\nu^2} \leq \int_a^b\!\!\int_a^b k(s, t)^2\,ds\,dt;$$

also *existieren höchstens abzählbar unendlichviele Eigenwerte, und falls unendlichviele existieren, haben sie im Endlichen keine Häufungsstelle:*

$$\lim_{\nu = \infty} \lambda_\nu = \infty,$$

und die Summe ihrer reziproken Quadrate, ein jedes nach seiner Vielfachheit gezählt, konvergiert und genügt (4)[387].

d) Die Frage nach der Existenz der Eigenwerte greift über den Bereich dieser mehr formalen Aussagen hinaus (s. Nr. **33**). Jedoch kann man hier bereits folgendes aussagen: Sind $\lambda_1, \ldots, \lambda_n$ Eigenwerte von $k(s, t)$ und $\varphi_1(s), \ldots, \varphi_n(s)$ die zugehörigen normierten Eigenfunktionen, so hat der durch Subtraktion der endlichen Summe

$$(5) \qquad k^*(s, t) = \sum_{\nu = 1}^n \frac{\varphi_\nu(s)\,\varphi_\nu(t)}{\lambda_\nu}$$

---

386) *D. Hilbert*[381]), p. 17; *E. Schmidt*[381]), § 4. Das Verfahren entspricht formal vollständig dem, das man seit *S. D. Poisson*[383]) zum Beweis der Orthogonalität der ausgezeichneten Lösungen des Eigenschwingungsproblems verwendet.

387) Ein Teil dieser Aussagen folgt auch aus der Tatsache, daß die λ_ν die Nullstellen der Fredholmschen ganzen Transzendenten $\delta(\lambda)$ sind (vgl. Nr. **9**, Ende). — Bei Summation über *alle* Eigenwerte geht (4) in eine *Gleichung* über; s. Nr. **34a**, (25).

von k entstehende Kern

$$(6) \qquad k(s,\,t) - k^*(s,\,t) = k(s,\,t) - \sum_{\nu=1}^{n} \frac{\varphi_\nu(s)\,\varphi_\nu(t)}{\lambda_\nu}$$

keine der Funktionen $\varphi_\nu(s)$ *mehr zur Eigenfunktion;* sind ferner alle anderen Eigenwerte von $k(s,\,t)$ von $\lambda_1,\ldots,\lambda_n$ verschieden, so hat $k - k^*$ *keines der* λ_ν *mehr zum Eigenwert.* Alle übrigen Eigenfunktionen und Eigenwerte von $k(s,\,t)$ aber stellen die sämtlichen Eigenfunktionen und Eigenwerte von $k - k^*$ dar[388]). Die gleichen Schlüsse sind für unendlichviele Eigenwerte und Eigenfunktionen jedenfalls dann möglich, wenn die entsprechend (5) gebildete unendliche Reihe gleichmäßig konvergiert; die allgemeine Überwindung dieser Schwierigkeit ist ein Hauptpunkt der Theorie (vgl. Nr. **34** a).

e) Eine stetige Funktion $\chi(s)$, für die

$$(7) \qquad \int_a^b k(s,\,t)\,\chi(t)\,dt = 0$$

ist, kann man als *eine zum Eigenwert ∞ gehörige Eigenfunktion* bezeichnen (vgl. Nr. **7**); die Schlüsse von b) lassen sich nicht übertragen, es kann tatsächlich — z. B. bei dem Kern (5) — unendlichviele linear unabhängige solche Eigenfunktionen geben. Jedoch ergibt sich unmittelbar, daß auch eine solche Eigenfunktion $\chi(s)$ orthogonal zu jeder zu einem endlichen Eigenwert gehörigen Eigenfunktion $\varphi_\nu(s)$ ist:

$$(7') \qquad \int_a^b \chi(s)\,\varphi_\nu(s)\,ds = 0 \qquad\qquad (\nu = 1,\,2,\,\ldots).$$

Weiterhin aber folgt umgekehrt (7) aus dem Bestehen von (7') für *alle* Eigenfunktionen $\varphi_\nu(s)$; diese Tatsache liegt wesentlich tiefer und ergibt sich erst aus dem Entwicklungssatz (24) oder (24 a) von Nr. **34** a[389]).

Ein Kern, der keine zum Eigenwert ∞ gehörige stetige Eigenfunktion besitzt, heißt *abgeschlossen.*[390])

31. Die iterierten und assoziierten Kerne.

a) Die in Nr. **11** dargelegten *Beziehungen zwischen einem Kern und seinen iterierten Kernen* lassen sich bei reellen stetigen symme-

---

388) Diese in den Betrachtungen von *Hilbert* und *Schmidt*[381]) enthaltenen Tatsachen ergeben sich unmittelbar durch formale Rechnung mit Hilfe von (3) und (7'). — Übrigens löst (5) unmittelbar die Aufgabe, einen Kern mit endlichvielen beliebig vorgegebenen Zahlen $\lambda_1,\ldots,\lambda_n$ als Eigenwerten und n beliebigen normierten Orthogonalfunktionen $\varphi_1(s),\ldots,\varphi_n(s)$ als Eigenfunktionen zu bilden.

389) *E. Schmidt*[381]), § 9.

390) *D. Hilbert*[381]), p. 23.

trischen Kernen $k(s, t)$ weiter ausgestalten und führen zu folgenden
für den Aufbau der Theorie wichtigen Ergebnissen: Jeder iterierte Kern
$k^{(n)}(s, t)$ ist wiederum reell, stetig und symmetrisch und ist für ein
nicht identisch verschwindendes $k(s, t)$ nicht identisch Null, und jede
Spur von geradem Index (vgl. Nr. **11**, (5)) ist positiv[391]:

$$(8) \qquad u_{2n} = \int_a^b k^{(2n)}(s, s)\, ds = \int_a^b\int_a^b [k^{(n)}(s, t)]^2\, ds\, dt > 0.$$

Die n^{ten} Potenzen der Eigenwerte von $k(s, t)$ stellen die sämtlichen
Eigenwerte von $k^{(n)}(s, t)$ dar; jedes vollständige normierte Eigen-
funktionssystem des einen der beiden Kerne hat die gleiche Bedeutung für den anderen[392]).

b) Jeder der in Nr. **11** d) definierten *assoziierten Kerne*

$$(9) \qquad \frac{1}{n!}\, k\binom{s_1, \ldots, s_n}{t_1, \ldots, t_n} = \frac{1}{n!}\begin{vmatrix} k(s_1, t_1) \ldots k(s_1, t_n) \\ \cdots\cdots\cdots\cdots \\ k(s_n, t_1) \ldots k(s_n, t_n) \end{vmatrix}$$

ist für symmetrisches $k(s, t)$ symmetrisch in den Variablenreihen
$s_1, \ldots, s_n$ einerseits und $t_1, \ldots, t_n$ andererseits. Betrachtet man ihn
als Kern einer Integralgleichung in n Veränderlichen (vgl. Nr. **13** a,
36 b)

$$(10) \qquad \varphi(s_1, \ldots, s_n) = \mu \int_a^b \cdots \int_a^b k\binom{s_1, \ldots, s_n}{t_1, \ldots, t_n}\, \varphi(t_1, \ldots, t_n)\, dt_1 \ldots dt_n,$$

so besitzt er als Eigenwerte die Produkte von je n Eigenwerten von $k(s, t)$

$$(10\,\mathrm{a}) \qquad \mu = \lambda_{\alpha_1} \cdot \lambda_{\alpha_2} \ldots \lambda_{\alpha_n},$$

als zugehörige Eigenfunktionen die aus den entsprechenden Eigenfunktionen des vollständigen Systems von $k(s, t)$ gebildeten Determinanten

$$(10\,\mathrm{b}) \qquad \varphi(s_1, \ldots, s_n) = \frac{1}{\sqrt{n!}}\begin{vmatrix} \varphi_{\alpha_1}(s_1) \ldots \varphi_{\alpha_1}(s_n) \\ \cdots\cdots\cdots\cdots \\ \varphi_{\alpha_n}(s_1) \ldots \varphi_{\alpha_n}(s_n) \end{vmatrix},$$

und diese liefern, für alle Indizeskombinationen gebildet, sein vollständiges Eigenfunktionensystem.[393]) *O. D. Kellogg*[394]) hat auf Grund

---

391) *E. Schmidt*[381]), § 6, § 11 Anfang. — *A. Kneser,* Festschr. f. H. A. Schwarz
(Berlin 1914), p. 177—191, hat in Analogie zu der *Kummer*schen Darstellung der
Diskriminante der Säkulargleichung durch eine Quadratsumme eine Darstellung
gewisser Determinanten aus den u_n durch Integrale über Quadrate von Determinanten aus den $k^{(n)}(s, t)$ gegeben.

392) *D. Hilbert*[381]), p. 20 sowie Grundzüge, 2. Abschn., p. 69 f. (Satz 23, 24)
für $n = 2$; *E. Schmidt*[381]), § 6.

393) *J. Schur*[79]), insbes. § 7, § 15. Vgl. auch Nr. **39** b[494]).

394) *O. D. Kellogg,* Amer. J. 40 (1918), p. 145—154.

dieser Tatsache nachgewiesen, daß die Ungleichungen

$$(11) \quad k\begin{pmatrix} s_1, \ldots, s_n \\ s_1, \ldots, s_n \end{pmatrix} > 0, \quad k\begin{pmatrix} s_1, \ldots, s_n \\ t_1, \ldots, t_n \end{pmatrix} \geqq 0 \quad \text{für} \quad \begin{cases} a < s_1 < \cdots < s_n < b \\ a < t_1 < \cdots < t_n < b \\ n = 1, 2, \ldots \end{cases}$$

hinreichend dafür sind, daß je eine Eigenfunktion mit $0, 1, 2, \ldots$ Nullstellen im Intervall $a < s < b$ vorhanden ist, und daß die Nullstellen zweier Funktionen mit benachbarter Nullstellenzahl sich trennen.

32. Die Extremumseigenschaften der Eigenwerte.

a) Im Mittelpunkt der *Hilbert*schen Theorie steht das folgende von der willkürlichen stetigen Funktion $x(s)$ abhängige Doppelintegral[395]

$$(12) \quad \Re(x, x) = \int_a^b\!\!\int_a^b k(s, t)\, x(s)\, x(t)\, ds\, dt,$$

die sog. *zum Kern $k(s, t)$ gehörige quadratische Integralform*. Ist $\varphi_\nu(s)$ eine zum Eigenwert λ_ν gehörige normierte Eigenfunktion, so folgt unmittelbar

$$(12\,\mathrm{a}) \quad \Re(\varphi_\nu, \varphi_\nu) = \frac{1}{\lambda_\nu} \int_a^b \varphi_\nu(s)^2\, ds = \frac{1}{\lambda_\nu},$$

d. h. die reziproken Eigenwerte sind jedenfalls in der Menge der Werte enthalten, die $\Re(x, x)$ unter der Nebenbedingung

$$(13) \quad \int_a^b x(s)^2\, ds = 1$$

annimmt.

Für einen Kern $k^*(s, t)$ mit endlichvielen Eigenwerten (5) ergibt sich aus (5) die Formel

$$\int_a^b\!\!\int_a^b k^*(s, t)\, x(s)\, x(t)\, ds\, dt = \sum_{\nu=1}^{n} \frac{1}{\lambda_\nu} \left(\int_a^b \varphi_\nu(s)\, x(s)\, ds \right)^2;$$

es ist das *Fundamentaltheorem*[395] der Hilbertschen Theorie (für den Beweis s. Nr. **33** b und [436])), daß die gleiche Formel für *jeden* Kern gilt, wobei die Summe über alle Eigenwerte und zugehörigen Eigenfunktionen zu erstrecken ist und absolut und für alle (13) genügenden Funktionen gleichmäßig konvergiert:

$$(14) \quad \Re(x, x) = \int_a^b\!\!\int_a^b k(s, t)\, x(s)\, x(t)\, ds\, dt = \sum_{(\nu)} \frac{1}{\lambda_\nu} \left(\int_a^b \varphi_\nu(s)\, x(s)\, ds \right)^2;$$

---

395) *D. Hilbert*[381]), p. 19 f.; der Name Grundzüge, p. XI. In der algebraischen Analogie von Nr. **1** a entspricht $\Re(x, x)$ einer quadratischen Form von n Veränderlichen, die Formel (14) ihrer Hauptachsentransformation (2 a), (2 b) von Nr. **1**; über diese Analogie und ihre Bedeutung für die Hilbertsche Theorie vgl. im übrigen Nr. **1** und **6**.

im selben Sinne gilt für die zugehörige *bilineare Integralform* (Polarform):

$$(14\,\mathrm{a})\quad \begin{cases} \Re(x, y) = \int\limits_a^b\!\int\limits_a^b k(s, t)\, x(s)\, y(t)\, ds\, dt \\[2ex] \qquad\quad = \sum_{(\nu)} \dfrac{1}{\lambda_\nu} \int\limits_a^b \varphi_\nu(s)\, x(s)\, ds \int\limits_a^b \varphi_\nu(s)\, y(s)\, ds. \end{cases}$$

b) Ein Kern heißt *eigentlich positiv definit*[396]), wenn die Integralform $\Re(x, x)$ für jedes nicht identisch verschwindende stetige $x(s)$ positiv ist; er heißt schlechthin *positiv definit* (oder auch *von positivem Typus*[397])), wenn $\Re(x, x)$ niemals negativ ist; ein eigentlich definiter Kern ist stets abgeschlossen.[396]). Nach (12a) und (14) ist ein Kern dann und nur dann definit, wenn seine Eigenwerte durchweg positiv sind.[398]) Ein anderes, gleichfalls einer bekannten Eigenschaft endlicher quadratischer Formen analoges notwendiges und hinreichendes Kriterium dafür hat *J. Mercer*[397]) angegeben: es müssen die sämtlichen Spuren der assoziierten Kerne nicht negativ sein, d. h.

$$(15)\qquad \int\limits_a^b \!\cdots\! \int\limits_a^b k\begin{pmatrix} s_1, \ldots, s_n \\ s_1, \ldots, s_n \end{pmatrix} ds_1 \ldots ds_n \geqq 0 \qquad (n = 1, 2, \ldots),$$

oder — was genau dasselbe besagt — es müssen die Integranden $k\begin{pmatrix} s_1, \ldots, s_n \\ s_1, \ldots, s_n \end{pmatrix} \geqq 0$ für alle $s_1, \ldots, s_n$ sein, falls sie stetig sind. Definite Kerne erhält man, wie unmittelbar ersichtlich, durch Iteration eines symmetrischen Kernes, oder — etwas allgemeiner — durch Zusammensetzung eines beliebigen reellen unsymmetrischen Kernes $G(s, t)$ mit seinem transponierten: $\int\limits_a^b G(s, r)\, G(t, r)\, dr.$[399])

c) Aus der Darstellung (14) folgt unter Heranziehung der Besselschen Ungleichung[385]) unmittelbar, daß *der größte Wert, den $|\Re(x, x)|$ unter der Nebenbedingung* (13) *annimmt, der reziproke absolut kleinste Eigenwert ist, und daß dieser Wert nur angenommen wird, wenn $x(s)$ einer zugehörigen Eigenfunktion gleich ist.* Sind positive Eigenwerte

---

396) *D. Hilbert*[381]), Kap. V, p. 28.

397) *J. Mercer*, Phil. Trans. Roy. Soc. London 209 A (1909), p. 415—446; Proc. Roy. Soc. London (A) 83 (1910), p. 69—70.

398) *D. Hilbert*[396]). Anderer Beweis bei *H. Bateman*, Rep. Brit. Assoc. 77 (1907), p. 447—449.

399) Vgl. hierzu auch *H. Bateman*, Messenger 37 (1907), p. 91—95. Andersartige Beispiele definiter Kerne bzw. Kriterien geben *J. Mercer*[397]); *W. H. Young*, Mess. of Math. 40 (1911), p. 37—43; *J. Schur*, Math. Ztschr. 7 (1920), p. 232—234.

vorhanden, so ist *der größte (positive) Wert von $\Re(x, x)$ unter der gleichen Nebenbedingung gleich dem reziproken kleinsten positiven Eigenwert und wird für eine zugehörige Eigenfunktion angenommen; analoges gilt für negative Werte.*[400] In gleicher Weise lassen sich die *weiteren Eigenwerte und Eigenfunktionen* durch Maximaleigenschaften von $\Re(x, x)$ charakterisieren, wenn man eine Reihe von linear unabhängigen Eigenfunktionen $\varphi_1(s), \ldots, \varphi_n(s)$ als bekannt annimmt; läßt man nämlich nur solche Funktionen $\varphi(s)$ zu, die außer (13) noch die n linearen Nebenbedingungen

$$(16) \qquad \int_a^b x(s)\,\varphi_1(s)\,ds = 0, \quad \ldots, \quad \int_a^b x(s)\,\varphi_n(s)\,ds = 0$$

erfüllen, so ist das Maximum von $|\Re(x, x)|$ der reziproke Wert der absolut kleinsten, dasjenige von $\Re(x, x)$ der reziproke Wert der kleinsten positiven Zahl, die nach Fortlassung der n zu $\varphi_1(s), \ldots, \varphi_n(s)$ gehörigen Eigenwerte in der Folge der nach ihrer Vielfachheit gezählten Eigenwerte übrig bleibt; dieser größte Wert wird wiederum für die zugehörigen Eigenfunktionen angenommen. Daher ist es möglich, *die ihrer absoluten Größe nach geordneten Eigenwerte* $|\lambda_1| \leq |\lambda_2| \leq \cdots$ *sukzessive als reziproke Maxima von* $|\Re(x, x)|$ *zu charakterisieren:* $|\lambda_{n+1}|^{-1}$ *ist das Maximum unter den Nebenbedingungen* (13), (16) *und wird für die zugehörige Eigenfunktion* $\varphi_{n+1}(s)$ *angenommen, wenn* $\varphi_1(s), \ldots, \varphi_n(s)$ *die vorher bestimmten zu* $\lambda_1, \ldots, \lambda_n$ *gehörigen Eigenfunktionen sind.*[401] Entsprechendes gilt für die positiven und negativen Eigenwerte für sich.

In derselben Weise kann man weiter Aussagen über die Extrema von $\Re(x, x)$ unter anderen quadratischen oder linearen Nebenbedingungen, wie

$$\int_a^b \left(\int_a^b k(s, t)\, x(t)\, dt \right)^2 ds = 1 \quad \text{oder} \quad \int_a^b x(s)\, f(s)\, ds = 0$$

---

400) *D. Hilbert*[381]), Kap. V, p. 29 f.; kürzerer Beweis Kap. XIV, p. 193. Die erste Variation dieses Maximalproblems liefert übrigens gerade die Integralgleichung (i_h). — Ein anderer Beweis, der an Stelle der Entwicklung (14) die mit dem lösenden Kern gebildete Integralform verwendet, bei *H. Bateman*, Trans. Cambr. Phil. Soc. 20 (1907), p. 371—382; 21 (1908), p. 123—128. — Eine Abschätzung des kleinsten Eigenwertes λ_1 auf Grund dieses Satzes für definites $k(s, t)$ und positives und konvexes $\varphi_1(s)$ gibt *Ph. Frank,* Paris C. R. 158 (1914), p. 551—554.

401) *D. Hilbert*[400]). — Diese Aussagen entsprechen in der algebraischen Analogie (Nr. 1, 6) offenbar der bekannten Charakterisierung der kleinsten Hauptachsen einer quadratischen Mittelpunktsfläche als kleinster Durchmesser überhaupt, der zweiten als kleinster Durchmesser in dem dazu senkrechten ebenen Schnitt durch das Zentrum, u. s. f.

machen, die für Anwendungen auf Differentialgleichungen von Belang sind.[402]

d) Eine neue, namentlich auch für die Anwendungen wichtige Wendung hat *R. Courant*[403]) diesen Fragestellungen gegeben, indem er eine den n^{ten} Eigenwert λ_n charakterisierende Extremumseigenschaft aufstellte, die *nicht* die Kenntnis der zu den vorhergehenden Eigenwerten gehörigen Eigenfunktionen voraussetzt.[404]) Es seien nämlich $f_1(s), \ldots, f_n(s)$ *n willkürlich gewählte stetige Funktionen und* M_f *die obere Grenze*[404a]) *aller Werte, die* $|\Re(x,x)|$ *unter den Bedingungen*

$$(17) \qquad \int_a^b x(s) f_1(s)\, ds = 0, \quad \ldots, \quad \int_a^b x(s) f_n(s)\, ds = 0$$

und (13) *annimmt, dann ist* $|\lambda_{n+1}|^{-1}$ *das Minimum aller Werte* M_f, *die sich bei verschiedener Wahl der n Funktionen* $f_1(s), \ldots, f_n(s)$ *ergeben.* In der Tat kann man $n + 1$ Konstante $c_1, \ldots, c_{n+1}$ so bestimmen, daß $\tilde{x}(s) = c_1 \varphi_1(s) + \cdots + c_{n+1} \varphi_{n+1}(s)$ (13), (17) erfüllt, und hat dann aus (14) $|\Re(\tilde{x}, \tilde{x})| \geq \dfrac{1}{|\lambda_{n+1}|}$, also auch $M_f \geq \dfrac{1}{|\lambda_{n+1}|}$; andererseits ist für $f_1 = \varphi_1, \ldots, f_n = \varphi_n$ nach c) $M_f = |\lambda_{n+1}|^{-1}$.[403]) — Entsprechendes gilt für die positiven und negativen Eigenwerte für sich.

---

402) *D. Hilbert*[381]), p. 30; Kap. VII, p. 56 ff. — Das Problem mit linearer Nebenbedingung ist nach der Methode von Nr. **15** ausführlich behandelt von *W. Cairns*, Diss. Göttingen 1907, 68 S.; vgl. auch *A. J. Pell*, Bull. Amer. Math. Soc. (2) 16 (1910), p. 412—415.

403) *R. Courant*, Gött. Nachr. 1919, p. 255—264; Math. Ztschr. 7 (1920), p. 1—57; Ztschr. angew. Math. Mech. 2 (1922), p. 278—285. Wegen der Übertragung auf Integralgleichungen vgl. *B. Hostinsky*[493]), *R. Courant*[422]). — Im wesentlichen das gleiche Schlußverfahren wird bereits in den Untersuchungen von *H. Weyl*[443]) zur Herleitung von Aussagen über die Größenbeziehung der Eigenwerte verschiedener Kerne verwendet; insbesondere leitet *H. Weyl* ([443]), d), p. 166 f.; e), § 6, Satz III) einen die Courantsche Aussage für den Fall *einer* Nebenbedingung (17) umfassenden Satz her, ohne allerdings die begrifflich bedeutsame Wendung zur independenten Definition der höheren Eigenwerte zu vollziehen.

404) Diese auch in der algebraischen Geometrie wichtige Eigenschaft ist früher merkwürdigerweise nur vereinzelt ausgesprochen worden [*E. Fischer*, Monatsh. f. Math. 16 (1905), p. 249; vgl. auch eine gelegentliche Bemerkung für ein besonderes Randwertproblem bei *H. Poincaré*, J. de Math. (5) 2 (1896), p. 261]; sie besagt, daß in der Reihe der ihrer Größe nach geordneten Absolutwerte der Hauptachsenquadrate einer quadratischen Zentralfläche des r-dimensionalen Raumes der $(n+1)^{\text{te}}$ Wert der größte ist, der unter den absolut kleinsten Hauptachsenquadraten der sämtlichen durch den Mittelpunkt gelegten $(r-n)$-dimensionalen Schnitte der Fläche vorkommt.

404a) Man kann die Aussage leicht dahin ergänzen — was aber für diesen Zusammenhang unwesentlich ist — daß M_f *Maximum* dieser Werte $|\Re(x,x)|$ ist (vgl. *W. Cairns*[402]); *R. Courant*, Literatur A 11, p. 115 f.).

33. Die Existenz der Eigenwerte. Das Kernstück der Eigenwerttheorie ist der folgende von *D. Hilbert*[405]) aufgestellte und bewiesene *Existenzsatz*:

1. *Jeder reelle symmetrische stetige nicht identisch verschwindende Kern besitzt mindestens einen Eigenwert.*

Darüber hinaus gelten folgende Aussagen:

2. Ein Kern hat dann und nur dann endlichviele Eigenwerte, wenn er von endlichem Range (s. Nr. **10 a**, 1) ist.[405])

3. Ein Kern $k(s, t)$ hat jedenfalls dann unendlichviele Eigenwerte, wenn er *abgeschlossen* (Nr. **30 e**) oder *allgemein* (Nr. **34 d**) ist.[406])

Diese Sätze sind auf sehr verschiedene Arten abgeleitet worden.

a) Der Beweis von *E. Schmidt*[407]) beruht auf folgenden beiden Grundgedanken. Den einen kann man in der Bemerkung finden, daß die durch die Rekursionsformeln

$$(18) \qquad g_{\nu+1}(s) = c_{\nu}\int_a^b k(s, t)\,g_{\nu}(t)\,dt \qquad (\nu = 1, 2, \ldots)$$

von einem willkürlichen $g_1(s)$ ausgehend definierten Funktionen offenbar gegen eine Eigenfunktion von $k(s, t)$ konvergieren, wenn die Folge der Konstanten $c_1, c_2, \ldots$ so bestimmt ist, daß sie einen Limes hat (der der Eigenwert wird), und daß die $g_{\nu}(s)$ gleichmäßig aber nicht gegen 0 konvergieren.[408]) Diese Bestimmung erreicht Schmidt — und das ist der andere Grundgedanke des Beweises — indem er das Verfahren auf den iterierten Kern $k^{(2)}(s, t)$ anwendet, der definit ist, und indem er einen dem Verfahren von *D. Bernoulli* zur Auflösung algebraischer Gleichungen (vgl. Encykl. I B 3 a, Nr. **13**, *C. Runge*) nachgebildeten einfachen Limesausdruck für den *kleinsten Eigenwert* μ von

---

405) *D. Hilbert*, Gött. Nachr. 1904[381]), p. 72; Grundzüge[381]), p. 22.

406) *D. Hilbert*[381]), p. 23 f., 25 f., 193 f.

407) *E. Schmidt*[381]), § 11. Der Beweis ist einem Existenzbeweis von *H. A. Schwarz*[25]) nachgebildet; vgl. Nr. **5**, p. 1352.

408) In der algebraischen Analogie entspricht dem die bekannte Tatsache, daß durch immer wiederholte Iteration einer und derselben Kollineation aus jedem Element unter gewissen Bedingungen in der Grenze ein sich selbst entsprechendes Element der Kollineation entsteht — angewandt auf die Kollineation zwischen den Richtungen g_s $(s = 1, \ldots, n)$ durch den Mittelpunkt einer quadratischen Zentralfläche $\sum_{s,t=1}^{n} k_{st} x_s x_t = 1$ und den Normalenrichtungen $g_s^* = c \sum_{t=1}^{n} k_{st} g_t$ ihrer konjugierten Ebenen; hier hat man bekanntlich jedenfalls dann, wenn die quadratische Form definit ist, stets Konvergenz gegen die (bzw. bei Rotationsflächen gegen eine) kleinste Hauptachse, es sei denn, daß man gerade von einer auf ihr (bzw. auf ihnen) senkrechten Richtung ausgeht.

$k^{(2)}(s, t)$ aufstellt[409]) und diesen als gemeinsamen Wert der Konstanten c_ν verwendet. Dieser Limes ist aus den nicht verschwindenden sukzessiven Spuren von geradem Index des Kernes $k(s, t)$ gebildet (Nr. **31**, (8)):

$$(19\,\text{a}) \qquad \mu = \lim_{\nu = \infty} \frac{u_{2\nu}}{u_{2\nu+2}} = \lim_{\nu = \infty} \frac{1}{\left| \sqrt[\nu]{u_{2\nu}} \right|} > 0;$$

(18) liefert alsdann, wenn noch $k(s, t)$ durch $k^{(2)}(s, t)$ ersetzt wird, für $c_\nu = \mu$, $g_1(t) = \mu k^{(2)}(s, r)$ als *zum Eigenwert μ gehörige Eigenfunktion* von $k^{(2)}(s, t)$ den gleichmäßig konvergenten, übrigens noch den Parameter r enthaltenden Limes

$$(19\,\text{b}) \qquad \varphi(s, r) = \lim_{\nu = \infty} \mu^\nu k^{(2\nu)}(s, r),$$

der wegen der Ungleichung

$$(19\,\text{c}) \qquad \int_a^b \varphi(s, s)\,ds = \lim_{\nu = \infty} \mu^\nu u_{2\nu} \geqq 1$$

nicht identisch und also auch nicht für jedes r als Funktion von s identisch verschwindet.

Der Beweis dieser Aussagen beruht auf den aus der Schwarzschen Ungleichung (Nr. **7**, (22)[40])) folgenden Ungleichungen

$$(20) \qquad u_{2\nu}^2 \leqq u_{2\nu-2} \cdot u_{2\nu+2}, \quad u_{2\nu+2n} \leqq u_{2\nu} \cdot u_{2n},$$

aus denen man die Konvergenz und sogar den monotonen Charakter der Folgen (19a) sowie die Ungleichung (19c) entnehmen kann; da die erste Folge (19a) abnehmend, die zweite zunehmend ist, ist damit zugleich eine auch praktisch brauchbare Abschätzung von μ gegeben. Endlich folgt auch die gleichmäßige Konvergenz von (19b) lediglich durch Abschätzung mittels der Schwarzschen Ungleichung.

---

409) Bei dem algebraischen Problem der Hauptachsentransformation handelt es sich nämlich analog um die Auflösung der algebraischen Gleichung (1) von Nr. **1**. Sind $\lambda_1, \ldots, \lambda_n$ wiederum ihre Wurzeln, die Eigenwerte des algebraischen Problemes, so sind deren Potenzsummen, wie man etwa der Formel Nr. **1**, (2b) der Hauptachsentransformation entnehmen kann, die Spuren der iterierten Formen

$$\frac{1}{\lambda_1^\nu} + \cdots + \frac{1}{\lambda_n^\nu} = \sum_{s=1}^n k_{ss}^{(\nu)} = v_\nu, \quad \text{wo} \quad k_{st}^{(\nu)} = \sum_{r=1}^n k_{sr} k_{rt}^{(\nu-1)},$$

und man erkennt in der (19a) entsprechenden und in dieser Gestalt leicht zu verifizierenden Limesgleichung für den kleinsten Eigenwert λ_1

$$\lambda_1^2 = \lim_{\nu = \infty} \frac{v_{2\nu}}{v_{2\nu+2}} = \lim_{\nu = \infty} \frac{\dfrac{1}{\lambda_1^{2\nu}} + \cdots + \dfrac{1}{\lambda_n^{2\nu}}}{\dfrac{1}{\lambda_1^{2\nu+2}} + \cdots + \dfrac{1}{\lambda_n^{2\nu+2}}}$$

die Ausgangsgleichung der Bernoullischen Methode. Über die analogen Ausdrücke der u_ν durch die Eigenwerte von $k(s, t)$ vgl. Nr. **34**, (25).

Weiterhin ist μ der kleinste Eigenwert von $k^{(2)}(s, t)$, und $\varphi(s, r)$ liefert die sämtlichen zu ihm gehörigen Eigenfunktionen von $k^{(2)}(s, t)$ in folgender Weise[410]): Der Grenzwert (19 c) ist eine ganze Zahl m, die Vielfachheit des Eigenwertes μ; sind $\varphi_1(s), \ldots, \varphi_m(s)$ m orthogonale und normierte zu μ gehörige Eigenfunktionen von $k^{(2)}(s, t)$, so ist

$$(19\,\mathrm{d}) \qquad \varphi(s, r) = \varphi_1(s)\varphi_1(r) + \cdots + \varphi_m(s)\varphi_m(r),$$

und jede Eigenfunktion $\varphi_1(s), \ldots, \varphi_m(s)$ läßt sich durch lineare Kombinationen von Funktionen $\varphi(s, r_1), \ldots, \varphi(s, r_m)$ für passend gewählte Parameterwerte $r_1, \ldots, r_m$ darstellen.

Mit der Existenz eines Eigenwertes μ von $k^{(2)}(s, t)$ ist nun nach Nr. **31** a auch die Existenz eines Eigenwertes $+\sqrt{\mu}$ oder $-\sqrt{\mu}$ von $k(s, t)$ gegeben. Sofern weitere Eigenwerte existieren, gewinnt sie *E. Schmidt*[411]) durch Anwendung des somit bewiesenen Existenzsatzes auf den nach Nr. **30** d, (6) von den ersten Eigenwerten und Eigenfunktionen befreiten Kern.

J. Schur[412]) hat durch Anwendung der *Schmidt*schen Methode auf die von ihm untersuchten assoziierten Kerne (Nr. **31** b) Grenzwertausdrücke von der Art (19 a) erhalten, die direkt auch die folgenden Eigenwerte liefern; der n^{te} assoziierte Kern ist nämlich dann nicht identisch Null, wenn $k(s, t)$ der Vielfachheit nach gerechnet mindestens n Eigenwerte hat (vgl. Nr. **11** d) — dann aber gibt das Schmidtsche Verfahren einen Grenzwertausdruck für den Absolutwert seines kleinsten Eigenwertes, der nach Nr. **31**, (10 a) gleich dem Produkt der n absolut kleinsten Eigenwerte $|\lambda_1 \cdot \lambda_2 \cdots \lambda_n|$ von $k(s, t)$ ist, und als Quotient zweier solcher Ausdrücke erhält man $|\lambda_n|$ selbst. Analog erhält *Schur* die zugehörigen Eigenfunktionen.

---

410) *J. Schur*[79]), § 12 gibt einen direkten einfachen Beweis hierfür im Anschluß an den Schmidtschen Gedankengang; man kann diese Tatsachen auch nachträglich aus (24a) und (25) von Nr. **34** entnehmen.

411) *E. Schmidt*[381]), § 8.

412) *J. Schur*[79]), § 13 ff. — *Ch. Müntz* [Paris C. R. 156 (1913), p. 43—46, 860—862; Gött. Nachr. 1917, p. 136—140; Prace mat.-fiz. 29 (1918), p. 109—177] untersucht auch für den algebraischen Fall andere Verfahren zur Auffindung der höheren Eigenfunktionen. In der gleichen Richtung streben die Modifikationen, die *A. Vergerio* [Rom Acc. Linc. Rend. (5) 24_2 (1915), p. 324—329, 365—369; Lomb. Ist. Rend. (2) 48 (1915), p. 878—890; Torino Atti 51 (1916), p. 227—237; Palermo Rend. 41 (1916), p. 1—35], *J. Mollerup* [Palermo Rend. 47 (1923), p. 115—143] an dem Schmidtschen Verfahren anbringen, indem sie insbesondere $g_1(s)$ und die c_ν in (18) anders wählen; der Beweis von *M. Botasso* [Atti Ist. Veneto 71, II a (1912), p. 917—930] ist unzutreffend. *O. D. Kellogg*, Math. Ann. 86 (1922), p. 14—17 kürzt das Verfahren obendrein durch Anwendung eines Auswahlverfahrens auf die $g_\nu(s)$ ab, ohne damit natürlich den vollen Sachverhalt erhalten zu können.

b) In der ursprünglichen Behandlung der Theorie durch *D. Hilbert*[413]) ergeben sich die Existenzsätze aus dem entsprechenden algebraischen Problem, der orthogonalen Transformation der quadratischen Form von n Variablen $\sum\limits_{p,q=1}^{n} k\left(\dfrac{p}{n},\dfrac{q}{n}\right) x_p x_q$ durch den Grenzübergang $n \to \infty$ (vgl. dazu Nr. **1**, **6**). Im Anschluß an seine Darstellung der Fredholmschen Determinante von $\lambda k(s,t)$ als Grenzwert von Determinanten aus den Koeffizienten $k\left(\dfrac{p}{n},\dfrac{q}{n}\right)$ (vgl. Nr. **9**[54])) gelingt es *Hilbert*, den Grenzübergang in der Formel der Hauptachsentransformation jener quadratischen Form (Nr. **1**, (2b)) direkt durchzuführen, falls die Variablenwerte x_p die Werte einer stetigen Funktion $x(s)$ an den Stellen $s = \dfrac{p}{n}$ bedeuten, und er erhält so die Fundamentalformel (14) bzw. (14a); dabei sind die λ_ν die Nullstellen der Fredholmschen Determinante von $\lambda k(s,t)$, die $\varphi_\nu(s)$ aber Minoren von ihr für diese Werte λ_ν (vgl. Nr. **9**, 2). Aus dieser Fundamentalformel ergibt sich nun unmittelbar das Existenztheorem und die ergänzenden Aussagen 2, 3.

c) Von einer Reihe von Autoren sind der Theorie der analytischen Funktionen Methoden zum Beweise der Existenzsätze entnommen worden (vgl. Nr. **6**, insbes. [34])). Den Ausgangspunkt bildet dabei die Tatsache, daß die Resolvente der Integralgleichung (*i*) und ebenso ihre Lösung eine analytische Funktion des Parameters λ ist (s. Nr. **9**, Ende), die höchstens an den Eigenwerten λ_ν (den Nullstellen der Fredholmschen Determinante $\delta(\lambda)$) Pole, und im Falle eines reellen symmetrischen Kernes sogar nur einfache Pole (s. Nr. **34**, (26), (29) und **39**a, [492])) besitzt; der Beweis des Existenztheorems kommt also darauf hinaus, zu zeigen, daß diese meromorphe Funktion *tatsächlich stets mindestens einen Pol* besitzt.

A. Kneser[414]) hat dies im Verfolg von Gedankengängen, wie sie in den früher[34]) genannten Arbeiten über die Differentialgleichungen der mathematischen Physik entwickelt worden waren, in folgender Weise erschlossen: die Reihe (6) von Nr. **11** muß aus funktionentheoretischen Gründen einen Konvergenzkreis haben, der bis zur absolut kleinsten Nullstelle von $\delta(\lambda)$ reicht; ihre Koeffizienten sind aber

413) *D. Hilbert*[381]), Kap. II—IV, p. 8—22. Direkte Durchführung des Grenzübergangs im Fall mehrfacher Nullstellen von $\delta(\lambda)$ ohne die von *Hilbert*[381]), Kap. VI, p. 36 ff. benutzte stetige Variation des Kernes bei *E. Garbe*[54]).

414) *A. Kneser*, Palermo Rend. 22 (1906), p. 233—240. — Man kann den Beweis auch auf die Entwicklung der Resolvente nach Potenzen von λ (Nr. **11**, (2a)) stützen, aus der für $s = t$ durch Integration nach s Nr. **11**, (6) entsteht.

gerade die Spuren von $k(s, t)$, und aus den für sie geltenden Ungleichungen (20) folgt, daß die Reihe einen *endlichen* Konvergenzkreis hat. Da die Eigenwerte reell sind, sind mit dem Konvergenzradius auch die absolut kleinsten Eigenwerte gefunden, und man kann weiterhin nach bekannten funktionentheoretischen Methoden der Reihe nach die übrigen Pole der Funktion (6) von Nr. **11**, d. h. die übrigen Eigenwerte bestimmen.[414])

In der klassischen Arbeit *H. Poincaré*s [27]) über die schwingende Membran ist aber darüber hinaus, wie zuerst *A. Korn*[415]) ausgesprochen hat, eine auf jede Integralgleichung anwendbare Methode enthalten, die nicht nur die sämtlichen Eigenwerte mit einem Schlage liefert, sondern auch den meromorphen Charakter der Lösung, die also genau wie die Schmidtsche Methode von der Bezugnahme auf die Fredholmschen Formeln frei ist. Sie beruht auf der Betrachtung einer Integralgleichung (i), deren rechte Seite $\sum_{\nu=0}^{p-1} c_\nu f_\nu(s) = F(s)$ einer p-dimensionalen Funktionenschar angehört, und auf der Bemerkung, daß man p so groß und die Konstanten c_ν dann derart wählen kann, daß ihre Lösung $\Phi(s)$ in einem beliebig großen, jedenfalls aber endlichen Kreise $|\lambda| < R_p$ regulär analytisch in λ ist.[416]) Wendet man dies auf die Folge der Funktionen $f_\nu(s) = \int_a^b k^{(\nu)}(s, t) f_0(t)\, dt$ an und sind $\varphi_{\nu+1}(s)$ die zugehörigen Lösungen von (i)

$$(21) \quad \varphi_{\nu+1}(s) - \lambda \int_a^b k(s, t)\varphi_{\nu+1}(t)\, dt = \int_a^b k^{(\nu)}(s, t) f(t)\, dt = f_\nu(s),$$

so folgt leicht

$$(21\,\mathrm{a}) \qquad \varphi_\nu(s) - \lambda \varphi_{\nu+1}(s) = f_{\nu-1}(s) \quad (\nu = 1, 2, \ldots, p-1),$$

während nach dem vorausgeschickten

$$(21\,\mathrm{b}) \qquad c_0 \varphi_1(s) + c_1 \varphi_2(s) + \cdots + c_{p-1}\varphi_p(s) = \Phi(s)$$

---

415) *A. Korn*, Paris C. R. 144 (1907), p. 1411—1414; Literatur A 3; Arch. d. Math. (3) 25 (1916), p. 148—173. Der Beweis ist auch durchgeführt bei *A. Chicca*, Torino Atti 44 (1909), p. 151—159.

416) Dies wird aus dem einer Aussage von *Poincaré*[27]) nachgebildeten Hilfssatz geschlossen, daß der Quotient der beiden Integrale

$$\int_a^b\!\!\int_a^b k^{(2)}(s, t)\, F(s)\, F(t)\, ds\, dt : \int_a^b F(s)^2\, ds, \quad \text{wo} \quad F(s) = \sum_{\nu=0}^{p-1} c_\nu f_\nu(s),$$

durch Wahl von p und der c_ν beliebig klein gemacht werden kann; damit kann man dann, analog wie oben [414]) angedeutet, den Konvergenzkreis der Potenzentwicklung der Lösung $\Phi(s)$ nach λ abschätzen.

für $|\lambda| < R_p$ regulär ist. Die Elimination von $\varphi_2(s), \ldots, \varphi_p(s)$ aus den p linearen Gleichungen (21a), (21b) ergibt für $\varphi_1(s)$, d. i. die Lösung der Integralgleichung (i) mit der rechten Seite $f(s) = f_0(s)$, eine Quotientendarstellung, aus der hervorgeht, daß sie in $|\lambda| < R_p$ höchstens $p - 1$ Pole besitzt, darüber hinaus aber, wie $\Phi(s)$, sicher Singularitäten besitzt. Da aber $f(s)$ beliebig gewählt werden kann, ist damit gezeigt, daß die Lösung *jeder* Integralgleichung (i) meromorph und niemals ganz transzendent ist.

Andersartige auf funktionentheoretischen Methoden beruhende Beweise des Existenzsatzes haben *T. Lalesco*[417] und *E. Goursat*[418]) den Sätzen über das Geschlecht der Fredholmschen Determinante (s. Nr. 39c) entnommen.

d) Eine letzte Gruppe von Existenzbeweisen stützt sich auf die in Nr. 32c angegebenen Extremumseigenschaften und geht damit den Weg des Dirichletschen Prinzips, den zuerst — noch ohne strenge Begründung — *H. Weber*[419]) für das Problem der schwingenden Membran eingeschlagen und den *D. Hilbert*[420]) durch seine Arbeiten über das Dirichletsche Prinzip für strenge Beweisführung gangbar gemacht hatte. *D. Hilbert* selbst hat diesen Gedankengang für das entsprechende Problem in unendlichvielen Veränderlichen durchgeführt und seine Resultate durch sein Übertragungsverfahren (Nr. 15) auf Integralgleichungen übertragen (s. Nr. 40). Kurz vor der Publikation dieser Resultate hat *E. Holmgren*[421]) das gleiche Verfahren direkt auf Integralgleichungen angewandt. Es sei $|\lambda_1|^{-1}$ die bei nicht identisch verschwindendem $k(s, t)$ sicher von Null verschiedene *obere Grenze* der Werte der quadratischen Integralform $|\Re(x, x)|$ (Nr. 32, (12)) für alle der Bedingung (13) genügenden stetigen Funktionen $x(s)$, derart daß

---

417) *T. Lalesco*, Paris C. R. 145 (1907), p. 906—907; Literatur A 6, p. 64: sein Kriterium für Kerne ohne Eigenwerte (Nr. 39c, p. 1552) ergibt wegen $u_4 \neq 0$ sofort den Existenzsatz.

418) *E. Goursat*[74]), insbes. p. 97: die Fredholmsche Determinante von $k^{(4)}(s, t)$ ist vom Geschlecht 0, also müßte sie für eigenwertlose Kerne gleich 1 sein (vgl. Nr. 39, (10)), was wiederum $u_4 \neq 0$ widerspricht.

419) *H. Weber*, Math. Ann. 1 (1869), p. 1—36; vgl. darüber Encykl. II A 7c, Nr. 9, *A. Sommerfeld.*

420) *D. Hilbert*, Jahresb. Deutsch. Math.-Ver. 8 (1900), p. 184—188 = J. f. Math. 129 (1905), p. 63—67 sowie [137]).

421) *E. Holmgren*, Paris C. R. 142 (1906), p. 331—333; Ark. f. mat. 3 (1906), Nr. 1, 24 S. (vgl. auch ibid. 1 (1904), p. 401—417); Math. Ann. 69 (1910), p. 498—513; im wesentlichen der gleiche Gedankengang unter Ausdehnung auf die inhomogene Gleichung bei *A. Hammerstein*, Sitzungsb. Berlin. Math. Ges. 23 (1924), p. 3—13. Ein ähnliches Verfahren unter geringeren Voraussetzungen über $k(s, t)$ wendet *F. Riesz*, Math. és term. ért. 27 (1909), p. 220—240 und [516]) an.

die Werte $\Re(x, x)$ selbst λ_1^{-1} beliebig nahe kommen; es kommt dann darauf an zu zeigen, daß λ_1^{-1} in diesem Bereich *Extremum* ist, d. h. daß es eine (13) genügende stetige Funktion $\varphi_1(s)$ gibt, für die $\Re(\varphi_1, \varphi_1) = \lambda_1^{-1}$ ist — dann ist nach Nr. **32** c (wie auch direkt leicht nachzuweisen) λ_1 der absolut kleinste Eigenwert, $\varphi_1(s)$ eine zugehörige Eigenfunktion. Jenen Beweis erbringt nun *Holmgren*, indem er von einer Folge stetiger, der Bedingung (13) genügender Funktionen $x_n(s)$ ausgeht, für die $\lim\limits_{n=\infty} \Re(x_n, x_n) = \lambda_1^{-1}$ ist, und aus ihr nach dem von *Hilbert* beim Dirichletschen Prinzip angewandten Auswahlverfahren[137]) eine Teilfolge $x_{n_\nu}(s)$ $(\nu = 1, 2, \ldots)$ derart auswählt, daß

$$\lim_{\nu=\infty} \int_a^b k(s, t)\, x_{n_\nu}(t)\, dt$$

für jeden rationalen Wert s $(a \leq s \leq b)$ konvergiert; die Anwendung der Schwarzschen Ungleichung[40]) zeigt, daß die so bestimmten Grenzwerte sich zu den Werten einer *stetigen* Funktion $\lambda_1 \varphi_1(s)$ zusammenschließen, und durch weitere Grenzbetrachtungen wird gezeigt, daß dieses $\varphi_1(s)$ die gesuchte Extremalfunktion ist. Analoge Überlegungen im Anschluß an die Extremumssätze von Nr. **32** c liefern sukzessive die anderen Eigenwerte und Eigenfunktionen.

R. Courant[422]) hat neuerdings diesen Beweisgedanken des Dirichletschen Prinzips derart ausgestaltet, daß er nicht nur wie bisher die *Existenz* des Eigenwertes verbürgt, sondern auch bestimmte als Grundlage numerischer Behandlung von Integralgleichungen verwendbare *Verfahren zur Approximation der Eigenwerte und Eigenfunktionen* liefert. Er geht aus von der Tatsache, daß man jeden stetigen symmetrischen Kern gleichmäßig im Integrationsgebiet durch symmetrische Kerne $k_n(s, t)$ endlichen Ranges n approximieren kann, die durch passende Systeme orthogonaler und normierter Funktionen in der Form

$$k_n(s, t) = \sum_{p, q=1}^n a_{pq}\, \omega_p(s)\, \omega_q(t), \quad a_{pq} = a_{qp}$$

dargestellt werden können.[423]) Das Übergangsverfahren von Nr. **10** a, 1

---

422) *R. Courant*, Math. Ann. 89 (1923), p. 161—178; Literatur A 11, Kap. III, insbes. § 4, 8 sowie Kap. II, § 2, 3 für die Hilfsbegriffe.

423) Vgl. Nr. **10** a, 3. Ist der dort bestimmte Kern $G(s, t)$ unsymmetrisch, so ist $k_n(s, t) = \tfrac{1}{2}(G(s, t) + G(t, s))$ symmetrisch und leistet bei symmetrischem $k(s, t)$ das gleiche wie $G(s, t)$. Die Ersetzung der Funktionen $u_p(s)$, $v_p(s)$ von Nr. **10** a durch orthogonale normierte lineare Kombinationen ergibt die Formel des Textes.

und die Formel

$$\mathfrak{K}_n(x,\,x) = \sum_{p,\,q=1}^{n} a_{pq}x_p x_q,\quad \text{wo}\quad x_p = \int_a^b x(s)\,\omega_p(s)\,ds,$$

für die zu $k_n(s,\,t)$ gehörige quadratische Integralform zeigt, daß die Theorie der Integralgleichung mit dem Kern $k_n(s,\,t)$ unmittelbar aus der Theorie der orthogonalen Transformation der quadratischen Form $\sum a_{pq}x_p x_q$ von n Veränderlichen entnommen werden kann.

Da sich nun ferner die Werte der Integralformen $\mathfrak{K}(x,\,x)$ und $\mathfrak{K}_n(x,\,x)$ für alle (13) genügenden Funktionen beliebig wenig unterscheiden, gilt das gleiche für ihre Extremwerte, und daher müssen speziell die absolut kleinsten Eigenwerte $\lambda_1^{(n)}$ von $k_n(s,\,t)$ im Limes den von $k(s,\,t)$ liefern. Darüber hinaus aber wird aus den zugehörigen Eigenfunktionen $\varphi_1^{(n)}(s)$, die

$$(22)\qquad \varphi_1^{(n)}(s) = \lambda_1^{(n)} \int_a^b k_n(s,\,t)\,\varphi_1^{(n)}(t)\,dt$$

genügen, durch ein ähnliches Auswahlverfahren wie bei *Holmgren* eine Teilfolge entnommen, die gegen eine zu λ_1 gehörige Eigenfunktion $\varphi_1(s)$ von $k(s,\,t)$ gleichmäßig konvergiert.

Eine *zweite* Methode von *R. Courant* macht sich auch von diesem Auswahlverfahren frei. Sie beruht auf folgenden beiden Begriffen[423a], die den Begriff der linearen Unabhängigkeit und der Dimensionszahl von linearen Funktionsscharen auf Folgen solcher Scharen auszudehnen gestatten:

1. Das *Unabhängigkeitsmaß* der Funktionen $f_1(s),\ldots,f_m(s)$ ist das Minimum der quadratischen Form

$$\int_a^b \{x_1 f_1(s) + \cdots + x_m f_m(s)\}^2\,ds = \sum_{p,\,q=1}^{m} x_p x_q \int_a^b f_p(s)\,f_q(s)\,ds$$

unter der Nebenbedingung $x_1^2 + \cdots + x_m^2 = 1$.

2. Die *asymptotische Dimensionenzahl* r einer Folge $\varphi_1(s),\,\varphi_2(s),\ldots$ ist die kleinste ganze Zahl der Art, daß nach Fortlassung hinreichend vieler Funktionen aus jener Folge jeder aus dem Rest herausgegriffene Komplex von $r+1$ Funktionen ein beliebig kleines Unabhängigkeitsmaß hat.

Nun zeigt *Courant* durch ein den *E. Schmidt*schen Beweis des Satzes von Nr. **30**b verallgemeinerndes Verfahren, daß die Folge der sämtlichen zu den kleinsten Eigenwerten $\lambda_1^{(n)}$ der $k_n(s,\,t)$ gehörigen Eigenfunktionen $\varphi_1^{(n)}(s)$ eine endliche positive asymptotische Dimensionenzahl r

---

423a) *R. Courant*, Math. Ann. 85 (1922), p. 280—325 sowie [422].

besitzt. Daraus und aus der Darstellung (22) bestimmt er eine Schar von r linear unabhängigen Funktionen $\varphi_1(s), \ldots, \varphi_r(s)$ als *Grenzschar* der Folge $\varphi_1^{(n)}(s)$ in dem Sinne, daß sich für hinreichend große n jedes $\varphi_1^{(n)}(s)$ von einer passend gewählten Funktion $c_1 \varphi_1(s) + \cdots + c_r \varphi_r(s)$ beliebig wenig unterscheidet: *diese Schar enthält die sämtlichen zu* λ_1 *gehörigen Eigenfunktionen von* $k(s, t)$. — In analoger Weise werden die weiteren Eigenwerte und Eigenfunktionen im Anschluß an die Extremumseigenschaften von Nr. **32** d bestimmt.

34. Entwicklungssätze. Auf Grund des Existenzsatzes (Nr. **33**) und der formalen Tatsachen von Nr. **30, 31** ergeben sich eine Reihe von Sätzen über die Entwicklung des *Kernes*, seiner *Iterierten* sowie *willkürlicher Funktionen* in *Reihen nach Eigenfunktionen* des Kernes.[424])

a) **Entwicklung des Kernes und seiner Iterierten.** Für einen stetigen symmetrischen Kern $k(s, t)$ gilt die *Entwicklung nach dem vollständigen normierten System* seiner zu den Eigenwerten λ_ν gehörigen Eigenfunktionen $\varphi_\nu(s)$

$$(23) \qquad k(s, t) = \sum_{(\nu)} \frac{\varphi_\nu(s)\, \varphi_\nu(t)}{\lambda_\nu} \qquad (a \leqq s,\, t \leqq b)$$

jedenfalls dann, wenn diese Reihe gleichmäßig in beiden Veränderlichen im Gebiet $a \leqq s,\ t \leqq b$ *konvergiert*[425]); insbesondere gilt sie also für Kerne mit endlichvielen Eigenwerten λ_ν. Der Beweis hierfür ergibt sich aus dem Existenztheorem in Verbindung mit den Sätzen von Nr. **30** d.

Die Reihe (23) braucht jedoch nicht für jeden stetigen Kern zu konvergieren. Ist nämlich $k(s, t) = f(t - s) = f(s - t)$ eine *gerade* Funktion der Differenz $t - s$ von der Periode 2π und sind $a = 0$, $b = 2\pi$ die Integrationsgrenzen, so bestätigt man leicht durch Rechnung, daß $\cos \nu s$, $\sin \nu s$ $(\nu = 0, 1, 2, \ldots)$ ihre Eigenfunktionen und die reziproken Werte der Fourierkoeffizienten $\pi c_\nu = \int_0^{2\pi} f(x) \cos \nu x\, dx$ die zugehörigen Eigenwerte sind (c_0 einfach, die andern doppelt zählend). Die Entwicklung (23) lautet also bei richtiger Normierung

---

424) Diese Sätze enthalten die vollständige in der Analysis mögliche Übertragung des Hauptachsentheorems der Algebra; vgl. über die Möglichkeit und die Grenzen dieser Übertragung Nr. **6** und **7**, insbesondere die Formeln (16)—(21) daselbst im Vergleich zu den in der entsprechenden Bezeichnung geschriebenen analogen algebraischen Formeln $(\overline{16})$—$(\overline{21})$.

425) *E. Schmidt*[381]), § 8. Bei *D. Hilbert*[381]), p. **21** wird ausdrücklich nur der Fall endlichvieler Eigenwerte erwähnt und — wie das unverändert auch für den allgemeinen Fall möglich ist — aus der Fundamentalformel (14) gefolgert.

der trigonometrischen Funktionen

$$\tfrac{1}{2}c_0 + \sum_{\nu=1}^{\infty} c_\nu(\cos\nu s\cos\nu t + \sin\nu s\sin\nu t) = \tfrac{1}{2}c_0 + \sum_{\nu=1}^{\infty} c_\nu\cos\nu(t-s)$$

und stimmt daher genau mit der Fourierreihe der geraden Funktion $f(t-s)$ überein. Verwendet man nun für $f(x)$ eine stetige Funktion mit divergenter Fourierreihe[426]), so ist $k(s,t) = f(t-s)$ ein Kern mit divergenter Entwicklung (23).

Die entsprechend gebildeten Entwicklungen der iterierten Kerne lauten (vgl. Nr. **31** a)

$$(24) \qquad k^{(2)}(s,t) = \sum_{(\nu)} \frac{\varphi_\nu(s)\,\varphi_\nu(t)}{\lambda_\nu^2},$$

$$(24\,\text{a}) \qquad k^{(n)}(s,t) = \sum_{(\nu)} \frac{\varphi_\nu(s)\,\varphi_\nu(t)}{\lambda_\nu^n} \qquad (n = 3, 4, \ldots);$$

sie konvergieren stets gleichmäßig und absolut im Gebiete $a \leqq s,\ t \leqq b$ und stellen die iterierten Kerne dar. E. *Schmidt*[427]) beweist die gleichmäßige und absolute Konvergenz der Reihen (24 a) ($n \geqq 3$), indem er die gleichmäßige Beschränktheit der Reihe $\sum\limits_{(\nu)} |\lambda_\nu^{-2}\varphi_\nu(s)\varphi_\nu(t)|$ nach Um-formung mit Hilfe der homogenen Integralgleichung (i_h) aus der Besselschen Ungleichung[385]) entnimmt und daraus schließt, daß der Rest ($\nu \geqq N$) der Reihe (24 a) gleichmäßig wie $\lambda_N^{-(n-2)}$ gegen Null geht. Die Gültigkeit von (24) kann alsdann genau wie der Entwicklungs-satz von Nr. **34** c oder direkt aus diesem erschlossen werden, wo-bei sich allerdings nur *gleichmäßige Konvergenz in einer der beiden Veränderlichen* ergibt; die gleichmäßige Konvergenz in *beiden* Ver-änderlichen kann nachträglich bewiesen werden.[428])

---

426) Vgl. Encykl. II C 10, Nr. **7**, *Hilb-Riesz.*

427) E. *Schmidt*[381]), § 8. — Bei D. *Hilbert*[381]) folgen die Formeln (24 a) aus dem Fundamentaltheorem (14); vgl. insbes. p. 22, Satz 4. — Eine spezielle Anwen-dung dieser Sätze zur Bestimmung der Kerne, für die in (i) $\int\limits_a^b \varphi^2\,ds = \int\limits_a^b f^2\,ds$ ist, bei G. *Sannia*, Lomb. Ist. Rend. (2) 44 (1911), p. 91—98.

428) E. *Schmidt* im Annalenabdruck seiner Dissertation, Ann. 63[381]), § 19 mit Hilfe eines Satzes von U. *Dini* (Fondam. per la theoria delle funz. di var. reali, Pisa 1878, § 99) über die gleichmäßige Konvergenz einer gegen eine stetige Funktion konvergierenden Reihe stetiger positiver Funktionen. O. *Szász* hat im Juni 1908 den Verfassern mündlich einen direkten Beweis der gleichmäßigen Konvergenz von (24) mitgeteilt; er beruht darauf, daß die Schwankung des Restes der für $s = t$ gebildeten Reihe (24)

$$\sum_{\nu=N}^{\infty}\lambda_\nu^{-2}\{\varphi_\nu(s)^2 - \varphi_\nu(s_1)^2\} = \sum\lambda_\nu^{-2}\{\varphi_\nu(s) - \varphi_\nu(s_1)\}\{\varphi_\nu(s) + \varphi_\nu(s_1)\}$$

Unter besonderen Voraussetzungen über den Kern kann man weitergehende Entwicklungstatsachen beweisen: *A. Hammerstein* [429] hat gezeigt, daß die Reihe (23) jedenfalls dann gleichmäßig konvergiert und $k(s, t)$ darstellt, wenn

$$\int_a^b \left\{ \frac{k(s_1, t) - k(s_2, t)}{s_1 - s_2} \right\}^2 dt \leqq c$$

ist, wo c eine von s_1, s_2 unabhängige Konstante ist.

Aus (24) folgen wegen der gleichmäßigen Konvergenz in beiden Veränderlichen für die Spuren (Nr. **11**, (5)) des symmetrischen Kernes von der zweiten an die Reihen [430]

$$(25) \qquad u_n = \int_a^b k^{(n)}(s, s)\, ds = \sum_{(\nu)} \frac{1}{\lambda_\nu^n} \qquad \text{für } n = 2, 3, \ldots$$

Weiterhin ergibt sich mit Hilfe von Nr. **11**, (2a) für die Resolvente der Integralgleichung (i) die gleichmäßig konvergente Entwicklung

$$(26) \qquad \varkappa(\lambda; s, t) = k(s, t) + \lambda \sum_{(\nu)}' \frac{\varphi_\nu(s)\,\varphi_\nu(t)}{\lambda_\nu(\lambda_\nu - \lambda)};$$

sie zeigt einmal, daß $\varkappa$ als analytische Funktion von λ die Eigenwerte λ_ν zu einfachen Polen hat mit Residuen, die sich aus den zugehörigen Eigenfunktionen aufbauen — andererseits, daß $\varkappa$ für ein von allen λ_ν verschiedenes λ selbst die Eigenwerte $(\lambda_\nu - \lambda)$ und die Eigenfunktionen $\varphi_\nu(s)$ besitzt. [431]

---

unter Benutzung von (i_h) und der Besselschen Ungleichung durch

$$\int_a^b \{ k(s, t) - k(s_1, t) \}^2\, dt \cdot \int_a^b \{ k(s, t) + k(s_1, t) \}^2\, dt$$

abgeschätzt werden kann und also wegen der *gleichmäßigen* Stetigkeit von $k(s, t)$ gleichmäßig mit $|s - s_1|$ beliebig klein wird; damit kann aber aus der Konvergenz jener Reihe unmittelbar die gleichmäßige Konvergenz erschlossen werden. — Für die gleichmäßige Konvergenz von (24) ist die *Stetigkeit* von $k^{(2)}(s, t)$ wesentliche Voraussetzung; *O. Toeplitz*, Festschr. f. H. A. Schwarz (Berlin 1914), p. 427 —431, hat ein Beispiel eines unstetigen Kernes (mit unstetigen Eigenfunktionen) angegeben, bei dem $k^{(2)}(s, t)$ beschränkt und nur an *einer* Stelle unstetig ist, die Reihe (24) aber nicht mehr in beiden Veränderlichen gleichmäßig konvergiert (vgl. hierzu auch Nr. **34** b [432]).

429) *A. Hammerstein*, Sitzungsber. Preuß. Ak. d. Wiss. 1923, p. 181—184. *A. Hammerstein*, ibid. 1925, p. 590—595 gibt ferner ein Summationsverfahren für die Reihe (23) im Falle eines logarithmisch unendlichen Kernes in 4 Veränderlichen an.

430) *E. Schmidt* [428]. — Wegen der Bedeutung dieser Formeln für die algebraische Analogie vgl. [409].

431) *D. Hilbert* [381]), Kap. III, insbes. p. 20 f. — Die Formel (26) kann auch aus den Entwicklungssätzen von Nr. **34** c gefolgert werden.

b) Definite Kerne; der Satz von *J. Mercer*[432]: *Ist $k(s, t)$ stetig und (eigentlich oder uneigentlich) definit (Nr. 32 b), so konvergiert bereits die Reihe (23) für den Kern selbst absolut und gleichmäßig in beiden Veränderlichen.* Nach *A. Kneser*[433] und *J. Schur*[433] kann man diesen Satz unmittelbar auf Grund der Tatsache beweisen, daß mit $k(s, t)$ zugleich auch der durch Subtraktion einer Teilreihe von (23) entstehende Kern Nr. 30 b, (6) definit ist, da seine Eigenwerte sämtlich auch Eigenwerte von $k(s, t)$ sind, und daß daher nach den Kriterien von Nr. 32 b $k(s, s) - \sum_{\nu=1}^{n} \lambda_\nu^{-1} \varphi_\nu(s)^2 \geqq 0$ ist; daraus folgt aber die Konvergenz der positiven Reihe $\sum_{\nu=1}^{\infty} \lambda_\nu^{-1} \varphi_\nu(s)^2$ und diese Reihe konvergiert auf Grund des *Dini*schen Satzes[428] gleichmäßig. Die *Schwarz*sche Summenungleichung[114] ergibt endlich die gleichmäßige Konvergenz von (23) in beiden Veränderlichen.

Aus dem *Mercer*schen Satz folgt für die Spur jedes definiten Kernes selbst die Reihe

$$(25\,\mathrm{a}) \qquad u_1 = \int_a^b k(s, s)\, ds = \sum_{(\nu)} \frac{1}{\lambda_\nu}.$$

c) Entwicklung willkürlicher Funktionen. *Jede mit Hilfe einer willkürlichen stetigen Funktion $x(t)$ durch den Kern $k(s, t)$ in der Gestalt*

$$(27) \qquad f(s) = \int_a^b k(s, t)\, x(t)\, dt$$

darstellbare (stetige) Funktion[434] ist in die folgende nach Fourierscher

---

432) *J. Mercer*[397]; der Beweis beruht auf der Darstellung (26) der für $\lambda < 0$ sicher definierten Resolvente, die für $\lambda \to -\infty$ untersucht wird. — Daß die Voraussetzung der *Stetigkeit* für diesen Satz wesentlich ist, zeigt das Beispiel von *O. Toeplitz*[428].

433) *A. Kneser*[98], p. 195 ff. unter Verwendung eines von *E. Schmidt* herrührenden Beweisgedankens; *J. Schur*, Festschr. f. H. A. Schwarz (Berlin 1914), p. 392—409, § 5. Die Anordnung dieser Beweise weicht von der im Text gegebenen insofern etwas ab, als aus der ohne Benutzung des Dinischen Satzes zu schließenden gleichmäßigen Konvergenz der Reihe (23) in *einer* der beiden Variablen die Gleichung (23) in ähnlicher Weise wie beim *E. Schmidt*schen Entwicklungssatz (Nr. 34 c) erschlossen wird. — Ein anderer Beweis bei *E. W. Hobson*, London Math. Soc. Proc. (2) 14 (1914), p. 5—30; er konstruiert einen (unstetigen) Kern (vgl. Nr. 36 a [453]), dessen iterierter $k(s, t)$ ist.

434) Wegen der Bedeutung dieser Bedingung von Seiten der algebraischen Analogie vgl. Nr. 6, 7, p. 1363 ff. — Ist $k(s, t)$ *nicht abgeschlossen* (Nr. 30 e), so ist für die Darstellbarkeit von $f(s)$ durch (27) *notwendig*, daß es orthogonal zu den zum Eigenwert ∞ gehörigen Eigenfunktionen ist. Aber auch bei *abgeschlossenem*

Art gebildete Reihe nach Eigenfunktionen von $k(s, t)$ entwickelbar:

$$(28) \qquad f(s) = \sum_{(\nu)} c_\nu \varphi_\nu(s), \qquad wo$$

$$(28\,\text{a}) \qquad c_\nu = \int_a^b f(s)\,\varphi_\nu(s)\,ds = \frac{1}{\lambda_{\nu}} \int_a^b x(t)\,\varphi_\nu(t)\,dt;$$

die Reihe konvergiert absolut und gleichmäßig. Diesen Satz hat *D. Hilbert*[435]) für den Fall eines *allgemeinen Kernes* (Nr. **34** d), *E. Schmidt*[436]) sodann ohne jede Einschränkung bewiesen. *Schmidts* Beweis beruht darauf, daß zunächst die absolute und gleichmäßige Konvergenz der mit Hilfe von (27) und (i_h) in die Gestalt

$$\sum_{(\nu)} \int_a^b x(t)\,\varphi_\nu(t)\,dt \int_a^b k(s, t)\,\varphi_\nu(t)\,dt$$

umgeschriebenen Reihe (28) aus der Schwarzschen[40]) und Besselschen Ungleichung[385]) entnommen wird; danach aber ist $f(s) - \sum_{(\nu)} c_\nu \varphi_\nu(s) = \chi(s)$ stetig und zu allen $\varphi_\nu(s)$ orthogonal, also (nach Nr. **30** e) eine zum Eigenwert ∞ gehörige Eigenfunktion und daher wegen (27) auch zu $f(s)$ orthogonal; daraus wird auf $\int_a^b \chi(s)^2\,ds = 0$ und also auf das identische Verschwinden von $\chi(s)$ geschlossen.

Aus diesem Entwicklungssatz ergibt sich speziell für die Lösung der inhomogenen Integralgleichung (i) (p. 1504) mit dem symmetrischen Kern $k(s, t)$ und stetigem $f(s)$ die Darstellung[437])

$$(29) \qquad \varphi(s) = f(s) + \lambda \sum_{(\nu)} \frac{\varphi_\nu(s)}{\lambda_\nu - \lambda} \int_a^b f(t)\,\varphi_\nu(t)\,dt,$$

$k(s, t)$ braucht keineswegs jedes stetige $f(s)$ durch (27) darstellbar zu sein; betrachtet man nämlich den abgeschlossenen Kern $k(s, t)$ von [440]), für den eine im Lebesgueschen Sinne quadratisch integrierbare, unstetige Funktion $\omega(s)$ die einzige zu ∞ gehörige Eigenfunktion ist, und wählt man dabei $\omega(s)$ so, daß es zu irgendeiner stetigen Funktion $f(s)$ nicht orthogonal ist, so ist dieses $f(s)$ nicht durch (27) darstellbar (vgl. Nr. **7**, p. 1365).

435) *D. Hilbert*[381]), p. 24 ff. (Gött. Nachr. 1904, p. 75 ff.). — Zum Beweis wird zunächst die Entwickelbarkeit einer durch den *iterierten* Kern $k^{(2)}(s, t)$ analog (27) darstellbaren Funktion aus der Hilbertschen Fundamentalformel Nr **32**, (14 a) entnommen und dann auf Grund der Allgemeinheit des Kernes die Darstellung (27) durch eine ebensolche mit dem iterierten Kern approximiert.

436) *E. Schmidt*[381]), § 2, § 9. Aus dem Entwicklungssatz gewinnt *Schmidt* nachträglich die Hilbertsche Fundamentalformel (14) von Nr. **32**.

437) *E. Schmidt*[381]), § 10. — Bemerkungen hierzu bei *T. Boggio*, Rom Acc. Linc. Rend. (5) 17₂ (1908), p. 454—458 und *A. Proszynski*, Nouv. Ann. (4) 11 (1911), p. 394—407.

die in jedem von Eigenwerten λ_ν freien λ-Bereich gleichmäßig konvergiert und übrigens mit (26) im wesentlichen äquivalent ist; sie setzt den Charakter der Lösung $\varphi(s)$ als analytische Funktion von λ in Evidenz (jedes λ_ν ist einfacher Pol, außer wenn der zugehörige Fourierkoeffizient von $f(s)$ verschwindet).

Der Entwicklungssatz umfaßt, wenn man ihn auf geeignete spezielle Kerne anwendet, Sätze über die Entwicklung willkürlicher Funktionen nach zahlreichen besonderen Orthogonalsystemen. Insbesondere erhält man die Entwicklungstheoreme nach Eigenfunktionen sich selbst adjungierter Randwertaufgaben bei gewöhnlichen und partiellen Differentialgleichungen, wenn man ihn auf die Greensche Funktion des betreffenden Problems als Kern anwendet (s. Encykl. II C 11, 1. Teil, *E. Hilb,* insbes. Nr. 6—9). Die bekannten und nach anderen Methoden aufgestellten Entwicklungssätze gehen hier zum Teil über die (27) entsprechende Bedingung für die zu entwickelnde Funktion hinaus; daher ist die Bemerkung wichtig, daß der *Mercer*sche Satz (Nr. **34**b) eine Erweiterung des Bereiches der entwickelbaren Funktionen über (27) hinaus liefern kann; denn er gibt die Entwicklung des bei festem t als Funktion von s angesehenen $k(s, t)$, das unter Umständen *nicht* in der Form (27) darstellbar ist.[438])

Wegen der Anwendung *funktionentheoretischer Methoden* zur Herleitung der Entwicklungssätze sei hier nur auf Encykl. II C 11, 1. Teil, *E. Hilb,* insbes. Nr. **11, 13**, verwiesen[439]); diese Methoden sind auf zahlreiche Randwertprobleme angewendet worden, die sachlich mit besonderen Integralgleichungen übereinstimmen, nicht aber — wie es an sich möglich wäre (vgl. Nr. **43** a, 4.) — auf die allgemeine Theorie der Integralgleichungen. Sie würden hier auf die Untersuchung von $\varkappa(\lambda; s, t)$ bzw. $\int_a^b \varkappa(\lambda; s, t)\, x(t)\, dt$ als Funktion von λ, komplexe Integration längs eines wachsenden die Eigenwerte einschließenden Weges und Anwendung des Residuensatzes hinauskommen.

---

438) Ist z. B. $k(s, t)$ die Greensche Funktion des Randwertproblemes einer gewöhnlichen Differentialgleichung 2. Ordnung, hat also bei $s = t$ eine Unstetigkeit in der 1. Ableitung wie $|s - t|$, so liefert (27) die Entwicklung aller zweimal differenzierbaren Funktionen, während der Mercersche Satz die Entwickelbarkeit einer (und damit jeder) Funktion liefert, deren erste Ableitung an einer oder endlichvielen Stellen Sprünge hat. Vgl. hierzu neben dem im Text zitierten *Hilb*schen Encyklopädiereferat (s. insbes. auch Nr. 4) die bei *A. Kneser,* Literatur A 12, zusammenfassend dargestellten Untersuchungen von *A. Kneser* und seinen Schülern in dieser Richtung.

439) Wegen der Rolle dieser Methoden in der historischen Entwicklung der Integralgleichungslehre vgl. [84]).

d) **Vollständigkeit des Eigenfunktionssystemes.** Für die Frage, wie weit man *alle* willkürlichen, nicht nur die mit $k(s, t)$ in besonderem Zusammenhang stehenden Funktionen nach Eigenfunktionen entwickeln bzw. durch sie approximieren kann, ist entscheidend, ob die sämtlichen Eigenfunktionen $\varphi_\nu(s)$ der „*Vollständigkeitsrelation*" (2a) von Nr. **15** genügen. Bei einem nicht abgeschlossenen Kerne ist das jedenfalls nicht der Fall, da dann (s. Nr. **30** e) stetige zu allen $\varphi_\nu(s)$ orthogonale „Eigenfunktionen des Eigenwertes ∞" existieren; aber auch bei abgeschlossenen Kernen braucht es unter Umständen nicht der Fall zu sein[440]). *Notwendig und hinreichend dafür, daß das Eigenfunktionensystem die Vollständigkeitsrelation erfüllt, ist die von D. Hilbert als Allgemeinheit bezeichnete Eigenschaft des Kernes*[441]): Jede stetige Funktion $f(s)$ soll durch Funktionen der Gestalt $\int\limits_a^b k(s, t)\, x(t)\, dt$ mit passendem stetigem $x(s)$ im Mittel beliebig approximiert werden können, derart, daß $\int\limits_a^b \left\{ f(s) - \int\limits_a^b k(s, t)\, x(t)\, dt \right\}^2 ds$ beliebig klein wird.

35. Abhängigkeit der Eigenwerte vom Integrationsbereich und ihr asymptotisches Verhalten. Allgemeine Aussagen über die Verteilung der Eigenwerte, falls unendlichviele existieren, sind in den Sätzen von Nr. **30** c und Nr. **34**, (25), (25a) enthalten. Darüber hinaus sind unter speziellen Annahmen über die Natur des Kernes weitere

---

440) Ein Beispiel findet man so: *E. Fischer*, Paris C. R. 144 (1907), p. 1148—1151 hat gezeigt, wie man zu einer willkürlich gegebenen samt ihrem Quadrat im Lebesgueschen Sinne integrierbaren unstetigen Funktion $\omega(s)$ unendlichviele *stetige* Funktionen $\varphi_\nu(s)$ ($\nu = 1, 2, \ldots$) hinzukonstruieren kann, die mit $\omega(s)$ zusammen ein vollständiges Orthogonalsystem bilden; bestimmt man nun solche Werte λ_ν, daß $\sum\limits_{(\nu)} \lambda_\nu^{-1} \varphi_\nu(s)\, \varphi_\nu(t) = k(s, t)$ gleichmäßig konvergiert, so ist $k(s, t)$ abgeschlossen, da die *unstetige* Funktion $\omega(s)$ die einzige zum Eigenwert ∞ gehörige Eigenfunktion ist, aber die zu den endlichen Eigenwerten gehörigen Eigenfunktionen $\varphi_\nu(s)$ bilden für sich kein vollständiges System.

441) *D. Hilbert*[381]), p. 25. Daß diese Bedingung hinreichend ist, findet man ibid. p. 27 und 193; daß sie notwendig ist, ergänzt man leicht aus der Bemerkung, daß man jede stetige Funktion auf Grund der Vollständigkeitseigenschaft durch ein Aggregat von endlichvielen Eigenfunktionen im Mittel beliebig annähern kann. — Den allgemeinen Kernen entsprechen in der algebraischen Analogie quadratische Formen mit nicht verschwindender Determinante (eigentliche Zentralflächen, die keine Zylinder sind). Die Unterscheidung zwischen abgeschlossenen und allgemeinen Kernen hat kein algebraisches Analogon; ein abgeschlossener nicht allgemeiner Kern[440]) hat zwar keine stetigen zum Eigenwert ∞ gehörigen Eigenfunktionen, wohl aber unstetige bei der notwendigen Ergänzung des Funktionenraumes (vgl. Nr. 7).

Resultate gewonnen worden, die für die Anwendungen von großer Bedeutung sind.[442]) Man kann alle hierhin gehörigen Resultate, die zuerst von *H. Weyl*[443]) bewiesen worden sind, am kürzesten nach *R. Courant*[444]) einheitlich mittels dessen Definition der Eigenwerte durch ein Maximum-Minimum-Problem (Nr. **32** d) begründen, das die Veränderung der Eigenwerte bei Veränderung des Integrationsintervalles und des Kernes leicht zu überblicken gestattet.

a) Abhängigkeit vom Integrationsbereich. Ist (a', b') ein Teilintervall von (a, b), so ist der n^{te} der ihrer absoluten Größe nach geordneten Eigenwerte λ_n eines Kernes $k(s, t)$ für das Intervall (a, b) absolut nicht größer als der entsprechende λ_n' desselben Kernes für das Intervall (a', b'); analoges gilt für die positiven und negativen Eigenwerte für sich, und bei stetiger Änderung des Intervalls ändert sich jeder Eigenwert stetig.[445]) Denn in der Gesamtheit derjenigen Werte der Integralform $\Re(x, x)$, deren obere Grenze gemäß Nr. **32** d zur Definition von $|\lambda_n|^{-1}$ führt, treten auch die sämtlichen in gleicher Weise zu $|\lambda_n'|^{-1}$ führenden Werte der für (a', b') gebildeten Integralform $\Re'(x, x)$ auf, wenn man nur $x(s)$ außerhalb (a', b') gleich 0 nimmt; daraus folgt aber unmittelbar $|\lambda_n'|^{-1} \leqq |\lambda_n|^{-1}$. Ebenso ergibt sich[446]): Werden endlichviele Teilintervalle von (a, b) ohne gemeinsame innere Punkte betrachtet, so ist $|\lambda_n|$ nicht größer als die n^{te} Zahl aus der Reihe der ihrer absoluten Größe nach geordneten sämtlichen Eigen-

---

442) Sie sind übrigens direkt durch Vermutungen angeregt worden, die aus physikalischen Betrachtungen über die asymptotische Verteilung der Eigenwerte bei der schwingenden Membran, der Hohlraumstrahlung und ähnlichen Problemen gewonnen wurden; vgl. *A. Sommerfeld*, Phys. Ztschr. 11 (1910), p. 1057—1066, insbes. p. 1061f. sowie *H. A. Lorentz*, ebenda, p. 1234—1257, insbes. p. 1248.

443) *H. Weyl*, a) Gött. Nachr. 1911, p. 110—117; b) Math. Ann. 71 (1912), p. 441—479, insbes. § 1, 2; c) J. f. Math. 141 (1912), p. 1—11, insbes. § 2, 3; d) ebenda, p. 163—181, insbes. § 1; e) Palermo Rend. 39 (1915), p. 1—50, insbes. § 6. — In den anderen Teilen dieser Arbeiten sowie im J. f. Math. 143 (1914), p. 177—202 werden diese Sätze zur Bestimmung der asymptotischen Eigenwertverteilung bei bestimmten Randwertaufgaben angewendet.

444) *R. Courant*[422]), insbes. § 6, sowie vorher in einer Reihe von Arbeiten [403]) sowie Math. Ztschr. 15 (1922), p. 195—200; vgl. auch Literatur A 11, Kap. VI] in direkter Anwendung dieses Gedankens auf Randwertprobleme von Differentialgleichungen.

445) *H. Weyl*[443]), a), b). — Andere Beweise bei *T. Lalesco*, Paris C. R. 153 (1911), p. 541—542; Bucarest Bull. 21 (1912), p. 383—389 und *A. Blondel*, Paris C. R. 153 (1911), p. 1456—1458 (auch für unsymmetrische Kerne, s. Nr. **39** c).

446) *R. Courant*[403]) für Randwertprobleme von Differentialgleichungen; seine Betrachtung überträgt sich sofort auf Integralgleichungen, wobei sie sich durch den Fortfall der Randbedingungen noch etwas vereinfacht.

werte der Teilintervalle. Die gleichen Sätze gelten für Integralgleichungen mit mehrdimensionalem Integrationsbereich (Nr. **36**a).

b) **Abhängigkeit vom Kern.** Ist

$$(30) \qquad k(s, t) = k'(s, t) + k''(s, t),$$

so gilt für die ihrer absoluten Größe nach geordneten entsprechend
bezeichneten Eigenwerte bei gleichbleibendem Integrationsintervall

$$(30\,\mathrm{a}) \qquad |\lambda_{m+n+1}|^{-1} \leqq |\lambda'_{m+1}|^{-1} + |\lambda''_{n+1}|^{-1};$$

analoges gilt für die für sich geordneten positiven und negativen
Eigenwerte[443 a, b, d, e]. Das folgt aus dem Theorem von Nr. **32**d, wenn
man $\Re(x, x)$ für alle zu den ersten m Eigenfunktionen von $k'(s, t)$
und den ersten n Eigenfunktionen von $k''(s, t)$ orthogonalen $x(s)$ betrachtet. — Von den zahlreichen oft anwendbaren Sonderfällen dieses
Satzes seien hervorgehoben: Ist $k''(s, t)$ *positiv definit*, so ist der n^{te}
positive Eigenwert von $k(s, t)$ nicht größer als der n^{te} positive von
$k'(s, t)$[443 c, e]. Ist ferner $k''(s, t)$ ein *Kern von endlichem Range* $\leq N$
(Nr. **10**a, 1.), so ist $|\lambda'_m| \leqq |\lambda_{m+N}|$[447]; hierin ist der von *E. Schmidt*[448]
bewiesene Satz enthalten, daß bei jeder Annäherung von $k(s, t)$ durch
einen Kern $k''(s, t)$ von endlichem Range $\leqq N$

$$(31) \qquad \int\limits_{a}^{b}\!\!\int\limits_{a}^{b} \{k(s, t) - k''(s, t)\}^2 \, ds \, dt \geqq \sum_{\nu = N+1}^{\infty} \frac{1}{\lambda_\nu^2}$$

ist; der Minimalwert wird für $k''(s, t) = \sum\limits_{\nu = 1}^{N} \lambda_\nu^{-1} \varphi_\nu(s)\, \varphi_\nu(t)$ erreicht. Endlich folgt, wenn man $k''(s, t)$ beliebig klein nimmt, daß der n^{te} Eigen-
wert λ_n sich mit $k(s, t)$ stetig ändert, und zwar genügt es, stetige
Änderung von $k(s, t)$ nur in dem Sinne zu verlangen, daß das Doppelintegral von $(k(s, t) - k''(s, t))^2$ beliebig klein wird.[449]

c) **Asymptotisches Verhalten der Eigenwerte.** Läßt sich
ein Kern durch die in b) auftretenden Verfahren aus einfachen Kernen
mit bekannten Eigenwerten aufbauen bzw. durch sie approximieren,
so kann man den angeführten Sätzen Aussagen über das asymptotische Verhalten seiner Eigenwerte mit wachsendem n entnehmen.
So hat *H. Weyl*[443 a, b], bewiesen, daß für einen *h-mal stetig differen-*

---

447) *H. Weyl*[443], a), b), d). Eine Verallgemeinerung bei *H. Bateman*, Bull.
Amer. Math. Soc. (2) 18 (1912), p. 179—182.

448) *E. Schmidt*[381], § 18; der Satz wird hier für unsymmetrische Kerne
unter Verwendung der Begriffe von Nr. **36**c bewiesen (s. dazu *H. Weyl*[443], d).

449) *H. Weyl*[443], b), p. 447; *R. Courant*[422], § 6. — Bemerkungen über die
Variation der Hauptfunktionen unsymmetrischer Kerne (s. Nr. **39**a) bei Abänderung des Kernes macht *H. Block*, Lunds univ. årsskrift 7 (1911), Nr. 1, 34 S.

zierbaren Kern $k(s, t)$

$$(32) \qquad \lim_{n=\infty} n^{h+\frac{1}{2}} \lambda_n^{-1} = 0$$

ist, und daß unter den gleichen Voraussetzungen für einen Kern $k(s_1, s_2, t_1, t_2)$ einer Integralgleichung in 2 Veränderlichen (s. Nr. **36a**), deren Integrationsgebiet von einer rektifizierbaren Kurve begrenzt wird, $\lim_{n=\infty} n^{\frac{1}{2}(h+1)} \lambda_n^{-1} = 0$ ist.

Wichtiger für die Anwendungen sind die Sätze über die Eigenwerte solcher Kerne, die *Greensche Funktionen* von Randwertaufgaben gewöhnlicher oder partieller Differentialgleichungen sind, und die durch das Auftreten typischer Singularitäten (von der Art der Funktionen $|s - t|$ bzw. $\log\{(s_1 - t_1)^2 + (s_2 - t_2)^2\}$ bzw. $\{(s_1 - t_1)^2 + (s_2 - t_2)^2 + (s_3 - t_3)^2\}$) charakterisiert sind. *H. Weyl*[443]) hat gezeigt, daß aus jenen Theoremen das asymptotische Verhalten in allen hierhin gehörigen Fällen gewonnen werden kann, insbesondere auch die Tatsache[442]), daß die asymptotische Verteilung der Eigenwerte in erster Annäherung unabhängig von der Gestalt und nur abhängig von der Größe des Integrationsbereiches ist. Diese Resultate greifen, da in das Gebiet der Differentialgleichungen gehörig, über den Rahmen dieses Referates hinaus; zudem ist es *R. Courant*[444]) gelungen, sie direkt ohne Benutzung der Theorie der Integralgleichungen herzuleiten, indem er die Maximum-Minimumdefinition der Eigenwerte (Nr. **32d**) und die analog a), b) aus ihr folgenden Aussagen über die Anordnung der Eigenwerte direkt für die Randwertprobleme unter Benutzung der bekannten zugehörigen Variationsprinzipe ausspricht (vgl. Nr. **45c**).

d) **Asymptotisches Verhalten der Eigenfunktionen.** In gewissem Umfange kann man für die Eigenfunktionen analoge Resultate aussprechen, wie für die Eigenwerte; die vorhandenen Untersuchungen beziehen sich hier allerdings noch mehr nur auf Randwertprobleme bzw. die zugehörigen Kerne.[450]) Von allgemeinen Resultaten ist hier nur der von *R. Courant*[422]) mit seiner in Nr. **33d** dargestellten Methode gewonnene Satz hervorzuheben: Konvergieren die Kerne $k_n(s, t)$ gleichmäßig gegen $k(s, t)$, so daß ihre r Eigenwerte $\lambda_1^{(n)}, \ldots, \lambda_r^{(n)}$ gegen einen r-fachen Eigenwert λ_1 von $k(s, t)$ konvergieren, so konvergiert die lineare Schar aus den zu $\lambda_1^{(n)}, \ldots, \lambda_r^{(n)}$ gehörigen Eigenfunktion von $k_n(s, t)$ gleichmäßig gegen die lineare Schar der zu λ_1 gehörigen Eigenfunktionen von $k(s, t)$.

---

450) In etwas allgemeinerer Form hat *A. Hammerstein*, Math. Ann. 93 (1924), p. 113—129; 95 (1926), p. 102—109 eine asymptotische Darstellung der Eigenfunktionen von Kernen gegeben, die die charakteristische Singularität von Greenschen Funktionen haben.

36. Uneigentlich singuläre symmetrische Integralgleichungen. Allgemeinere Integrationsbereiche. Systeme von Integralgleichungen.

a) Uneigentlich singuläre symmetrische Integralgleichungen.[450a] Genau wie bei der Auflösungstheorie (s. Nr. 12) ist auch für die Begründung der Mehrzahl der Sätze der Eigenwerttheorie die bisher gemachte Voraussetzung der Stetigkeit des Kernes entbehrlich. *D. Hilbert*[451] hat bereits in seiner ersten Darstellung nachgewiesen, daß seine Resultate auch für solche symmetrische Kerne gelten, die an endlichvielen analytischen Kurven $s = g(t)$ im Quadrat $a \leq s, t \leq b$ *unendlich von niederer als $\frac{1}{2}^{ter}$ Ordnung* werden (d. h. wo für ein $\alpha < \frac{1}{2}$ $[s - g(t)]^\alpha k(s, t)$ stetig bleibt). *E. Schmidt*[452] hat gezeigt, daß seine Methode unverändert unter den folgenden Bedingungen anwendbar bleibt (vgl. Nr. 12c): 1. Die Unstetigkeitsstellen von $k(s, t)$ haben auf jeder Geraden $s =$ konst. den äußeren Inhalt 0; 2. $\int_a^b [k(s, t)]^2 dt$ existiert für $a \leq s \leq b$ und ist daselbst eine stetige Funktion von s. Alsdann ist $k^{(2)}(s, t)$ stetig in s und t und verschwindet nur dann identisch, wenn $k(s, t)$ in seinem Stetigkeitsbereich verschwindet; die Sätze von Nr. 31—35 bleiben ungeändert mit Ausnahme derjenigen, die sich auf die Entwicklung von $k(s, t)$ selbst beziehen, insbesondere des *Mercer*schen Satzes[453]). Übrigens können die Entwicklungssätze von Nr. 34c dahin erweitert werden, daß $x(t)$ in (27) eine samt ihrem Quadrat integrierbare Funktion bedeutet.[453a]

450a) „*Eigentlich* singuläre Integralgleichungen", d. h. solche, bei denen die Sätze der Eigenwerttheorie nicht mehr unverändert gelten, findet man in Nr. 44.

451) *D. Hilbert*[381]), Kap. VI, p. 30—35; die Methode ist die in Nr. 12b geschilderte; vgl. auch *E. Garbe*[54]), 2. Abschn. Weiterhin kann man nach *Hilbert* (ibid., p. 35), falls $\frac{1}{2} < \alpha < 1$, durch Übergang zu einem hinreichend oft iterierten stetigen Kern wie in Nr. 12a entsprechend modifizierte Sätze erhalten.

452) *E. Schmidt*[381]), § 12. Ausdehnungen dieser Resultate auf in Lebesgueschem Sinne integrierbare Kerne geben *W. H. Young*[278]), *E. W. Hobson*[433]), *O. D. Kellogg*[412]); *E. W. Hobson* untersucht weiterhin, wann es Kerne gibt, für die $k(s, t)^2$ im Lebesgueschen Sinne nach t integrierbar ist und die vorgegebene Eigenwerte und Eigenfunktionen besitzen, sowie verwandte Fragen.

453) Vgl. dazu [432]). *E. W. Hobson*[433]) gibt übrigens eine Ausdehnung des *Mercer*schen Satzes auf gewisse im Lebesgueschen Sinne quadratisch nach t integrierbare Kerne, wobei nur Konvergenz mit Ausnahme von Nullmengen behauptet werden kann. — Für symmetrische Kerne der Form $|s - t|^{-\alpha} H(s, t)$, wo $H(s, t)$ stetig und $0 < \alpha < 1$ ist, beweist *T. Carleman*, Ark. f. matem. 13 (1918), Nr. 6, 7 S., daß unendlichviele positive Eigenwerte λ_ν^+ vorhanden sind und daß $\sum (\lambda_\nu^+)^{\frac{1}{1-\alpha}}$ konvergiert, falls in einem Teilintervall $H(s, s) > 0$ ist; der Beweis beruht auf der Ausdehnung des *Hilbert*schen Entwicklungssatzes.

453a) Darüber hinaus hat für den Fall eines *definiten* Kernes *J. Mercer*

b) **Allgemeinere Integrationsbereiche.** Es ist unmittelbar ersichtlich, daß die Sätze der Eigenwerttheorie genau wie die der Auflösungstheorie für *Integralgleichungen mit mehrfachen Integralen* in dem in Nr. **13**a bezeichneten Sinne in Geltung bleiben[454]), wobei der Kern eine *symmetrische Funktion von zwei Reihen von Veränderlichen* wird, die die Stellen s, t im n-dimensionalen Integrationsgebiet bestimmen. Ebenso läßt sich die Eigenwerttheorie für **gemischte oder belastete Integralgleichungen** der in Nr. **13**b beschriebenen Gestalt entwickeln[455]); dabei werden durch die *Symmetriebedingung*[456]) die in den Summen und verschiedendimensionalen Integralen auftretenden Koeffizientenfunktionen miteinander verknüpft — z. B. lautet die symmetrische belastete Integralgleichung der Form Nr. **13**b, (1)

$$(33) \qquad \varphi(s) - \lambda \sum_{\nu=1}^{n} m_\nu k(s, x_\nu)\, \varphi(x_\nu) - \lambda \int_a^b k(s, t)\, \varphi(t)\, dt = f(s),$$

$$\text{wo } k(s, t) = k(t, s), \ m_\nu \text{ beliebig.}$$

*E. Schmidt*s Theorie läßt sich alsdann ohne wesentliche Änderung in Methode und Resultaten übertragen[99]); so hat z. B. *A. Kneser*[98]) den *Mercer*schen Satz für die Integralgleichung (33) entwickelt.

c) **Systeme von Integralgleichungen.** Genügen die Koeffizientenfunktionen des Systemes von n Integralgleichungen mit n unbekannten Funktionen

$$(34) \qquad \varphi_\alpha(s) - \lambda \sum_{\beta=1}^{n} \int_a^b k_{\alpha\beta}(s, t)\, \varphi_\beta(t)\, dt = f_\alpha(s) \qquad (\alpha = 1, \ldots, n;\, a \leqq s \leqq b)$$

den Symmetriebedingungen

$$(34a) \qquad\qquad k_{\alpha\beta}(s, t) = k_{\beta\alpha}(t, s) \qquad\qquad (\alpha, \beta = 1, \ldots, n)$$

so läßt es sich nach Nr. **13**c zu *einer* Integralgleichung mit *symme-*

[London Roy. Soc. Proc. (A) 84 (1911), p. 573—575; Phil. Trans. Roy. Soc. London (A) 211 (1911), p. 111—198] den Entwicklungssatz auf in Lebesgueschem Sinne integrierbare $x(s)$ ausgedehnt, sowie ein Summationsverfahren für die Reihen (28) solcher Funktionen $f(s)$ angegeben, die nicht in der Gestalt (27) darstellbar sind [Abschätzung der Partialsummen von (28) durch Limites von mit der Resolvente

$\varkappa$ von $k(s, t)$ gebildeten Integralen $\int_a^b \varkappa(\lambda; s, t) f(t)\, dt$].

454) *D. Hilbert*[381]), p. 3; *E. Schmidt*[381]), § 12.

455) *W. A. Hurwitz*[98]), *A. Kneser*[98]), *G. Andreoli*[101]).

456) *Jeder* einzelne Wert $\varphi(t)$ muß in die für eine beliebige Stelle s hingeschriebene Integralgleichung mit demselben Koeffizienten eingehen, wie $\varphi(s)$ in die für t geschriebene Integralgleichung, wobei die Integrale im Sinne von Nr. **1**a als Summengrenzwerte aufzufassen sind.

trischem Kern zusammenfassen; die gesamte Eigenwerttheorie ist also unmittelbar zu übertragen.[457])

Hier ist die Theorie der **adjungierten Eigenfunktionenpaare** eines stetigen *unsymmetrischen* Kernes $k(s, t)$ zu erwähnen, die *E. Schmidt*[458]) entwickelt hat. $\varphi(s)$, $\psi(s)$ heißt ein zum *Eigenwert* λ gehöriges *Paar adjungierter Eigenfunktionen*, wenn es ohne identisch zu verschwinden die Gleichungen .

$$(35) \quad \varphi(s) - \lambda\int_a^b k(s, t)\,\psi(t)\,dt = 0, \quad \psi(s) - \lambda\int_a^b k(t, s)\,\varphi(t)\,dt = 0$$

erfüllt; $\varphi(s)$, $\psi(s)$ dürfen stets reell, die Eigenwerte λ positiv angenommen werden. Dann sind $\varphi(s)$ bzw. $\psi(s)$ die zum Eigenwert λ^2 gehörigen Eigenfunktionen der beiden symmetrischen definiten Kerne

$$(36) \quad \bar{k}(s, t) = \int_a^b k(s, r)\,k(t, r)\,dr \quad \text{bzw.} \quad \underline{k}(s, t) = \int_a^b k(r, s)\,k(r, t)\,dr,$$

und man erhält aus allen Paaren adjungierter Eigenfunktionen sämtliche Eigenfunktionen von $\bar{k}$ und $\underline{k}$. Von den der Eigenwerttheorie des symmetrischen Kernes völlig entsprechenden Sätzen, die *E. Schmidt* hieraus gewinnt, sei der *Entwicklungssatz* hervorgehoben: Jede in der Form

$$(37) \qquad f(s) = \int_a^b k(s, t)\,x(t)\,dt$$

darstellbare Funktion ist in die absolut und gleichmäßig konvergente Reihe

$$f(s) = \sum_{(\nu)} c_\nu\varphi_\nu(s), \quad c_\nu = \int_a^b f(t)\,\varphi_\nu(t)\,dt$$

nach den ersten Funktionen der adjungierten Paare (Eigenfunktionen von $\bar{k}(s, t)$) entwickelbar — und das gleiche gilt bei Vertauschung von $k(s, t)$ mit $k(t, s)$ in bezug auf die $\psi_\nu(s)$.[459])

---

457) Vgl. neben der in Nr. **13**c genannten Literatur insbes. *D. Hilbert*, 6. Mitteil., Gött. Nachr. 1910 = Grundzüge, Kap. XVI, p. 208 ff.

458) *E. Schmidt*[381]), § 14—16; Ausdehnung auf Unstetigkeiten § 17. Wegen der algebraischen Bedeutung dieser Theorie s. [483]). — Andere Herleitungen geben durch Übergang zu unendlichvielen Unbekannten (s. Nr. **40**e) *J. Mollerup*, Darb. Bull. (2) 35 (1911), p. 266—273 sowie durch direkte Anwendung des *Schmidt*schen Verfahrens (Nr. **33**a) zur Approximation der Eigenwerte in modifizierter Gestalt (vgl. [412])) *A. Vergerio*, Palermo Rend. 42 (1917), p. 285—302; *J. Mollerup*, ibid. 47 (1923), p. 375—395 und 7. Skand. Mat. Kong. København (1926), p. 447—455. Ein spezieller Fall bei *É. Picard*, Paris C. R. 149 (1909), p. 1337—1340 = Ann. Éc. Norm. (3) 27 (1910), p. 569—574.

459) *J. Schur*[483]), § 1—3 beweist darüber hinaus, daß die Funktionen (37) auch nach Eigenfunktionen jedes durch Addition eines beliebigen positiv definiten Kernes aus $\bar{k}(s, t)$ entstehenden Kernes entwickelbar sind und gibt weitere Verallgemeinerungen.

D. Hilbert[460]) hat darauf hingewiesen, daß die Gleichungen (35) ein System der Art (34) bilden, und daß sie sich daher in eine Integralgleichung mit dem Integrationsintervall $(a, 2b - a)$ und dem durch

$$K(s, t) = 0, \quad \text{wenn} \quad a \leq s, \, t < b \quad \text{und} \quad b \leq s, \, t \leq 2b - a$$

$$K(s, t) = k(s, t - (b - a)), \quad \text{wenn} \quad a \leq s < b, \, b \leq t \leq 2b - a$$

definierten symmetrischen Kern zusammenfassen lassen. Die Eigenwerte dieses Kernes sind die oben definierten Eigenwerte von $k(s, t)$ sowie die absolut gleichen negativen Zahlen, seine Eigenfunktionen liefern durch ihre Werte in den Teilintervallen (a, b) und $(b, 2b-a)$ die Funktionen $\varphi(s)$, $\psi(s)$ sowie $\varphi(s)$, $-\psi(s)$ der adjungierten Paare. Danach lassen sich aus der Eigenwerttheorie des Kernes $K(s, t)$ ohne weiteres alle Sätze über die adjungierten Eigenfunktionen ablesen, wenn man das doppelte Integrationsintervall wieder in seine beiden Teile zerlegt und die Eigenfunktionen in bezug auf das einfache Intervall (a, b) statt auf das doppelte $(a, 2b - a)$ normiert.[461])

37. Besondere symmetrische Kerne. Auf die zahlreichen besonderen Kerne, die gelegentlich der Anwendungen der Eigenwerttheorie auf Randwertprobleme von Differentialgleichungen und Reihenentwicklungen der mathematischen Physik behandelt worden sind, ist hier gemäß der Begrenzung dieses Artikels nicht einzugehen[462]); es soll nur ein kurzer Überblick über diejenigen besonderen Kerne gegeben werden, für die gelegentlich über die allgemeinen Sätze hinausgehende Resultate in der Theorie der Integralgleichungen gegeben worden sind.

Als Beispiele werden vielfach behandelt die schon in Nr. **34**a erwähnten Kerne $k(s, t) = f(s - t)$, wo $f(x)$ eine gerade periodische Funktion ist (vgl. auch Nr. **14**), deren Eigenfunktionen die trigonometrischen Funktionen sind.[463]) Eine in gewissem Sinne analoge Rolle

---

460) *D. Hilbert,* 5. Mitteil., Gött. Nachr. 1906 = Grundzüge, Kap. XIV, p. 194; weiter ausgeführt bei *E. Bounitzky,* Darb. Bull. (2) 31 (1907), p. 121—128. — Für die Übertragung der Resultate von Nr. **35** s. *H. Weyl*[443]), d).

461) Das Eigenwertproblem für ein etwas anderes System zweier Integralgleichungen mit zwei unbekannten Funktionen hat *A. J. Pell,* Amer. Math. Soc. Trans. 23 (1922), p. 198—211 durch Übergang zum analogen Problem in unendlichvielen Unbekannten behandelt; eine Ausdehnung auf symmetrisierbare Kerne (s. Nr. **38**b) bei *M. Buchanan,* Amer. J. 45 (1923), p. 155—185.

462) Den direkten Zusammenhang zwischen typischen Schwingungsproblemen und symmetrischen Integralgleichungen erörtern *Ph. Frank,* Wien Akad. Sitzungsb. math.-nat. Kl. IIa, 117 (1908), p. 279—298; *A. Kneser,* Jahresb. Schles. Ges. vaterl. Kult. 1909, math. Sekt., 8 S.; *A. Sommerfeld*[442]) und Jahresb. Deutsch. Math.-Ver. 21 (1913), p. 309—353.

463) Den Zusammenhang mit Theoremen über Fourierreihen behandelt *J. Schur*[433]), § 4; Kerne dieser Art, die bei optischen Problemen auftreten, erörtert *L. Mandelstam,* Festschr. f. H. Weber (1912), p. 228—241. — *H. Weyl,* Math.

spielen zweidimensionale Integralgleichungen, deren Integrationsgebiet eine geschlossene Fläche des Raumes und deren Kern die reziproke Entfernung zweier Punkte oder eine ähnliche Funktion ist.[464]) Entsprechende Untersuchungen über die Eigenwerttheorie gewisser dreidimensionaler symmetrischer Integralgleichungen treten in *D. Hilbert*s kinetischer Gastheorie[465]) auf.

B. Integralgleichungen mit unsymmetrischem Kern.

38. Besondere unsymmetrische Kerne, die sich wie symmetrische verhalten. a) Alternierende und Hermitesche Kerne. Ein Kern heißt *alternierend*, wenn $K(t, s) = - K(s, t)$ gilt. Sowohl die reellen symmetrischen als auch die reellen alternierenden Kerne begreifen sich dem allgemeineren Begriff der *Hermiteschen Kerne* unter; dies sind komplexe Kerne (im reellen Bereich $a \leq s \leq b$, $a \leq t \leq b$ als komplexe Funktionen der reellen Variablen s, t definiert), die der Bedingung $K(t, s) = \overline{K(s, t)}$ genügen.[466]) Sind sie reell, so sind sie symmetrisch, sind sie rein-imaginär, so sind sie das i-fache eines alternierenden Kernes. Sie sind den sog. „Hermiteschen Formen" der Algebra nachgebildet, und ebenso, wie sich auf diese die gesamte Hauptachsentheorie von den reellen quadratischen Formen überträgt, überträgt sich die gesamte Eigenwerttheorie unmittelbar auf Hermitesche Kerne.[467]) Dabei müssen als Eigenfunktionen ebenfalls komplexe

---

Ann. 97 (1926), p. 338—356 hat die Theorie der fastperiodischen Funktionen auf einen solchen Kern für das Intervall $(-\infty, +\infty)$ zurückgeführt, wobei an Stelle der Integrale Mittelwerte auftreten; er geht genau nach dem Muster der *E. Schmidt*schen Methode vor.

464) Einen speziellen Fall (Kugelfläche) hat *E. R. Neumann*, Math. Ztschr. 6 (1920), p. 238—261 durch Zurückführung auf Differenzengleichungen vollständig durchgerechnet, allgemeinere werden in den Untersuchungen von *L. Lichtenstein*[365]) über Gleichgewichtsfiguren eingehend behandelt; vgl. auch *J. Schur*[399]).

465) *D. Hilbert*, Math. Ann. 72 (1912), p. 562—577 = Grundzüge, Kap. XXII, sowie *D. Enskog*[72]) und *E. Hecke*[72]). Auch die Begründung der Strahlungstheorie von *D. Hilbert*, Gött. Nachr. 1912, p. 773—789 = Jahresb. Deutsch. Math.-Ver. 22 (1913), p. 1—20 = Phys. Ztschr. 13 (1912), p. 1056—1064 ist hier zu nennen.

466) Überstreichen bedeutet Übergang zu der konjugiert-imaginären Größe.

467) Seitdem *D. Hilbert* dies (Grundzüge, p. 162) ausdrücklich (in der Übertragung auf unendlichviele Veränderliche; für Integralgleichungen ausgesprochen und ohne den Übergang zu unendlichvielen Veränderlichen bewiesen bei *J. Schur*, Math. Ann. 66[485]), p. 507) bemerkt hatte, ist es zu wiederholten Malen erneut ausgeführt worden, für den besonderen Fall alternierender Kerne von *T. Lalesco*, Paris C. R. 151 (1910), p. 1336—1337 und Literatur A 6, p. 73—78, allgemeiner von *R. Perhavc*, Wien. Ber. 121 (1912), p. 1551—1562; *Th. Anghelutza*, Paris C. R. 158 (1914), p. 243—245, leitet die Sätze für alternierende Kerne $T(s, t)$ aus der Bemerkung ab, daß der iterierte Kern $T^{(2)}(s, t)$ symmetrisch ist [vgl. dazu auch

Belegungen zugelassen werden, und an Stelle der orthogonalen Funktionensysteme, die durch $\int_a^b \varphi_\alpha(s)\,\varphi_\beta(s)\,ds = e_{\alpha\beta}$ charakterisiert sind, treten die *unitären* Funktionensysteme (vgl. [201])), für die $\int_a^b \varphi_\alpha(s)\,\overline{\varphi_\beta(s)}\,ds = e_{\alpha\beta}$ gilt, und die, falls sie reell sind, schlechthin orthogonal sind. Mindestens ein Eigenwert eines Hermiteschen Kernes ist stets vorhanden, alle sind reell und einfache Pole der Resolvente; die Entwicklungssätze gelten in genau der gleichen Weise.

Alle diese Tatsachen sind als Spezialfälle in der allgemeineren enthalten, daß die gesamten Entwicklungssätze bei jedem Kern gelten, der der Bedingung

$$(1) \qquad \int_a^b K(s,r)\,\overline{K(t,r)}\,dr = \int_a^b \overline{K(r,s)}\,K(r,t)\,dr$$

genügt. Wegen der Begründung dieser Behauptung vgl. Nr. **41a**. Die Eigenwerte sind in diesem Falle nicht mehr notwendig reell, sondern irgendwelche komplexe Zahlen, die sich nirgends im Endlichen häufen; sie sind aber sämtlich einfache Pole der Resolvente.

b) **Symmetrisierbare Kerne.** Eine andere geläufige Erweiterung des Hauptachsentheorems der Algebra hat das Muster für eine Reihe weiterer Untersuchungen abgegeben, die eine unmittelbare Ausdehnung der Eigenwerttheorie auf gewisse unsymmetrische Kerne bezwecken. Es handelt sich um diejenigen Verallgemeinerungen des Hauptachsentheorems, bei denen an Stelle der Orthogonalität $\sum x_\alpha y_\alpha = 0$ die *Polarität* $\sum d_{\alpha\beta} x_\alpha y_\beta = 0$ bezüglich irgendeiner definiten quadratischen Form $\mathfrak{D} = \sum d_{\alpha\beta} x_\alpha x_\beta$ tritt. Dies war auch der Grund, aus dem *Hilbert* die besondere Klasse von Integralgleichungen, für die er um gewisser Anwendungen willen diese Gedankenrichtung bis zu Ende verfolgt hat, als *polare Integralgleichungen* bezeichnet hat.

1. *D. Hilbert*[467a]) bezeichnet die Gleichung

$$(2) \qquad v(s)\,\varphi(s) - \lambda \int_a^b D(s,t)\,\varphi(t)\,dt = f(s)$$

T. Lalesco, Roum. Ak. Bull. 3 (1915), p. 326—327]. *R. Weitzenböck*, Palermo Rend. 35 (1913), p. 172—176, zeigt, daß eine Funktion von zwei Veränderlichen $K(x,y)$ dann und nur dann von der Form $\sum_{\alpha=1}^{n} [\varphi_\alpha(x)\,\psi_\alpha(y) - \psi_\alpha(x)\,\varphi_\alpha(y)]$ ist, also, als Kern einer Integralgleichung angesehen, ein alternierender Kern mit nur endlichvielen Eigenwerten ist, wenn das Fredholmsche $K\begin{pmatrix} s_1 \ldots s_\nu \\ s_1 \ldots s_\nu \end{pmatrix}$ für $\nu = 2n$ nicht identisch 0 ist, wohl aber für alle weiteren ν (vgl. Nr. **11d**).

467a) *D. Hilbert*, 5. Mitteil., Gött. Nachr. 1906, p. 462ff. = Grundzüge, Kap. XV, p. 195—204.

als *Integralgleichung 3. Art* (vgl. Nr. **21a**) und redet insbesondere von einer polaren Integralgleichung, wenn der Kern $D(s,t)$ reell, symmetrisch und positiv definit[468]) ist (s. Nr. **32b**):

$$(3) \qquad \int_a^b\!\!\int_a^b D(s,t)\,u(s)\,u(t)\,ds\,dt \geqq 0\,,$$

und wenn außerdem $v(s)$ keine anderen als die Werte ± 1 annimmt, mit nur endlichmaligem, aber mindestens einmaligem Wechsel.[469]) Die Eigenwerte, d. h. die Werte von λ, für welche die zu (2) gehörige *homogene* Gleichung

$$(2_h) \qquad v(s)\,\varphi(s) - \lambda\int_a^b D(s,t)\,\varphi(t)\,dt = 0$$

lösbar ist, sind alle reell und einfache Pole der Resolvente. Das System der zugehörigen Eigenfunktionen kann so normiert werden, daß

$$(4) \quad \int_a^b v(s)\,\pi_\alpha(s)\,\pi_\beta(s)\,ds = 0\ \ (\alpha \neq \beta),\ \ \int_a^b v(s)\,[\pi_\alpha(s)]^2\,ds = \varepsilon_\alpha\ \ (\varepsilon_\alpha = \pm 1)$$

ist („polares Funktionensystem"). Jede in der Form

$$f(s) = \int_a^b\!\!\int_a^b v(s)\,D(s,r)\,v(r)\,D(r,t)\,g(t)\,dr\,dt$$

darstellbare Funktion läßt sich in die absolut und gleichmäßig konvergente Reihe

$$(5) \qquad f(s) = c_1\,\pi_1(s) + c_2\,\pi_2(s) + \cdots$$

entwickeln, wo

$$(5') \qquad c_\alpha = \varepsilon_\alpha\int_a^b f(s)\,v(s)\,\pi_\alpha(s)\,ds$$

ist. Dann und nur dann, wenn

$$(6) \qquad \int_a^b D(s,r)\,v(r)\,D(r,t)\,dr \equiv 0$$

---

468) In den Arbeiten über symmetrisierbare Kerne wird für diesen Begriff zumeist die Bezeichnung „von positivem Typus" (bei *A. Korn*[474]) „positivierend") gebraucht, dagegen das Wort „definit" für dasjenige, was hier (vgl. Nr. **32b**) als eigentlich positiv definit bezeichnet wurde (vgl. etwa *T. Lalesco*, Literatur A 6, p. 70). Es erscheint jedoch unzweckmäßig, die Benennung gerade in dem entscheidenden Punkte so zu wählen, daß sie derjenigen der Algebra geradezu zuwiderläuft und die Gegenüberstellung erschwert.

469) Der Fall eines durchweg *positiven*, im übrigen beliebige Werte durchlaufenden $v(s)$ läßt sich durch eine einfache Transformation von φ und f auf den Fall eines symmetrischen Kernes zurückführen, wie schon *É. Goursat*, Paris C. R. 146 (1908), p. 327—329 aus Anlaß einer Notiz von *T. Boggio*, Paris C. R. 145 (1907), p. 619—622 hervorgehoben hat.

ist, ist kein Eigenwert vorhanden. Wenn der Kern $D(s, t)$ allgemein (also auch *eigentlich* positiv definit) ist und übrigens auch nur dann, so kann jedes stetige $f(s)$ durch lineare Kombinationen von der Form $a_1 \pi_1(s) + \cdots + a_n \pi_n(s)$ im Mittel beliebig approximiert werden (vgl. Nr. **34** d, Ende); es sind dann sicher sowohl unendlichviele positive als auch unendlichviele negative Eigenwerte vorhanden.

*Hilbert*s Beweismethode[467a]) beruht auf einem von dem in Nr. **15** und **40** e geschilderten insofern abweichenden Übergang zu unendlichvielen Veränderlichen, als an Stelle des vollständigen Orthogonalsystems $\omega_p(s)$ ein „vollständiges polares Funktionensystem" verwendet wird, das Bedingungen der Form (4) und einer entsprechend modifizierten Vollständigkeitsbedingung genügt; so wird das Problem in ein entsprechendes über Scharen von quadratischen Formen von unendlichvielen Veränderlichen übergeführt und dieses dann behandelt (vgl. darüber Nr. **41** b, 4). Einen davon verschiedenen Beweis hat *G. Fubini*[470]) gegeben, indem er nicht zu unendlichvielen Veränderlichen übergeht, sondern in der Art wie es *E. Holmgren*[421]) (vgl. Nr. **33** d) im Falle einer Integralgleichung 2. Art tut, im Funktionenraum selbst operierend mit den Methoden, die Hilbert beim Dirichletschen Prinzip angewendet hatte, die Existenz der Eigenwerte als Extrema erhielt (vgl. Nr. **41** b, 2^{522})). *E. Garbe*[471]) behandelt die Gleichung

$$(7) \qquad \varphi(s) - \lambda \int_a^b v(s)\, D(s, t)\, \varphi(t)\, dt = f(s)$$

— die Hilbertsche Gleichung (2) kann durch die Transformation $v(s)\varphi(s) = \psi(s)$ leicht auf diese Gestalt gebracht werden (vgl. Nr. **21** a) — unter der Voraussetzung, daß D positiv definit ist, $v(s)$ aber lediglich (bis auf eine endliche Anzahl von Sprüngen) stetig. Unter dieser den Hilbertschen Fall einschließenden Voraussetzung zeigt er, daß über den Hilbertschen Entwicklungssatz hinaus, wenn die Normierung (4) des polaren Funktionensystems sinngemäß durch

$$(4\,\mathrm{a}) \qquad \iint_a^b{}_a^b D(s, t)\, \pi_\alpha(s)\, \pi_\beta(t)\, ds\, dt = \frac{1}{\lambda_\alpha} \int_a^b \frac{\pi_\alpha(s)\, \pi_\beta(s)}{v(s)}\, ds = e_{\alpha\beta}$$

ersetzt wird, nicht nur die Entwicklung

$$(5\,\mathrm{a}) \qquad \int_a^b D(s, r)\, v(r)\, D(r, t)\, dr = \frac{1}{v(s)\, v(t)} \sum_{\nu=1}^{\infty} \frac{\pi_\nu(s)\, \pi_\nu(t)}{\lambda_\nu^3}$$

---

470) *G. Fubini,* Ann. di mat. (3) 17 (1910), p. 111—139; davon, daß $v(s) = \pm 1$ ist, wird entscheidender Gebrauch gemacht; es wird aber nicht wie bei Hilbert benutzt, daß $v(s)$ nur *endlich*viele Zeichenwechsel im Intervall erleidet.

471) *E. Garbe,* Math. Ann. 76 (1915), p. 527—547.

absolut und gleichmäßig konvergiert[472]), sondern daß auch, wenn $D(s, t)$ ein allgemeiner Kern ist (vgl. Nr. **34**d),

$$(5\,\text{b}) \qquad D(s, t) = \frac{1}{v(s)\,v(t)} \sum_{\nu=1}^{\infty} \frac{\pi_\nu(s)\,\pi_\nu(t)}{\lambda_\nu^2}$$

absolut und gleichmäßig konvergiert. Für $v(s) = 1$ ist dieses Ergebnis in dem Satz von *Mercer* (Nr. **34**b) enthalten, von dem sich der allgemeinere Fall Garbes dadurch wesentlich abhebt, daß in ihm die Möglichkeit unendlichvieler negativer neben unendlichvielen positiven Eigenwerten vorliegt (vgl. auch 4. dieser Nummer).

2. *A. J. Pell*[473]) gelingt es, für die Integralgleichung mit dem Kern

$$(8) \qquad K(s, t) = \int_a^b S(s, r)\, D(r, t)\, dr,$$

wo S symmetrisch und D positiv definit ist, den Hilbertschen Entwicklungssätzen entsprechende nach einer verwandten, aber doch in wesentlichen Punkten abweichenden Methode (vgl. darüber Nr. **41**b, 5) aufzustellen. Für den Fall eines *abgeschlossenen* D besagen ihre Resultate (insbes. Trans. 12, p. 1701—75), daß jede durch $K(s, t)$ quellenmäßig darstellbare Funktion eine Entwicklung

$$(5\,\text{c}) \qquad f(s) = \int_a^b K(s, t)\, g(t)\, dt = \sum_\nu \varphi_\nu(s) \int_a^b f(t)\, \psi_\nu(t)\, dt$$

gestattet, wo $\psi_\nu(s) = \int_a^b D(s, t)\, \varphi_\nu(t)\, dt$ die Eigenfunktionen des transponierten Kernes $K(t, s)$ sind (vgl. 4. und auch Nr. **39**a). Eigenwerte sind hier stets vorhanden, wenn S nicht identisch verschwindet. Wenn D *nicht abgeschlossen* ist, sind Eigenwerte dann und nur dann nicht vorhanden, wenn

$$(6\,\text{b}) \qquad \int_a^b\!\!\int_a^b D(s, u)\, S(u, v)\, D(v, t)\, du\, dv$$

---

472) Die analoge Formel für den dreimal iterierten Kern ist bereits in dem Entwicklungssatz von *D. Hilbert*[467a]) enthalten; in dieser durch die Form der Normierung (4a) bedingten Gestalt (5a) findet sie sich bei *J. Marty*, Paris C. R. 150 (1910), p. 515—518, 603—606.

473) *A. J. Pell*, Biorthogonal systems of functions, Amer. Trans. 12 (1911), p. 135—164 (eingereicht April 1909), sowie Applications of biorthogonal systems of functions to the theory of integral equations, p. 165—180 (eingereicht Sept. 1909) und die Voranzeigen dazu Amer. Math. Soc. Bull. (2) 16 (1910), p. 459—460, 513—515; (2) 17 (1910), p. 73—74. Die Verfasserin betrachtet statt des Kernes $D(s, t)$ allgemeiner eine Operation $\mathfrak{D}$, die im Sinne der general analysis durch einige Postulate festgelegt ist. — Eine Notiz ohne Beweis, daß bei Kernen von der hier betrachteten Art alle Eigenwerte reell sind, findet sich schon bei *H. Bateman*[398]) „als Analogon eines bekannten *Weierstraß*schen Satzes".

identisch verschwindet. Ist insbesondere nur *eine* Eigenfunktion $p(s)$ des Kernes D für den Eigenwert ∞ vorhanden, $\int\limits_a^b D(s, t)p(t)\,dt = 0$, so ist für die Nichtexistenz eines Eigenwerts notwendig und hinreichend, daß S die Form hat

$$(7) \qquad S(s, t) = \alpha(s)p(t) + \alpha(t)p(s) + kp(s)p(t),$$

wo $\alpha(s)$ eine stetige Funktion, k eine Konstante ist, und beim Entwicklungssatz (5c) tritt für ein solches D ein Summand $cp(s)$ hinzu.

3. *A. Korn*[474]) hat die Methode von *H. Poincaré* wie auf den Fall eines beliebigen symmetrischen Kernes (vgl. Nr. **33**c) so auch auf solche unsymmetrische Kerne K ausgedehnt, zu denen man zwei reelle symmetrische Kerne D_1, D_2 hinzubestimmen kann, so daß folgendes gilt:

$$1)\ \int\limits_a^b\!\!\int\limits_a^b D_1(s, t)\,\varphi(s)\,\varphi(t)\,ds\,dt \geqq 0,\quad \text{und das Gleichheitszeichen gilt}$$

nur für solche $\varphi(s)$, für die zugleich $\int\limits_a^b K(s, t)\,\varphi(t)\,dt = 0$ ist.

$$2)\ \int\limits_a^b\!\!\int\limits_a^b D_2(s, t)\,\varphi(s)\,\varphi(t)\,ds\,dt \geq 0,\quad \text{und das Gleichheitszeichen gilt}$$

nur für solche $\varphi(s)$, für die zugleich $\int\limits_a^b K(t, s)\,\varphi(t)\,dt = 0$ ist.

$$3)\ \int\limits_a^b\!\!\int\limits_a^b D_2(s, u)\,D_1(u, v)\,K(v, t)\,du\,dv = K(s, t),$$

$$\int\limits_a^b\!\!\int\limits_a^b K(s, u)\,D_2(u, v)\,D_1(v, t)\,du\,dv = K(s, t),$$

oder in leicht verständlicher Symbolik analog dem Kalkül mit Matrizen (vgl. Nr. **18**a):

$$(\mathfrak{D}_2\mathfrak{D}_1)\mathfrak{K} = \mathfrak{K},\quad \mathfrak{K}(\mathfrak{D}_2\mathfrak{D}_1) = \mathfrak{K}.$$

D_1, D_2 heißen dann „zueinander reziprok bezüglich K", bzw. „im ver-

---

474) *A. Korn*, Paris C. R. 153 (1911), p. 171—173, 327—328, 539—541; Sitzungsb. Berl. Math. Ges. 11, p. 11—18 im Arch. d. Math. (3) 19 (1912); Tôhoku J. 1 (1912), p. 159—186; 2 (1912), p. 117—136; Paris C. R. 156 (1913), p. 1965—1967; Sitzungsb. Berl. Math. Ges. 15 (1916), p. 107—114; Arch. d. Math. (3) 25 (1916), p. 148—173; 27 (1918), p. 97—120. — Der Kern, auf den Fredholm zuerst bei der potentialtheoretischen Randwertaufgabe gestoßen war, ist selbst unsymmetrisch und bildet den Ausgangspunkt dieser Versuche, die Eigenwerttheorie auf Klassen unsymmetrischer Kerne auszudehnen. Ganz im Rahmen der potentialtheoretischen Redeweise bleiben *J. Blumenfeld* und *W. Meyer*, Wien. Ber. 123 (1914), p. 2011—2047, die die Entwicklungssätze für diesen Fall, aber unter Benutzung der Mittel der Integralgleichungstheorie durchführen.

allgemeinerten Sinne reziprok", wenn rechts statt K irgendeine Iterierte von K steht.

$$4)\ \int_a^b D_1(s, u)\,K(u, t)\,du = \int_a^b K(u, s)\,D_1(t, u)\,du,$$

$$\int_a^b K(s, u)\,D_2(u, t)\,du = \int_a^b D_2(u, s)\,K(t, u)\,du,$$

bzw. symbolisch

$$\mathfrak{S}_1 = \mathfrak{D}_1\mathfrak{K} = \mathfrak{K}'\mathfrak{D}_1' = \mathfrak{S}_1', \quad \mathfrak{S}_2 = \mathfrak{K}\mathfrak{D}_2 = \mathfrak{D}_2'\mathfrak{K}' = \mathfrak{S}_2'.$$

Unter diesen Voraussetzungen, von denen Korn insbesondere die Voraussetzung 3) als gewiß nicht entbehrlich bezeichnet, erbringt er den vollen Beweis der Entwicklungssätze.

Wird 4) durch die geringere Voraussetzung $\mathfrak{S}_2\mathfrak{S}_1' = \mathfrak{S}_2'\mathfrak{S}_1$ ersetzt, so brauchen die Eigenwerte nicht mehr reell zu sein, aber sie bleiben einfache Pole der Resolvente.

4. Ein Kern $K(s, t)$ heißt *linksseitig symmetrisierbar*, wenn man einen reellen symmetrischen, positiv definiten Kern $D_1(s, t)$ hinzubestimmen kann, so daß

$$\mathfrak{D}_1\mathfrak{K} = \mathfrak{S}_1, \quad \text{d. h.} \quad \int_a^b D_1(s, r)\,K(r, t)\,dr = S_1(s, t)$$

symmetrisch ist, *rechtsseitig symmetrisierbar*, wenn ebenso

$$\mathfrak{K}\mathfrak{D}_2 = \mathfrak{S}_2, \quad \text{d. h.} \quad \int_a^b K(s, r)\,D_2(r, t)\,dr = S_2(s, t)$$

symmetrisch ausfällt.[475]) Die drei vorstehend geschilderten Arten von Kernen sind sämtlich in beiderlei Sinne symmetrisierbar — bei der 3. Art ist es unmittelbar klar, da hier die Eigenschaft 4) unmittelbar die beiderseitige Symmetrisierbarkeit aussagt, bei der 2. Art ist, symbolisch geschrieben, $\mathfrak{D}_1 = \mathfrak{D}$, $\mathfrak{D}_2 = \mathfrak{S}\mathfrak{D}\mathfrak{S}$ zu wählen, und bei der 1. Art ist in ganz ähnlicher Weise zu verfahren.

Aus dieser Definition folgt unmittelbar: wenn $\varphi(s)$ irgendeine Eigenfunktion des Kernes $K(s, t)$ ist, so ist $\int_a^b D_1(s, t)\,\varphi(t)\,dt$ eine zu dem nämlichen Eigenwert gehörige Eigenfunktion des Kernes $K(t, s)$,

---

475) Nach einer vorangehenden Bemerkung von *É. Goursat*, Soc. Math. Fr. Bull. 37 (1909), p. 197—204 am Schluß, über Kerne der Form $p(s)\,q(t)\,S(s, t)$ hat *J. Marty*, Paris C. R. 150 (April/Juni 1910), p. 1031—1033, 1499—1502 diesen zusammenfassenden Begriff aufgestellt. Vgl. auch die Darstellungen bei *T. Lalesco*, Literatur A 6, p. 78—85; *É. Goursat*, Literatur B 10, p. 466—468. Wegen *G. Fubini*, Rom Acc. Linc. Rend. (5) 19 (1910), p. 669—676 am Schluß, vgl. Nr. 41 b, 2[522]).

und wenn umgekehrt $\psi(s)$ eine solche von $K(t, s)$ ist, ist $\int\limits_a^b D_2(s, t)\,\psi(t)\,dt$
eine solche für $K(s, t)$. Die Iterierten eines symmetrisierbaren Kernes
sind wieder symmetrisierbar[476]). *Setzt man nun außerdem den Kern D_1
als abgeschlossen voraus*, so folgt durch die bekannten Schlüsse[477]),
daß alle Eigenwerte reell und einfache Pole der Resolvente sind, sowie die Existenz mindestens eines Eigenwerts.

    T. Lalesco[478]) gibt ein Beispiel eines Kernes, der mit einem und
demselben, aber *nicht abgeschlossenen D* beiderseitig symmetrisierbar
ist und bei dem alle diese Sätze nicht mehr gelten. Andererseits
zeigt *J. Marty*[475]), daß umgekehrt jeder reelle Kern, der nur reelle
Eigenwerte hat, die alle einfache Pole der Resolvente sind, beider-
seits symmetrisierbar ist. Bilden nämlich $\varphi_1, \varphi_2, \ldots$; $\psi_1, \psi_2, \ldots$ ein
biorthogonales System von Hauptfunktionen (vgl. Nr. **39** b) und wählt
man die positiven Zahlen $\mu_1, \mu_2, \ldots$ so, daß $\sum \dfrac{\psi_\alpha(s)\,\psi_\alpha(t)}{\mu_\alpha}$ absolut und
gleichmäßig konvergiert, so rechnet man leicht nach, daß der hierdurch
definierte positiv definite Kern $D_1(s, t)$ als linksseitiger Symmetrisator
dienen kann; in entsprechender Weise erhält man einen rechtsseitigen
Symmetrisator. Aber diese sind nicht notwendig abgeschlossen. Es
ist also keine in sich abgerundete Theorie, die auf diese Weise zu-
stande kommt.

    Der wesentliche Mangel dieses ganzen allgemeinen Ansatzes ist
aber das Fehlen der eigentlichen Entwicklungssätze.[479]) *J. Mercer*[480])
hat in Anknüpfung an seine Untersuchungen über definite symmetrische Kerne[397]) und in Verallgemeinerung der Resultate von *E. Garbe*
für den polaren Fall[471]) die *vollständig symmetrisierbaren* Kerne untersucht. Er nennt einen Kern „vollständig linkssymmetrisierbar", wenn

---

476) *T. Lalesco*, Soc. Math. Fr. Bull. 45 (1917), p. 144—149, Paris C. R. 166
(1918), p. 252—253, wo ein „genre" der symmetrisierbaren Kerne eingeführt wird.

477) *J. Marty*[475]) führt den Beweis für die Existenz eines Eigenwerts nach
dem Muster von *E. Schmidt* (Nr. **33** a), *G. Vivanti*, Lomb. Ist. Rend. (2) 48 (1915),
p. 121—127 nach dem Muster von *A. Kneser* (Nr. **33** c[414])). Vgl. ferner *Th. Anghelutza* u. *O. Tino*, Paris C. R. 159 (1914), p. 362—364, sowie *O. Tino*, Roum. Akad.
Bull. 3 (1914), p. 141—145, wo unter Benutzung von (9) von Nr. **39** b die höheren
Eigenwerte als Grenzwerte dargestellt werden.

478) *T. Lalesco*, Literatur A 6, p. 79 f.; dieses D hat nur einen einzigen
endlichen Eigenwert; vgl. näheres Nr. **41** b, 2. Ein Beispiel dafür, daß die Eigenwerte Pole 2. Ordnung der Resolvente sein können, wenn D nicht positiv definit,
sondern nur reell und symmetrisch ist, gibt er Paris C. R. 166 (1918), p. 410—411.

479) Der Beweis, den *T. Lalesco*, Literatur A 6, p. 84 f. angibt, ist falsch.

480) *J. Mercer*, London Roy. Soc. Proc. (A) 97 (1920), p. 401—413; die Beweise sind nur skizziert.

keine zu einem endlichen Eigenwert gehörige Eigenfunktion des Kernes K zugleich eine Eigenfunktion von D_1 für den Eigenwert ∞ (also eine Lösung von $\int D_1 \varphi \, dt = 0$) ist.[481]) Für einen solchen Kern bildet er nach *Marty*[475]) das biorthogonale System von Eigenfunktionen $\varphi_1, \varphi_2, \ldots$; $\psi_1, \psi_2, \ldots$ und beweist im Sinne absoluter und gleichmäßiger Konvergenz

$$(8) \qquad D_1(s, t) = \sum_\nu \frac{\psi_\nu(s)\,\psi_\nu(t)}{\mu_\nu} + \sum_\nu \frac{\eta_\nu(s)\,\eta_\nu(t)}{\varrho_\nu},$$

wo 1) die $\eta_\nu(s)$ ein Orthogonalsystem stetiger Funktionen bilden,
   2) $\int K(t, s)\,\eta_\nu(t)\,dt = 0$ $(\nu = 1, 2, \ldots)$,
   3) die μ_ν durch $\mu_\nu \iint D_1(s, t)\,\varphi_\nu(s)\,\varphi_\nu(t)\,ds\,dt = 1$ definiert sind,
   4) alle $\varrho_\nu > 0$ sind.[482])
Für den *polaren* Fall und für den von *A. Pell* vermag er dann außerdem zu zeigen, daß

$$(9) \qquad K(s, t) = \sum_\nu \frac{\varphi_\nu(s)\,\psi_\nu(t)}{\lambda_\nu} + \sum_\nu \frac{\xi_\nu(s)\,\eta_\nu(t)}{\varrho_\nu},$$

wo im polaren Falle $\xi_\nu(s) = v(s)\,\eta_\nu(s)$, jedes ξ_ν orthogonal zu jedem ψ_ν, jedes η_ν orthogonal zu jedem φ_ν ist. Ist insbesondere D_1 *eigentlich* positiv definit, oder ist statt dessen $v(s) > 0$, so sind alle $\xi_\nu(s) \equiv 0$.

Damit hat also *J. Mercer* ein allgemeines Resultat, das in den besonderen Fällen die Ergebnisse von *Hilbert* und *Garbe* und die von *Pell* vollständig enthält, aber doch für den allgemeinen Fall dem eigentlichen Entwicklungssatz ausweicht. Dieser allgemeine Entwicklungssatz ist in Wahrheit gar nicht richtig — es ist zweckmäßiger, dies erst in Nr. 41 b, 7 in der Sprache der unendlichvielen Variablen darzulegen, wo der Unterschied von allgemeinen und abgeschlossenen Kernen (von stetigen und quadratisch integrierbaren Funktionen) wegfällt und alles deutlicher zu übersehen, Gegenbeispiele bequemer zu bilden sind. Dort wird klar werden, wie gerade vom Standpunkt der bis zu Ende durchgedachten Analogie mit der Algebra der Ansatz der symmetrisierbaren Kerne in seiner formalen Allgemeinheit ins Unbestimmte greift.

39. Elementarteilertheorie der allgemeinen unsymmetrischen Kerne (Entwicklung nach Hauptfunktionen).

a) Die zu einem einzelnen Eigenwert gehörigen Hauptfunktionen. Eigenwert eines unsymmetrischen Kernes $k(s, t)$ heißt

---

481) Diese Voraussetzung hängt offenbar mit den beiden ersten der vier Voraussetzungen (s. Nr. 38 b, 3) zusammen, die *A. Korn*[474]) zugrunde legt.

482) Unter geringeren Voraussetzungen (Unstetigkeiten von K und D_1), die aber den Rahmen der Beschränktheit nicht überschreiten, modifiziert sich diese Konvergenzaussage etwas.

ein Wert von λ, für den

$$(i_h) \qquad \varphi(s) - \lambda \int_a^b k(s,t)\,\varphi(t)\,dt = 0$$

und somit (auf Grund der Fredholmschen Theorie, Nr. **9** oder **10**, Satz 1) auch die transponierte Gleichung

$$(i_h') \qquad \psi(s) - \lambda \int_a^b k(t,s)\,\psi(t)\,dt = 0$$

eine nicht identisch verschwindende Lösung hat; zu jedem Eigenwert gehört hier nicht nur *ein* System linear unabhängiger Eigenfunktionen $\varphi_1, \ldots, \varphi_n$, sondern *zwei* solche Systeme, ein System linear unabhängiger Lösungen von (i_h), $\widetilde{\varphi}_1, \ldots, \widetilde{\varphi}_n$, und ein anderes von ebenso vielen Lösungen $\widetilde{\psi}_1, \ldots, \widetilde{\psi}_n$ von (i_h').[483] Dem Problem der Entwicklung des Kernes k nach diesen Eigenfunktionen stellen sich nun zunächst genau diejenigen Schwierigkeiten entgegen, denen der Algebraiker begegnet, wenn er vom Hauptachsentheorem zur Elementarteilertheorie der allgemeinen Bilinearformen aufsteigt. Die Höchstzahl n der linear unabhängigen Lösungen von (i_h) und (i_h') braucht nämlich nicht gleich der Vielfachheit des betreffenden Eigenwerts als Nullstelle der Fredholmschen Determinante $\delta(\lambda)$ zu sein, sondern kann unter Umständen kleiner sein; z. B. berechnet man für den Kern

$$(1) \quad \frac{1}{\lambda_1}\big\{ \varphi_1(s)[\psi_1(t) + \psi_2(t)] + \cdots + \varphi_{\nu-1}(s)[\psi_{\nu-1}(t) + \psi_\nu(t)]$$
$$+ \varphi_\nu(s)\psi_\nu(t)\big\},$$

---

483) Diese beiden Gruppen von Eigenfunktionen sind nicht zu verwechseln mit den „zueinander adjungierten Eigenfunktionen" eines unsymmetrischen Kernes, die *E. Schmidt*[458]) (vgl. Nr. **36** c) eingeführt hat [vgl. *T. Lalesco*, Ac. Roum. Bull. 3 (1915), p. 269—270]. Der Unterschied der dort von Schmidt behandelten Theorie von der Elementarteilertheorie der Integralgleichungen, um die es sich hier handelt, wird am besten deutlich, wenn man sich die algebraischen Analoga beider Theorien vergegenwärtigt. Dort handelt es sich um die Transformation einer Bilinearform $\sum a_{\alpha\beta}x_\alpha y_\beta$ durch zwei orthogonale Transformationen $x_\alpha = \sum u_{\alpha p}\xi_p$, $y_\beta = \sum v_{\beta q}\eta_q$ auf die Gestalt $\sum \varrho_p \xi_p \eta_p$, hier um die Vereinfachung einer linearen Transformation (Affinität) $y_\alpha = \sum a_{\alpha\beta}x_\beta$ der Punkte eines und desselben Raumes dadurch, daß eine zweckmäßige Koordinatentransformation $x_\beta = \sum w_{\beta q}\xi_q$, $y_\alpha = \sum w_{\alpha p}\eta_p$ vorgenommen wird (wobei die Transformation $\mathfrak{A}$ in $\mathfrak{B}^{-1}\mathfrak{A}\mathfrak{B}$ übergeht). Das erste Problem ist mit den gleichen Mitteln zu behandeln, wie das Hauptachsentheorem, von dem beide Probleme Verallgemeinerungen nach verschiedener Richtung darstellen; das zweite ist bereits algebraisch von weit schwierigerem Charakter und bildet den Gegenstand der *Weierstraß*schen Elementarteilertheorie. Wie die Theorie der symmetrisierbaren Formen (Kerne) in die letztere einzuordnen ist, ist in Nr. **41** b näher dargelegt.

wo

$$(2) \qquad \int_a^b \varphi_\alpha(s)\,\psi_\beta(s)\,ds = e_{\alpha\beta}$$

d. h. wo $\varphi_1,\ldots,\varphi_\nu$; $\psi_1,\ldots,\psi_\nu$ irgendein biorthogonales System von 2ν Funktionen ist, durch eine ähnliche Rechnung wie in Nr. **10 a,** 1 leicht, daß $c\varphi_1(s)$ die einzige Lösung von (i_h) und $c\psi_\nu(s)$ die einzige Lösung von (i_h'') ist, während λ_1 eine ν-fache Nullstelle von $\delta(\lambda)$ ist, und übrigens die einzige.

Sehr bald nach dem Bekanntwerden der Fredholmschen Entdeckung haben eine Reihe von Forschern die Maßnahmen, mit denen die Elementarteilertheorie die berührten Schwierigkeiten überwindet, auf Integralgleichungen übertragen.[484]) Der entscheidende Schritt ist dabei, daß an Stelle der Eigenfunktionen die sog. *invarianten Funktionensysteme* des Kernes k betrachtet werden, d. h. solche Systeme von n linear unabhängigen Funktionen $\varphi_1,\ldots,\varphi_n$, für die $\int k(s,t)\,\varphi_\alpha(t)\,dt$ nicht, wie bei einer Eigenfunktion, $=\frac{1}{\lambda}\varphi_\alpha(s)$ ist, sondern sich linear aus allen $\varphi_1,\ldots,\varphi_n$ zusammensetzen läßt:

$$(3) \qquad \int_a^b k(s,t)\,\varphi_\alpha(t)\,dt = \sum_{\beta=1}^n a_{\alpha\beta}\varphi_\beta(s) \qquad (\alpha = 1,\ldots,n).$$

Hauptfunktionen (fonctions principales) heißen alle diejenigen Funktionen, die in irgendeinem solchen invarianten System auftreten; insbesondere sind also alle Eigenfunktionen von k auch Hauptfunktionen von k, während umgekehrt bereits bei dem besonderen Kern (1) alle ν Funktionen $\varphi_1,\ldots,\varphi_\nu$ ein invariantes System bilden, ohne sämtlich Eigenfunktionen zu sein.

Ersetzt man $\varphi_1,\ldots,\varphi_n$ durch irgendwelche n linearen Kombinationen $\Phi_\alpha(s) = \sum_{\beta=1}^n c_{\alpha\beta}\varphi_\beta(s)$ $(\alpha = 1,\ldots,n)$ mit nichtverschwinden-

---

484) Veröffentlicht haben ihre einschlägigen Untersuchungen *A. C. Dixon*[43]) (1902), p. 203 und [95]) (1909), am Ende; *J. Plemelj*, Monatsh. f. Math. 15 (1904), p. 93—124; *É. Goursat*, Paris C. R. 145 (1907), p. 667—670, 752—754; Toulouse Ann. (2) 10 (1908), p. 5—98; S. M. Fr. Bull. 37 (1909), p. 197—204; *H. B. Heywood*, Paris C. R. 145 (1907), p. 908—910; J. de math. (6) 4 (1908), p. 283—330 = thèse, Paris (Gauthier-Villars), sowie Literatur A 5, p. 146—159; *G. Landsberg*, Math. Ann. 69 (1910), p. 227—265. — Man vergleiche vor allem die Darstellung bei *É. Goursat*, Literatur B 10 und die bei *T. Lalesco*, Literatur A 6, p. 34—63, der hierbei seine früheren Arbeiten [Paris C. R. 151 (1910), p. 928—930, 1033 —1034; S. M. Fr. Bull. 39 (1911), p. 85—103] verwendet, sowie auch den Bericht von *H. Hahn* (1911), Literatur C 8, p. 20—27. Eine andere Darstellung der Plemeljschen Resultate insbesondere bei *H. Mercer*, Cambr. Trans. 21 (1908), p. 129—142.

der Koeffizientendeterminante, so bilden auch diese ein invariantes System oder, wie man es zweckmäßiger ausdrücken kann, eine andere Basis desselben invarianten Systems. Durch passende Wahl der $c_{\alpha\beta}$ kann man es erreichen[485]), daß die Relationen (3) für die Φ_a die besondere Form annehmen:

$$\int\limits_a^b k(s, t)\,\Phi_1(t)\,dt = \frac{1}{\lambda_1}\,\Phi_1(s)$$

$$(4) \quad \int\limits_a^b k(s, t)\,\Phi_2(t)\,dt = A_{21}\,\Phi_1(s) + \frac{1}{\lambda_2}\,\Phi_2(s)$$

$$\cdot\ \cdot\ \cdot\ \cdot\ \cdot\ \cdot\ \cdot\ \cdot\ \cdot\ \cdot\ \cdot\ \cdot\ \cdot\ \cdot$$

$$\int\limits_a^b k(s, t)\,\Phi_n(t)\,dt = A_{n1}\,\Phi_1(s) + A_{n2}\,\Phi_2(s) + \cdots + \frac{1}{\lambda_n}\,\Phi_n(s).$$

Dabei sind $\lambda_1, \ldots, \lambda_n$ sämtlich Eigenwerte von k, und es gilt[486])

$$(5) \qquad \frac{1}{|\lambda_1|^2} + \cdots + \frac{1}{|\lambda_n|^2} \leqq \int\limits_a^b\int\limits_a^b [k(s, t)]^2\,ds\,dt.$$

Man gelangt von hier aus endlich zu dem Begriff, auf den es eigentlich ankommt, nämlich zu dem *zu einem Eigenwert λ_1 gehörigen vollständigen System von Hauptfunktionen.* Aus (4) folgt nämlich, daß für ein System von *n* Hauptfunktionen, für das bei der linearen Transformation auf die Gestalt (4) $\lambda_1 = \cdots = \lambda_n$ ausfällt, $n \leqq |\lambda_1|^2 \int\int k^2\,ds\,dt$ wird. Es gibt also nicht Systeme von beliebig vielen Hauptfunktionen mit dieser besonderen Eigenschaft, und es muß eine Maximalzahl für den Eigenwert λ_1 vorhanden sein und ein zugehöriges System von dieser Maximalzahl von Hauptfunktionen. Dieses System ist — bis auf lineare Transformationen der Basis — eindeutig durch λ_1 bestimmt.[487])

---

485) Dies folgt aus dem algebraischen Satze von *J. Schur,* Math. Ann. 66 (1909), p. 488—510, insbes. p. 489—492, der besagt, daß man jede Bilinearform $\sum a_{pq} x_p y_q$ durch eine unitäre Transformation $x_p = \sum \bar{w}_{\alpha p} \xi_\alpha$, $y_q = \sum w_{q\beta} \eta_\beta$, d. h. durch eine Transformation, für die $\sum w_{p\alpha} \bar{w}_{q\alpha} = e_{pq}$, $\sum w_{\alpha p} \bar{w}_{\alpha q} = e_{pq}$ gilt, in eine solche Bilinearform $\sum b_{\alpha\beta} \xi_\alpha \eta_\beta$ überführen kann, bei der $b_{\alpha\beta}$ für $\alpha < \beta$ stets 0 ist. Dieser Satz ist die unmittelbare Übertragung des Hauptachsentheorems auf allgemeine Bilinearformen mit komplexen Koeffizienten und enthält noch nichts von den Schwierigkeiten der algebraischen Elementarteilertheorie.

486) *J. Schur* folgert dies aus dem in [485]) angegebenen Satze und aus der Tatsache, daß $\sum |a_{pq}|^2$ bei unitärer Transformation invariant, also $= \sum |b_{\alpha\beta}|^2$ ist.

487) *J. Schur*[485]), § 15.

Nachdem diese Begriffsbildung ohne die Heranziehung eines spezifischen Formelapparats vollzogen ist[488]), können nun die Haupttatsachen der Theorie formuliert werden:

1. Die Höchstzahl n ist genau gleich der Vielfachheit von λ_1 als Nullstelle der Fredholmschen Determinante $\delta(\lambda)$. Da $k(t, s)$ das nämliche $\delta(\lambda)$ hat, ist hierin enthalten, daß das für den Kern $k(t, s)$ zu λ_1 gehörige vollständige System von Hauptfunktionen aus der gleichen Anzahl von Funktionen $\psi_1, \ldots, \psi_n$ besteht. Es kann so gewählt werden, daß es zu $\varphi_1, \ldots, \varphi_n$ „*biorthogonal*" ist, d. h. daß zwischen beiden Funktionensystemen die Relationen (2) bestehen [vgl. Encykl. II C 11 (*Hilb-Szász*), p. 1232, Formel (II)].

2. Zwei Kerne $A(s, t)$, $B(s, t)$ heißen zueinander orthogonal, wenn

$$(6) \qquad \int_a^b A(s, r)\, B(r, t)\, dr = 0, \quad \int_a^b B(s, r)\, A(r, t)\, dr = 0$$

ist.[489]) Für zwei zueinander orthogonale Kerne A, B gelten die beiden Sätze:

α) die Resolvente von $A + B$ ist gleich der Summe der Resolventen von A und von B,

β) die Fredholmsche Determinante von $A + B$ ist gleich dem Produkt der Fredholmschen Determinanten der Summanden.[490])

Man kann nun $k(s, t)$ in zwei zueinander orthogonale Summanden $k_1(s, t) + r_1(s, t)$ zerlegen, derart, daß $k_1(s, t)$ ein Kern mit dem einzigen Eigenwert λ_1 ist, der aber für diesen einen Eigenwert λ_1 genau die n Hauptfunktionen $\varphi_1, \ldots, \varphi_n$ und $\psi_1, \ldots, \psi_n$ besitzt, die für $k(s, t)$ zu λ_1 gehören; und zwar kann man diese so wählen, daß entweder k_1 der aus diesen φ, ψ für $\nu = n$ gebildete Kern (1) ist, oder daß sie in einander korrespondierender Weise in mehrere Gruppen von bzw. $\nu_1, \nu_1', \nu_1'', \ldots$ Gliedern $(\nu_1 + \nu_1' + \nu_1'' + \cdots = n)$ zerfallen und daß k_1 die Summe der aus den φ, ψ jeder solchen Gruppe einzeln gebildeten Kerne von dem oben als Beispiel hingeschriebenen speziellen Typus (1) ist. Der Rest $r_1(s, t)$ hat λ_1 nicht mehr zum Eigenwert.[490a])

---

488) Dieses Arrangement in Anlehnung an *J. Schur*[485]), § 15 und [79]), § 1.

489) Diese Begriffsbildung nebst den beiden anschließenden Sätzen, die bei Plemelj noch fehlt, zuerst bei *É. Goursat*[484]) und *H. B. Heywood*[484]).

490) Wegen der Fredholmschen Determinante der Summe zweier zueinander *nicht* orthogonaler Kerne vgl. *T. Lalesco*, Darb. Bull. 42 (1918), p. 195—199.

490 a) Eine ähnliche, aber nur die Eigenfunktionen berücksichtigende Zerlegung hat *E. Schmidt*[42]), § 6, [337]), § 7 im Anschluß an seine Auflösungstheorie (Nr. **10a**) angegeben: gehören zu λ_1 genau r_1 Eigenfunktionen (r_1 ist dann also eventuell *kleiner* als die Vielfachheit des Eigenwerts λ_1), so kann man von $k(s, t)$

3. Jeder andere Eigenwert λ_2 von k ist auch Eigenwert von $r_1(s, t)$ und das System der zu λ_2 gehörigen Hauptfunktionen ist auch für den Kern $r_1(s, t)$ ein solches.

Diese auf den speziellen Typus (1) gestützte kanonische Zerspaltung des Kerns entspricht genau der Weierstraßschen Normalform in der algebraischen Elementarteilertheorie. Die Summanden ν_α, ν'_α, ν''_α, ..., in die sich die Vielfachheiten n_α der einzelnen Eigenwerte hier zerlegt haben, entsprechen dem, was man in der Algebra Elementarteilerexponenten nennt.

Die Beweise für diesen Tatsachenkomplex werden in den veröffentlichten Darstellungen in mehr oder weniger engem Anschluß an die *Weierstraß*sche Theorie und unter größerer oder geringerer Benutzung dieser algebraischen Theorie durch die Methode der *Partialbruchzerlegung der Resolvente* erbracht.[491]) Man entwickelt die Resolvente $\varkappa(s, t; \lambda)$ von k, die den Eigenwert λ_1 zum Pol von einer Ordnung $m \leq n$ hat, um die Stelle λ_1:

$$(7) \quad \begin{cases} \varkappa(s, t; \lambda) = \dfrac{B_m(s, t)}{(\lambda_1 - \lambda)^m} + \cdots + \dfrac{B_1(s, t)}{(\lambda_1 - \lambda)} + \varrho_1(s, t; \lambda) \\ \qquad\qquad = \qquad\quad \varkappa_1(s, t; \lambda) \quad\ + \varrho_1(s, t; \lambda), \end{cases}$$

und bedient sich der Formel

$$(8) \quad \varkappa(s, t; \lambda) - \varkappa(s, t; \mu) = (\lambda - \mu)\int_a^b \varkappa(s, r; \lambda)\,\varkappa(r, t; \mu)\,dr,$$

die aus den die Resolvente definierenden Relationen (3a) und (3b)

---

eine Summe von r_1 Produkten $u_\alpha(s)\,v_\alpha(t)$ derart abspalten, daß der Rest λ_1 nicht mehr zum Eigenwert hat, und zwar ist dies durch weniger als r_1 Produkte nicht zu erreichen.

491) Einen von jedem speziellen Formelapparat freien Beweis erhält man aus *der* Methode der Elementarteilertheorie, die weit einfacher und durchsichtiger ist als die Weierstraßsche und die im Prinzip auf *E. Weyr* und *S. Pincherle* zurückgeht: für n Variable *E. Weyr*, Monatsh. f. Math. 1 (1890), p. 163—236 sowie *S. Pincherle* und *U. Amaldi*, Le operazioni distributive e loro applicazioni all' analisi, Bologna (Zanichelli) 1901, XII u. 490 S., cap. IV; für Integralgleichungen oder allgemeinere distributive Operationen im Bereich der stetigen Funktionen *S. Pincherle*[297]) und Rom Acc. Linc. Rend. (5) 21_2 (1912), p. 572—577. Neuerdings hat für den algebraischen Fall *O. Schreier* unter Benutzung einer Überlegung von *H. Weyl* in der Druckausgabe von *F. Klein*s Vorlesungen über „höhere Geometrie" (Grundl. d. math. Wiss. 22, Berlin (Springer) 1926), § 96—98, eine Darstellung dieser Theorie gegeben. Diese kann zur Abspaltung des zu einem einzelnen Eigenwert gehörigen Hauptbestandteils sinngemäß verwendet werden. — Die Frage, ob man hierbei zu einer Auflösungstheorie der Integralgleichungen gelangen kann, die gleichzeitig auch für n Gleichungen mit n Unbekannten gilt und die deren Theorie nicht schon, wie alle vorhandenen Theorien, als bekannt voraussetzt, ist noch nirgends erörtert.

von Nr. 9 in der Modifikation von Nr. 11c leicht abzuleiten ist und sie zusammenfaßt. Man zeigt nun, daß man ein biorthogonales Funktionensystem $\varphi_1, \ldots, \varphi_n; \psi_1, \ldots, \psi_n$ so bestimmen kann, daß $B_1 = \varphi_1 \psi_1 + \cdots + \varphi_n \psi_n$ wird und daß $B_2, \ldots, B_m$ bilineare Kombinationen dieser $2n$ Funktionen werden.[492]) Ferner ist $\varkappa(s, t; 0)$ nichts anderes als $k(s, t)$ selbst; setzt man nach diesem Muster $\varkappa_1(s, t; 0) = k_1(s, t)$, $\varrho_1(s, t; 0) = r_1(s, t)$, so sind k_1, r_1 zueinander orthogonale Kerne; daß r_1 vom Eigenwert λ_1 frei ist, dagegen sonst die nämlichen Eigenwerte und Hauptfunktionen wie k hat, ist hier aus der Partialbruchentwicklung unmittelbar ersichtlich.

b) **Das volle System der Eigenwerte und Hauptfunktionen.** Jede zu einem Eigenwert λ gehörige Hauptfunktion $\varphi_\alpha(s)$ der einen Art ist zu jeder zu einem von λ verschiedenem Eigenwert μ gehörigen Hauptfunktion $\psi_\beta(s)$ der anderen Art orthogonal, d. h. es besteht zwischen beiden Funktionen die Relation (2). Indem man nun für jeden einzelnen Eigenwert von k der Reihe nach das biorthogonale Hauptfunktionensystem $\varphi_1, \ldots, \varphi_n; \psi_1, \ldots, \psi_n$ aufstellt und alle diese Systeme zusammenfügt, erhält man ein biorthogonales Funktionensystem, „das *volle biorthogonale System der Hauptfunktionen* der Kerne $k(s, t)$ und $k(t, s)$". Jede Hauptfunktion läßt sich aus endlichvielen Funktionen dieses vollen, kanonischen Systems linear zusammensetzen. Zu jedem Eigenwerte gehören darin genau so viele Paare von Hauptfunktionen, als die Vielfachheit des betreffenden Eigenwerts als Nullstelle von $\delta(\lambda)$ beträgt.

Aus (5) kann daher *J. Schur*[485]) unmittelbar den Satz folgern, daß die Summe der reziproken Eigenwertquadrate, jedes in der rich-

---

492) Man hat im einzelnen die Relationen $\int B_p(s, r) B_q(r, t) dr = 0$ für $p + q > m + 1$, $= B_{p+q-1}(s, t)$ für $p + q \leq m + 1$, also insbesondere $B_1(s, t) = \int B_1(s, r) B_1(r, t) dr$, die dafür notwendig und hinreichend ist, daß B_1 sich in der Form $\varphi_1(s) \psi_1(t) + \cdots + \varphi_\nu(s) \psi_\nu(t)$ darstellen läßt, wo $\varphi_\alpha, \psi_\alpha$ ein biorthogonales Funktionensystem ist (vgl. *T. Lalesco*, Literatur A 6, p. 46 f.). m ist daher der größte Index, für den die m-fache Iterierte des Kernes $B_1(s, t)$ nicht identisch verschwindet, und auch die größte der am Ende von Nr. 39a, 2 erwähnten Gliederzahlen $\nu_1, \nu_1', \ldots$ Vgl. auch [356]) sowie *A. Hoborski*, Arch. Math. Phys. (3) 25 (1916), p. 200—202 und Krakau Akad. Bull., math.-phys. Cl. A (1917), p. 279—295. — Ein Versuch von *G. D. d'Arone*, Batt. G.50 [(3) 3] (1912), p. 191—192, die Stelle bei *Lalesco* p. 40, Zeile 10—14, zu vereinfachen, ist mißglückt. — *Ch. Platrier*, J. de math. (6) 9 (1913), p. 233—304, insbes. im 2. Kap. des I. Abschn. gibt die Ausdrücke der Elementarteilerexponenten durch die Fredholmschen Minoren nach dem Muster der algebraischen Elementarteilertheorie. — Ist $k(s, t)$ symmetrisch, so ergibt sich leicht $B_r = 0$ für $r > 1$, also $m = 1$, alle Pole der Resolvente sind einfach (vgl. etwa *Heywood*, Literatur A 5, p. 87).

tigen Vielfachheit eingesetzt, absolut konvergiert und daß gilt[493])

$$(9) \qquad \sum_{\nu} \frac{1}{|\lambda_\nu|^2} \leqq \int_a^b \int_a^b (k(s,\,t))^2 \, ds \, dt.$$

Ferner kann *J. Schur* den in Nr. **31** b ausgesprochenen Satz über die Eigenwerte und Eigenfunktionen der assoziierten Kerne eines symmetrischen Kernes auf die eines unsymmetrischen Kernes ausdehnen, wobei die Hauptfunktionen die Rolle der Eigenfunktionen übernehmen.[494])

Was die Gesamtheit der *Eigenwerte* betrifft, so ist der Satz von *J. Bendixson* und *A. Hirsch*[495]) über die Lage der Eigenwerte einer Bilinearform von n Veränderlichen auf Integralgleichungen übertragen worden.[496])

R. Jentzsch[497]) überträgt die Sätze von *O. Perron* und *G. Frobenius* über Matrizen mit lauter positiven Elementen auf Integralgleichungen, bei denen $K(s,\,t) \geqq 0$ ist (0 aber nur in einer Menge vom Maß 0): ein solcher Kern besitzt stets einen reellen, positiven Eigenwert, der einfach ist und kleiner als die Beträge aller anderen Eigenwerte; die zugehörige Eigenfunktion ist einerlei Zeichens. Der Beweis benutzt die Theorie der Hauptfunktionen.

---

493) Andere, die Theorie der Hauptfunktionen vermeidende Beweise geben *J. Marty*, Toul. Ann. (3) 5 (1913), p. 259—268 und *D. Enskog*[66]), Math. Ztschr. 25 (1926), § 2 (p. 302—304). — *B. Hostinsky*, Univ. Mazaryk publ. Cislo 1 (1921) 14 S., beweist, daß $\sum \frac{1}{\lambda_n^2} = \int \int k(s,\,t)\,k(t,\,s)\,ds\,dt$ ist; *J. Kaucky*, ebenda, Cislo 13 (1922) 8 S., beweist es ohne Laguerresche Theorie, gestützt auf *J. Schur*[485]) und *T. Carleman*[88]). — *T. Lalesco*, Akad. Roum. Bull. 3 (1915), p. 271—272, verallgemeinert (9) dahin, daß für jeden Kern $k(s,\,t) = \int A(s,\,r)\,B(r,\,t)\,dr$ die Summe der reziproken Eigenwerte absolut konvergiert.

494) *J. Schur*[79]) (1909), Satz III und IV. Dasselbe Resultat ohne Beweis bei *A. Blondel*, Paris C. R. 150 (1910), p. 957—959.

495) *J. Bendixson*, Acta math. 25 (1902), p. 359—366 und *A. Hirsch*, ebenda, p. 367—370.

496) *E. Laura*, Rom Acc. Linc. Rend. (5) 20_2 (1911), p. 559—562; *N. Kryloff*, Paris C. R. 156 (1913), p. 1587—1589 erhält einen Spezialfall und eine andere, falsche Aussage durch einen Beweis, der einen einfachen Rechenfehler enthält; *O. Toeplitz*, Math. Ztschr. 2 (1918), p. 187—197 erweitert den algebraischen Satz[495]) in einer Weise, die auf vollstetige Bilinearformen von unendlichvielen Veränderlichen und somit auf Integralgleichungen übertragbar bleibt (vgl. die Schlußbemerkung); *G. Pick*, Ztschr. f. ang. Math. u. Mech. 2 (1922), p. 353—357 vermutet das gleiche für eine andere Verschärfung von [495]); andere Aussagen über Kerne k, für die $\int \int k(s,\,t)\,\varphi(s)\,\varphi(t)\,ds\,dt \geqq 0$ ist, macht *C. E. Seely*, Amer. Math. Soc. Bull. 24 (1918), p. 470 und Ann. of math. (2) 20 (1919), p. 172—176.

497) *R. Jentzsch*, J. f. Matl. 141 (1912), p. 235—244.

c) Das Geschlecht von $\delta(\lambda)$; Kerne ohne Eigenwert. In der Arbeit von *G. W. Hill*[12]), die den Ausgangspunkt der Theorie der unendlichen Determinanten gebildet hat, handelt es sich um eine Determinante, die Funktion von λ ist und deren Nullstellen sich alle aus einer durch Addition oder Subtraktion einer ganzen Zahl ergeben. Ihrer numerischen Auswertung liegt bei Hill die stillschweigende Voraussetzung zugrunde, daß sie eine ganze Transzendente vom Geschlecht 1 ist und keine unnötigen Exponentialfaktoren enthält. *H. Poincaré* widmet dieser Frage in seiner Arbeit zur mathematischen Rechtfertigung der *Hill*schen Rechnungen[13]) noch seine genaue Aufmerksamkeit; in der weiteren Entwicklung der Lehre von den unendlichen Determinanten tritt sie dann ganz zurück. Erst als *Fredholm* seine Theorie entwickelte, fügte er die Bemerkung hinzu, daß $\delta(\lambda)$ sicher vom Geschlecht 0 ist, wenn der Kern einer sog. Lipschitzschen Bedingung

$$\left| \frac{k(s,t_1) - k(s,t)}{t_1 - t} \right| < M$$

genügt[497a]). Ist der Kern lediglich beschränkt, so liefert die Abschätzung der Determinantenformel mit Hilfe des Hadamardschen Determinantensatzes (Nr. **9**, p. 1371), daß die „Ordnung" von $\delta(\lambda)$ höchstens 2 und somit das Geschlecht $\leqq 2$ ist. Aus dem Satz von *J. Schur* (Formel (9)) geht aber hervor, daß man nur konvergenzerzeugende Faktoren *ersten* Grades zu verwenden braucht, daß also

$$(10) \qquad \delta(\lambda) = e^{\alpha\lambda + \beta\lambda^2} \prod_n \left(1 - \frac{\lambda}{\lambda_n}\right) e^{\frac{\lambda}{\lambda_n}}$$

ist. Im Falle eines symmetrischen Kernes folgt durch Logarithmieren in Verbindung mit Formel (6) von Nr. **11** sofort $\beta = 0$.[498]) Daß auch im Falle eines unsymmetrischen Kernes das Geschlecht höchstens 1 ist, zeigte *T. Carleman*[499]), und zwar lediglich unter der Annahme der Existenz von $\iint |K(s,t)|^2\,ds\,dt$ im Lebesgueschen Sinne. Für einen definiten symmetrischen Kern ist das Geschlecht 0 und somit auch für $k^{(2)}$, wenn k ein symmetrischer Kern ist[498])[500]). Aus-

---

497a) *J. Fredholm*, Acta 27[29]), p. 368.

498) Vgl. *T. Lalesco*, Literatur A 6, p. 73 und *J. Mercer*[397]).

499) *T. Carleman*, Ark. för Mat., Astr. och Fys. 12 (1917), Nr. 15, 5 S. und[88]), entgegen einer Behauptung von *O. Tino*, Roum. Akad. Bull. 3 (1915), p. 229—233, 277—279.

500) *E. Garbe*[471]) überträgt dies auf die polare Integralgleichung (Nr. **38**b): sind λ_ν die polaren Eigenwerte, λ_ν' die Eigenwerte des definiten Kernes $D(s,t)$, so ist $\sum \frac{1}{|\lambda_\nu|} \leqq \sum \frac{1}{\lambda_\nu'}$, also ebenfalls konvergent, und $\delta(\lambda) = e^{\alpha\lambda} \prod \left(1 - \frac{\lambda}{\lambda_n}\right)$; bei *allgemeinem* Kern ist überdies $\alpha = 0$, also $\delta(\lambda)$ vom Geschlecht 0.

sagen über das Geschlecht bei uneigentlich singulären Kernen, bei denen ein iterierter Kern beschränkt ist, bei *T. Lalesco.*[500a])

Aus (10) in Verbindung mit Formel (6) von Nr. **11** hat *T. Lalesco* den Satz abgeleitet[501]): ein Kern hat dann und nur dann keinen Eigenwert, wenn die Spuren $u_n = \int_a^b k^{(n)}(s, s)\, ds$ für $n > 2$ sämtlich verschwinden.

d) Die Entwicklungssätze. Daß es wirklich unsymmetrische Kerne ohne Eigenwert gibt, war von vornherein aus dem Beispiel der Volterraschen Kerne bekannt. Selbst wenn es also gelänge, nach dem Muster der reellen, symmetrischen Kerne allgemein bei einem beliebigen unsymmetrischen eine Summe von kanonischen Kernen vom Typus (1) so abzuspalten, daß der Rest frei von Eigenwerten wäre, würde noch nicht folgen, daß der Rest identisch verschwindet und daß somit die Entwicklungssätze gelten. Vielmehr ist das Problem der Kanonisierung aller eigenwertlosen Kerne ein transzendentes, verglichen mit den durchaus algebraischen Entwicklungen dieser Nummer.[502])

Aber auch dies ist nicht richtig, daß die Summe der kanonischen Bestandteile, wenn ihrer unendlichviele sind, stets konvergiert, auch dann nicht, wenn man statt der Kerne die bilinearen Integralformen $\iint k(s, t)\, u(s)\, v(t)\, ds\, dt$ betrachtet. Die Widerlegung läßt sich jedoch präziser in der Sprache der unendlichvielen Veränderlichen geben (vgl. Nr. **42**, Ende).

500a) *T. Lalesco*, Literatur A 6, p. 116f. und *S. Mazurkiewicz*, Sitzungsber. Warsch. Ges. d. Wiss. 8 (1916), p. 656—662 zeigen unter der Annahme $|k(s, t_1) - k(s, t_2)| \leq M r^\varrho$, wo $\varrho > 0$ und wo $r = |t_1 - t_2|$ (*Lalesco*) bzw. die Distanz der Stellen t_1, t_2 des p-dimensionalen Raumes (*Mazurkiewicz*) ist, daß die Ordnung von $\delta(\lambda)$ höchstens $2p/2\varrho + p$ ist. — Eine Ausdehnung der Sätze von *H. Weyl*[445]) (Nr. **35** c) über das asymptotische Verhalten der Eigenwerte stetig differenzierbarer Kerne auf den unsymmetrischen Fall bei *L. Mazurkiewicz*, Sitzungsber. Warsch. Ges. d. Wiss 8 (1916), p. 805—810; vgl. auch *A. Blondel*[445]) und *H. Block*[449]).

501) *T. Lalesco*, Paris C. R. 145 (1907), p. 906—907, 1136—1137; Bukar. Bull. Soc. de Stünte 19 (1910), p. 46—57; vgl. dazu *J. Kaucky*[493]).

502) Aus diesem Grunde reichen die Sätze über die Hauptfunktionen auch nicht hin, um für die Lehre von den vertauschbaren Kernen (Nr. **26** b, 3) einen wesentlichen Nutzen zu bringen.

C. Die vollstetigen quadratischen und bilinearen Formen von unendlichvielen Veränderlichen.

40. Hilberts Hauptachsentheorie der vollstetigen quadratischen Formen. Im Rahmen seiner Lehre von den unendlichvielen Veränderlichen hat *D. Hilbert*[503]) eine Theorie der orthogonalen Transformation der vollstetigen quadratischen Formen von unendlichvielen Veränderlichen geschaffen, aus der er die Eigenwerttheorie der Integralgleichungen aufs neue ableitete.

a) **Vollstetige quadratische Formen unendlichvieler Veränderlicher.** Eine wie in Nr. 16a zunächst formal definierte quadratische Form der unendlichvielen Veränderlichen $x_1, x_2, \ldots$

$$(1) \qquad \Re(x, x) = \sum_{p,q=1}^{\infty} k_{pq} x_p x_q, \quad \text{wo} \quad k_{pq} = k_{qp},$$

heißt *vollstetig*[128])[129]), wenn die Differenz zweier *Abschnitte* der Art

$$(1\,\mathrm{a}) \qquad \Re_n(x, x) = \sum_{p,q=1}^{n} k_{pq} x_p x_q$$

mit wachsenden Indizes gleichmäßig für alle der Bedingung

$$(2) \qquad \sum_{p=1}^{\infty} x_p^2 \leqq 1$$

genügenden Wertsysteme gegen 0 konvergiert:

$$(3) \qquad |\Re_n(x, x) - \Re_m(x, x)| \leqq \varepsilon \quad \text{für} \quad n, m > N(\varepsilon).$$

Für die zu $\Re(x, x)$ gehörige *symmetrische Bilinearform* (*Polarform*)

$$(4) \qquad \Re(x, y) = \sum_{p,q=1}^{\infty} k_{pq} x_p y_q, \qquad\qquad k_{pq} = k_{qp},$$

folgt dann leicht aus der Identität

$$(4\,\mathrm{a}) \qquad \Re_n(x, y) = \tfrac{1}{4}\{\Re_n(x+y, x+y) - \Re_n(x-y, x-y)\},$$

daß sie im Sinne von Nr. 16a *vollstetig* ist. Daher übertragen sich alle Aussagen von Nr. 16a über vollstetige Bilinearformen ohne weiteres auf die hier definierten vollstetigen quadratischen Formen.[504])

---

503) *D. Hilbert*, 4. Mitteil., Gött. Nachr. 1906, insbes. p. 200—205, im folgenden zitiert nach dem Abdruck in „Grundzügen", Kap. XI, insbes. p. 147—153. Wegen der Einordnung in die historische Entwicklung vgl. Nr. 8, die im folgenden nicht benutzt wird; die weniger aussagenden, aber die umfassendere Klasse der unsymmetrischen vollstetigen Formen behandelnden Sätze, die die Auflösungstheorie der Integralgleichungen liefern, s. in Nr. **16.**

504) *J. Schur*, Math. Ztschr. 12 (1922), p. 287—297 hat ein über die daraus folgenden Bedingungen hinausreichendes notwendiges und hinreichendes Kriterium für die Vollstetigkeit von $\Re(x, x)$ angegeben: Sind $\varrho_1^{(n)} \geqq \varrho_2^{(n)} \geqq \cdots \geqq \varrho_n^{(n)}$ die

b) **Orthogonale Transformationen im Raume von unendlichvielen Veränderlichen.** Die affine Transformation (vgl. Nr. 19 a, 4)

$$(5) \qquad \xi_\alpha = \sum_{p=1}^{\infty} w_{\alpha p} x_p \qquad\qquad (\alpha = 1, 2, \ldots)$$

heißt eine orthogonale Transformation der unendlichvielen Veränderlichen[505]), wenn ihre Koeffizienten den beiden Serien von Orthogonalitätsbedingungen genügen:

$$(6) \qquad \sum_{p=1}^{\infty} w_{\alpha p} w_{\beta p} = e_{\alpha\beta} = \begin{cases} 0 & (\alpha \neq \beta) \\ 1 & (\alpha = \beta) \end{cases} \quad (\alpha, \beta = 1, 2, \ldots),$$

$$(6') \qquad \sum_{\alpha=1}^{\infty} w_{\alpha p} w_{\alpha q} = e_{pq} = \begin{cases} 0 & (p \neq q) \\ 1 & (p = q) \end{cases} \quad (p, q = 1, 2, \ldots).$$

Sie ordnet jedem Wertsystem $x_1, x_2, \ldots$ von konvergenter Quadratsumme ein Wertsystem $\xi_1, \xi_2, \ldots$ von konvergenter und *gleicher* Quadratsumme zu:

$$(7) \qquad \sum_{\alpha=1}^{\infty} \xi_\alpha^2 = \sum_{p=1}^{\infty} x_p^2.$$

Umgekehrt wird dabei jedes Wertsystem ξ_α von konvergenter Quadratsumme aus genau einem solchen Wertsystem x_p erhalten, und zwar ist wegen (6), (6′)

$$(5') \qquad x_p = \sum_{\alpha=1}^{\infty} w_{\alpha p} \xi_\alpha \qquad\qquad (p = 1, 2, \ldots);$$

das ist gleichfalls eine orthogonale Transformation mit dem transponierten Koeffizientenschema.[506])

Die Aufeinanderfolge zweier orthogonaler Transformationen liefert wieder eine orthogonale Transformation; die orthogonalen Transformationen insgesamt bilden eine Gruppe.

Durch die orthogonale Transformation (5), (5′) geht die voll-

---

Wurzeln der charakteristischen Gleichung von $\Re_n(x, x)$, so müssen die (übrigens sogar für jede beschränkte Form $\Re(x, x)$ (s. Nr. 43 a, 1) notwendig existierenden) Limites $\varrho_\nu = \lim\limits_{n=\infty} \varrho_\nu^{(n)}$, $\varrho_\nu^* = \lim\limits_{n=\infty} \varrho_n^{(\nu+n-1)}$ der Bedingung $\lim\limits_{\nu=\infty} \varrho_\nu = \lim\limits_{\nu=\infty} \varrho_\nu^* = 0$ genügen.

505) *D. Hilbert*[503]), p. 129 ff. — Die Linearformen (5) sind laut (6) orthogonal und normiert, d. h. ihre Koeffizienten bilden ein System orthogonaler, normierter Vektoren im Sinne von Nr. 19 a, 2.

506) Diese Tatsachen ergeben sich entweder aus der Bemerkung, daß für die unendliche Matrix $\mathfrak{W} = (w_{pq})$ die Formeln (6), (6′) in der Schreibweise des Matrizenkalküls (Nr. 18 a, 5) besagen, daß

$$\mathfrak{W}\mathfrak{W}' = \mathfrak{E}, \qquad \mathfrak{W}'\mathfrak{W} = \mathfrak{E}$$

ist und daß also nach Nr. 18, (8 a) $\mathfrak{W}$ beschränkt ist (*D. Hilbert*[505])) — oder aber wie in [509]) unter nachträglicher Hinzunahme von (6′).

stetige quadratische Form $\Re(x, x)$ wiederum in eine *vollstetige* quadratische Form der neuen Veränderlichen über[507]):

$$(8) \qquad \Re(x, x) = \sum_{\alpha, \beta = 1}^{\infty} \left(\sum_{p, q = 1}^{\infty} w_{\alpha p} k_{p q} w_{\beta q} \right) \xi_\alpha \xi_\beta = \mathfrak{H}(\xi, \xi).$$

Die Operation der Faltung (Nr. **16 a**, β) ist orthogonalen Transformationen gegenüber kovariant, die (den Integralausdrücken Nr. **11**, (5) analogen) *Spuren* der Form $\Re(x, x)$ sind, falls sie absolut konvergieren, *Invarianten*[505]):

$$(8\,\text{a}) \qquad \sum_{p=1}^{\infty} k_{pp} = \sum_{p=1}^{\infty} h_{pp}, \quad \sum_{p, q=1}^{\infty} k_{pq}^2 = \sum_{p, q=1}^{\infty} h_{pq}^2, \quad \cdot \,\cdot$$

Genügen die Koeffizienten von (5) nur den Bedingungen (6), aber nicht (6′), so gilt an Stelle von (7) nur die Ungleichung (*Besselsche Ungleichung*)[508])

$$(7\,\text{a}) \qquad \sum_{\alpha = 1}^{\infty} \xi_\alpha^2 \leqq \sum_{p = 1}^{\infty} x_p^2.$$

Man kann dann zu den Linearformen (5) weitere Linearformen in höchstens abzählbar unendlicher Zahl

$$(5^*) \qquad \xi_\alpha^* = \sum_{p = 1}^{\infty} w_{\alpha p}^* x_p \qquad (\alpha = 1, 2, \ldots)$$

so hinzufügen, daß für das erweiterte System die Bedingungen (6) *und* (6′) und damit auch die Gleichung (7) gelten (Ergänzung des Systems der Formen ξ_α zu einem „vollständigen System")[509]). Daraus folgt

<hr>

507) In der Schreibweise des Matrizenkalküls (Nr. **18 a**, 5) besagt das

$$\mathfrak{H} = \mathfrak{W}\mathfrak{K}\mathfrak{W}',$$

und daraus folgt wegen Nr. **18 a**, 4 und der Bemerkung in [175]) der Beweis der obigen Behauptung. Um sie ohne Benutzung der Sätze von Nr. **18** im Sinne der Betrachtungen von Nr. **16 a** zu begründen, bemerke man, daß $\mathfrak{H}(\xi, \xi)$ wegen der Vollstetigkeit von $\Re$ gleichmäßig durch den Abschnitt $\Re_n(x, x)$ angenähert wird, dessen endlichviele Veränderliche $x_1, \ldots, x_n$ als Linearformen (Nr. **16 a**, p. 1401) *vollstetige* Funktionen der $\xi_1, \xi_2, \ldots$ sind. — Die gleiche Aussage gilt übrigens für beliebige affine Transformationen (Nr. **19 a**, 4).

508) Vgl. dazu, auch für den Beweis, Nr. **19 a**, 2. und [198]); für n Gleichungen (5) mit n Veränderlichen ist bekanntlich (6′) und (7) eine Folge von (6), für $m < n$ Gleichungen folgt (7 a).

509) *D. Hilbert*[503]), p. 141 ff.; der Beweis ist in dem Satz p. 142 und dessen folgenden Anwendungen enthalten und läßt sich in der Ausdrucksweise von Nr. **19 a** so wiedergeben: ist $E^{(2)}$ der erste Einheitsvektor, der dem linearen Vektorgebilde mit der Basis $(w_{\alpha 1}, w_{\alpha 2}, \ldots)$ nicht angehört, so werden die Koeffizienten $e_{qp} - \sum_{\alpha = 1}^{\infty} w_{\alpha p} w_{\alpha q}$ des Lotes von ihm auf dieses Vektorgebilde (Nr. **19**, (9)) mit passenden Normierungsfaktoren als Koeffizienten der ersten dem System (5)

speziell, daß man eine orthogonale Transformation stets so bestimmen kann, daß eine beliebig vorgegebene Stelle $(a_1, a_2, \ldots)$ mit $\sum\limits_{p=1}^{\infty} a_p^2 = 1$ in $(1, 0, 0, \ldots)$ übergeht; man braucht dieses Verfahren nur auf die *eine* Gleichung $\xi_1 = a_1 x_1 + a_2 x_2 + \cdots$ anzuwenden.

c) **Existenz des Maximums.** Der Wertvorrat einer vollstetigen quadratischen Form im Bereich (2) ist beschränkt (Nr. **16**a, (10)); weiterhin hat *D. Hilbert* als wesentlichste Eigenschaft dieser Formen erkannt, daß für sie — und so für jede vollstetige Funktion (vgl. Nr. **16**a, Ende) — das *Analogon des Weierstraßschen Satzes von der Existenz des Maximums und Minimums gilt*[510]). Insbesondere existiert das Maximum der Werte $|\mathfrak{K}(x, x)|$ unter der Nebenbedingung (2), d. h. es existiert eine Stelle $(a_1, a_2, \ldots)$ im Bereich (2), so daß

$$(9) \qquad \varrho_1 = \mathfrak{K}(a, a) \quad \text{und}$$

$$(9\,\mathrm{a}) \qquad |\mathfrak{K}(x, x)| \leqq |\varrho_1|, \quad \text{wenn} \quad \sum\limits_{p=1}^{\infty} x_p^2 \leqq 1,$$

oder, ohne Nebenbedingung ausgedrückt,

$$(9\,\mathrm{b}) \qquad |\mathfrak{K}(x, x)| \leqq |\varrho_1| \sum\limits_{p=1}^{\infty} x_p^2;$$

daraus folgt überdies, wenn $\mathfrak{K}(x, x)$ nicht identisch 0 (d. h. wenn $\varrho_1 \neq 0$) ist,

$$(9\,\mathrm{c}) \qquad a_1^2 + a_2^2 + \cdots = 1.$$

d) **Die Hauptachsentransformation.** Mit diesen Hilfsmitteln gelingt es *D. Hilbert*[511]), die orthogonale Transformation einer voll-

---

hinzuzufügenden Linearform verwendet, und auf das so erweiterte System wird das gleiche Verfahren immer wieder angewendet. Das kommt offenbar auf eine bestimmte Anordnung des allgemeinen Lösungsverfahrens von Nr. **19**b, 1 für die besonderen homogenen Gleichungen $\sum\limits_{\alpha=1}^{\infty} w_{\alpha p} u_p = 0$ hinaus; vgl. [208]).

510) *D. Hilbert*[103]), p. 148. Diese Tatsache kann etwa so begründet werden, daß man eine Folge von Stellen in (2) bestimmt, an denen $\mathfrak{K}(x, x)$ gegen ϱ_1 konvergiert, wo $|\varrho_1|$ die obere Grenze aller Werte $|\mathfrak{K}(x, x)|$ ist, und aus ihnen nach dem Auswahlverfahren von Nr. **16**b eine in dem dort bezeichneten Sinne gegen eine Stelle (a_p) konvergierende Folge herausgreift; wegen der Vollstetigkeitseigenschaft (Nr. **16**a, (5)) besteht dann (9). (Man vgl. dazu den Schluß von Nr. **33**d über das Maximum der quadratischen Integralform, der wegen des Auftretens stetiger Funktionen als Argumente wesentlich komplizierter ist.) Auch andere Beweisanordnungen des Weierstraßschen Satzes kann man auf Grund der Bemerkung übertragen, daß $\mathfrak{K}(x, x)$ im Bereich (2) durch die Funktion $\mathfrak{K}_n(x, x)$ von n Veränderlichen gleichmäßig approximiert wird.

511) *D. Hilbert*[503]), p. 148—150; die folgende Darstellung weicht nur in der Anordnung von der Hilbertschen ab. Man vgl. zu dieser Konstruktion die

stetigen quadratischen Form auf eine Summe von Quadraten in restloser Analogie zu dem algebraischen Problem (vgl. Nr. 1b, 8) zu entwickeln. Man bestimme von dem Resultat c) ausgehend, nach der
Schlußbemerkung von b) eine orthogonale Transformation der $x_1, x_2, \ldots$
in neue Veränderliche $\xi_1, x_2', x_3', \ldots$, die das Wertsystem $x_p = a_p$ in
dasjenige $\xi_1 = 1,\ x_2' = x_3' = \cdots = 0$ überführt; dann wird

$$\Re(x, x) = \varrho_1 \xi_1^2 + \Re'(x', x'),$$

wo $\Re'$ eine vollstetige quadratische Form lediglich der Veränderlichen
$x_2', x_3', \ldots$ ist. Denn die Differenz

$$\Re(x, x) - \varrho_1 \sum_{p=1}^{\infty} x_p^2 = \Re(x, x) - \varrho_1(\xi_1^2 + x_2'^2 + x_3'^2 + \cdots)$$

$$= \Re' - \varrho_1 \sum_{p=2}^{\infty} x_p'^2$$

verschwindet wegen (9) für $x_p = a_p$ (d. h. $x_p' = 0$), enthält also kein
Glied mit ξ_1^2 mehr; ferner ist sie wegen (9b) negativ oder positiv
definit, je nachdem $\varrho_1 \gtrless 0$, und darf daher kein in ξ_1 lineares Glied
mit $\xi_1 \cdot x_p'$ enthalten.

Dieselbe Betrachtung liefert, wenn die Form $\Re'(x', x')$ nicht identisch verschwindet und die der Ungleichung

$$|\varrho_2| \leqq |\varrho_1|$$

genügende Zahl ϱ_2 das gemäß c) bestimmte Maximum von $|\Re'(x', x')|$
unter der Nebenbedingung (2) ist, eine orthogonale Transformation
der $x_2', x_3', \ldots$ in neue Veränderliche $\xi_2, x_3'', x_4'', \ldots$ derart, daß

$$\Re'(x', x') = \varrho_2 \xi_2^2 + \Re''(x'', x'').$$

Setzt man dies Verfahren fort, so führt es entweder nach einer
endlichen Anzahl von Schritten zu einem identisch verschwindenden
Rest oder man erhält abzählbar unendlichviele den Ungleichungen

$$(10\,\text{a}) \qquad\qquad |\varrho_1| \geqq |\varrho_2| \geqq |\varrho_3| \geqq \cdots$$

genügende Zahlen ϱ_α und unendlichviele Veränderliche ξ_α; für jedes
endliche n werden dabei $\xi_1, \ldots, \xi_n$ durch n Schritte (Zusammensetzung
von n orthogonalen Transformationen) endgültig als Linearformen der
x_p bestimmt und gehören daher einer orthogonalen Transformation
an. Daher genügen die *sämtlichen* so bestimmten Linearformen

$$(11) \qquad\qquad \xi_\alpha = \sum_{p=1}^{\infty} w_{\alpha p} x_p \qquad\qquad (\alpha = 1, 2, \ldots)$$

---

analogen Eigenschaften bei Integralgleichungen, Nr. 32c; auch die *Courant*sche
Maximum-Minimumdefinition (Nr. 32d) läßt sich auf das vorliegende Problem
unmittelbar übertragen. — Spezielle Maximumaufgaben bei quadratischen Formen mit linearen Nebenbedingungen behandelt *T. Kubota*, Tôhoku Math. J. 18
(1920), p. 297—301; 19 (1921), p. 164—168.

den Orthogonalitätsbedingungen (6) und können also nach b) durch Hinzufügung von höchstens abzählbar unendlichvielen weiteren Linearformen

$$(11^*) \qquad \xi_\alpha^* = \sum_{p=1}^{\infty} w_{\alpha p}^* x_p \qquad\qquad (\alpha = 1, 2, \ldots)$$

zu einer orthogonalen Transformation ergänzt werden. Genau wie oben schließt man, daß dann

$$\Re(x, x) = \varrho_1 \xi_1^2 + \varrho_2 \xi_2^2 + \cdots + \Re^*(\xi^*, \xi^*)$$

wird, wo $\Re^*$ nur noch von den ξ_α^* abhängt.

Aus der Vollstetigkeit der für $\xi_\alpha^* = 0$ hieraus hervorgehenden Form $\sum\limits_{\alpha=1}^{\infty} \varrho_\alpha \xi_\alpha$ folgt nun (Nr. **16a**, (8))

$$(10\,\mathrm{b}) \qquad\qquad \lim_{\alpha=\infty} \varrho_\alpha = 0,$$

und da nach der Entstehung der ϱ_α die Werte von $|\Re|$ für $\xi_1 = \cdots = \xi_n = 0$ unter der Bedingung (2) das Maximum $|\varrho_{n+1}|$ haben, ist auch

$$|\Re^*(\xi^*, \xi^*)| \leqq |\varrho_{n+1}| \sum_{\alpha=1}^{\infty} \xi_\alpha^{*\,2}$$

für jedes n und daher $\Re^*(\xi^*, \xi^*) \equiv 0$. *Jede vollstetige quadratische Form läßt sich also durch eine orthogonale Transformation* (11), (11*) *auf die kanonische Gestalt*[512])

$$(12) \qquad \Re(x, x) = \sum_{p,\,q=1}^{\infty} k_{pq} x_p x_q = \varrho_1 \xi_1^2 + \varrho_2 \xi_2^2 + \cdots$$

bringen, wo die ϱ_α *eindeutig bestimmte nicht verschwindende reelle Zahlen sind, die gegen 0 konvergieren, falls unendlichviele vorhanden sind; gleichzeitig ist*

$$(12\,\mathrm{a}) \quad \mathfrak{E}(x, x) = \sum_{p=1}^{\infty} x_p^2 = \xi_1^2 + \xi_2^2 + \cdots + \xi_1^{*\,2} + \xi_2^{*\,2} + \cdots.$$

Da umgekehrt, wie man leicht einsieht, jede quadratische Form (12) mit gegen 0 konvergierenden ϱ_α vollstetig ist, bilden *die vollstetigen Formen die allgemeinste Klasse quadratischer Formen, die auf diese kanonische Gestalt orthogonal transformierbar sind.*

Durch Einsetzen von (11) in (12) und unter Verwendung von (6) schließt man[512])

$$(13) \qquad \sum_{q=1}^{\infty} k_{pq} w_{\alpha q} - \varrho_\alpha w_{\alpha p} = 0 \qquad \left(\begin{matrix} p = 1, 2, \ldots \\ \alpha = 1, 2, \ldots \end{matrix}\right),$$

---

512) Im Matrizenkalkül besagt das [vgl. [506]), [507])], daß $\mathfrak{W}\Re\mathfrak{W}'$ gleich einer Diagonalform $\mathfrak{k}$ wird, in der außerhalb der Diagonale nur Nullen, in der Diagonale die Größen ϱ_α an den durch ξ_α^2 bzw. 0 an den durch $\xi_\alpha^{*\,2}$ bezeichneten Stellen stehen. Die Gleichungen (13), (13*) besagen, daß $\Re\mathfrak{W}' = \mathfrak{W}'\mathfrak{k}$ ist.

d. h. jede Koeffizientenreihe $w_{\alpha 1}$, $w_{\alpha 2}$, ... löst das mit den Koeffizienten von $-\varrho_\alpha^{-1} \cdot \Re(x, x)$ gebildete homogene vollstetige Gleichungssystem Nr. **16**, (U_h) (p. 1415); analog der Terminologie aus der Theorie der Integralgleichungen (Nr. **30** a) kann man ϱ_α^{-1} als *Eigenwert*, $w_{\alpha p}$ als zugehörige *Eigenlösungen* bzw. die Linearform ξ_α als *Eigenform* von $\Re(x, x)$ bezeichnen. Weiterhin ergibt sich

$$(13^*) \qquad \sum_{q=1}^{\infty} k_{pq}\, w^*_{\alpha q} = 0 \qquad \left(\begin{matrix} p = 1, 2, \ldots \\ \alpha = 1, 2, \ldots \end{matrix}\right),$$

d. h. die ξ_α^* sind als *zum Eigenwert* ∞ *gehörige Eigenformen* zu bezeichnen (Nr. **30** e). Sind keine solchen Eigenfunktionen, d. h. keine nicht verschwindenden Lösungen des Systems (13^*) von konvergenter Quadratsumme vorhanden, so heißt $\Re(x, x)$ *abgeschlossen*; dann und nur dann ist ∞ kein Eigenwert, und die zu den endlichen Eigenwerten gehörigen Eigenformen (11) bilden bereits ein vollständiges System von linearen Orthogonalformen (Nr. **40** b)[512 a]. —

Besondere Klassen vollstetiger quadratischer Formen kann man auch durch sinngemäße Übertragung der in der Theorie der symmetrischen Integralgleichungen ausgebildeten Methoden (vgl. insbes. Nr. **33**) behandeln; entsprechend hat *H. v. Koch*[513] hier seine unendlichen Determinanten zur Anwendung gebracht.

e) **Zusammenhang mit der Eigenwerttheorie der Integralgleichungen.** Die Eigenwerttheorie gewinnt *D. Hilbert*[514] nun durch Hinzunahme seines in Nr. **15** dargestellten Übergangsverfahrens von Integralgleichungen zu Gleichungen mit unendlichvielen Veränderlichen. Wendet man dieses nämlich auf die homogene Integralgleichung (i_h) von Nr. **30** mit dem symmetrischen stetigen Kern $k(s, t)$ an, so erhält man aus jeder zum Eigenwert λ gehörigen normierten Eigenfunktion $\varphi(s)$ durch deren Fourierkoeffizienten x_p in bezug auf das vollständige Orthogonalsystem der $\omega_p(s)$ (vgl. Nr. **15**, (5)) ein nicht

---

512 a) *D. Hilbert*[503], p. 147. — In dieser Theorie der quadratischen Formen von unendlichvielen Veränderlichen entfällt also die Sonderstellung des Eigenwertes ∞ und damit der Unterschied der Begriffe „abgeschlossen" und „allgemein", die in der Theorie der Integralgleichungen im Bereich der stetigen Funktionen wichtig sind (Nr. **30** e, **34** d), und die volle Analogie zur Algebra ist hergestellt (vgl. Nr. **7**, p. 1365, Nr. **8**, p. 1369).

513) *H. v. Koch*, Math. Ann. 69 (1910), p. 266—283 unter der Voraussetzung, daß $\sum |k_{pp}|$ und $\sum k_{pq}^2$ konvergiert, sowie unter etwas weiteren Voraussetzungen, vgl. [159].

514) *D. Hilbert*, 5. Mitteil., Gött. Nachr. 1906, p. 452—462; s. „Grundzüge", Kap. XIV, p. 185—194.

verschwindendes Lösungssystem der unendlichvielen Gleichungen

$$(u_h) \qquad\qquad x_p - \lambda \sum_{q=1}^{\infty} k_{pq} x_q = 0 \qquad\qquad (p = 1, 2, \ldots)$$

von der Quadratsumme 1, wobei

$$(14) \qquad\qquad k_{pq} = \int_a^b\!\!\int_a^b k(s, t)\, \omega_p(s)\, \omega_q(t)\, ds\, dt = k_{qp}$$

die Koeffizienten einer vollstetigen, wegen der Symmetrie von $k(s, t)$ symmetrischen Bilinearform $\mathfrak{K}(x, y)$, also auch einer *vollstetigen quadratischen Form* $\mathfrak{K}(x, x)$ sind. Umgekehrt liefert jedes nicht verschwindende Lösungssystem x_p von (u_h) mit der Quadratsumme 1 durch (vgl. Nr. 15, (10))

$$\varphi(s) = \lambda \sum_{q=1}^{\infty} x_q \int_a^b k(s, t)\, \omega_q(t)\, dt$$

eine Eigenfunktion von $k(s, t)$. Der Vergleich mit (13) zeigt daher, daß $\lambda_\alpha = \varrho_\alpha^{-1}$ *Eigenwerte und*

$$(15) \qquad\qquad \varphi_\alpha(s) = \frac{1}{\varrho_\alpha} \sum_{q=1}^{\infty} w_{\alpha q} \int_a^b k(s, t)\, \omega_q(t)\, dt$$

die zugehörigen Eigenfunktionen von $k(s, t)$ sind. Weiterhin ergibt sich durch zweimalige Anwendung der Vollständigkeitsrelation Nr. 15, (2b) die Übereinstimmung der zu $k(s, t)$ gehörigen quadratischen Integralform und der mit den Fourierkoeffizienten der Argumentfunktion $x(s)$ gebildeten quadratischen Form $\mathfrak{K}(x, x)$:

$$(16) \quad \int_a^b\!\!\int_a^b k(s, t)\, x(s)\, x(t)\, ds\, dt = \sum_{p, q=1}^{\infty} k_{pq} x_p x_q, \quad \text{wo} \quad x_p = \int_a^b x(s)\, \omega_p(s)\, ds.$$

Die kanonische Darstellung (12) liefert daher wegen der ebenfalls aus der Vollständigkeitsrelation hervorgehenden Gleichungen

$$\xi_\alpha = \sum_{p=1}^{\infty} w_{\alpha p} x_p = \sum_{p=1}^{\infty} \int_a^b \varphi_\alpha(s)\, \omega_p(s)\, ds \int_a^b x(s)\, \omega_p(s)\, ds = \int_a^b x(s)\, \varphi_\alpha(s)\, ds$$

unmittelbar die Hilbertsche Fundamentalformel Nr. 32, (14). Endlich ergibt die Transformationsformel (12a) der Einheitsform in der durch Übergang zur Polarform entstehenden äquivalenten Gestalt

$$\sum_{p=1}^{\infty} x_p y_p = \sum_{\alpha=1}^{\infty} \Big(\sum_{p=1}^{\infty} w_{\alpha p} x_p \Big) \Big(\sum_{p=1}^{\infty} w_{\alpha p} y_p \Big) + \sum_{\alpha=1}^{\infty} \Big(\sum_{p=1}^{\infty} w_{\alpha p}^* x_p \Big) \Big(\sum_{p=1}^{\infty} w_{\alpha p}^* y_p \Big)$$

den *Entwicklungssatz:* setzt man nämlich hierin

$$x_p = \int_a^b x(s)\, \omega_p(s)\, ds, \quad y_p = \int_a^b k(s, t)\, \omega_p(t)\, dt = y_p(s)$$

und berücksichtigt neben (15) die **Tatsache,** daß die sämtlichen Fourierkoeffizienten von $\sum w^{*}_{\alpha p}\, y_p(s)$

$$\int\limits_{a}^{b} \omega_q(s)\Big(\sum_{p=1}^{\infty} w^{*}_{\alpha p}\int\limits_{a}^{b} k(s,t)\,\omega_p(t)\,dt\Big)\,ds = \sum_{p=1}^{\infty} k_{pq}\,w^{*}_{\alpha q} = 0$$

wegen (13*) verschwinden[515]) und daß daher diese Funktionen sämtlich identisch verschwinden, so folgt durch mehrfache Anwendung der Vollständigkeitsrelation

$$\int\limits_{a}^{b} k(s,t)\,x(t)\,dt = \sum_{\alpha=1}^{\infty} \varrho_\alpha\,\varphi_\alpha(s)\int\limits_{a}^{b} x(t)\,\varphi_\alpha(t)\,dt$$

— d. i. genau der Entwicklungssatz (28) von Nr. **34**c; die Konvergenz der auftretenden Reihen folgt unmittelbar aus der Schwarzschen Summenungleichung und der Vollständigkeitsrelation Nr. **15,** (9a) und (2a). Analog folgen die anderen Tatsachen der Eigenwerttheorie.[514])

Für die Anwendbarkeit der Methode auf unstetige Kerne, die zu vollstetigen Formen führen, gelten dieselben Bemerkungen wie Nr. **15**c, Ende.[516])

41. Besondere vollstetige Bilinearformen, die sich wie quadratische Formen verhalten.

a) **Alternierende, Hermitesche Formen usw.** Unter einer *Hermiteschen Form* von unendlichvielen Veränderlichen versteht man eine Bilinearform $\mathfrak{H}(x,y) = \sum\limits_{\alpha,\beta} h_{\alpha\beta}\,x_\alpha y_\beta$, bei der $h_{\alpha\beta} = \bar{h}_{\beta\alpha}$ ist (unter Überstreichen ist der Übergang zum Konjugiert-Imaginären verstanden), und bei der speziell $y_\alpha = \bar{x}_\alpha$ gesetzt ist; die Matrix $\mathfrak{H}$ heißt dementsprechend eine Hermitesche Matrix, wenn $\mathfrak{H} = \bar{\mathfrak{H}}'$ ist (der Akzent bedeutet Übergang zur transponierten Matrix; vgl. Nr. **18**a, (2)). Wird $h_{\alpha\beta} = s_{\alpha\beta} + i t_{\alpha\beta}$ in Real- und Imaginärteil zerlegt, so ist also

$$(1)\qquad\qquad s_{\alpha\beta} = s_{\beta\alpha}, \quad t_{\alpha\beta} = -\,t_{\beta\alpha}.$$

Im Falle reeller $h_{\alpha\beta}$ ist die Hermitesche Form eine reelle, symmetrische Bilinearform, in der $y_\alpha = x_\alpha$ gesetzt ist, also eine reelle quadratische Form; im Falle rein imaginärer $h_{\alpha\beta}$ ist sie das i-fache einer alternierenden Form.

---

515) Diese Tatsache setzt in Evidenz, daß es für Integralgleichungen bei Beschränkung auf stetige Funktionen nicht möglich ist, den Charakter des Eigenwertes ∞ näher zu bestimmen, während er für die vollstetige Form $\mathfrak{K}(x,x)$ durch die Gesamtheit der Eigenformen ξ^{*}_α festgelegt ist; vgl. dazu Nr. **7**.

516) *F. Riesz*[264]), § 14 hat den *Hilbert*schen Gedankengang von c), d) direkt auf beliebige „vollstetige" symmetrische Integralgleichungen angewandt, noch mit der Verallgemeinerung, daß statt der Integrale lineare Funktionaltransformationen im Sinne von Nr. **24**b auftreten.

D. Hilberts Theorie der vollstetigen reellen quadratischen Formen (Nr. **40**) überträgt sich unmittelbar auf *vollstetige* Hermitesche Formen (vgl. Nr. **16** a, p. 1400)[517]), wenn man den Begriff der „orthogonalen Transformation" (Nr. **40** b) durch den der „unitären Transformation" ersetzt, deren Koeffizienten w_{pq} bzw. Koeffizientenmatrix $\mathfrak{W}$ den folgenden Bedingungen genügt (vgl. Nr. **19** a, 3, Ende,[201])):

$$(2) \quad \begin{cases} \displaystyle\sum_{\alpha=1}^{\infty} w_{p\alpha}\overline{w}_{q\alpha} = e_{pq} & \text{bzw.} \quad \mathfrak{W}\overline{\mathfrak{W}}' = \mathfrak{E}, \\[2ex] \displaystyle\sum_{\alpha=1}^{\infty} \overline{w}_{\alpha p} w_{\alpha q} = e_{pq} & \text{bzw.} \quad \overline{\mathfrak{W}}'\mathfrak{W} = \mathfrak{E}. \end{cases}$$

Das Ergebnis lautet hier: man kann jede vollstetige Hermitesche Form $\mathfrak{H}(x, \overline{x})$ durch eine unitäre Transformation der unendlichvielen Veränderlichen $x_p = \sum_{\alpha} w_{\alpha p}\xi_\alpha$ auf die Gestalt

$$(3) \quad \mathfrak{W}\mathfrak{H}\overline{\mathfrak{W}}' = \mathfrak{h} = h_1\xi_1\overline{\xi}_1 + h_2\xi_2\overline{\xi}_2 + \cdots$$

bringen, wo die h_α reelle Größen mit dem Grenzwert 0 sind; die reziproken Werte der nichtverschwindenden unter ihnen heißen die *Eigenwerte* der Form.

Diese Theorie kann auf eine noch allgemeinere Klasse von Bilinearformen ausgedehnt werden, die außer den Hermiteschen Formen übrigens auch noch die unitären Formen selbst (d. h. die Bilinearformen, deren Matrix unitär ist) als Spezialfälle enthält und also u. a. auch für diese eine volle Theorie aufzustellen gestattet.[518]) Eine Bilinearform $\mathfrak{A}$ möge *normal* heißen, wenn die beiden Hermiteschen Formen $\mathfrak{A}\overline{\mathfrak{A}}'$ und $\overline{\mathfrak{A}}'\mathfrak{A}$ einander gleich sind. Jede Bilinearform läßt sich in der Gestalt

$$(4) \quad \mathfrak{A} = \frac{\mathfrak{A} + \overline{\mathfrak{A}}'}{2} + i\frac{\mathfrak{A} - \overline{\mathfrak{A}}'}{2i} = \mathfrak{H} + i\mathfrak{K}$$

---

517) *D. Hilbert*, Grundzüge, Kap. XII, p. 162 ff., leitet die Gültigkeit seiner Theorie für Hermitesche Formen aus der für reelle quadratische Formen nicht durch Wiederholung der bei diesen angewendeten Schlüsse, sondern folgendermaßen ab:

$$\mathfrak{H}(x, \overline{x}) = \sum h_{\alpha\beta}(y_\alpha + iz_\alpha)(y_\beta - iz_\beta) = \sum (s_{\alpha\beta} + it_{\alpha\beta})(y_\alpha + iz_\alpha)(y_\beta - iz_\beta)$$

$$= \sum s_{\alpha\beta}(y_\alpha y_\beta + z_\alpha z_\beta) + \sum t_{\alpha\beta}(y_\alpha z_\beta - y_\beta z_\alpha)$$

kann als eine reelle quadratische Form der Veränderlichen y_α und z_α zusammen aufgefaßt werden; indem er auf diese das Theorem von Nr. **40** d anwendet, erhält er die analogen Sätze für allgemeine Hermitesche Formen.

518) Die entsprechende algebraische Theorie der reellen orthogonalen Matrizen bei *G. Frobenius*, J. f. Math. 84 (1877), p. 51—54, wo die Herleitung jedoch auf die Elementarteilertheorie gestützt wird.

als Summe einer Hermiteschen Form $\mathfrak{H}$ und einer mit i multiplizierten $\mathfrak{K}$ darstellen, und zwar, wie man sofort sieht, nur auf diese eine Weise; $\mathfrak{A}$ ist offenbar dann und nur dann normal, wenn $\mathfrak{H}$ und $\mathfrak{K}$ miteinander vertauschbar sind ($\mathfrak{H}\mathfrak{K} = \mathfrak{K}\mathfrak{H}$). Wendet man nun auf die Form $\mathfrak{H}$ die Hilbertsche Theorie der Hermiteschen Formen an, so erhält man eine unitäre Transformation, die $\mathfrak{H}$ auf die Normalform $\mathfrak{h}$ bringt; dieselbe Transformation wird gleichzeitig $\mathfrak{K}$ in irgendeine andere Hermitesche Form $\mathfrak{K}^*$ transformieren, und die transformierten Formen $\mathfrak{h}$, $\mathfrak{K}^*$ werden miteinander wiederum vertauschbar sein; es wird also $h_\alpha k^*_{\alpha\beta} = k^*_{\alpha\beta} h_\beta$ gelten, d. h. $k^*_{\alpha\beta} = 0$ für alle diejenigen Paare α, β, für die $h_\alpha \neq h_\beta$. Sind nun die Werte h_α, die Null zum Grenzwert haben, ihrer Größe nach geordnet, so daß etwaige gleiche unter ihnen immer nebeneinanderstehen, und ist etwa $h_1 = \cdots = h_n$, aber von allen folgenden verschieden, so kann man die Form $h_1 \xi_1 \bar\xi_1 + \cdots + h_n \xi_n \bar\xi_n = h_1 (\xi_1 \bar\xi_1 + \cdots + \xi_n \bar\xi_n)$ noch einer beliebigen unitären Transformation in n Veränderlichen unterwerfen, die sie in sich überführt, und kann diese benutzen, um $\sum\limits_{\alpha,\beta=1}^{n} k^*_{\alpha\beta} \xi_\alpha \bar\xi_\beta$ auf die kanonische Gestalt zu bringen. Indem man mit jedem System einander gleicher h_α ebenso verfährt, und indem man in dem Falle daß unter den h_α endlich- oder unendlichviele Nullen auftreten, entsprechend vorgeht, erreicht man für jeden Bestandteil von $\mathfrak{K}^*$, der noch nicht 0 war, die Normalform, und damit für das ganze $\mathfrak{K}^*$, ohne sie für $\mathfrak{h}$ zu zerstören: *Jede vollstetige normale Bilinearform $\mathfrak{A}(x, y)$ läßt sich durch eine unitäre Transformation $x_p = \sum w_{\alpha p} \xi_\alpha$, $y_p = \sum w_{\alpha p} \eta_\alpha$ auf die Gestalt $\mathfrak{W}\mathfrak{A}\overline{\mathfrak{W}}' = \sum \varrho_\alpha \xi_\alpha \eta_\alpha$ transformieren.*

Es ist das befriedigende an diesem Resultat, daß es sich umkehren läßt: jede Bilinearform, die sich unitär auf diese Normalform transformieren läßt, ist, wie man durch Kalkül unmittelbar sieht, normal.[519]) — Die entsprechenden Sätze über Integralgleichungen (Nr. **38a**) folgen hieraus unmittelbar durch das Übergangsverfahren von Nr. **15**.

b) **Symmetrisierbare Formen.**

1. Bevor die Theorie der symmetrisierbaren Formen und damit die der symmetrisierbaren Kerne ihre eigentliche, in Nr. **38**b angekündigte Erörterung findet, ist es zweckmäßig, das ihr zugrunde liegende **algebraische Analogon** zu schildern, und zwar in einer

---

519) Die Bemerkungen von *O. Toeplitz* [496]), betreffend den „Wertvorrat“ einer Bilinearform von $2n$ Veränderlichen übertragen sich unmittelbar auf vollstetige normale Formen von unendlichvielen Veränderlichen.

etwas genaueren Weise, als es in den einschlägigen Arbeiten zumeist hervortritt.

Die Erweiterung des Hauptachsentheorems, um die es sich hier handelt, liegt in der Richtung, daß eine reelle quadratische Form $\mathfrak{S} = \sum s_{\alpha\beta} x_\alpha x_\beta$ auf die Normalform $\mathfrak{s} = \sum \sigma_\alpha y_\alpha^2$ zu bringen ist durch eine lineare Transformation $x_\alpha = \mathfrak{U}(y_\beta) = \sum u_{\alpha\beta} y_\beta$, die, anstatt orthogonal zu sein, d. h. die Einheitsform $\mathfrak{E} = \sum x_\alpha^2$ in sich selbst zu transformieren, irgendeine andere gegebene positiv definite Form $\mathfrak{D} = \sum d_{\alpha\beta} x_\alpha x_\beta$ zugleich in die Normalform $\mathfrak{d} = \sum y_\alpha^2$ überführt; in Formeln[520]):

$$(1) \quad \begin{cases} \mathfrak{U}'\mathfrak{S}\mathfrak{U} = \mathfrak{s}, \quad \mathfrak{U}'\mathfrak{D}\mathfrak{U} = \mathfrak{d}; \quad \mathfrak{S} = \mathfrak{V}'\mathfrak{s}\mathfrak{V}, \quad \mathfrak{D} = \mathfrak{V}'\mathfrak{d}\mathfrak{V}; \\ \mathfrak{U}\mathfrak{V} = \mathfrak{E}, \quad \mathfrak{V}\mathfrak{U} = \mathfrak{E}. \end{cases}$$

Diese Erweiterung des Hauptachsentheorems ist statthaft, wenn $\mathfrak{D}$ eine *eigentlich* positiv definite Form ist; sie kann leicht dahin modifiziert werden, daß $\mathfrak{d}$ nicht als die Einheitsform vorgegeben ist, sondern als irgendeine Diagonalform $\sum \delta_\alpha y_\alpha^2$, in der δ_α beliebig vorgeschriebene positive Größen sind.

Ist aber $\mathfrak{D}$ *uneigentlich* positiv definit, so kompliziert sich der Tatbestand wesentlich. Die Normalformen, die hier durch simultane Transformation von $\mathfrak{S}$ und $\mathfrak{D}$ erreicht werden können, falls zum Ersatz für $\mathfrak{D}$ wenigstens $\mathfrak{S}$ von nichtverschwindender Determinante ist, also $\mathfrak{S}^{-1}$ existiert, lauten[521])

$$(1\,a) \quad \begin{cases} \mathfrak{s} = \sigma_1 y_1^2 + \cdots + \sigma_\nu y_\nu^2 + 2 s_1 y_{\nu+1} y_{\nu+2} + \cdots + 2 s_\mu y_{\nu+2\mu-1} y_{\nu+2\mu} \\ \mathfrak{d} = \delta_1 y_1^2 + \cdots + \delta_\nu y_\nu^2 + \quad d_1 y_{\nu+2}^2 + \cdots + \quad d_\mu y_{\nu+2\mu}^2. \end{cases}$$

In Wahrheit liegt hier ein Satz der Elementarteilertheorie vor, und der Beweis pflegt auch deren allgemeinen Theoremen entnommen zu werden (alle Elementarteiler der Formenschar $\mathfrak{D} - \varrho \mathfrak{S}$, die zu von Null verschiedenen ϱ-Werten gehören, sind reell und einfach; aber die zu $\varrho = 0$, d. h. zum Eigenwert $\lambda = \dfrac{1}{\varrho} = \infty$ gehörigen Elementarteiler können *zweigliedrig* sein und in beliebiger Anzahl $\mu \leq \dfrac{n}{2}$ auftreten).

Man rechnet an der Hand dieser Normalformen leicht aus, daß die

---

520) In der Algebra pflegt man nur die beiden ersten dieser 6 Formeln hinzuschreiben und hinzuzufügen, daß die Determinante von $\mathfrak{U}$ nicht verschwinden soll. In Rücksicht auf die nachherige Ausdehnung auf unendlichviele Veränderliche ist schon an dieser Stelle eine Schreibweise gewählt worden, die den Determinantenbegriff ausschaltet.

521) Vgl. etwa *O. Hesse,* Vorlesungen über analytische Geometrie des Raumes, 3. Aufl. 1876, p. 515 (Zusätze von *S. Gundelfinger*) oder *E. Pascal,* Repertorium I, p. 127 f. (*A. Loewy*), genauer bei *A. Loewy,* J. f. Math. 122 (1900), p. 53—72, auch *P. Muth,* Theorie und Anw. d. Elementarteiler, Leipzig 1899, p. 122.

endlichen Eigenwerte dann und nur dann ganz fehlen, wenn die Form $\mathfrak{d}\mathfrak{f}^{-1}\mathfrak{d}$ identisch verschwindet. Und da andererseits $\mathfrak{D}\mathfrak{S}^{-1}\mathfrak{D}$ eine Kovariante ist — denn $(\mathfrak{U}'\mathfrak{D}\mathfrak{U})(\mathfrak{U}'\mathfrak{S}\mathfrak{U})^{-1}(\mathfrak{U}'\mathfrak{D}\mathfrak{U}) = \mathfrak{U}'\mathfrak{D}\mathfrak{U}\mathfrak{U}^{-1}\mathfrak{S}^{-1}\mathfrak{U}'^{-1}\mathfrak{U}'\mathfrak{D}\mathfrak{U}$ $= \mathfrak{U}'(\mathfrak{D}\mathfrak{S}^{-1}\mathfrak{D})\mathfrak{U}$ — folgt, daß allgemein die Formenschar $\mathfrak{D} - \varrho\mathfrak{S}$ dann und nur dann ohne endlichen Eigenwert ist, d. h. daß $|\mathfrak{D} - \varrho\mathfrak{S}|$ nur für $\varrho = 0$ verschwindet, wenn die Form

$$(2) \qquad \mathfrak{D}\mathfrak{S}^{-1}\mathfrak{D} = 0$$

ist.

2. Damit ist aber noch nicht erschöpft, was hier über den algebraischen Sachverhalt gebraucht wird. Denn was bisher angegeben wurde, handelt von der simultanen invertierbaren Transformation eines Paares von reellen quadratischen Formen; die Theorie der symmetrisierbaren Kerne (Nr. 38 b) aber handelt, auf unendlichviele Veränderliche überschrieben, von unsymmetrischen Bilinearformen $\mathfrak{K}$, zu denen man definite quadratische Formen $\mathfrak{D}_1$ bzw. $\mathfrak{D}_2$ so hinzubestimmen kann, daß $\mathfrak{D}_1\mathfrak{K} = \mathfrak{S}_1$ bzw. $\mathfrak{K}\mathfrak{D}_2 = \mathfrak{S}_2$ reell und symmetrisch ausfallen, und sie handelt von den Eigenwerten und der Entwicklung des Kernes $\mathfrak{K}$, d. h. von den Werten ϱ, für die das homogene Gleichungssystem mit der Matrix $\mathfrak{K} - \varrho\mathfrak{E}$ lösbar ist und von diesen Lösungen; man umschreibt diese Aufgabe kürzer und zugleich vollständiger, wenn man unter Benutzung des Matrizenkalküls nach zwei zueinander inversen Transformationen $\mathfrak{P}$, $\mathfrak{Q}$ fragt, so daß

$$(3) \qquad \mathfrak{K}\mathfrak{P} = \mathfrak{P}\mathfrak{f}, \quad \mathfrak{Q}\mathfrak{K} = \mathfrak{f}\mathfrak{Q}; \quad \mathfrak{P}\mathfrak{Q} = \mathfrak{E}, \quad \mathfrak{Q}\mathfrak{P} = \mathfrak{E}$$

gilt (in der Elementarteilertheorie sagt man dann, $\mathfrak{K}$ und $\mathfrak{f}$ seien „ähnlich" und schreibt kürzer $\mathfrak{P}^{-1}\mathfrak{K}\mathfrak{P} = \mathfrak{f}$, indem man durch die Schreibweise $\mathfrak{P}^{-1}$ zugleich die Existenz von $\mathfrak{P}^{-1}$ andeutet).

Der Zusammenhang des algebraischen Problems (3) mit dem algebraischen Problem (1) oder vielmehr allgemeiner mit dem der simultanen Transformation irgendeines Paares reeller quadratischer Formen $\mathfrak{S}$, $\mathfrak{T}$ in ein anderes $\mathfrak{f}$, $\mathfrak{t}$:

$$(4) \quad \mathfrak{U}'\mathfrak{S}\mathfrak{U} = \mathfrak{f}, \quad \mathfrak{U}'\mathfrak{T}\mathfrak{U} = \mathfrak{t}; \quad \mathfrak{S} = \mathfrak{V}'\mathfrak{f}\mathfrak{V}, \quad \mathfrak{T} = \mathfrak{V}'\mathfrak{t}\mathfrak{V}; \quad \mathfrak{U}\mathfrak{V} = \mathfrak{E}, \quad \mathfrak{V}\mathfrak{U} = \mathfrak{E}$$

ist folgender: besteht (4) und sind $\mathfrak{T}$ und $\mathfrak{t}$ von nichtverschwindender Determinante, existieren also $\mathfrak{T}^{-1}$ und $\mathfrak{t}^{-1}$, so ist

$$(\mathfrak{S}\mathfrak{T}^{-1})\mathfrak{V}' = (\mathfrak{V}'\mathfrak{f}\mathfrak{V})(\mathfrak{V}^{-1}\mathfrak{t}^{-1}\mathfrak{V}'^{-1})\mathfrak{V}' = \mathfrak{V}'(\mathfrak{f}\mathfrak{t}^{-1}),$$

$$\mathfrak{U}'(\mathfrak{S}\mathfrak{T}^{-1}) = \mathfrak{U}'(\mathfrak{V}'\mathfrak{f}\mathfrak{V})(\mathfrak{V}^{-1}\mathfrak{t}^{-1}\mathfrak{V}'^{-1}) = (\mathfrak{f}\mathfrak{t}^{-1})\mathfrak{U}',$$

$$\mathfrak{U}'\mathfrak{V}' = \mathfrak{E}, \quad \mathfrak{V}'\mathfrak{U}' = \mathfrak{E},$$

d. h. $\mathfrak{K} = \mathfrak{S}\mathfrak{T}^{-1}$ und $\mathfrak{f} = \mathfrak{f}\mathfrak{t}^{-1}$ stehen in der Beziehung (3) mit $\mathfrak{P} = \mathfrak{V}'$, $\mathfrak{Q} = \mathfrak{U}'$.

Sind nun $\mathfrak{S}$, $\mathfrak{D}$ zwei reelle quadratische Formen, von denen $\mathfrak{D}$ eigentlich definit ist, und sind $\mathfrak{f}$, $\mathfrak{d}$ die beiden Diagonalformen, in die man jene nach der durch (1) gegebenen Erweiterung des Hauptachsentheorems simultan überführen kann, so folgt aus dem eben Gesagten, daß $\mathfrak{K} = \mathfrak{S}\mathfrak{D}^{-1}$ der Matrix $\mathfrak{f} = \mathfrak{f}\mathfrak{d}^{-1}$, also auch einer Diagonalmatrix, ähnlich ist, also genau das, was man in der Sprache der Integralgleichungen als den „Entwicklungssatz" bezeichnet. Dabei ist $\mathfrak{K}\mathfrak{D} = \mathfrak{S}$, also $\mathfrak{K}$ eigentlich, d. h. mit einem *eigentlich* positiv definiten $\mathfrak{D}$, rechtssymmetrisierbar. Ist umgekehrt $\mathfrak{K}$ eigentlich rechtssymmetrisierbar, so ist $\mathfrak{K} = \mathfrak{S}_2\mathfrak{D}_2^{-1}$, und alles Gesagte gilt für ein solches $\mathfrak{K}$, das dann übrigens von selbst auch linkssymmetrisierbar ist. Der Begriff eines eigentlich symmetrisierbaren $\mathfrak{K}$ und eines $\mathfrak{K}$, das Produkt einer symmetrischen und einer eigentlich definiten symmetrischen Form ist ($\mathfrak{K} = \mathfrak{S}\mathfrak{D}$, entsprechend dem Fall von *A. Pell*, Nr. **38** b, 2), ist also hier der gleiche.

So einfach liegen die Dinge, wenn $\mathfrak{D}$ *eigentlich* definit ist. Ist $\mathfrak{D}$ *semidefinit*, so treten, wie beim Problem (1) selbst, so auch für den Übergang vom Problem (1) zum Problem (3) schon im algebraischen Fall Schwierigkeiten ein.

3. Sind $\mathfrak{S}$, $\mathfrak{D}$ beschränkte quadratische Formen von unendlichvielen Veränderlichen (s. Nr. **43** a, 1), so treten an sich keine Schwierigkeiten auf, wenn $\mathfrak{D}$ in *dem* Sinne *eigentlich positiv definit* ist, daß die untere Grenze der Form $\mathfrak{D}(x, x)$ unter der Nebenbedingung $\sum x_\alpha^2 = 1$ (vgl. Nr. **18** b, 3) größer als 0 ist, und $\mathfrak{S}$ *vollstetig*. Man kann auf diesen Fall das Beweisverfahren von *D. Hilbert* (Nr. **40**) übertragen, indem man die Form $\mathfrak{S}(x, x)$ nicht unter der Nebenbedingung $\mathfrak{E}(x, x)$ $= \sum x_\alpha^2 \leqq 1$, sondern unter der Nebenbedingung $\mathfrak{D}(x, x) \leqq 1$ zum Extremum macht.[522] Man verfährt aber einfacher, wenn man zuerst eine Matrix $\mathfrak{B}$ so bestimmt, daß $\mathfrak{D} = \mathfrak{B}'\mathfrak{B}$ ist — ob man dies durch die sog. Jacobische Transformation (vgl. Nr. **18** b, 3, [185]) und Nr. **19** b, 3) oder, was das nämliche ist, durch ein auf $\mathfrak{D}$ bezogenes Orthogonalisierungsverfahren (vgl. Nr. **41** b, 5) oder aber mittels eines der

---

522) *G. Fubini* [475] (1910) tut das Entsprechende bei Integralgleichungen, ohne zu unendlichvielen Veränderlichen überzugehen, in Verallgemeinerung des Beweises von *E. Holmgren* [421] für die Eigenwertexistenz, und zwar für $\mathfrak{E} + \mathfrak{K} - \lambda\mathfrak{G}$, wo $\mathfrak{K}$ positiv definit, $\mathfrak{G}$ symmetrisch ist, so daß die untere Grenze von $\mathfrak{D} = \mathfrak{E} + \mathfrak{K}$ sicher > 0 ist. Er macht sodann, ebenfalls ohne ausgeführten Beweis, Andeutungen über den Fall von Nr. **38** b, 2 (die Arbeit von *A. Pell* liegt ihm noch nicht vor) sowie über den allgemeinen symmetrisierbaren Fall von *J. Marty* (Nr. **38** b, 4), ohne jedoch über den letzteren Fall mehr zu sagen, als daß er ein Grenzfall des erstgenannten Typs ist.

*E. Hilb*schen Entwicklung (vgl Nr. 18b, 3) nachgebildeten Verfahrens[522a]) vollzieht, ist nebensächlich. Diese Transformation $\mathfrak{V}$, die $\mathfrak{D}$ in $\mathfrak{E} = \mathfrak{V}'^{-1}\mathfrak{D}\mathfrak{V}^{-1}$ überführt, wird das vollstetige $\mathfrak{S}$ in eine andere vollstetige Form $\mathfrak{S}^* = \mathfrak{V}'^{-1}\mathfrak{S}\mathfrak{V}^{-1}$ überführen; bestimmt man jetzt gemäß Nr. **40** diejenige orthogonale Transformation $\mathfrak{L}$, die $\mathfrak{S}^*$ in die kanonische Gestalt $\mathfrak{f} = \mathfrak{L}\mathfrak{S}^*\mathfrak{L}'$ überführt, so führt diese zugleich, wegen der Orthogonalität, $\mathfrak{E}$ in sich selbst über, und mithin leistet $\mathfrak{L}\mathfrak{V}$ die simultane Transformation von $\mathfrak{S}$, $\mathfrak{D}$ in $\mathfrak{f}$, $\mathfrak{E}$.[523])

Der für die Theorie der Integralgleichungen eigentlich interessante Fall aber handelt von solchen $\mathfrak{D}$, die vollstetig sind. Eine vollstetige, positiv definite quadratische Form hat stets 0 zur unteren Grenze, wie sich aus der Definition der Vollstetigkeit unmittelbar ergibt; sie hat nie eine beschränkte Reziproke $\mathfrak{D}^{-1}$. Trotzdem kann die Form *eigentlich* positiv definit sein in dem schwächeren Sinne, daß $\lambda = \infty$ nicht unter ihren Eigenwerten vorkommt, daß also ihre kanonische Gestalt $\sum \delta_\alpha x_\alpha^2$ lauter positive Diagonalkoeffizienten $\delta_\alpha > 0$ aufweist, von denen kein einziger verschwindet, die aber 0 zum Grenzwert haben. Dieser eigentlich wesentliche Fall nimmt also vom algebraischen Standpunkt aus eine Zwitterstellung ein; manche Eigenschaften teilt er mit dem eigentlich definiten Fall im engeren Sinne von 3., manche mit dem semidefiniten Fall, der schon algebraisch verwickelter ist. Und aus dieser Zwitterstellung entspringen die Schwierigkeiten, die in der Theorie der symmetrisierbaren Kerne verborgen sind.

4. Bei demjenigen Problem für unendlichviele Veränderliche, auf das *Hilbert* seine polare Integralgleichung zurückgeführt hat (vgl. Nr. 38b, 1), ist $\mathfrak{D}$ *vollstetig* und positiv definit, aber es bietet sich ein Ersatz für die mangelnde Existenz von $\mathfrak{D}^{-1}$ in dem Umstande, daß

522a) Man bestimme nach dem Muster des Hilbschen $\mathfrak{S}^* = \mathfrak{E} - \sigma\mathfrak{S}$ hier $\mathfrak{D}^* = \mathfrak{E} - \delta\mathfrak{D}$ so, daß seine obere Grenze unter 1 liegt; und setze dann $\mathfrak{D}^*$ in die für $|x| < 1$ konvergente binomische Reihe $\sqrt{1-x} = 1 - \tfrac{1}{2}x - \tfrac{1}{8}x^2 - \cdots$ für x ein, so erhält man eine reelle symmetrische Matrix, deren Quadrat $= \mathfrak{E} - \mathfrak{D}^* = \delta\mathfrak{D}$ ist, und daraus unmittelbar eine reelle symmetrische Matrix $\mathfrak{V} = \mathfrak{V}'$, für die $\mathfrak{V}^2 = \mathfrak{V}'\mathfrak{V} = \mathfrak{D}$ ist. — Dieses Verfahren versagt bei vollstetigem $\mathfrak{D}$, während die Orthogonalisierung bezüglich $\mathfrak{D}$ in allen Fällen einheitlich ausführbar bleibt.

523) Für den Fall, daß $\mathfrak{S}$ beschränkt, aber nicht vollstetig ist, hat *A. J. Pell*, Amer. Math. Soc. Trans. 20 (1919), p. 23—39, die Hilbertsche Theorie der Streckenspektren (vgl. Nr. 43) vom Fall $\mathfrak{D} = \mathfrak{E}$ auf ein beliebiges, im obigen Sinne eigentlich positiv definites $\mathfrak{D}$ übertragen. *J. Hyslop*, London Math. Soc. Proc. (2) 24 (1926), p. 264—304 behandelt den Fall, daß $\mathfrak{S}$, $\mathfrak{D}$ *beide* definit und beschränkt sind.

$\mathfrak{S}$ eine beschränkte, nicht vollstetige Form von der Gestalt

$$\mathfrak{S}(x, x) = \sum v_\alpha x_\alpha^2 \qquad (v_\alpha = \pm\, 1)$$

ist, die sich offenbar selbst zur Reziproken hat, $\mathfrak{S}^{-1} = \mathfrak{S}$.

$\alpha)$ *Hilbert*[524]) beginnt mit der Darstellung von $\mathfrak{D}$ in der Gestalt $\mathfrak{W}'\mathfrak{W}$, die er wegen der hier vorausgesetzten Vollstetigkeit so vollziehen kann, daß er zunächst $\mathfrak{D}$ durch eine orthogonale Transformation $\mathfrak{W}$ auf die Diagonalgestalt $\mathfrak{d}$ überführt,

$$(4) \quad \mathfrak{W}\mathfrak{D}\mathfrak{W}' = \mathfrak{d}, \quad \mathfrak{W}\mathfrak{W}' = \mathfrak{W}'\mathfrak{W} = \mathfrak{E}, \quad \text{wo} \quad \mathfrak{d}(x, x) = \sum_{\alpha=1}^{\infty} \delta_\alpha x_\alpha^2,$$

dann die vollstetige Form

$$(5) \qquad \sqrt{\mathfrak{d}}(x, x) = \sum_{\alpha=1}^{\infty} \sqrt{\delta_\alpha}\, x_\alpha^2$$

einführt — das Verschwinden einiger δ_α würde daran nicht hindern — und damit

$$(6) \qquad \mathfrak{D} = \left(\sqrt{\mathfrak{d}}\,\mathfrak{W}\right)' \mathfrak{E}\left(\sqrt{\mathfrak{d}}\,\mathfrak{W}\right) = \mathfrak{V}'\mathfrak{V}, \quad \text{wo} \quad \mathfrak{V} = \sqrt{\mathfrak{d}}\,\mathfrak{W}$$

erreicht. Diese selbe Transformation $\mathfrak{V}$ verwandelt gleichzeitig $\mathfrak{S}$ in eine andere beschränkte quadratische Form

$$(7) \qquad \mathfrak{V}\mathfrak{S}\mathfrak{V}' = \mathfrak{Q},$$

und da mit $\sqrt{\mathfrak{d}}$ auch $\mathfrak{V}$ vollstetig ist[175]), wird auch $\mathfrak{Q}$ vollstetig ausfallen.[175]) Sei $\mathfrak{L}$ die orthogonale Transformation, die $\mathfrak{Q}$ in die Normalform überführt,

$$(8) \quad \begin{cases} \mathfrak{Q} = \mathfrak{L}'\mathfrak{q}\mathfrak{L}, \quad \mathfrak{L}\mathfrak{L}' = \mathfrak{L}'\mathfrak{L} = \mathfrak{E}, \\[2mm] \mathfrak{q}(x, x) = \sum_{\alpha=1}^{\infty} q_\alpha x_\alpha^2, \end{cases}$$

dann ist, wenn $\mathfrak{V} = \mathfrak{L}\mathfrak{V}$ gesetzt wird,

$$\mathfrak{q} = \mathfrak{L}\mathfrak{Q}\mathfrak{L}' = \mathfrak{L}\mathfrak{V}\mathfrak{S}\mathfrak{V}'\mathfrak{L}' = (\mathfrak{L}\mathfrak{V})\mathfrak{S}(\mathfrak{L}\mathfrak{V})' = \mathfrak{V}\mathfrak{S}\mathfrak{V}',$$
$$\mathfrak{D} = \mathfrak{V}'\mathfrak{V} = \mathfrak{V}'\mathfrak{L}'\mathfrak{L}\mathfrak{V} = (\mathfrak{L}\mathfrak{V})'(\mathfrak{L}\mathfrak{V}) = \mathfrak{V}'\mathfrak{V}.$$

Damit ist eine vollstetige Transformation $\mathfrak{V}$ gefunden, für die

$$(9) \qquad \mathfrak{q} = \mathfrak{V}\mathfrak{S}\mathfrak{V}', \quad \mathfrak{D} = \mathfrak{V}'\mathfrak{V}$$

wird, wobei $\mathfrak{q}$ vollstetig ist. Damit ist ein gewisser, teilweiser Ersatz für die algebraischen Formeln (1) gewonnen.

$\beta)$ Soweit ist von $\mathfrak{S}$ nur benutzt worden, daß es beschränkt ist. Besitzt $\mathfrak{S}$ eine beschränkte Reziproke $\mathfrak{S}^{-1}$, so kann Hilbert folgendermaßen weiterschließen: Ist $\mathfrak{D}\mathfrak{S}\mathfrak{D} = 0$ und hat die Formen-

---

524) *D. Hilbert*, 4. Mitteil., Gött. Nachr. 1906, p. 209 ff. = Grundzüge, Kap. XII, p. 156—162. Durch die Verwendung des Kalküls ist es möglich geworden, den ganzen Hilbertschen Beweisgang hier kurz zusammengefaßt neu darzustellen.

schar $\mathfrak{S}^{-1} - \lambda\mathfrak{D}$ einen endlichen Eigenwert λ, d. h. hat das homogene Gleichungssystem $\mathfrak{S}^{-1}(x) = \lambda\mathfrak{D}(x)$[524a]) eine nicht triviale Lösung, so ist $\mathfrak{D}\mathfrak{S}\mathfrak{S}^{-1}(x) = \lambda\mathfrak{D}\mathfrak{S}\mathfrak{D}(x) = 0$, also $\mathfrak{D}(x) = 0$ und somit auch $\mathfrak{S}^{-1}(x) = 0$, $\mathfrak{S}\mathfrak{S}^{-1}(x) = 0$ oder $\mathfrak{E}(x) = 0$, d. h. die Lösung wäre identisch Null. Ist also $\mathfrak{D}\mathfrak{S}\mathfrak{D} \equiv 0$, so hat die Formenschar $\mathfrak{S}^{-1} - \lambda\mathfrak{D}$ keinen endlichen Eigenwert.

Hat andererseits die Formenschar $\mathfrak{S}^{-1} - \lambda\mathfrak{D}$ keinen endlichen Eigenwert, so ist $\mathfrak{D}\mathfrak{S}\mathfrak{D} \equiv 0$. Denn zunächst folgt aus (9)

$$(10) \quad \mathfrak{S}\mathfrak{B}'(\mathfrak{E} - \lambda\mathfrak{q}) = \mathfrak{S}\mathfrak{B}' - \lambda\mathfrak{S}\mathfrak{B}'\mathfrak{B}\mathfrak{S}\mathfrak{B}' = (\mathfrak{E} - \lambda\mathfrak{S}\mathfrak{D})(\mathfrak{S}\mathfrak{B}')$$
$$= \mathfrak{S}(\mathfrak{S}^{-1} - \lambda\mathfrak{D})(\mathfrak{S}\mathfrak{B}');$$

wäre nun $\mathfrak{q}$ nicht identisch Null, so hätte es einen endlichen Eigenwert, d. h. es gäbe ein λ, für das $\mathfrak{E}(x) - \lambda\mathfrak{q}(x) = 0$ lösbar wäre, und mithin wegen (10) auch $(\mathfrak{S}^{-1} - \lambda\mathfrak{D})(\mathfrak{S}\mathfrak{B}')(x) = 0$; da aber vorausgesetzt ist, daß die Formenschar $\mathfrak{S}^{-1} - \lambda\mathfrak{D}$ keinen endlichen Eigenwert hat, folgte $\mathfrak{S}\mathfrak{B}'(x) = 0$, also wegen (9) $\mathfrak{q}(x) = 0$ und schließlich wegen $\mathfrak{E}(x) - \lambda\mathfrak{q}(x) = 0$ auch $\mathfrak{E}(x) = 0$, also wäre die Lösung identisch Null. Also ist $\mathfrak{q} \equiv 0$ und daher auch

$$\mathfrak{D}\mathfrak{S}\mathfrak{D} = (\mathfrak{B}'\mathfrak{B})\mathfrak{S}(\mathfrak{B}'\mathfrak{B}) = \mathfrak{B}'(\mathfrak{B}\mathfrak{S}\mathfrak{B}')\mathfrak{B} = \mathfrak{B}'\mathfrak{q}\mathfrak{B} \equiv 0.$$

Ist nun überdies $\mathfrak{S}^{-1} = \mathfrak{S}$, so ist die Formenschar $\mathfrak{S}^{-1} - \lambda\mathfrak{D}$ identisch mit $\mathfrak{S} - \lambda\mathfrak{D}$ und $\mathfrak{D}\mathfrak{S}\mathfrak{D} = \mathfrak{D}\mathfrak{S}^{-1}\mathfrak{D}$, der in Nr. **41**b, 1 behandelten Kovariante, und es wird klar, inwieweit das *Hilbert*sche Ergebnis ein Analogon der algebraischen Tatsachen darstellt.

γ) Unter der Annahme, daß $\mathfrak{D}$ *eigentlich* positiv definit ist ($\delta_\alpha > 0$) und unter Festhaltung der Annahme, daß $\mathfrak{S}$ eine beschränkte Reziproke $\mathfrak{S}^{-1}$ besitzt, gelingt es Hilbert, dieses Ergebnis wesentlich umzuformen und zu verschärfen. Zunächst zeigt er, daß mit $\mathfrak{D}$ auch $\mathfrak{q}$ abgeschlossen (s. Nr. **40**d, p. 1559) ist, daß also, wenn kein δ_α verschwindet, auch kein q_α verschwinden kann. Hätte nämlich das lineare Gleichungssystem $\mathfrak{q}(x) = 0$ eine Lösung, so wäre auch $\mathfrak{B}'\mathfrak{q}(x) = 0$, mithin wegen (9) auch $\mathfrak{D}\mathfrak{S}\mathfrak{B}'(x) = 0$, also, da $\mathfrak{D}(u) = 0$ keine Lösung haben soll,

$$\mathfrak{S}\mathfrak{B}'(x) = 0, \quad \mathfrak{S}^{-1}\mathfrak{S}\mathfrak{B}'(x) = 0, \quad \mathfrak{B}'(x) = 0, \quad \text{d. h.} \quad \mathfrak{B}'\mathfrak{L}'(x) = 0,$$

$$\mathfrak{B}'\sqrt{\mathfrak{d}}\,\mathfrak{L}'(x) = 0, \quad \mathfrak{W}\mathfrak{B}'\sqrt{\mathfrak{d}}\,\mathfrak{L}'(x) = 0, \quad \sqrt{\mathfrak{d}}\,\mathfrak{L}'(x) = 0,$$

und da $\sqrt{\mathfrak{d}}$ eine Diagonalform mit lauter nichtverschwindenden Koeffizienten ist, wäre $\mathfrak{L}'(x) = 0$, $\mathfrak{L}\mathfrak{L}'(x) = 0$, also $\mathfrak{E}(x) = 0$.

[524a]) Neben dem Symbol $\mathfrak{A}$ wird hier und im folgenden das Symbol $\mathfrak{A}(x)$ im Sinne von $\sum a_{pq}x_q$ ($p = 1, 2, \ldots$) gebraucht.

Sodann setzt *Hilbert* $q_\alpha = w_\alpha |q_\alpha|$, so daß $w_\alpha = \pm\, 1$; sei endlich

$$\mathfrak{r}(x, x) = \sum |q_\alpha|\, x_\alpha^2, \quad \mathfrak{w}(x, x) = \sum w_\alpha x_\alpha, \quad \sqrt{\mathfrak{r}}(x, x) = \sum \sqrt{|q_\alpha|}\, x_\alpha^2$$

$$(11) \qquad\qquad \mathfrak{q} = \sqrt{\mathfrak{r}}\,\mathfrak{w}\sqrt{\mathfrak{r}}, \quad \mathfrak{C} = (\sqrt{\mathfrak{r}})^{-1}\mathfrak{B},$$

so wird[525]

$$(12) \qquad\qquad \mathfrak{w} = \mathfrak{C}\,\mathfrak{S}\,\mathfrak{C}', \quad \mathfrak{D} = \mathfrak{C}'\mathfrak{r}\,\mathfrak{C}.$$

Dieses Resultat, das ebenso wie (9) ein teilweises formales Analogon zu (1) darstellt[526]), ist insofern schärfer als (9), als an Stelle der vollstetigen Diagonalform $\mathfrak{q}$ die Vorzeichen-Diagonalform $\mathfrak{w}$ als kanonische Gestalt des sicher nicht vollstetigen $\mathfrak{S}$ erscheint, während das vollstetige $\mathfrak{D}$ diesmal nicht in die nicht-vollstetige Einheitsform, sondern in die vollstetige Diagonalform $\mathfrak{r}$ übergeht.

δ) Ist $\mathfrak{S}$ überdies selber die Vorzeichen-Diagonalform, als die *Hilbert* sie von vornherein voraussetzt, $\mathfrak{S}(x, x) = \sum v_\alpha x_\alpha^2$, so kann er eine dem Trägheitsgesetz der quadratischen Formen nachgebildete Aussage über die Gleichheit der Kardinalzahlen der Pluszeichen und der Minuszeichen in $\mathfrak{S}$ und $\mathfrak{w}$ hinzufügen.

5. Setzt man die Untersuchung von *A. Pell*[473]), die direkt an Integralgleichungen operiert, in die Sprache der unendlichvielen Variabeln um, wodurch sie übersichtlicher und der Vergleich mit Hilberts Verfahren leichter wird, so besteht zunächst ein Unterschied, der in der Form ihrer Darstellung sehr in den Vordergrund tritt, darin, daß sie die Darstellbarkeit von $\mathfrak{D}$ als $\mathfrak{B}'\mathfrak{B}$ mit dem bezüglich $\mathfrak{D}$ genommenen Orthogonalisierungsprozeß dartut, ohne Benutzung der Hauptachsentransformation von $\mathfrak{D}$, deren Hilbert sich (vgl. Nr. **41**b, 4α) bedient.[526a]) Diese Variante, wesentlich für den Fall, daß $\mathfrak{D}$ nicht vollstetig ist[522a]), tritt im Falle eines vollstetigen $\mathfrak{D}$ zurück gegenüber den Umformungen des Entwicklungstheorems, mit denen sie über Hilbert hinausgeht. $\mathfrak{S}$ braucht dabei in Wahrheit lediglich beschränkt zu sein, so daß in der hier gegebenen Darstellung ihrer und Hilberts Theorie die gleichen Voraussetzungen zugrunde liegen.

Das Verfahren von *A. Pell* läuft darauf hinaus, daß sie wie in Nr. **41**b, 4α schließt, aber dann, indem sie $\mathfrak{A} = \mathfrak{B}\mathfrak{S}$ setzt, die Formeln

---

525) *D. Hilbert*, Grundzüge, p. 156, Satz 38.

526) Diese formale Analogie tritt allerdings erst dann klar hervor, wenn man die Annahme $\mathfrak{S}^{-1} = \mathfrak{S}$ in Erscheinung bringt. Unter dieser Annahme kann man nämlich (1) so umformen: $\mathfrak{f}^{-1} = \mathfrak{U}^{-1}\mathfrak{S}^{-1}\mathfrak{U}'^{-1} = \mathfrak{B}\mathfrak{S}\mathfrak{B}'$ und $\mathfrak{D} = \mathfrak{B}'\mathfrak{b}\mathfrak{B}$, so daß wenigstens zwei der so umgeformten Relationen (1) mit (9) und (12) in genauer Analogie stehen

526a) *A. Pell*[473]) Amer. Trans., 1. Arbeit, Theorem 20_2; $\mathfrak{B}$ wird als eine Matrix angesetzt, die unterhalb der Diagonale nur Nullen hat und bestimmt sich durch die Forderung $\mathfrak{B}'\mathfrak{B} = \mathfrak{D}$.

(9) in folgender Umsetzung erhält[527]):

(13) $\quad (\mathfrak{S}\mathfrak{D})\mathfrak{A}' = \mathfrak{A}'q$, $\ \mathfrak{B}(\mathfrak{S}\mathfrak{D}) = q\mathfrak{B}$; $\ \mathfrak{A}'\mathfrak{B} = (\mathfrak{S}\mathfrak{D})$, $\ \mathfrak{B}\mathfrak{A}' = q$.

Damit ist der Übergang zum Ähnlichkeitsproblem (Nr. **41** b, 2) vollzogen, und die Formeln (13) stehen mit (3) in einer ähnlich bedingten formalen Analogie wie (9) und (12) mit (1); sie stellen bei *A. Pell* den *Entwicklungssatz für den Kern* $\mathfrak{K} = \mathfrak{S}\mathfrak{D}$ dar.[528])

6. Um zwischen (13) und (3) eine volle Analogie herzustellen, müßte man in (3) die beiden letzten Relationen, die mit vollstetigen $\mathfrak{B}$, $\mathfrak{D}$ nicht erfüllbar sind, so abändern:

(3a) $\quad \mathfrak{K}\mathfrak{P}_1 = \mathfrak{P}_1\mathfrak{k}$, $\ \mathfrak{Q}_1\mathfrak{K} = \mathfrak{k}\mathfrak{Q}_1$; $\ \mathfrak{P}_1\mathfrak{Q}_1 = \mathfrak{K}$, $\ \mathfrak{Q}_1\mathfrak{P}_1 = \mathfrak{k}$.

Im algebraischen Fall, und wenn überdies $\mathfrak{K}$ abgeschlossen, d. h. hier von nichtverschwindender Determinante ist, ist (3a) mit (3) äquivalent; denn setzt man $\mathfrak{P}_1 = \mathfrak{P}$, $\mathfrak{Q}_1 = \mathfrak{Q}\mathfrak{K}$, so geht (3) in (3a) über, und umgekehrt entsteht (3) aus (3a), wenn man $\mathfrak{P} = \mathfrak{P}_1$, $\mathfrak{Q} = \mathfrak{Q}_1\mathfrak{K}^{-1}$ wählt. Diese Feststellung zeigt, bis zu welchem Grade der Entwicklungssatz von *A. Pell* einen Ersatz der algebraischen Tatsachen darstellt. (3a) erweist sich als eine geschickte Variante von (3), die es ermöglicht, im Bereich der *vollstetigen* Formen ein Analogon aufrechtzuerhalten.

7. Es sollen jetzt die Hindernisse dargelegt werden, die einer Ausdehnung des Entwicklungssatzes, sei es von der Form (3), sei es von der Form (3a), auf beliebige symmetrisierbare, vollstetige Formen entgegenstehen. Sei die Bilinearform

$$\mathfrak{K} = (\lambda_1 x_1 y_1 + \varrho_1 x_1 y_2 + \mu_1 x_2 y_2) + (\lambda_2 x_3 y_3 + \varrho_2 x_3 y_4 + \mu_2 x_4 y_4) + \cdots$$

vorgelegt; sie ist dann und nur dann vollstetig, wenn

$$(14) \qquad \lim_{n\to\infty} \lambda_n = 0, \quad \lim_{n\to\infty} \mu_n = 0, \quad \lim_{n\to\infty} \varrho_n = 0$$

ist; die Zahlen λ_1, μ_1, λ_2, μ_2, ... seien überdies alle voneinander verschieden und positiv. Ein solches vollstetiges $\mathfrak{K}$ ist stets symmetrisierbar,

---

527) Denn aus (9) folgt $\mathfrak{A}(\mathfrak{D}\mathfrak{S}) = (\mathfrak{B}\mathfrak{S})(\mathfrak{D}\mathfrak{S}) = (\mathfrak{B}\mathfrak{S}\mathfrak{B}')(\mathfrak{B}\mathfrak{S}) = q\mathfrak{A}$ und daraus durch Transponieren die erste Formel (13); die letzte Formel (13) fehlt bei A. Pell zum vollen System.

528) *A. Pell* zerteilt in dem Falle, daß $\mathfrak{D}$ nicht abgeschlossen ist, $\mathfrak{L}$ in $\mathfrak{L}_1 + \mathfrak{L}_0$, wo sich $\mathfrak{L}_1$ aus den Eigenfunktionen endlicher Eigenwerte von $\mathfrak{D}$ (vgl. (8)), $\mathfrak{L}_0$ aus denen des Eigenwerts ∞ zusammensetzt, so daß $\mathfrak{L}_1'\mathfrak{L}_1 + \mathfrak{L}_0'\mathfrak{L}_0 = \mathfrak{E}$, $\mathfrak{L}_1'\mathfrak{L}_0 = 0$, $\mathfrak{L}_0\mathfrak{L}_1' = 0$ ist; entsprechend zerteilt sie $\mathfrak{B} = \mathfrak{L}\mathfrak{B}$ in $\mathfrak{B}_1 + \mathfrak{B}_0$ und $\mathfrak{A} = \mathfrak{B}\mathfrak{S}$ in $\mathfrak{A}_1 + \mathfrak{A}_0$ und erhält so statt (13) das genauere System (die vierte und die drei letzten Formeln fehlen bei ihr):

$$(\mathfrak{S}\mathfrak{D})\mathfrak{A}_1' = \mathfrak{A}_1'q, \quad \mathfrak{B}_1(\mathfrak{S}\mathfrak{D}) = q\mathfrak{B}_1; \quad \mathfrak{A}_1'\mathfrak{B}_1 + \mathfrak{A}_0'\mathfrak{B}_0 = (\mathfrak{S}\mathfrak{D}), \quad \mathfrak{B}_1\mathfrak{A}_1' = q;$$

$$(\mathfrak{S}\mathfrak{D})\mathfrak{A}_0' = 0, \quad \mathfrak{B}_0(\mathfrak{S}\mathfrak{D}) = 0; \quad \mathfrak{B}_0\mathfrak{A}_0' = 0, \quad \mathfrak{B}_0\mathfrak{A}_1' = 0, \quad \mathfrak{B}_1\mathfrak{A}_0' = 0$$

d. h. es gibt vollstetige, reelle symmetrische $\mathfrak{D}$, $\mathfrak{S}$, von denen $\mathfrak{D}$ überdies eigentlich positiv definit ist, so daß $\mathfrak{K}\mathfrak{D} = \mathfrak{S}$ ist, und zwar genügt es, $\mathfrak{D}$, $\mathfrak{S}$ selbst als Formen zu wählen, die sich ähnlich wie $\mathfrak{K}$ aus Formen von je zwei Variablen aufbauen:

$$\mathfrak{D} = (\alpha_1 x_1^2 + 2\beta_1 x_1 x_2 + \gamma_1 x_2^2) + (\alpha_2 x_3^2 + 2\beta_2 x_3 x_4 + \gamma_2 x_4^2) + \cdots,$$
$$\mathfrak{S} = (a_1 x_1^2 + 2 b_1 x_1 x_2 + c_1 x_2^2) + (a_2 x_3^2 + 2 b_2 x_3 x_4 + c_2 x_4^2) + \cdots.$$

Aus zwei solchen Formen entsteht $\mathfrak{K}\mathfrak{D}$ in der Weise, daß sich die einzelnen zweireihigen Bestandteile für sich komponieren, in Matrizenschreibweise

$$(15) \qquad \begin{pmatrix} \lambda_n & \varrho_n \\ 0 & \mu_n \end{pmatrix} \begin{pmatrix} \alpha_n & \beta_n \\ \beta_n & \gamma_n \end{pmatrix} = \begin{pmatrix} a_n & b_n \\ b_n & c_n \end{pmatrix};$$

darin sind also λ_n, μ_n, ϱ_n gegeben, die übrigen ebenfalls reellen Größen gesucht, und zwar so, daß $\alpha_n > 0$, $\gamma_n > 0$, $\alpha_n\gamma_n - \beta_n^2 > 0$ wird (Definitheit von $\mathfrak{D}$) und $\alpha_n \to 0$, $\beta_n \to 0$, $\gamma_n \to 0$ (Vollstetigkeit von $\mathfrak{D}$). Zum ersten ist offenbar notwendig und hinreichend

$$(16) \qquad \frac{\varrho_n}{\mu_n - \lambda_n} = \frac{\beta_n}{\gamma_n} < \frac{\alpha_n}{\beta_n},$$

und dies ist erfüllt, wenn man etwa

$$(17) \qquad \beta_n = \varrho_n \pi_n, \quad \gamma_n = (\mu_n - \lambda_n)\pi_n, \quad \alpha_n = 2\varrho_n \frac{\varrho_n}{\mu_n - \lambda_n} \pi_n$$

setzt; das letztere kann man stets erreichen, indem man die Proportionalitätsfaktoren π_n, die das Bestehen von (16) nicht berühren, hinreichend klein wählt. Mit $\mathfrak{D}$ wird auch $\mathfrak{S} = \mathfrak{K}\mathfrak{D}$ vollstetig als Produkt zweier vollstetiger Formen.[175] — Ebenso zeigt man, daß jedes solche $\mathfrak{K}$ mit einem eigentlich positiv definiten $\mathfrak{D}$ *links*symmetrisierbar ist.

Trotzdem nun $\mathfrak{K}$ unter den angegebenen Voraussetzungen in beiderlei Sinne symmetrisierbar ist, kann $\mathfrak{K}$ mit keiner Diagonalmatrix $\mathfrak{k}$ in eine Beziehung (3) treten, wo $\mathfrak{P}$, $\mathfrak{Q}$ beschränkt sind, noch in eine Beziehung (3a), wo $\mathfrak{P}_1$, $\mathfrak{Q}_1$ vollstetig sind. Eine rein formale Ausrechnung der symbolischen Relation $\mathfrak{K}\mathfrak{P} = \mathfrak{P}\mathfrak{k}$ nämlich in Verbindung mit der Forderung, daß keine Zeile und keine Spalte von $\mathfrak{P}$ aus lauter Nullen bestehen darf — beides wäre mit (3) ebenso unverträglich wie mit (3 a) —, ergibt zunächst, daß bei passender Anordnung (die noch verfügbar ist) die Größen in der Diagonale von $\mathfrak{k}$ genau dieselben λ_1, μ_1, λ_2, μ_2, ... sind, die in der Diagonale von $\mathfrak{K}$ stehen, und zugleich, daß $\mathfrak{P}$ in der gleichen Weise in zweireihige Matrizen zerfallen muß, wie $\mathfrak{K}$ selbst. Die zweireihigen Bestandteile von $\mathfrak{P}$ erhalten die Gestalt

$$(18) \qquad p_n x_{2n-1} y_{2n-1} + q_n \frac{\varrho_n}{\mu_n - \lambda_n} x_{2n-1} y_{2n} + q_n x_{2n} y_{2n},$$

wo p_n, q_n noch frei bleiben, und entsprechend erhalten die von $\mathfrak{Q}$ unter der weiteren Annahme, daß das volle System (3) gelten soll, die Gestalt

$$(19) \qquad \frac{1}{p_n} x_{2n-1} y_{2n-1} - \frac{1}{p_n} \frac{\varrho_n}{\mu_n - \lambda_n} x_{2n-1} y_{2n} + \frac{1}{q_n} x_{2n} y_{2n};$$

soll (3 a) bestehen, so folgt für die Bestandteile von $\mathfrak{Q}$ die Gestalt

$$(19\,\mathrm{a}) \qquad \frac{\lambda_n}{p_n} x_{2n-1} y_{2n-1} - \frac{\lambda_n}{p_n} \frac{\varrho_n}{\mu_n - \lambda_n} x_{2n-1} y_{2n} + \frac{\mu_n}{q_n} x_{2n} y_{2n}.$$

Soviel rein formal.

Soll nun (3) mit beschränkten $\mathfrak{P}$, $\mathfrak{Q}$ bestehen, so müssen p_n, q_n, $\frac{1}{p_n}$, $\frac{1}{q_n}$ beschränkt sein; ist nun aber λ_n, μ_n, ϱ_n so gewählt, was im Rahmen der Bedingungen (14) leicht zu erreichen ist, daß $\dfrac{\varrho_n}{\mu_n - \lambda_n}$ unbeschränkt ist, so können $\mathfrak{P}$, $\mathfrak{Q}$ nicht beschränkt ausfallen.

Soll ebenso (3 a) bestehen, mit vollstetigen $\mathfrak{P}$, $\mathfrak{Q}$, so müssen

$$p_n, \quad q_n, \quad q_n \frac{\varrho_n}{\mu_n - \lambda_n}, \quad \frac{\lambda_n}{p_n}, \quad \frac{\mu_n}{q_n}, \quad \frac{\lambda_n}{p_n} \frac{\varrho_n}{\mu_n - \lambda_n}$$

mit wachsendem n alle gegen 0 gehen; durch Multiplikation der 3. und 5. bzw. der 1. und 6. dieser sechs Bedingungen folgt

$$(20) \qquad \frac{\lambda_n \varrho_n}{\mu_n - \lambda_n} \to 0, \qquad \frac{\mu_n \varrho_n}{\mu_n - \lambda_n} \to 0,$$

also zwei Bedingungen, die nur noch die gegebenen λ_n, μ_n, ϱ_n enthalten; es ist leicht zu sehen, daß man diese Zahlen im Rahmen der Bedingungen (14) so wählen kann, daß (20) nicht erfüllt ist.[529])

Ob man also den Entwicklungssatz (3) im Sinne beschränkter Transformation aufstellen will, oder ob man sich im Sinne vollstetiger Formen mit dem Entwicklungssatz (3 a) behelfen will (wie Hilbert und Pell), man scheitert bereits im Bereiche der beiderseitig und eigentlich symmetrisierbaren Formen. Als einziger Ausweg würde ein Herausschreiten aus dem Bereich der beschränkten Transformationen übrigbleiben und damit ein Herausschreiten aus dem Hilbertschen Bereich der Veränderlichen von konvergenter Quadratsumme. Die Theorie der unsymmetrischen Formen erfordert den Übergang zu denjenigen anderen unendlichdimensionalen Bereichen, die in Nr. 20 geschildert worden sind; einer im Sinne (3) zu transformierenden vorgegebenen Form $\mathfrak{K}$ darf man keine feste Konvergenzbedingung, wie etwa die der

---

529) Dieses Beispiel hat *O. Toeplitz* aufgestellt, nachdem er von *E. Schmidt* in einem Gespräch (Pfingsten 1913) erfahren hatte, daß dieser einen unsymmetrischen Kern $K(s, t)$ aus zweigliedrigen Bestandteilen konstruiert habe, mit lauter einfachen Eigenwerten, bei dem nicht nur die Entwicklung von $K(s, t)$ selbst, sondern auch die von $\iint K(s, t)\,\varphi(s)\,\psi(t)\,ds\,dt$ nach dem biorthogonalen System der Eigenfunktionen $\varphi_n(s)$, $\psi_n(t)$ divergiert.

konvergenten Quadratsumme auferlegen, sondern je nach der Beschaffenheit der vorgegebenen Form $\mathfrak{K}$ muß die Konvergenzbedingung gestaltet werden. Eine derartige Theorie ist bislang noch nirgends entwickelt worden.

42. Elementarteilertheorie der allgemeinen vollstetigen Bilinearformen. Die Untersuchungen von Nr. **39** übertragen sich — abgesehen von denjenigen von Nr. **39** c, die die Konvergenz von $\sum\limits_{p,\,q}|a_{pq}|^2$ wesentlich voraussetzen — auf beliebige vollstetige Bilinearformen, obgleich sie unmittelbar in der Literatur in einer Form dargestellt sind, die mit dem Fredholmschen Formelapparat eine Reihe von einengenden Voraussetzungen stillschweigend involviert. Man muß dazu nur überlegen, daß aus den Auflösungstheorien von Nr. **16** (z. B. dem Abspaltungsverfahren Nr. **16** d, 3) der meromorphe Charakter der Resolvente gefolgert werden kann, woraus hervorgeht, daß es nur abzählbar viele Eigenwerte gibt, die sich nirgends im Endlichen häufen. Man muß hinzufügen, daß man nach dem Muster von Nr. **16** c [141]) wie auf die Endlichkeit der Anzahl der zu einem bestimmten Eigenwert gehörigen Eigenfunktionen auch auf die der zu einem bestimmten Eigenwert gehörigen Hauptfunktionen schließen kann. Alsdann kann man die Partialbruchzerlegung der Resolvente vornehmen und die Abspaltung des zu λ_1 gehörigen Hauptbestandteils, unter Loslösung von dem üblichen Determinantenapparat, vollziehen (ausgeführt ist es explizite nirgends). Die Analogie mit der Weierstraßschen Normalform springt hier weit unmittelbarer in die Augen, als bei den Integralgleichungen; der einzelne abgespaltene Bestandteil hat genau die kanonische Gestalt von Weierstraß.

Schärfer aber, als bei den Integralgleichungen (Nr. **39** d) kann hier das Problem des Entwicklungssatzes oder, was dasselbe ist, der vollen Analogie mit der Weierstraßschen Theorie präzisiert werden. Es gilt, zwei beschränkte Transformationen $\mathfrak{P}$, $\mathfrak{Q}$ zu finden, so daß

$$(1) \qquad \mathfrak{K}\mathfrak{P} = \mathfrak{P}\mathfrak{k}, \quad \mathfrak{Q}\mathfrak{K} = \mathfrak{k}\mathfrak{Q}; \quad \mathfrak{P}\mathfrak{Q} = \mathfrak{E}, \quad \mathfrak{Q}\mathfrak{P} = \mathfrak{E}$$

wird, wo $\mathfrak{k}$ die Weierstraßsche oder eine ähnliche Normalform für $\mathfrak{K}$ ist. In dieser Form enthält das Problem für reelles symmetrisches $\mathfrak{K}$ die gesamte Hauptachsentheorie (Nr. **40** d) als Spezialfall.

Aber es sind zwei Hindernisse, die sich der Lösung dieses Problems entgegenstellen:

1. Es gibt Bilinearformen ohne jedweden Eigenwert, die nicht identisch verschwinden. Die den Volterraschen Kernen entsprechenden Bilinearformen, wie z. B.

$$b_1 x_1 y_2 + b_2 x_2 y_3 + b_3 x_3 y_4 + \cdots \qquad (b_n \to 0,\ b_n \neq 0),$$

sind Beispiele dafür. Allerdings ist in dem aufgeführten Beispiel ∞ noch Eigenwert in dem Sinne, daß die Gleichungen

$$b_1 x_2 = 0, \quad b_2 x_3 = 0, \quad b_3 x_4 = 0, \quad \ldots$$

die Lösung $x_1 = 1$, $x_2 = 0$, $x_3 = 0$, $\ldots$ haben, während freilich die transponierten Gleichungen

$$b_1 y_1 = 0, \quad b_2 y_2 = 0, \quad b_3 y_3 = 0, \quad \ldots$$

unlösbar sind. Aber es ist nicht schwer, auch ein Beispiel einer vollstetigen Bilinearform anzugeben, wo auch ∞ in keinerlei Sinne Eigenwert ist. Die Form

$$\cdots + b_{-1} x_{-1} y_0 + b_0 x_0 y_1 + b_1 x_1 y_2 + b_2 x_2 y_3 + \cdots$$
$$(b_n \to 0, \; b_{-n} \to 0, \; b_n \neq 0, \; b_{-n} \neq 0)$$

hat offenbar diese Eigenschaft, und man kann die Veränderlichen so umnumerieren (vgl. [562])), daß sie statt von $-\infty$ bis $+\infty$ in der gewohnten Weise von 1 bis ∞ numeriert sind.[530])

Eine Aufstellung kanonischer Normalformen für Bilinearformen ohne Eigenwerte ist bisher nicht geleistet worden.

$2^{\bullet}$ Selbst wenn unendlichviele Eigenwerte vorhanden sind und alle Eigenwerte einfach sind, so daß keinerlei Bedenken wegen der Wahl der Weierstraßschen oder einer anderen Normalform entstehen, kann (1) unlösbar sein. Dies ist unter der erschwerenden Bedingung der Symmetrisierbarkeit in Nr. 41 b, 7 dargetan worden und überträgt sich auf das hier vorliegende Problem mit allen Schlußfolgerungen über die Notwendigkeit des Verlassens der Hilbertschen Bedingung der Veränderlichen von konvergenter Quadratsumme.

D. Weitere Untersuchungen über quadratische und bilineare Formen von unendlichvielen Veränderlichen.

43. Beschränkte quadratische Formen von unendlichvielen Veränderlichen. *D. Hilbert*[531]) hat zugleich mit seiner Behandlung der vollstetigen quadratischen Formen von unendlichvielen Veränderlichen (s. Nr. **40**) für die umfassendere Klasse der beschränkten quadratischen Formen die Grundzüge einer Theorie der orthogonalen Trans-

---

530) Dieses Beispiel ist in der im Text gegebenen Form von *O. Toeplitz*, in einer anderen, die von vornherein die übliche Anordnung der Unbekannten wahrt, von *E. Schmidt* gebildet, aber nicht veröffentlicht worden.

531) *D. Hilbert*, 4. Mitteil., Gött. Nachr. 1906, insbes. p. 157—209; im folgenden zitiert nach dem Abdruck in „Grundzügen", Kap. XI, p. 109—156. — Über die Einordnung in die historische Entwicklung vgl. Nr. 8, Ende; die die größere Klasse der unsymmetrischen beschränkten Bilinearformen behandelnden, aber viel weniger aussagenden Sätze s. in Nr. **18** b.

formation entwickelt, die gegenüber jener gewisse wesentliche Modifikationen aufweist, und die zu einer entsprechend modifizierten Eigenwerttheorie eigentlich singulärer Integralgleichungen (s. Nr. 44) führt.

a) Die Hilbertsche Theorie.

1. Eine wie in Nr. 18a, 1 zunächst formal definierte *quadratische Form der unendlichvielen Veränderlichen* $x_1, x_2, \ldots$

$$(1) \qquad \mathfrak{K}(x, x) = \sum_{p,q=1}^{\infty}{}' k_{pq} x_p x_q, \quad \text{wo} \quad k_{pq} = k_{qp},$$

heißt *beschränkt*[532]), wenn ihr n^{ter} Abschnitt für alle Wertsysteme, deren Quadratsumme 1 nicht übersteigt, absolut genommen unterhalb einer von n unabhängigen Schranke M bleibt:

$$(1\,\text{a}) \qquad |\mathfrak{K}_n(x, x)| = \left|\sum_{p,q=1}^{n} k_{pq} x_p x_q\right| \leq M \quad \text{für} \quad \sum_{p=1}^{n} x_p^2 \leq 1$$

oder, was auf dasselbe hinauskommt, wenn für *beliebige* $x_1, x_2, \ldots$ von konvergenter Quadratsumme

$$(1\,\text{b}) \qquad |\mathfrak{K}_n(x, x)| = \left|\sum_{p,q=1}^{n} k_{pq} x_p x_q\right| \leq M \sum_{p=1}^{n} x_p^2.$$

M heißt eine „Schranke der Form $\mathfrak{K}$". Die zu $\mathfrak{K}(x, x)$ gehörige *symmetrische Bilinearform (Polarform)*

$$(2) \qquad \mathfrak{K}(x, y) = \sum_{p,q=1}^{\infty} k_{pq} x_p y_q, \quad \text{wo} \quad k_{pq} = k_{qp},$$

ist alsdann *beschränkt* im Sinne von Nr. 18a, 1 und hat die gleiche Schranke M, wie unmittelbar aus der Identität Nr. 40, (4a) folgt. Daher übertragen sich alle Aussagen von Nr. 18a ohne weiteres sinngemäß auf die hier definierten beschränkten quadratischen Formen.

Als *positiv definite Formen* werden wie in der Algebra (vgl. Nr. 41b, 1) in der Folge solche bezeichnet, für die

$$(3) \qquad \mathfrak{K}(x, x) \geq 0.$$

2. Das Ziel der Hilbertschen Theorie ist die Aufstellung von *Normalformen*, in die sich jede beschränkte quadratische Form durch orthogonale Transformation der unendlichvielen Veränderlichen überführen läßt. Nicht jede solche Form läßt sich wie eine vollstetige Form (Nr. 40d) orthogonal in eine Quadratsumme vom Typus Nr. 40, (12) transformieren[533]); es ist *D. Hilbert* jedoch gelungen, das folgende

---

532) *D. Hilbert*[531]), p. 125 ff.; *Hellinger-Toeplitz*[164]), § 4, p. 303 f.

533) Die ersten einfachen Beispiele dafür, die *D. Hilbert*[531]), p. 155 f. gibt, sind *J*-Formen (s. Nr. 43c), das einfachste $\sum x_p x_{p+1}$; hier kann man elementar ausrechnen, daß die homogenen Gleichungen (8) für keinen Parameterwert Lösungen von konvergenter Quadratsumme besitzen, wie sie im Falle der Quadratsummendarstellung existieren müßten [vgl. *E. Hellinger*[543]), § 3].

allgemeine Theorem aufzustellen, das zu den Quadratsummen ein gewissen charakteristischen Bedingungen genügendes *Integral* treten läßt [534]):

Eine beschränkte quadratische Form $\Re(x, x)$ läßt sich durch orthogonale Transformation der $x_1, x_2, \ldots$ in die neuen Veränderlichen $\xi_1, \xi_2, \ldots, \xi_1', \xi_2', \ldots$ in die Gestalt bringen

$$(4) \qquad \Re(x, x) = \sum_{(\alpha)} \varrho_\alpha \xi_\alpha^2 + \int_{-M}^{+M} \varrho \, d\mathfrak{S}(\varrho; \xi', \xi'),$$

während gleichzeitig

$$(4\,\text{a}) \qquad \mathfrak{E}(x, x) = \sum_{p=1}^{\infty} x_p^2 = \sum_{(\alpha)} \xi_\alpha^2 + \int_{-M}^{+M} d\mathfrak{S}(\varrho; \xi'\,\xi').$$

Hier sind die ϱ_α höchstens abzählbar unendlichviele absolut unterhalb M liegende reelle Zahlen, von denen endlich- oder unendlichviele verschwinden können. Ferner bedeutet

$$(5) \qquad \mathfrak{S}(\varrho; \xi', \xi') = \sum_{p,q=1}^{\infty} s_{pq}(\varrho)\xi_p'\xi_q', \quad s_{pq}(\varrho) = s_{qp}(\varrho),$$

eine von dem im Intervall $(-M, +M)$ variierenden Parameter ϱ abhängige definite beschränkte quadratische Form (*Spektralform*), deren Werte für jedes feste Wertsystem der ξ_p' mit wachsendem ϱ von

$$(5\,\text{a}) \qquad \mathfrak{S}(-M; \xi', \xi') = 0 \quad \text{bis} \quad \mathfrak{S}(M; \xi', \xi') = \sum_{p=1}^{\infty} \xi_p'^2$$

monoton und stetig wachsen oder auch streckenweise konstant bleiben,

---

534) *D. Hilbert* [531]), insbes. Satz 32, p. 137 f., Satz 33, p. 145 f. Ein analoges, weniger weitgehendes Resultat, im wesentlichen die Existenz und die (6) entsprechende Darstellung *einer* (nicht notwendig eindeutig bestimmten) Resolvente, hat er gleichzeitig [ibid. Satz 31, p. 124 f., vgl. dazu Nr. 19 [212])] für solche nicht beschränkte Formen abgeleitet, bei denen die charakteristischen Werte $\varrho_\alpha^{(n)}$ der Abschnitte $\Re_n$ [vgl. (7)] mindestens eine reelle Zahl nicht zum Häufungspunkt haben (ist ∞ diese Zahl, so ist $\Re$ beschränkt). Übrigens werden bei Hilbert stets in der aus der Theorie der Integralgleichungen üblichen Bezeichnungsweise an Stelle der im Text benutzten Parameterwerte $\nu, \varrho_\alpha, \varrho$ ihre reziproken Werte, an Stelle der Formenschar $\Re - \nu\mathfrak{E}$ also die $\mathfrak{E} - \lambda\Re$ verwendet; daher bestehen die bei ihm als Punkt- und Streckenspektrum bezeichneten Mengen aus den reziproken Werten der Zahlen der im Text entsprechend bezeichneten Mengen. — Das Auftreten kontinuierlich verteilter Ausnahmewerte statt abzählbar unendlichvieler Eigenwerte war bei gewissen durch trigonometrische Funktionen lösbaren Randwertaufgaben von alters her bekannt: Darstellung der Lösungen durch Fouriersche *Integrale* statt durch Fouriersche *Reihen*. Auf die Möglichkeit allgemeinerer Typen solcher „Bandenspektren", bestehend aus unendlichvielen getrennten Strecken, bei geeigneten Randwertaufgaben hat bereits *W. Wirtinger*, Math. Ann. 48 (1897), p. 365—389, § 9 hingewiesen.

und deren Zuwächse

$$(5\,\mathrm{b}) \quad \varDelta\mathfrak{S}(\varrho;\xi',\xi') = \mathfrak{S}(\varrho';\xi',\xi') - \mathfrak{S}(\varrho;\xi',\xi') = \sum_{p,q=1}^{\infty} \varDelta s_{pq}(\varrho)\,\xi'_p\xi'_q$$

in beliebigen Intervallen $\varDelta$, $\varDelta_1$ den Faltungsgleichungen genügen

$$(5\,\mathrm{c}) \quad \begin{cases} \varDelta\mathfrak{S}\cdot\varDelta_1\mathfrak{S} = 0, \quad \text{d. h.} \ \sum_{r=1}^{\infty}\varDelta s_{pr}\varDelta_1 s_{rq} = 0, \\[2mm] \qquad\qquad \text{wenn } \varDelta,\varDelta_1 \text{ keine Punkte gemein haben,} \\[2mm] \varDelta\mathfrak{S}\cdot\varDelta\mathfrak{S} = \varDelta\mathfrak{S}, \quad \text{d. h.} \sum_{r=1}^{\infty}\varDelta s_{pr}\varDelta s_{rq} = \varDelta s_{pq}; \end{cases}$$

(5 c) kann mit Hilfe einer willkürlichen stetigen Funktion $u(\varrho)$ auch in die Faltungsgleichung zusammengefaßt werden:

$$(5\,\mathrm{d}) \quad \begin{cases} \displaystyle\int_{-M}^{+M} u(\varrho)\,d\mathfrak{S}(\varrho)\cdot\int_{-M}^{+M} u(\varrho)\,d\mathfrak{S}(\varrho) = \int_{-M}^{+M} u(\varrho)^2\,d\mathfrak{S}(\varrho), \quad \text{d. h.} \\[3mm] \displaystyle\sum_{r=1}^{\infty}\int_{-M}^{+M} u(\varrho)\,ds_{pr}(\varrho)\int_{-M}^{+M} u(\varrho)\,ds_{rq}(\varrho) = \int_{-M}^{+M} u(\varrho)^2\,ds_{pq}(\varrho). \end{cases}$$

Die Integrale in (4), (5) sind im *Stieltjes*schen Sinne (s. Encykl. II C 9 b, Nr. **35 d**, *Montel-Rosenthal*) verstanden. Die abzählbare Menge der ϱ_p heißt *Punktspektrum* (*diskontinuierliches Spektrum*), die perfekte Menge der Stellen ϱ ($|\varrho| \leq M$), in deren Umgebung $\mathfrak{S}(\varrho;\xi',\xi')$ nicht für alle ξ'_p konstant in ϱ ist, *Streckenspektrum* (*kontinuierliches Spektrum*), die Vereinigungsmenge beider nebst den Häufungsstellen des Punktspektrums *Spektrum* von $\mathfrak{K}$; jede dieser Mengen ist gegenüber orthogonalen Transformationen von $\mathfrak{K}$ invariant. Gehört v dem Spektrum von $\mathfrak{K}$ nicht an, so besitzt $\mathfrak{K}(x,x) - v\,\mathfrak{E}(x,x)$ eine beschränkte Reziproke (vgl. Nr. **18 b**, 2), die analog zu (4) dargestellt wird durch

$$(6) \quad \mathsf{K}(v;x,x) = \sum_{(\alpha)} \frac{\xi_\alpha^2}{\varrho_\alpha - v} + \int_{-M}^{+M} \frac{d\mathfrak{S}(\varrho;\xi',\xi')}{\varrho - v}.$$

Hilberts Beweis dieses Theorems beruht auf der Durchführung des Grenzüberganges $n \to \infty$ in der Formel der orthogonalen Transformation des Abschnittes[535]

$$(7) \quad \mathfrak{K}_n(x,x) = \sum_{\alpha=1}^{n}\varrho_\alpha^{(n)}\Big(\sum_{p=1}^{n} w_{\alpha p}^{(n)} x_p\Big)^2, \quad \varrho_1^{(n)} \leq \varrho_2^{(n)} \leq \cdots \leq \varrho_n^{(n)};$$

---

535) Einen ganz analogen Grenzprozeß bei einem sachlich verwandten, aber einfachere Verhältnisse darbietenden Problem der Kettenbruchtheorie hatte bereits *T. J. Stieltjes*[259]) durchgeführt; wegen des sachlichen Verhältnisses seiner Theorie zu den beschränkten quadratischen Formen vgl. Nr. **43 c**. Man vergleiche

die $\varrho_\alpha^{(n)}$ sind die Nullstellen der Determinante von $\mathfrak{K}_n - \varrho\,\mathfrak{E}_n$ (vgl. Nr. 1 b) und liegen sämtlich absolut unterhalb der Schranke M von $\mathfrak{K}$. Er betrachtet für jedes Wertsystem $x_1, x_2, \ldots$ die Folge derjenigen streckenweise konstanten Funktionen von ϱ, deren n^{te} für $\varrho \leqq \varrho_1^{(n)}$ Null ist und an jeder Stelle $\varrho = \varrho_\alpha^{(n)}$ einen Sprung gleich $\left(\sum w_{\alpha p}^{(n)} x_p\right)^2$ (bzw. wenn mehrere $\varrho_\alpha^{(n)}$ übereinstimmen, gleich der Summe der entsprechenden Quadrate) besitzt; durch Anwendung eines Auswahlverfahrens (vgl. Nr. 16 b) und Heranziehung der Integrale nach ϱ gewinnt er sodann als Grenzfunktion einer Teilfolge dieser Funktionen eine mit wachsendem ϱ nicht abnehmende Funktion $\mathfrak{T}(\varrho; x, x)$, die bei festem ϱ eine definite beschränkte quadratische Form der x_p ist: Ihre Sprungstellen in der Veränderlichen ϱ liefern das Punktspektrum, die Beträge ihrer Sprünge die neuen Variablen ξ_α als Linearformen der x_p; ihr von den Sprüngen befreiter *stetiger* monoton wachsender Bestandteil ist die Spektralform $\mathfrak{S}(\varrho; x, x)$; das gesamte Spektrum ist in der Menge der Häufungsstellen der $\varrho_\alpha^{(n)}$ enthalten.[535a]

3. An unmittelbaren Folgerungen des Hilbertschen Theorems sei erwähnt, daß bei *vollstetigen* Formen die Spektralform $\mathfrak{S}(\varrho; x, x) \equiv 0$ und $\lim\limits_{\alpha \to \infty} \varrho_\alpha = 0$ wird[536] — übereinstimmend mit Nr. **40**, (12) — und daß bei positiv *definiten* Formen und nur bei solchen das gesamte Spektrum nicht negativ ist.

Die verschiedenen Arten von Spektralpunkten ϱ können durch das Verhalten der zur quadratischen Form $\mathfrak{K}(x, x) - \varrho\,\mathfrak{E}(x, x)$ gehörigen unendlichvielen linearen Gleichungen in folgender Weise charakterisiert werden: Einmal existiert für *sämtliche* Stellen ϱ des *Spektrums keine* beschränkte Reziproke zu $\mathfrak{K} - \varrho\,\mathfrak{E}$.[537] Zweitens besitzen

---

auch die kurze Andeutung von *S'ieltjes* über den Zusammenhang seiner Untersuchungen mit *Poincarés* Arbeit [27] über die Eigenwerte der Potentialgleichung (s. Nr. **5**, p. 1352 f. und Nr. **33** c) in Correspondance d'Hermite et de Stieltjes, t. II (Paris 1905), p. 411. — Die etwas allgemeinere Annäherung einer beschränkten Form durch passende *vollstetige* Formen (statt speziell durch die Abschnitte) bildet den Grundgedanken einer Methode von *E. Hilb*, s. Nr. **44** a, [565]).

535a) Daß es mit ihr nicht identisch ist, zeigt das Beispiel der Form $2x_1 x_2 + 2x_3 x_4 + \cdots$, wo das Spektrum aus den Stellen $\varrho = \pm 1$ besteht, während unter den $\varrho_\alpha^{(n)}$ unendlichoft 0 vorkommt (vgl. *O. Toeplitz* [184]), § 5).

536) *H. Weyl*, Palermo Rend. 27 (1909), p. 373—392, 402 hat untersucht, wie das Spektrum allgemein durch *Addition* einer vollstetigen Form $\mathfrak{B}(x, x)$ zu $\mathfrak{K}(x, x)$ beeinflußt wird; er fand, daß das gesamte Spektrum hierbei ungeändert bleibt, daß aber zu jedem $\mathfrak{K}(x, x)$ ein $\mathfrak{B}(x, x)$ so bestimmt werden kann, daß $\mathfrak{K} + \mathfrak{B}$ *kein Streckenspektrum* mehr hat. Der erste Teil dieser Aussage folgt übrigens auch direkt aus der Schlußbemerkung von Nr. 18 b, 4.

537) *E. Hellinger* [548]), § 3.

für die Stellen ϱ_α des *Punktspektrums* — und nur für sie — genau entsprechend den Verhältnissen bei vollstetigen Formen (s. Nr. **40c**, (13)) die homogenen Gleichungen

$$(8) \qquad \sum_{q=1}^{\infty} k_{pq} w_q - \varrho_\alpha w_p = 0 \qquad (p = 1, 2, \ldots)$$

Lösungen von konvergenter Quadratsumme, die durch die den entsprechenden Variablen ξ_α zugehörigen Koeffizienten der orthogonalen Transformation geliefert werden.[538]) Endlich gehört ein reelles Intervall $\varDelta$ dann und nur dann dem *Streckenspektrum* an, wenn es abzählbar unendlichviele stetige in jenem Intervall und jedem seiner Teilintervalle nicht sämtlich konstante Funktionen $\sigma_p(\varrho)$ gibt, die für alle ϱ des Intervalls $\varDelta$ den Gleichungen

$$(9) \qquad \sum_{q=1}^{\infty} k_{pq} \sigma_q(\varrho) - \int_{-M}^{\varrho} \varrho \, d\sigma_p(\varrho) = 0 \qquad (p = 1, 2, \ldots)$$

genügen — das Integral wiederum im Stieltjesschen Sinne verstanden — und deren Quadratsumme obendrein gegen eine stetige Funktion $\sigma_0(\varrho)$ konvergiert:

$$(9\,a) \qquad \sum_{p=1}^{\infty} \sigma_p(\varrho)^2 = \sigma_0(\varrho);$$

solche Lösungen $\sigma_p(\varrho)$ sind die Koeffizienten $s_{pq}(\varrho)$ jeder q^{ten} Zeile der Spektralform, und sämtliche Lösungen können durch bestimmte Rekursionsverfahren aus ihnen erzeugt werden.[539]) Haben die $\sigma_p(\varrho)$ speziell stetige Ableitungen $\varphi_p(\varrho)$ nach ϱ, so gilt gleichzeitig

$$(9') \qquad \sum_{q=1}^{\infty} k_{pq} \varphi_q(\varrho) - \varrho \, \varphi_p(\varrho) = 0 \qquad (p = 1, 2, \ldots),$$

falls die eingehenden Reihen gleichmäßig in ϱ konvergieren; alsdann sind also diese gewöhnlichen homogenen Gleichungen mit dem Koeffizientensystem $\mathfrak{K} - \varrho\,\mathfrak{E}$ lösbar durch stetige Funktionen von ϱ, die keine konvergente Quadratsumme, wohl aber *Integrale nach ϱ mit konvergenter Quadratsumme* haben.[540]) Für jedes Lösungssystem von (9) gelten notwendig die folgenden, den Orthogonalitätseigenschaften der

---

538) *D. Hilbert*[531]), Satz 34, p. 147. — Über die Stelle 0 des Punktspektrums (Eigenwert ∞) und den Begriff der *Abgeschlossenheit* gilt das in Nr. **40d**, p. 1559 und [512a]) für vollstetige Formen gesagte.

539) Nach dem Muster der Gleichungen, die für *Hilbert* bei der Konstruktion seiner Beispiele[533]) maßgebend waren, hat *E. Hellinger*[543]), § 3 diese Definition gegeben; nähere Durchführung bei *E. Hellinger*[543]), § 5. Wegen der Konstruktion sämtlicher Lösungen s. [550]).

540) *E. Hellinger*[543]), § 3. — Vgl. auch [542]).

Eigenfunktionen einer Integralgleichung (Nr. **30** c, (3)) entsprechenden Orthogonalitätsrelationen für die Zuwächse $\Delta\sigma_p(\varrho) = \sigma_p(\varrho') - \sigma_p(\varrho)$ in beliebigen Teilintervallen [541]):

$$(10) \quad \begin{cases} \displaystyle\sum_{p=1}^{\infty} \Delta\sigma_p(\varrho)\,\Delta_1\sigma_p(\varrho) = 0, \\[2mm] \qquad\qquad \text{wenn } \Delta,\, \Delta_1 \text{ keinen Punkt gemein haben,} \\[2mm] \displaystyle\sum_{p=1}^{\infty} (\Delta\sigma_p(\varrho))^2 = \Delta\sigma_0(\varrho). \end{cases}$$

Aus ihnen folgt, daß $\sigma_0(\varrho)$ stets eine nicht abnehmende, $\sigma_p(\varrho)$ eine Funktion beschränkter Schwankung ist. Daher besitzt $\sigma_p(\varrho)$ mit Ausnahme einer Nullmenge eine Ableitung nach ϱ und ebenso eine $\varphi_p(\sigma_0)$ nach $\sigma_0 = \sigma_0(\varrho)$, und $\sigma_p(\varrho)$ ist ferner als unbestimmtes Integral (im Lebesgueschen Sinne) von $\varphi_p(\sigma_0)$ nach σ_0 darstellbar; man kann daher das Streckenspektrum durch die als „Äquivalenzen" aufzufassenden Gleichungen (9′) für die $\varphi_p(\sigma_0)$ charakterisieren.[542]) — Unabhängig von dem Übergang zu Differentialquotienten kann man den Sachverhalt symbolisch auch so ausdrücken[539]), daß das System der „Differentiale" $d\sigma_p(\varrho)$ die (8) analogen Gleichungen an den Stellen des Streckenspektrums

$$(9\,\mathrm{b}) \qquad \sum_{q=1}^{\infty} k_{pq}\,d\sigma_q(\varrho) - \varrho\,d\sigma_p(\varrho) = 0 \qquad (p = 1, 2, \ldots)$$

als „*Differentiallösungen*" erfüllt, während $\sum (d\sigma_p(\varrho))^2$ gegen das Differential einer stetigen monotonen Funktion $\sigma_0(\varrho)$ konvergiert; (10) kann dann als *Orthogonalität dieser Differentiallösungen* gedeutet werden.

4. Die *Hilbert*schen Resultate sind auch auf anderen Wegen hergeleitet worden. *E. Hellinger*[543]) erbringt den Existenzbeweis des durch die Lösbarkeit der Gleichungen (8) bzw. (9) im soeben angegebenen Sinne charakterisierten Spektrums in folgender Weise: Nach dem

---

541) *E. Hellinger*[543]), § 5; der Beweis ist die sinngemäße Übertragung des einfachen Schlußverfahrens bei Integralgleichungen[386]) auf die hier obwaltenden schwierigeren Verhältnisse; vgl. dazu auch *H. Weyl*[567]), p. 296 ff., wo dasselbe Schlußverfahren bei singulären Integralgleichungen angewandt wird.

542) Die zur Durchführung des Überganges zu den $\varphi_p(\sigma_0)$ notwendige Heranziehung der Lebesgueschen Integrationstheorie bei *H. Hahn*[552]), insbes. § 2, 4; vgl. auch *E. Hellinger*[543]), § 8. — Sind nur endlichviele k_{pq} in jeder Zeile $\neq 0$ („finite Formen"), und kann man die Gleichungen (9′) rekursiv auflösen, so kommen als Lösungen φ_p nur *Polynome in* ϱ in Betracht; *O. Toeplitz*[555]), Nr. 1 hat gezeigt, daß man jede beschränkte Form $\Re(x, x)$ durch orthogonale Transformation der Veränderlichen in eine Form jener besonderen Art überführen kann (vgl. auch die weitergehende Zerspaltung Nr. **43** c, 2).

543) *E. Hellinger*, J. f. Math. 136 (1909), p. 210—271 = Habilit.-Schrift Marburg 1909, insbes. Kap. III.

*Toeplitz*schen Kriterium (Nr. 18 b, 3) in seiner Übertragung auf komplexe Formen (vgl. Nr. 18 b, 6) besitzt die Form $\mathfrak{K} - \nu\mathfrak{E}$ für jedes nichtreelle $\nu = \varrho + i\mu$ ($\mu \neq 0$) eine beschränkte Reziproke $\mathsf{K}(\nu; x, x)$, da $(\mathfrak{K} - \nu\mathfrak{E})(\mathfrak{K} - \bar{\nu}\mathfrak{E}) = (\mathfrak{K} - \varrho\mathfrak{E})(\mathfrak{K} - \varrho\mathfrak{E}) + \mu^2\mathfrak{E}$ für $\sum x_p^2 = 1$ oberhalb μ^2 bleibt; die *Hilb*sche Reihe Nr. 18, (16) in entsprechender Modifikation für komplexe Formen stellt K dar, und ihre Majorisierung gibt die Schranke

$$(11) \qquad |\mathsf{K}(\nu; x, x)| = \left| \sum_{p, q = 1}^{\infty} \varkappa_{pq}(\nu)\, x_p x_q \right| \leq \frac{1}{|\mu|} \sum_{p = 1}^{\infty} x_p^2.$$

Weiterhin ergibt sich, etwa mit Hilfe der Entwicklung nach Iterierten, daß $\mathsf{K}(\nu; x, x)$ für alle nicht dem reellen Intervall $(-M, +M)$ angehörigen Werte ν eine reguläre analytische Funktion von ν ist, deren Residuum bei $\nu = \infty$ den Wert $\mathfrak{E}(x, x)$ hat; daher kann die Existenz des Spektrums durch sinngemäße Fortbildung derjenigen *funktionentheoretischen Methoden* gefolgert werden, die nach dem Vorbild von *H. Poincaré* auf Randwertprobleme von Differentialgleichungen sowie gelegentlich auch auf Integralgleichungen angewendet worden sind[544] (vgl. Nr. 6[34]), 33 c, 34 c, Ende). Durch Anwendung des Cauchyschen Integralsatzes auf ein das reelle Segment $(-M, M)$ einschließendes Rechteck erhält man nämlich

$$(12) \qquad \lim_{\mu = 0} \frac{1}{i} \int_{-M}^{+M} \{ \mathsf{K}(\varrho + i\mu; x, x) - \mathsf{K}(\varrho - i\mu; x, x) \}\, d\varrho = 2\pi\, \mathfrak{E}(x, x);$$

ferner ist, da K an konjugiert imaginären Stellen konjugierte Werte hat, der Integrand reell und, wie aus der Hilbschen Reihe zu entnehmen, eine positiv definite quadratische Form der x_p. Daraus kann geschlossen werden, daß das bis ϱ erstreckte Integral gegen eine mit ϱ monoton von 0 bis $2\pi\,\mathfrak{E}(x, x)$ wachsende definite beschränkte quadratische Form $2\pi\,\mathfrak{T}(\varrho; x, x)$ konvergiert. Integriert man nun den imaginären Teil der Gleichungen

$$\sum_{r = 1}^{\infty} k_{pr} \varkappa_{rq}(\varrho + i\mu) - (\varrho + i\mu)\varkappa_{pq}(\varrho + i\mu) = e_{pq} \qquad (p, q = 1, 2, \ldots),$$

die die Reziprokeneigenschaft von $\mathsf{K}(\nu; x, x)$ ausdrücken, nach ϱ bei festem μ und läßt alsdann μ gegen 0 gehen, so findet man, daß *einmal* an den Sprungstellen ϱ_α von $\mathfrak{T}$ die Gleichungen (8) durch die

---

544) *E. Hellinger*[543]), § 9. Die Konvergenzabschätzungen beruhen auf (11) und kommen der Sache nach auf die Übertragung der bekannten elementaren Abschätzungen des log- und arc tg-Integrales in den Matrizenkalkül (Integration von Real- und Imaginärteil der „geometrischen Reihe" des Matrizenkalküls) hinaus.

Koeffizienten jeder Zeile von $\mathfrak{T}(\varrho_\alpha + 0) - \mathfrak{T}(\varrho_\alpha - 0)$, also durch Größen konvergenter Quadratsumme, *andererseits* für Intervalle stetigen Wachstums von $\mathfrak{T}(\varrho)$ die Gleichungen (9) durch die Koeffizienten des von den Sprungstellen befreiten stetigen Bestandteils $\mathfrak{S}$ von $\mathfrak{T}$ erfüllt sind — und da $\mathfrak{T}$ nicht konstant ist, ist damit die Existenz des Spektrums gewährleistet und zugleich ein Verfahren zur prinzipiellen Konstruktion des Spektrums und der zugehörigen Lösungen gegeben; auch die Darstellungen (4), (6) können analog (12) gewonnen werden.

Eine wesentlich andere Methode zur Gewinnung der Hilbertschen Resultate hat *F. Riesz*[545]) angegeben. Er geht von der Bemerkung aus, daß man aus (6) durch Potenzentwicklung nach ν^{-1} die folgende Darstellung der iterierten Formen von $\mathfrak{K}$ erhält, wobei Summen- und Integralbestandteile mittels der unstetigen quadratischen Form $\mathfrak{T}(\varrho; x, x)$ zu einem *Stieltjes*schen Integral zusammengefaßt sind:

$$
(13) \quad
\begin{cases}
\mathfrak{E}(x, x) = \displaystyle\int_{-M}^{+M} d\mathfrak{T}(\varrho; x, x) \\[2ex]
\mathfrak{K}^{(n)}(x, x) = \displaystyle\int_{-M}^{+M} \varrho^n d\mathfrak{T}(\varrho; x, x) \qquad (n = 1, 2, \ldots).
\end{cases}
$$

Das sind aber gerade die Gleichungen des verallgemeinerten Momentenproblems der Gestalt (7) von Nr. **22**, das *F. Riesz*[265]) selbst behandelt hatte — nur daß die gegebenen Größen von unendlichvielen Parametern $x_1, x_2, \ldots$ quadratisch abhängen; er zeigt, daß seine Lösbarkeitsbedingungen hier erfüllt sind und daß die Lösung $\mathfrak{T}$ eine beschränkte quadratische Form jener Parameter x_p wird.[546])

b) **Das Orthogonalinvarianten-System.** Während in (4) hinsichtlich des Punktspektrums bereits eine Normalform erreicht ist, die, falls kein Streckenspektrum vorhanden ist, in der Gesamtheit der ϱ_α das vollständige System der Orthogonalinvarianten einer quadratischen Form erkennen läßt, ist in (4) hinsichtlich des Streckenspektrums eine solche Normalform noch nicht enthalten. Jedoch hat

---

545) *F. Riesz*, Gött. Nachr. 1910, p. 190—195. Vgl. auch die Gesamtdarstellung der Theorie in *F. Riesz*, Literatur A 8, Chap. V.

546) In seinem Buch (Literatur A 8, Chap. V) gibt *F. Riesz* eine durch den Matrizenkalkül zusammengefaßte sehr durchsichtige Darstellung dieses Beweises; er kommt der Sache nach auf eine Übertragung der Approximation durch Polynome in den Matrizenkalkül hinaus. — Die Darstellung dieser Methode kann auch so ausgestaltet werden, daß $K(\nu; x, x)$ als analytische Funktion von ν durch ihre Potenzentwicklung nach ν^{-1} gegeben angesehen wird und für sie die Stieltjessche Integraldarstellung der Kettenbruchtheorie (vgl. Nr. **43** c) mittels der Lösung des Momentenproblems gegeben wird.

D. Hilbert[547]) bereits darauf hingewiesen, daß man entsprechend den bekannten Beispielen der Kettenbruchtheorie (s. Nr. **43** c) das einfachste Beispiel einer Spektralform durch den Ansatz für ihre Abschnitte

$$(14) \qquad \mathfrak{S}_n(\varrho; x, x) = \int\limits_m^\varrho \Big(\sum_{p=1}^n \omega_p(\varrho) x_p \Big)^2 d\varrho \qquad (n = 1, 2, \ldots)$$

erhält, wo die $\omega_p(\varrho)$ ein vollständiges und orthogonales Funktionensystem (Nr. **15** a) für das Intervall (m, M) bedeuten; die zugehörige quadratische Form ist gegeben durch

$$(14a) \quad k_{pq} = \int\limits_m^M \varrho\, \omega_p(\varrho)\, \omega_q(\varrho)\, d\varrho, \quad \mathfrak{R}_n(x, x) = \int\limits_m^M \varrho \Big(\sum_{p=1}^n \omega_p(\varrho) x_p \Big)^2 d\varrho,$$

hat das Intervall (m, M) zum „einfachen Spektrum", und alle mit verschiedenen Funktionensystemen so darstellbaren Formen mit demselben Spektrum sind orthogonal ineinander transformierbar.

Im Anschluß hieran hat *E. Hellinger*[548]) gezeigt, wie man jede Spektralform durch eine orthogonale Transformation in eine Summe abzählbar unendlichvieler einfacher Bestandteile zerspalten kann, die dem Typus nach analog (14) gebildete Integrale von Quadraten von Linearformen sind. Um diese Betrachtungen im Bereich der Funktionen beschränkter Schwankung durchführen zu können, stellt er eine Erweiterung des Stieltjesschen Integralbegriffes auf, in die Produkte und Quotienten von Differentialen eingehen[549]); mit Hilfe dieser Integrale kann durch orthogonale Transformation der Veränderlichen *jede beschränkte Form* $\mathfrak{R}(x, x)$, *die nur ein Streckenspektrum besitzt, in höchstens abzählbar unendlichviele Formen verschiedener Variablenreihen zerfällt werden*, von denen jede durch ein (14a) verallgemeinerndes Integral eines quadratischen Differentials darstellbar ist:

$$(15) \qquad \mathfrak{R}(x, x) = \sum_{(\alpha)} \int\limits_{-M}^{+M} \varrho\, \frac{\Big(d \sum\limits_{p=1}^\infty \sigma_p^{(\alpha)}(\varrho)\, x_p^{(\alpha)} \Big)^2}{d\sigma_0^{(\alpha)}(\varrho)};$$

---

547) *D. Hilbert*[531]), p. 153 ff.

548) *E. Hellinger*, Die Orthogonalinvarianten quadratischer Formen von unendlichvielen Variabelen. Dissertation, Göttingen 1907, 84 S. — Das Zerspaltungsverfahren insbes. in § 9, Satz III, das Kriterium für orthogonale Äquivalenz in § 11, Satz VIII, p. 80, in einem Spezialfall § 10, Satz VII, p. 74.

549) *E. Hellinger*[548]), Kap. II. Die Definitionen findet man in Encykl. II C 9 b (*Montel-Rosenthal*), Nr. **35** e. Wegen des Zusammenhangs mit Lebesgueschen Integralen vgl. *E. Hellinger*[548]), p. 7, 29; *H. Hahn*[552]), § 2; *E. W. Hobson*, London Math. Soc. Proc. (2) 18 (1920), p. 249—265. *H. Hahn*[552]) hat übrigens die Theorie der Orthogonalinvarianten unter Ersetzung der Hellingerschen Integrale durch Lebesguesche mit Benutzung der Theorie der Lebesgueschen Integrale erneut dargestellt.

die entsprechende Zerlegung gilt für die Spektralform. Dabei bedeuten für jeden Index α die $\sigma_p^{(\alpha)}(\varrho)$ Funktionen beschränkter Schwankung, die mit $\sigma_0^{(\alpha)}(\varrho)$ den Orthogonalitätsrelationen (10) und obendrein der „Vollständigkeitsrelation"

$$(15\,\text{a}) \qquad \int_{-M}^{+M} \frac{\left(d \sum_{p=1}^{\infty} \sigma_p^{(\alpha)}(\varrho)\, x_p^{(\alpha)}\right)^2}{d\, \sigma_0^{(\alpha)}(\varrho)} = \sum_{p=1}^{\infty} x_p^{(\alpha)2} \qquad (\alpha = 1, 2, \ldots)$$

genügen; die Linearformen $\sum_{p=1}^{\infty} \sigma_p^{(\alpha)}(\varrho)\, x_p^{(\alpha)}$ heißen demgemäß ein *orthogonales und vollständiges System von Differentialformen mit der Basisfunktion* $\sigma_0^{(\alpha)}(\varrho)$.[550] Jeder Summand von (15) besitzt die perfekte Menge der Punkte, in deren Umgebung $\sigma_0^{(\alpha)}(\varrho)$ nicht konstant ist, zum „*einfachen Spektrum*", und zwei Formen mit einfachem Spektrum sind *gewiß* dann orthogonal ineinander transformierbar, wenn ihre Basisfunktionen identisch sind.[551]

Auch (15) ist noch keine Normalform, insofern einerseits Formen mit verschiedenen Basisfunktionen und demselben einfachen Spektrum orthogonal äquivalent sein können, andererseits Teilintegrale der Summanden von (15) in Integrale der gleichen Gestalt transformiert und ebenso die Summanden unter Umständen anders zusammengefaßt werden können. Trotzdem läßt sich auf ihr, wie *E. Hellinger*[548] gezeigt hat, ein *allgemeines notwendiges und hinreichendes Kriterium für die orthogonale Äquivalenz* zweier quadratischer Formen aufbauen. Es nimmt eine wesentlich einfachere Form an, wenn man mit *H. Hahn*[552] den folgenden von diesem eingeführten Begriff heranzieht: Das *System der Basisfunktionen* $\sigma_0^{(\alpha)}(\varrho)$ heißt *geordnet*, wenn für $\beta > \alpha$ in jedem Konstanzintervall von $\sigma_0^{(\alpha)}(\varrho)$ auch $\sigma_0^{(\beta)}(\varrho)$ konstant ist, und wenn durch die Abbildung $\sigma^{(\alpha)} = \sigma_0^{(\alpha)}(\varrho)$, $\sigma^{(\beta)} = \sigma_0^{(\beta)}(\varrho)$ jeder Nullmenge der Variablen $\sigma^{(\alpha)}$ eine Nullmenge von $\sigma^{(\beta)}$ zugeordnet ist; jede Darstellung

---

550) Aus den $\sigma_p^{(\alpha)}(\varrho)$ entstehen durch die orthogonale Transformation, die die $x_p^{(\alpha)}$ in die x_p überführt, Lösungen der Gleichungen (9) und durch passende Kombination mit willkürlichen Funktionen von ϱ entstehen sämtliche Lösungen; vgl. *E. Hellinger*[543]), § 7, p. 256 f. — Von der Definition der orthogonalen Differentialformen als Lösungen von (9) ausgehend, hat *E. Hellinger*[543]), Kap. II eine direkte von der Hilbertschen Theorie und der vorherigen Kenntnis der Spektralform $\mathfrak{S}$ unabhängige Herleitung der Zerspaltungsformel (15) gegeben. — Verallgemeinerungen dieses Theorems auf *symmetrisierbare* Formen bzw. auf Scharen symmetrischer Formen haben *A. J. Pell*[523]) und *J. Hyslop*[523]) gegeben (s. Nr. 41 b, 3).

551) *E. Hellinger*[548]), § 9, Satz IV.

552) *H. Hahn*, Monatsh. Math. Phys. 23 (1912), p. 161—224. Insbes. Nr. 35, p. 206 ff. (geordnete Systeme), sowie Nr. 42, p. 216 ff. (das Kriterium).

(15) kann man durch orthogonale Transformation in eine mit geordneten Basisfunktionen überführen, d. h. kurz gesagt, man kann in jeden Summanden von (15) möglichst viele Bestandteile auf Kosten der folgenden hineinziehen. *Zwei in der Gestalt* (15) *mit den geordneten Basisfunktionen* $\sigma_0^{(\alpha)}(\varrho)$ *bzw.* $\tau_0^{(\alpha)}(\varrho)$ *dargestellte quadratische Formen sind nun dann und nur dann ineinander orthogonal transformierbar, wenn für jeden Index* α *in jedem Konstanzintervall von* $\sigma_0^{(\alpha)}(\varrho)$ *auch* $\tau_0^{(\alpha)}(\varrho)$, *in jedem von* $\tau_0^{(\alpha)}(\varrho)$ *auch* $\sigma_0^{(\alpha)}(\varrho)$ *konstant ist, und wenn weiterhin durch die Abbildung* $\sigma^{(\alpha)} = \sigma_0^{(\alpha)}(\varrho)$, $\tau^{(\alpha)} = \tau_0^{(\alpha)}(\varrho)$ *jeder Nullmenge in* $\sigma^{(\alpha)}$ *eine in* $\tau^{(\alpha)}$ *sowie jeder in* $\tau^{(\alpha)}$ *eine in* $\sigma^{(\alpha)}$ *zugeordnet wird.*[553]) Haben die Formen außerdem noch ein Punktspektrum, so tritt weiterhin noch die Bedingung der Übereinstimmung der nach ihrer Vielfachheit (d. i. nach der Anzahl der in (4) mit ihnen multiplizierten Quadrate) gezählten Stellen des Punktspektrums hinzu.

c) **Zusammenhang mit der Stieltjesschen Kettenbruchtheorie.** Neben dem schon berührten[535])[546]) methodischen Zusammenhang der Theorie der quadratischen Formen mit der Theorie der Kettenbrüche, wie sie *T. J. Stieltjes*[259]) entwickelt hat, bleibt nun noch der sachliche Zusammenhang zur Geltung zu bringen. Er beruht auf der formalen Tatsache, daß die aus einer sog. *J-Form* (*Jacobischen Form*)

$$(16) \qquad \mathfrak{J}(x, x) = \sum_{p=1}^{\infty} (a_p x_p^2 - 2 b_p x_p x_{p+1}) \qquad\qquad (b_p \neq 0)$$

mit dem Koeffizientensystem $\mathfrak{J} - \nu\mathfrak{E}$ gebildeten Gleichungssysteme durch Näherungsnenner und -zähler des Kettenbruches

$$(17) \qquad u(\nu) = \frac{1\ |}{|\ a_1 - \nu} - \frac{b_1^2\ |}{|\ a_2 - \nu} - \frac{b_2^2\ |}{|\ a_3 - \nu} - \cdots$$

befriedigt werden, sowie darauf, daß man für eine *J*-Form von endlichvielen Veränderlichen aus den Näherungsnennern des entsprechenden endlichen Kettenbruches die orthogonale Transformation auf eine Summe von Quadraten erhält.[553a]) Schon *E. Heine*[554]) hat im Anschluß

---

553) In den Anwendungen treten vorzugsweise solche Formen auf, bei denen jede Basisfunktion $\sigma_0^{(\alpha)} = \sigma_0^{(\alpha)}(\varrho)$ jeder Nullmenge der ϱ-Achse eine Nullmenge in $\sigma_0^{(\alpha)}$ zuordnet (darunter speziell diejenigen, bei denen die $\sigma_0^{(\alpha)}(\varrho)$ stetig differenzierbar sind oder wenigstens einen beschränkten Differenzenquotienten haben); bei ihnen kann man stets zu Basisfunktionen übergehen, die Maßfunktionen meßbarer Mengen der ϱ-Achse sind, und die Äquivalenzbedingung reduziert sich auf die Übereinstimmung gewisser bis auf Nullmengen bestimmter meßbarer Mengen der ϱ-Achse (s. *E. Hellinger*[548]), § 10).

553a) *C. G. J. Jacobi*, Monatsber. Akad. Berlin 1848, p. 414—417 = J. f. Math. 39 (1848), p. 290—292 = Ges. Werke VI, p. 318—321; *L. Kronecker*, Monatsber. Akad. Berlin 1878, p. 95—121 = Werke II, p. 37—70; *E. Heine*[554]), p. 480 ff.

554) *E. Heine*, Handbuch der Kugelfunktionen, Bd. I, 2. Aufl. (Berlin 1878), p. 420—432.

daran darauf hingewiesen, daß für gewisse unendliche J-Formen der unendliche Kettenbruch (17) formal ebenfalls die orthogonale Transformation auf eine Quadratsumme liefert.

1. Für eine *beschränkte J-Form*, die durch die Bedingungen $|a_p| \leqq M$, $|b_p| \leqq M$ charakterisiert ist, gelten folgende Tatsachen[555]): Die Bildung der Reziproken $\mathsf{K}(v; x, x)$ von $\mathfrak{J}(x, x) - v\mathfrak{E}(x, x)$ analog bekannten Formeln der Kettenbruchtheorie liefert als ersten Koeffizienten $\varkappa_{11}(v)$ gerade den Kettenbruch $u(v)$, während alle $\varkappa_{pq}(v)$ ganze lineare Funktionen von $u(v)$ mit Polynomen in v als Koeffizienten sind. $\mathfrak{J}(x, x)$ hat ein *einfaches Streckenspektrum* und ein *einfaches Punktspektrum*, dessen Stellen möglicherweise in das Streckenspektrum fallen können; die Lösungen der homogenen Gleichungen (8) für das Punkt- und (9′) für das Streckenspektrum (vgl. [542])) werden durch die Kettenbruchnenner $\pi_p(v)$ geliefert, die Polynome $(p-1)^{\text{ten}}$ Grades in v sind. Das Verfahren von Nr. **43** a, 4 zur Gewinnung des Spektrums für diese spezielle Form $\mathfrak{J}(x, x)$ liefert in seiner Anwendung auf $\varkappa_{11}(v) = u(v)$ eine nicht abnehmende Funktion $\sigma(\varrho)$ und durch sie die *Stieltjessche Integraldarstellung für den Kettenbruch* (17):

$$(18) \qquad u(v) = \int_{-M}^{+M} \frac{d\sigma(\varrho)}{\varrho - v};$$

ferner gelten die Beziehungen

$$(19\,\text{a}) \qquad \int_{-M}^{+M} \pi_p(\varrho)\,\pi_q(\varrho)\,d\sigma(\varrho) = \begin{cases} 0 & (p \neq q) \\ 1 & (p = q), \end{cases}$$

$$(19\,\text{b}) \qquad \int_{-M}^{+M} \varrho\,\pi_p(\varrho)\,\pi_q(\varrho)\,d\sigma(\varrho) = \begin{cases} 0 & (|p - q| > 1) \\ -b_p & (|p - q| = 1) \\ a_p & (p = q). \end{cases}$$

Die Sprungstellen von $\sigma(\varrho)$ geben das Punktspektrum, der von den Sprüngen befreite stetige Bestandteil Streckenspektrum und Basisfunktion.

2. Die Beziehung der J-Formen und damit der Kettenbrüche zur Theorie *beliebiger* beschränkter Formen wird durch den Satz von *O. Toeplitz*[556]) hergestellt, daß jede beschränkte quadratische Form durch eine orthogonale Transformation in eine *Summe höchstens abzählbar unendlichvieler J-Formen verschiedener Variablenreihen* übergeführt werden kann. Diese Zerspaltung ist aber mit der in Nr. **43** b

---

555) *O. Toeplitz*, Gött. Nachr. 1910, p. 489—506, Nr. 3; *E. Hellinger* und *O. Toeplitz*, J. f. Math. 144 (1914), p. 212—238, 318, § 1.

556) *O. Toeplitz*[555]), Nr. 2; der Beweis benutzt die Spektrumstheorien von Nr. **43** a), b) nicht.

gegebenen im wesentlichen identisch; denn, wie *E. Hellinger* und
O. Toeplitz[557]) bewiesen haben, kann jede beschränkte quadratische
Form $\mathfrak{K}$ *mit einfachem Streckenspektrum und einfachem möglicherweise
auch das Streckenspektrum überlagerndem Punktspektrum orthogonal in
eine J-Form transformiert* werden; und zwar gibt es unendlichviele
solche J-Formen, die allen möglichen an den Stellen des Punktspektrums passend ergänzten Basisfunktionen von $\mathfrak{K}$ eineindeutig zugeordnet sind.

3. Die Anwendung der *Hilbert*schen Theorie auf die J-Formen
liefert insofern nicht genau die *Stieltjes*sche Theorie der Kettenbrüche,
als diese der Sache nach sich nicht auf *beschränkte* Formen $\mathfrak{J}(x, x)$
bezieht, sondern auf solche — beschränkte oder unbeschränkte —,
deren Abschnitte $\mathfrak{J}_n(x, x)$ sämtlich *definit* sind[558]); sie führt daher
auf Integraldarstellungen der Gestalt (18), die über die positive ϱ-Halb-
achse erstreckt sind $(0 \leqq \varrho < + \infty)$. Im Grunde sind beide Fälle
nicht wesentlich voneinander verschieden; bei beiden existiert der
Kettenbruch bzw. die Reziproke von $\mathfrak{J} - \nu\mathfrak{E}$ nicht nur als analytische Funktion von ν in der oberen und unteren Halbebene für sich,
sondern die beiden Zweige sind längs eines unmittelbar angebbaren
Teiles der reellen Achse — nämlich außerhalb des Integrationsintervalles von (18) — analytisch ineinander fortsetzbar. Diesen Zusammenhang hat von Seiten der Kettenbruchtheorie *J. Grommer*[559])
näher untersucht.

Darüber hinaus aber hat *J. Grommer*[559]) mit seiner Methode, einer
Anwendung des Hilbertschen Auswahlverfahrens, als erster Resultate
auch für den *allgemeinen Fall beliebiger reeller Koeffizienten* a_p, b_p von
(16), (17) gewonnen, in dem die Nullstellen $\varrho_\alpha^{(n)}$ der Determinanten
von $\mathfrak{J}_n - \varrho\mathfrak{E}_n$ (vgl. die Bemerkung zu (7)) möglicherweise kein Intervall der reellen ϱ-Achse mehr frei lassen und also die Zweige von

---

557) *Hellinger-Toeplitz*[555]), § 2, 3. Der Beweis beruht auf der Konstruktion
eines (19 a) genügenden Polynomsystems durch Orthogonalisieren der Potenzen
ϱ^p und Verwendung des Systems von Differentialformen $\int\limits_{-M}^{\varrho} \pi_p(\varrho)\, d\sigma(\varrho)$ mit der
Basis $\sigma(\varrho)$.

558) Bei *Stieltjes*[259]) selbst sind diese Bedingungen etwas anders ausge-
sprochen, da er in der Hauptsache die Kettenbruchform $\dfrac{1\,|}{|\,c_1\,\nu} + \dfrac{1\,|}{|\,c_2} + \dfrac{1\,|}{|\,c_3\,\nu} + \cdots$
behandelt; hier lauten sie einfach $c_n > 0$.

559) *J. Grommer*, J. f. Math. 144 (1914), p. 114—166 = Dissert. Göttingen;
er studiert anläßlich der Behandlung eines funktionentheoretischen Problemes
J-Formen, von denen im Lauf der Untersuchung zu zeigen ist, daß sie beiden
Bedingungen genügen.

$u(v)$ bzw. $\mathsf{K}(v; x, x)$ in der oberen und unteren Halbebene nicht mehr notwendig analytisch ineinander fortsetzbar sind; er erhält so Darstellungen durch *über die ganze reelle Achse erstreckte Integrale* (18). Gelegentlich seiner Untersuchungen über das verallgemeinerte Stieltjessche Momentenproblem (Nr. **22** d) hat *H. Hamburger* [560]) diese Grommerschen Resultate wesentlich ausgebaut, und er hat insbesondere für den Fall, daß das Momentenproblem eine im wesentlichen *eindeutig* bestimmte Lösung besitzt, eine *eindeutig bestimmte von* $-\infty$ *bis* $+\infty$ *erstreckte Integraldarstellung* (18) *für den Kettenbruch* gegeben; er hat ferner gezeigt, daß dieser Fall gerade dann eintritt, wenn der Kettenbruch *„vollständig konvergiert"*, d. h. wenn die mit einem nichtreellen v gebildeten modifizierten Näherungsbrüche

$$(20) \qquad \frac{1}{\mid a_1 - v} \;\bigg|\; - \;\frac{b_1^2}{\mid a_2 - v} \;\bigg|\; - \cdots - \;\frac{b_{n-1}^2}{\mid a_n - v - h\,b_n} \;\bigg|$$

für alle reellen Zahlen h einen und denselben Grenzwert haben; damit ist zugleich eine Aussage über die *Spektraldarstellung der nichtbeschränkten J-Formen* gewonnen. [560a]) *E. Hellinger* [561]) hat dieses Problem, ausgehend von der Untersuchung der zu $\mathfrak{J} - v\,\mathfrak{E}$ gehörigen Gleichungen, analog seiner in Nr. **43** a, 4 geschilderten Methode behandelt; an Stelle der Konstruktion der Reziproken durch die Hilbsche Reihe tritt dabei die Untersuchung der durch eine „Randbedingung" ergänzten inhomogenen Gleichungen

$$(20\,\text{a}) \qquad \begin{cases} (a_1 - v)\,x_1 - b_1 x_2 = 1 \\ - b_{p-1} x_{p\,1} + (a_p - v)\,x_p - b_p x_{p+1} = 0 \quad (p = 2, \ldots, n) \\ x_{p+1} - h x_p = 0, \end{cases}$$

deren Lösnng x_1 durch (20) gegeben wird, in ihrer Abhängigkeit von h und n bei nichtreellem v. Vollständige Konvergenz liegt vor, wenn die zu $\mathfrak{J} - v\,\mathfrak{E}$ gehörigen homogenen Gleichungen für ein (und damit

---

560) *H. Hamburger* [260]), insbes. Math. Ann. 81, Satz XIV, p. 292. Vgl. auch die anderen in Nr. **22** d dazu zitierten Arbeiten.

560a) Gewisse umfassendere Klassen nichtbeschränkter quadratischer Formen sind von *T. Carleman* [575]), insbes. p. 185—188 im Rahmen seiner Untersuchungen über nichtbeschränkte Integralgleichungen (Nr. **44** c) zugleich mit behandelt worden. Man vgl. hierzu auch die Darstellung der Kettenbruchtheorie und des Momentenproblems bei *T. Carleman* [575]), p. 189—220.

561) *E. Hellinger*, Math. Ann. 86 (1922), p. 18—29. — Die Behandlung der Gleichungen (20a) ist analog der Behandlung von Randwertaufgaben gewöhnlicher Differentialgleichungen 2. Ordn. für ein unendliches Intervall als Grenzfall einer Randwertaufgabe für wachsendes endliches Intervall; vgl. dazu *H. Weyl*, Math. Ann. 68 (1910), p. 220—269, insbes. p. 225 ff. und *E. Hilb*, ibid. 76 (1915), p. 333—339.

für jedes) nichtreelle ν keine nicht identisch verschwindende Lösung von absolut konvergenter Quadratsumme besitzen.

d) Besondere quadratische und bilineare Formen.

O. Toeplitz[562]) hat unter der Bezeichnung *reguläre L-Formen* bilineare oder quadratische Formen des Typus

$$(21) \qquad \mathfrak{L}(x, y) = \sum_{p,\,q = -\infty}^{\infty} c_{q-p}\, x_p y_q$$

untersucht, wo die c_{q-p} die (reellen oder komplexen) Koeffizienten einer *Laurent*schen Reihe

$$(21\,\text{a}) \qquad f(z) = \sum_{-\infty}^{+\infty} c_n z^n$$

sind, deren Konvergenzring den Einheitskreis $|z| = 1$ enthält. Eine reguläre L-Form ist stets beschränkt; Summe und Produkt im Sinne des Matrizenkalküls (Nr. 18 a, 5) sind wieder reguläre L-Formen, die zur Summe bzw. dem Produkt der entsprechenden Laurentschen Reihen gehören. $\mathfrak{L}(x, y)$ hat dann und nur dann eine beschränkte Reziproke, wenn $f(z) \neq 0$ für $|z| = 1$, und die Reziproke ist die zu $(f(z))^{-1}$ gehörige L-Form. Die zu $f(z) - \nu$ gehörige L-Form $\mathfrak{L}(x, y) - \nu \mathfrak{E}(x, y)$ hat also eine beschränkte Reziproke, wenn $f(z) \neq \nu$ für $|z| = 1$; die Gesamtheit der Werte ν, die $f(z)$ für $|z| = 1$ annimmt, ist daher in sinngemäßer Übertragung der Definitionen von Nr. 43 a als *Spektrum von $\mathfrak{L}$* zu bezeichnen.

Ist $c_n = c_{-n}$ und sind alle c_n reell, also $\mathfrak{L}(x, x)$ *eine reelle quadratische Form*, so ist $f(z) = c_0 + \sum_{n=1}^{\infty} c_n (z^n + z^{-n})$ für $|z| = 1$ reell und das *Spektrum von $\mathfrak{L}(x, x)$ genau im Sinne von* Nr. 43 a *ist durch die Gesamtheit der reellen Werte* von

$$(22) \qquad \varrho = f(e^{i\sigma}) = c_0 + 2\sum_{n=1}^{\infty} c_n \cos n\sigma \qquad (0 \leq \sigma \leq 2\pi)$$

gegeben. Die Cauchysche Integraldarstellung der Koeffizienten von (21 a) bzw. die Fouriersche derer von (22) gibt unmittelbar nicht nur die Hilbertsche Integraldarstellung von $\mathfrak{L}(x, x)$, sondern auch die *Zerspaltung des Spektrums in einfach zählende Bestandteile*; denn sie liefert

$$(22\,\text{a}) \qquad c_{q-p} = \frac{1}{\pi} \int_0^{\pi} f(e^{i\sigma})\,\{\cos p\sigma \cos q\sigma + \sin p\sigma \sin q\sigma\}\, d\sigma$$

---

562) *O. Toeplitz*, Gött. Nachr. 1907, p. 110—115 und Math. Ann. 70 (1911), p. 351—376. — Daß hier der Index der Variablen von $-\infty$ bis $+\infty$ läuft, kommt gegenüber den vorher gegebenen Erklärungen nur auf eine unwesentliche Umordnung der Variablen hinaus; vgl. Math. Ann. 70, p. 354, Fußn.

und der Vergleich mit (15) nach Einführung von $\varrho = f(e^{i\sigma})$ als Integrationsveränderlicher ergibt: *Das Spektrum von $\mathfrak{L}(x, x)$ besteht aus den Intervallen der reellen ϱ-Achse, auf die (22) den Einheitskreis abbildet, jedes Teilintervall mit der Vielfachheit gerechnet, in der es durch die Abbildung geliefert wird;* die Basisfunktionen sind die Inversen $\sigma(\varrho)$ der Funktionen (22) in ihren Monotonitätsintervallen, die zugehörigen orthogonalen Differentialformen haben die Koeffizienten $\cos p\,\sigma(\varrho)\,d\sigma(\varrho)$ und $\sin p\,\sigma(\varrho)\,d\sigma(\varrho)$.

Nach (22), (22a) kann man auch zu jeder nur als Funktion der reellen Veränderlichen σ im Intervall $(0, \pi)$ gegebenen stetigen oder abteilungsweise stetigen Funktion $\varphi(\sigma)$ eine *L*-Form bilden. *O. Toeplitz* hat gezeigt, daß auch diese beschränkt ist, wenn $\varphi(\sigma)$ beschränkt ist und daß ihr Spektrum aus dem Wertvorrat von $\varphi(\sigma)$ besteht.[563])

Für nichtsymmetrische *L*-Formen hat *O. Toeplitz*[562]) das Problem der *Ähnlichkeit* in Angriff genommen (vgl. Nr. **41**, (3)), d. h. die Frage, wann es zu $\mathfrak{L}$, $\mathfrak{M}$ eine beschränkte Matrix $\mathfrak{U}$ mit beschränkter Reziproken gibt, so daß $\mathfrak{U}^{-1}\mathfrak{L}\,\mathfrak{U} = \mathfrak{M}$ ist; notwendige Bedingung ist die Übereinstimmung der Spektren.

Verallgemeinerungen der *L*-Formen haben *M. Born* und *Th. v. Kármán*[564]) gelegentlich physikalischer Anwendungen verwendet; sie entstehen, wenn man als Veränderliche n Reihen von mit je n Indizes versehenen Größen annimmt und eine quadratische Form von ihnen bildet, deren Koeffizienten nur von den Differenzen entsprechender Indizes der auftretenden Veränderlichen abhängen — für $n = 2$ also

$$\sum_{p,\,q,\,\alpha,\,\beta=-\infty}^{+\infty} \left\{ c^{(1)}_{p-\alpha,\,q-\beta}\,x_{pq}\,x_{\alpha\beta} + c^{(2)}_{p-\alpha,\,q-\beta}\,x_{pq}\,y_{\alpha\beta} + c^{(3)}_{p-\alpha,\,q-\beta}\,y_{pq}\,y_{\alpha\beta} \right\}.$$

44. Eigentlich singuläre Integralgleichungen zweiter Art mit symmetrischem Kern. Wird der reelle symmetrische Kern einer Integralgleichung 2. Art so stark singulär, daß die Sätze der Eigenwert-

---

563) *O. Toeplitz*[555]), Nr. 4; diese (nichtregulären) *L*-Formen können also auch ein aus Punkten oder getrennten Stücken bestehendes Spektrum haben. Weiterhin stellt *Toeplitz* [555]), Nr. 5; Math. Ann. 70[562]), § 3, 5] Determinantenkriterien dafür auf, daß $\varphi(\sigma)$ durchweg nicht negativ ist, sowie allgemeiner solche für die Gesamtlänge der Intervalle, in denen $\varphi(\sigma) \geq 0$. Wegen der Beziehungen dieser Sätze zu *C. Carathéodorys* Untersuchungen über Potenzreihen mit positivem reellen Teil vgl. *O. Toeplitz*, Palermo Rend. 32 (1911), p. 191—192 sowie *F. Riesz*, Literatur A 8, p. 178 ff.

564) *M. Born* und *Th. v. Kármán*, Phys. Ztschr. 13 (1912), p. 297—309; 14 (1913), p. 15—19, 65—71; *M. Born*, Ann. d. Phys. (4) 44 (1914), p. 605—642. — Über die weitere Literatur und die zahlreichen in der Theorie der Kristallgitter betrachteten Formen dieser und verwandter Arten vgl. Encykl. V 25, *M. Born*, insbes. Nr. **18, 19**.

theorie (Nr. **30—35**) nicht mehr gelten, so heiße sie im Gegensatz zu den in Nr. **36**a behandelten uneigentlich singulären Integralgleichungen *eigentlich singulär* (vgl. Nr. **21** für die Auflösungstheorie); alsdann kann unter passenden Voraussetzungen durch Übertragung der Resultate von Nr. **43** eine modifizierte Eigenwerttheorie hergeleitet werden, die neben die diskontinuierlich verteilten Eigenwerte ein *Kontinuum von Ausnahmestellen,* neben die Reihenentwicklungen *Integraldarstellungen* treten läßt (vgl. [534]), Ende).

a) **Beschränkte Kerne.** Nachdem *E. Hilb*[565]) und etwa gleichzeitig *H. Weyl*[566]) im Anschluß an *D. Hilbert*s 4. Mitteil.[531]) gewisse besondere Klassen eigentlich singulärer Integralgleichungen nach verschiedenen, auch allgemeinerer Anwendung fähigen Methoden behandelt hatten, hat *H. Weyl*[567]) die vollständige Übertragung der *Hilbert*schen und *Hellinger*schen Sätze (Nr. **43**a, b) auf Integralgleichungen im einzelnen durchgeführt. Er bezeichnet als *symmetrische beschränkte Kerne* $k(s, t)$, solche, die im Definitionsquadrat $a \leq s,\ t \leq b$ mit Ausnahme endlichvieler Punkte und endlichvieler monotoner stetiger Kurvenstücke stetig sind, für die ferner $\int_a^b k(s, t)^2 dt = (k(s))^2$ mit Ausnahme höchstens abzählbar unendlichvieler, höchstens eine Häufungsstelle besitzender Stellen existiert und eine sonst überall stetige Funktion darstellt, und für die endlich das Doppelintegral

$$(1) \qquad \left| \int_a^b \int_a^b k(s, t)\, u(s)\, u(t)\, ds\, dt \right| \leq M$$

ist für alle Funktionen $u(s)$, für welche

$$(1\,\mathrm{a}) \qquad \int_a^b u(s)^2\, ds \leq 1 \quad \text{und} \quad \int_a^b |\, k(s)\, u(s)\, |\, ds$$

konvergiert. *Weyl* führt nun das Hilbertsche Übergangsverfahren von

---

565) *E. Hilb*, Math. Ann. 66 (1908), p. 1—66 = Habil.-Schrift Erlangen; die von ihm behandelten Integralgleichungen gehören zu Randwertaufgaben von Differentialgleichungen 2. Ordn. für an singuläre Stellen heranreichende Intervalle und werden durch Grenzübergang aus den bekannten Sätzen über approximierende reguläre Intervalle behandelt.

566) *H. Weyl*, Singuläre Integralgleichungen mit besonderer Berücksichtigung des Fourierschen Integraltheorems, Dissertation Göttingen 1908, 86 S., insbes. 2. Abschn.; behandelt werden Kerne, die den Hilbertschen Beispielen Nr. **43**, (14a) für Formen mit einfachem Spektrum entsprechen.

567) *H. Weyl*, Math. Ann. 66 (1908), p. 273—324. In der Form weicht die Darstellung des Textes insofern unwesentlich von Weyl ab, als ein endliches Integrationsintervall (a, b) statt des unendlichen $(0, \infty)$ verwendet wird.

Integralgleichungen zu Formen unendlichvieler Veränderlichen (s. Nr. 15 und 40 e) für den vorliegenden Fall durch, indem er ein „passendes" vollständiges Orthogonalsystem konstruiert, bei dessen Anwendung die beim Übergang durchzuführenden Integrations- und Summationsprozesse konvergieren. Die quadratische Integralform (1) wird dann in eine *beschränkte* quadratische Form der Fourierkoeffizienten von $u(s)$ transformiert, und die Sätze von Nr. 43 a, b ergeben insbesondere folgende Resultate:

1. Die homogene Integralgleichung

$$(2) \qquad \varphi_\alpha(s) - \lambda_\alpha \int_a^b k(s, t)\, \varphi_\alpha(t)\, dt = 0$$

hat für höchstens abzählbar unendlichviele (aber möglicherweise auch im Endlichen sich häufende) reelle Stellen λ_α, die Stellen des *Punktspektrums*[568]) von $k(s, t)$, eine samt ihrem Quadrat integrierbare Lösung.

2. Charakteristisch dafür, daß ein reelles λ-Intervall $\varDelta$ dem *Streckenspektrum*[568]) von $k(s, t)$ angehört, ist die Existenz einer Funktion $\Phi(s, \lambda)$, die als Funktion von λ in keinem Teilintervall von $\varDelta$ identisch für alle s $(a \leq s \leq b)$ konstant ist, die ferner für alle λ in $\varDelta$ die Gleichung

$$(3) \qquad \Phi(s, \lambda) - \int_{\lambda_0}^{\lambda} \lambda\, d_\lambda \int_a^b k(s, t)\, \Phi(t, \lambda)\, dt = 0$$

erfüllt, und die endlich ein konvergentes und in λ stetiges Quadratintegral

$$(3\,\mathrm{a}) \qquad \int_a^b (\Phi(s, \lambda))^2\, ds = \sigma_0(\lambda)$$

besitzt; die Differentiale $d_\lambda \Phi(s, \lambda)$ können symbolisch als „Differentiallösungen" der Gleichungen (2) bezeichnet werden. Man kann ein vollständiges System höchstens abzählbar vieler solcher Lösungen $\Phi^{(\alpha)}(s, \lambda)$ mit den durch (3 a) zugeordneten „Basisfunktionen" $\sigma_0^{(\alpha)}(\lambda)$ angeben, die das gesamte Streckenspektrum charakterisieren.[569])

3. Jeder nicht identisch verschwindende reelle symmetrische Kern besitzt mindestens Punkt- oder Streckenspektrum. Ist für eine beliebige quadratisch integrierbare Funktion $g(t)$

$$(4\,\mathrm{a}) \qquad f(s) = \int_a^b k(s, t)\, g(t)\, dt,$$

---

568) Die Zahlenwerte des Punkt- und Streckenspektrums sind hier die reziproken der bei der quadratischen Form entsprechend bezeichneten — gemäß der in der Theorie der Integralgleichungen üblichen Bezeichnungsweise [vgl. [534])].

569) *P. Nalli*, Palermo Rend. 46 (1922), p. 49—90 hat dies von Integralen auf allgemeine lineare symmetrische Funktionaloperationen übertragen.

so ist mit Hilfe des vollständigen Systems der Lösungen von (2) und (3) die Entwicklung möglich,

$$(4)\quad f(s) = \sum_{(\alpha)} \left\{ \varphi_\alpha(s) \int_a^b f(t)\,\varphi_\alpha(t)\,dt + \int_{-\infty}^{+\infty} \frac{d_\lambda \Phi^{(\alpha)}(s,\lambda)\, d_\lambda \int_a^b \Phi^{(\alpha)}(t,\lambda)\,f(t)\,dt}{d\,\sigma_0^{(\alpha)}(\lambda)} \right\}.$$

In dieser Formel liegt eine weitgehende Verallgemeinerung der Form des Fourierschen Integraltheorems vor. Hat speziell $k(s,t)$ nur ein einfaches Streckenspektrum $\mathfrak{M}$, ist ferner $|\sigma_0(\lambda)|$ gleich dem linearen Inhalt des zwischen 0 und λ gelegenen Spektrums, und hat endlich $\Phi(s,\lambda)$ die stetige Ableitung $\varphi(s,\lambda)$ nach λ, so vereinfacht sich (4) in

$$(4')\qquad f(s) = \int_{(\mathfrak{M})} \varphi(s,\lambda) \int_a^b \varphi(t,\lambda)\,f(t)\,dt\,d\lambda,$$

wofern das innere Integral gleichmäßig in der Umgebung jeder Stelle λ des Spektrums $\mathfrak{M}$ konvergiert.[570]

An Stelle des Hilbertschen Verfahrens kann auch hier der *Fischer-Rieszsche* Satz wie in Nr. 15d den Übergang zu den beschränkten quadratischen Formen vermitteln.[571]

Endlich sei bemerkt, daß die gleichen Erscheinungen des Streckenspektrums auch bei den von *P. Nalli*[572] mehrfach behandelten Integralgleichungen der Form

$$\varphi(s) - \lambda \left\{ k(s)\,\varphi(s) + \int_a^b k(s,t)\,\varphi(t)\,dt \right\} = 0$$

mit *stetigem* $k(s)$ und $k(s,t)$ auftreten, da hier das Integral zwar einer vollstetigen, der ganze Faktor von λ aber einer durch Addition einer Diagonalform daraus entstehenden beschränkten quadratischen Form entspricht.

b) **Besondere beschränkte Kerne** sind in erster Linie bei Anwendungen auf singuläre Randwertaufgaben mehrfach behandelt

---

570) *H. Weyl*[567], p. 300f. sowie [566]. Weiteres über diesen Sonderfall bei *M. Plancherel*, Palermo Rend. 30 (1910), p. 289—335; *J. Hyslop*, Proc. Cambridge Phil. Soc. 22 (1924), p. 169—185 behandelt ihn entsprechend der Darstellung von *H. Hahn*[549] mit Lebesgueschen Integralen.

571) *M. Plancherel*, Riv. fis. mat. 10 (1909), p. 37—53 [insbes. für den Fall von [570]] sowie Math. Ann. 67 (1909), p. 515—518 [auch für nicht beschränkte Kerne wie in [212]].

572) *P. Nalli*, Rom Acc. Linc. Rend. (5) 27_2 (1918), p. 118—123, 159—163, 192—196, 260—263, 316—322; 28_1 (1919), p. 200—204; Ann. di Mat. (3) 28 (1919), p. 235—261; Palermo Rend. 43 (1919), p. 105—124.

worden.[573]) Weiterhin haben verschiedene Autoren Integralgleichungen für ein unendliches Intervall mit Kernen, die sich aus Exponentialfunktionen zusammensetzen, in ihrem Zusammenhang mit Fourierschen und anderen Reihen- und Integraldarstellungen untersucht.[574])

c) **Nichtbeschränkte Kerne** hat in systematischer Weise *T. Carleman*[575]) nach Methoden behandelt, die den in Nr. 43 c, 3 besprochenen prinzipiell parallel laufen; seine Voraussetzungen über die zugelassenen Kerne kommen im wesentlichen darauf hinaus, daß für jedes $\delta > 0$ aus (a, b) endlichviele Intervalle der Länge δ so herausgehoben werden können, daß das wie in a) definierte $k(s)$ in dem Rest quadratisch integrierbar ist. Er approximiert $k(s, t)$ durch einen regulären Kern und erhält durch ein Auswahlverfahren eine (im allgemeinen nicht eindeutig bestimmte) Spektraldarstellung durch Integrale. In besonderen Fällen (entsprechend dem Fall der Bestimmtheit beim Momentenproblem) ergibt sich auch eine eindeutig bestimmte Integraldarstellung; insbesondere ist das dann der Fall, wenn die homogene Integralgleichung für ein (und damit für jedes) nichtreelle λ keine nicht identisch verschwindende Lösung mit absolut integrierbarem Quadrat besitzt.

45. Der allgemeine Standpunkt der Funktionaloperationen.

a) **Die Algebra der Funktionaloperationen** zeigt ihre stärkste Wirkung in der Elementarteilertheorie. Die Darstellung und Gruppierung von Nr. 39 (vgl. insbes. [491])) ist entsprechend der von *S. Pincherle* ausgehenden Ideenrichtung so angelegt, daß der allgemeine formale Gedanke, insbesondere die Betonung der invarianten Systeme, unmittelbar hervortritt.

b) **Der formal-abstrakte Standpunkt (general analysis).** Das in Nr. 24c über *E. H. Moore* und seine Schüler Gesagte überträgt sich unmittelbar auf die Eigenwerttheorie. Die Gesamtheit $\mathfrak{M}$

---

573) Von diesen Untersuchungen seien hier nur die selbständige Methoden enthaltenden Arbeiten erwähnt: *E. Hilb*[565]) sowie Erlanger Ber. 43 (1911), p. 68—71; Math. Ann. 76 (1915), p. 333—339 und *H. Weyl*, Gött. Nachr. 1909, p. 37—63; 1910, p. 442—467; Math. Ann. 68 (1910), p. 220—269.

574) *H. Weyl*[566]), Abschn. 3; [567]), Teil 2; *G. H. Hardy*, London Math. Soc. Proc. (2) 7 (1909), p. 445—472; *E. Picard*, Paris C. R. 151 (1910), p. 606—610; 152 (1911), p. 61—63; Ann. Éc. Norm. (3) 28 (1911), p. 313—324; *J. Droste*, Amsterd. Akad. Wet. Versl. 20_1 (1911), p. 396—399; *F. S. Zarlatti*, Paris C. R. 157 (1913), p. 198—201; Battagl. Giorn. 52 (1914), p. 187—203; *E. Goursat*, Paris C. R. 157 (1913), p. 843—846; *J. Hyslop*[570]).

575) *T. Carleman*, Paris C. R. 171 (1920), p. 383—386; Sur les équations intégrales singulières à noyau réel et symétrique, Uppsala univers. årsskrift, 1923, 228 S.

der betrachteten Stellen (Funktionen) $x(s)$ muß hier außer den Eigenschaften L, C, D, D_0 noch die Realitätseigenschaft R haben, die Operation J außer L, M noch die Eigenschaften P, P_0, H, die alle schon in Nr. 24 c formuliert waren; alsdann gelten die Schlüsse von *E. Schmidt*s Eigenwerttheorie[41]) (vgl. Nr. 30—34).

Der bedingte Nutzen dieses Ergebnisses ist hier noch klarer festzustellen als in Nr. 24 c. Denn hier bei den reellen symmetrischen Kernen und den reellen quadratischen Formen liegen die axiomatischen Verhältnisse weit einfacher als in der Auflösungstheorie. Wenn in $\sum k_{pq} x_p y_q$ die $y_p = x_p$ gesetzt werden, so daß eine quadratische Form daraus wird, fallen die Möglichkeiten allgemeinerer Konvergenzbedingungen (vgl. Nr. 20 d) fort: die beiden zueinander dualen Aichkörper D und $\varDelta$ können nämlich offenbar nur dann miteinander identisch sein, wenn sie beide in die Einheitskugel übergehen; der Hilbertsche Raum ist also der einzige, der für die Eigenwerttheorie reeller, symmetrischer Formen in Betracht kommt. Und hier ist nun der Unterschied von Tatsachen und Methoden evident: die äußersten *Tatsachen*, die hier gelten, sind die in Nr. 40 geschilderten der vollstetigen quadratischen Formen; die Vollstetigkeit erscheint als das notwendige und hinreichende Axiom für die Gültigkeit dieser Tatsachen. Die *Methode* von Nr. 33 a dagegen ist an das Vorhandensein der Spuren

$$\int_a^b k^{(n)}(s,s)\,ds$$

wenigstens von einer bestimmten an gebunden, ohne diese gar nicht ansetzbar und kann also nie die Tatsachen in ihrem vollen Wirkungsbereich liefern. Keine „Generalisation" dieser Methode, die an ihrem Grundgerüst festhält, kann also daran etwas ändern.

Anders ist der Sachverhalt in der Elementarteilertheorie. Hier sind in Wahrheit weder Methode noch Tatsache vorhanden, die einen ähnlichen Anspruch wie die der Eigenwerttheorie erheben könnten. Für die Schule von *E. H. Moore* fehlte darum hier jeder Ansatzpunkt. Für den Standpunkt von Nr. 20 d, der nach Aufhebung der Symmetrieforderung wieder in sein volles Recht tritt, bleibt wenigstens der Ansatzpunkt offen, wie er am Ende von Nr. 41 und von Nr. 42 näher gekennzeichnet worden ist.

c) **Die methodische Auswirkung der Theorie.** Die Grenzen, die den in der Integralgleichungslehre enthaltenen Methoden gezogen sind, sind soeben und am Ende von Nr. 24 c genau aufgewiesen worden; zugleich hat sich ergeben, daß die Bereitschaft, den Funktionenraum je nach den vorliegenden Problemen abzustecken, wesentlich ist, um die vorhandenen Methoden fruchtbar zu erhalten. Eine

Reihe von neueren Untersuchungen scheint die Richtung anzudeuten, in der eine solche Fortwirkung der Theorie zu erhoffen ist.

Die Arbeiten von *W. Ritz*[576]) mit ihrem ausgesprochenen numerischen Erfolge zeigen das Muster eines Operierens mit dem algebraischen Gehalt der Integralgleichungstheorie ohne das Substrat derselben, d. h. ohne daß die Differentialgleichungen, die zu lösen sind, erst in Integralgleichungen umgeformt werden. Einige Arbeiten von *L. Lichtenstein*[577]) haben diesen Weg mit etwas veränderten Mitteln und mehr theoretischer Zielsetzung fortgesetzt; hier wird direkt vom Randwertproblem ohne den klassischen Umweg über die Integralgleichungen zu einem Problem der unendlichvielen Veränderlichen übergegangen, wobei das Koordinatensystem (d. h. das Orthogonalsystem, nach dem entwickelt wird) dem Problem angepaßt wird. *R. Courant*[578]) hat gezeigt, wie man seine Weiterbildung der *Hilbert*schen Methode des Dirichletschen Prinzips (vgl. Nr. **32** d) und das an den Integralgleichungen erprobte Operieren mit Funktionenfolgen (vgl. etwa Nr. **33** d, Ende) nicht nur zu Existenzbeweisen, sondern auch zu einer vollständigen Durchführung von Randwertaufgaben der verschiedensten Art anwenden kann, ohne den Übergang zu einem der Aufgabe fremden Gebiet (Integralgleichungen oder unendlichviele Unbekannte) zwischenzuschalten.

576) *W. Ritz*[125]), vgl. *M. Plancherel,* Paris C. R. 169 (1919), p. 1152—1155; Darb. Bull. (2) 47 (1923), p. 376—383, 397—412; (2) 48 (1924), p. 12—48, 58—80, 93—109.

577) *L. Lichtenstein*[124]) sowie Paris C. R. 157 (1913), p. 629—632, 1508—1511; J. f. Math. 145 (1914), p. 24—85; Prace mat.-fis. 26 (1914), p. 219—262; [363]); Acta math. 40 (1915), p. 1—34; Math. Ztschr. 3 (1919), p. 127—160; Rospr. Wydz. mat.-fis., Polst. Akad. Umiej 59 A (1919), p. 79—89; *H. Geiringer,* Math. Ztschr. 12 (1922), p. 1—17.

578) *R. Courant*[363])[375a])[403])[422])[423a])[444]), Gött. Nachr. 1923, p. 81—84 sowie *Courant-Hilbert,* Literatur A 11, Kap. VI.

Namenverzeichnis.

A

Abel, N. H. 1350. 1465
Adhémar, R. d' 1338.
  1389. 1421. 1462. 1483
Amaldi, U. 1466. 1548
Amoroso, L. 1357. 1456.
  1457. 1458. 1478
Andrae, A. 1361. 1386
Andreoli, G. 1390. 1453.
  1464. 1491. 1493. 1494.
  1495. 1532
Anghelutza,Th.1535.1542
Appell, P. 1414. 1479
Arone, G. d' 1549
Autonne, L. 1438. 1562

B

Baeri, L. 1495
Ballif, L. 1501
Banach, S. 1469
Barnett, I. A. 1468. 1478.
  1500
Bateman, H. 1338. 1339.
  1380. 1389. 1453. 1454.
  1456. 1465. 1492. 1501.
  1510. 1511. 1529. 1539
Beer, A. 1345. 1349. 1354
Beltrami, E. 1351
Bendixson, I. 1550
Bennet, A. A. 1500
Bernoulli, D. 1343. 1360.
  1513. 1514
Bernoulli, Joh. 1343
Bernstein, F. 1490
Bertrand, J. 1398
Berwald, F. R. 1479
Besselsche Ungleichung
  1366. 1392. 1436. 1505.
  1510. 1525. 1555
Birkhoff, G. D. 1500
Blaschke, W. 1357
Block, H. 1483.1529.1552
Blondel, A. 1528. 1550.
  1552
Blumenfeld, J. 1540
Bóbr, St. 1421. 1446
Bôcher, M. 1338. 1382.
  1442. 1458. 1498

B

Bockwinkel, H. B. A. 1468
Boggio, T. 1357. 1525.
  1537
Bohr, H. 1448. 1499
Bois-Reymond, P. du 1346
Bolza, O. 1471
Bompiani, E. 1490
Borel, E. 1383. 1443
Born, M. 1591
Botasso, M. 1390. 1515
Bouniakowsky 1366
Bounitzky, E. 1495. 1534
Bourlet, C. 1479
Brand, L. 1442. 1458
Bratu, G. 1483. 1486. 1495
Broggi, U. 1339
Browne, P. J. 1464. 1465
Buchanan, M. 1534
Bucht, G. 1486
Burgatti, P. 1460. 1494
Burkhardt, H. 1344. 1358.
  1362

C

Cailler, C. 1391.1456.1465
Cairns, W. 1512
Calegari, A. 1423
Caqué, J. 1350
Carleman, T. 1384. 1387.
  1456. 1458. 1531. 1550.
  1551. 1589. 1595
Carmichael, R. D. 1443
Cauchy, A. 1348. 1357.
  1366. 1395. 1402. 1452.
  1505
Cazzaniga, T. 1415. 1418.
  1423
Chicca, A. 1517
Chittenden, E. W. 1469.
  1475
Collet, A. 1483
Cotton, E. 1483
Courant, R. 1338. 1377.
  1382. 1407. 1495. 1500.
  1503. 1512. 1519. 1520.
  1528. 1557. 1597
Crijns, L. 1456. 1482
Crudeli, U. 1495

D

Daniele, E. 1493. 1497.
  1500
Daniell, P. J. 1456
Davis, E. W. 1357.
Dines, L. L. 1468
Dini, U. 1339. 1351. 1522.
  1524
Dirichletsches Prinzip
  1518. 1538. 1566
Dixon, A. C. 1368. 1377.
  1388. 1391. 1412. 1415.
  1428. 1443. 1444. 1447.
  1453. 1476. 1545
Doetsch, G. 1465. 1490.
  1497. 1499
Droste, J. 1595

E

Egerváry, E. v. 1391. 1453
Egli, M. 1442
Enskog, D. 1381. 1383.
  1399. 1502. 1535. 1550
Evans, G. C. 1391. 1462.
  1487. 1489. 1491. 1497.
  1498. 1499. 1500

F

Falckenberg, H. 1486
Fejér, L. 1426
Fick, A. 1346
Fischer, Ch. A. 1470. 1471
Fischer, E. 1357. 1365.
  1397. 1434. 1470. 1512.
  1527
Flamant, P. 1477
Fock, V. 1465
Fourier, J. J. 1350. 1414
Frank, Ph. 1511. 1534
Fréchet, M. 1338. 1434.
  1499. 1500 und Nr. 24 b
Freda, E. 1500
Fredholm, J. 1339. 1501.
  1551, sowie insbes. Nr.
  5, 9—14, 24 c.
Frobenius, G. 1550. 1562

Register.[1])

Die Stichworte des Registers sind durch gesperrten Druck hervorgehoben, die Wiederholung der Stichworte ist durch einen Bindestrich angedeutet. Die Zahlen beziehen sich auf die Seiten des Buches, die größeren auf den Text, die kleineren auf die Fußnoten. Die alphabetische Anordnung ist in bezug auf Haupt- und Eigenschaftsworte soweit als möglich eingehalten. Worte aus fremden Sprachen werden im allgemeinen nur dann aufgeführt, wenn nicht die wörtliche Übersetzung in deutscher Sprache an sich vorkommt.

A

Abelsche Integralgleichung 1350, 1464 f.; —r Kern 1456.

Abgeschlossene vollstetige quadratische Form 1559.

Abgeschlossener Kern 1507, 1513, 1524/25, 1527.

Abschnitte einer Bilinearform 1400, 1424.

Abschnittsmethode bei der Auflösung linearer Gleichungen mit unendlichvielen Unbekannten 1414, 1432.

Abspaltungsverfahren in der Theorie der unendlichen Determinanten 1421.

— zur Lösung von Funktionalgleichungen 1467; — — von beschränkten Gleichungssystemen 1432, 1502, — von Dixonschen Gleichungssystemen 1443, — — von vollstetigen Gleichungssystemen 1412/3, 1447 f., 1448, 1502; — — von Integralgleichungen 1377, 1388, 1501.

Adjungierte Eigenfunktionen eines unsymmetrischen Kernes 1493, 1533, 1544.

Ähnliche Bilinearformen, Problem der Ähnlichkeit 1565, 1571, 1591.

Äquivalenzbegriff für Fourierreihen 1369; — für vollständige Orthogonalsysteme 1393 ff.

Äquivalenzen; als — aufzufassende Gleichungen 1581.

Affine Transformation im Raume von unendlichvielen Veränderlichen 1438.

Aichkörper, konvexer 1446.

Allgemeiner Kern 1513, 1525, 1527.

Alternativsatz bei Integralgleichungen 1376, 1409; — bei vollstetigen Gleichungssystemen 1409 f.

Alternierende Form 1561; —r Kern 1535.

Analytische Funktionen von unendlichvielen Veränderlichen 1482, 1484, 1499.

Annäherungen, Methode der sukzessiven — s. Approximation, sukzessive.

Approximation von Eigenfunktionen und Eigenwerten 1519, 1520; sukzessive — bei linearen Integralgleichungen und linearen Gleichungssystemen 1348, 1461, sonst durchweg bezeichnet als Entwicklung nach Iterierten, s. unter Iterierte; — — bei nichtlinearen Integralgleichungen 1483; — — bei nichtlinearen Integrodifferentialgleichungen 1496.

Assoziierte Kerne 1383, 1508.

Asymptotische Dimensionenzahl 1520; —s Verhalten der Eigenwerte und Eigenfunktionen 1506, 1529, 1530, 1550, 1552.

Auswahlverfahren von Hilbert 1405 ff.; 1448, 1519, 1579, 1588.

---

1) Auszug aus dem von *E. Hilb* zusammengestellten Register zu Band II, 3. Teil der Encyklopädie.

B

C

D

1492, 1543 ff.; — vollstetiger Bilinearformen 1574.

Entwicklung nach Iterierten s. Iterierte.

Entwicklungssätze bei Bilinearformen s. d.

Entwicklungstheoreme nach den Eigenfunktionen linearer Integralgleichungen 1364, 1521 ff.; — nach adjungierten Eigenfunktionen eines stetigen unsymmetrischen Kernes 1533, — bei allgemeinem symmetrischem Kern 1525; — für definite symmetrische Kerne 1524; — mit funktionentheoretischen Methoden bewiesen 1526; — vermittels der Hauptachsentheorie vollstetiger quadratischer Formen bewiesen 1560; — für die Iterierten stetiger symmetrischer Kerne 1522; — für einen symmetrischen Kern 1521, 1523, 1560 f., — für die zum symmetrischen Kern gehörige quadratische Integralform 1362, 1509, 1525, 1560; —, Mercerscher Satz 1524, 1526, 1531, 1531, 1532, 1539; — nach den Eigenfunktionen polarer Integralgleichungen 1537, 1538; — für quellenmäßig darstellbare Funktionen 1364, 1525; — für die Resolvente 1523; — für die Spuren 1523, 1524; — bei uneigentlich singulären symmetrischen Integralgleichungen 1531, 1532, 1561; — bei Integralgleichungen mit symmetrisierbaren Kernen im Hilbertschen Falle 1538, im Kornschen Falle 1540, im Pellschen Falle 1539, 1571, Fehlen der — bei allgemeinen symmetrisierbaren und unsymmetrischen Kernen 1542/3, 1552, Zusammenhang der — bei symmetrisierbarem Kerne mit den Entwicklungstheoremen bei symmetrisierbaren Bilinearformen 1566, 1571.

Équations aux dérivées fonctionelles 1500.

Extremumseigenschaften der Eigenwerte und Eigenfunktionen s. Eigenwerttheorie und vollstetige quadratische Formen.

F

Faltung s. Bilinearformen und quadratische Formen.

Fernwirkung, Probleme der — 1493.

Fischer-Rieszscher Satz 1365, 1397.

Fonction, — fundamentale 1504; — de lignes 1498, 1500.

Formen von unendlichvielen Veränderlichen, alternierende — 1561; bilineare — s. Bilinearform; Hermitesche — 1561, Eigenwerte vollstetiger Hermitescher — 1562, unitäre Transformation vollstetiger Hermitescher — in die kanonische Gestalt 1562; J-— (Jacobische) 1586, beschränkte J-— haben einfaches Punktspektrum und Streckenspektrum 1587, Transformation einer beschränkten quadratischen Form in eine Summe höchstens abzählbar vieler beschränkter J-— 1587, Zusammenhang der beschränkten J-— mit der Kettenbruchtheorie 1586/7, nichtbeschränkte J-— 1588/9, Spektraldarstellung der nichtbeschränkten J-— 1589, Zusammenhang der nichtbeschränkten J-— mit der Kettenbruchtheorie 1588/9, mit dem Momentenproblem 1589; zu J-Form gehörige Gleichungssysteme 1586, 1589; L-— 1426, 1590, 1591; Ähnlichkeitsproblem für nichtsymmetrische L-— 1591, reelle quadratische L-— 1590, Spektrum der L-— 1591, reguläre L-— 1590, Verallgemeinerungen der L-— 1591; quadratische — s. d.

Fouriersches Integraltheorem in seiner Bedeutung für Integralgleichungen 1. Art 1350, 1454; —, Verallgemeinerung 1594.

Fredholmsche Auflösungstheorie s. unter Integralgleichungen, lineare; — Determinante s. Determinanten.

Funktionalgleichungen, Existenztheorem für nichtlineare — 1500; lineare — 1467, besondere lineare — 1476 ff., Behandlung linearer — nach dem Muster der Integralgleichungstheorie 1470.

Funktionaloperationen, lineare 1466, 1498; Algebra der —n — 1466, 1548, 1595; — — im R_∞ 1470; Darstellung —r — nach Hadamard, Fréchet und F. Riesz 1469/70, Produkt zweier —r — 1467; Verallgemeinerung der Theorie der eigentlich singulären Integralgleichungen mit symmetrischem Kern auf symmetrische — 1593.

symmetrische Form 1412; vollstetige
— bei Konvergenzbedingung für die
Unbekannten unter Zugrundelegung
eines konvexen Aichkörpers, Abspaltungsverfahren und Entwicklung nach
Iterierten, determinantenfreie Sätze
1447 f.; zeilenfinite — 1448 f.; Zusammenhang der linearen — mit Integralgleichungen 1367, 1395 ff.
Gleichungssysteme, nichtlineare
mit unendlichvielen Unbekannten 1481 ff.; Existenzsatz von Koch
für die Lösungen von —n —n 1482,
Erweiterung auf allgemeinere Gleichungssysteme 1483/4; Lösbarkeit
von —n im Kleinen 1482 ff., Übertragung der Puiseuxschen Sätze durch
Schmidt 1484; Verzweigungsgleichung
1485.
Greensche Funktion als Kern einer
Integralgleichung 1362, 1526
Greenscher Satz für Integrodifferentialgleichungen 1497.
Grenzschar von Funktionenfolgen 1521.
Grenzvektor im R_∞ 1437.
Grenzwertausdrücke für Eigenwerte
und Eigenfunktionen 1513, 1515.
Grundlösung einer Integrodifferential-
gleichung 1497

H

H, Hermite-Eigenschaft in der general
analysis 1474.
Hadamardscher Determinanten-
satz 1356, 1356 f., 1366, 1371, 1421, 1423.
Häufungspunkt im Hilbertschen Raum
1434.
Häufungsvektor im R_∞ 1437.
Hauptachsenproblem, Analogie bei
Integralgleichungen zum — s. d sowie bei Eigenwerttheorie; Erweiterung
des —s auf Scharen quadratischer
Formen 1564.
Hauptachsentheorie vollstetiger quadratischer Formen 1553 ff.; s. auch
vollstetige quadratische Formen.
Hauptfunktionen s. Eigenwerttheorie
bei unsymmetrischem Kerne.
Hellingersche Integrale 1584
Hereditäre Mechanik 1493.
Hermite-Eigenschaft in der general ana-
lysis 1474; —sche Formen von unendlichvielen Veränderlichen s. Formen;
—sche Kerne 1535; —sche Matrix 1561.

Hilbert, —sches Auswahlverfahren
s. d.; —scher Raum 1434.
Höldersche Ungleichung 1445.
Hohlraumstrahlung 1528.

I

J, Funktionaloperation in der general
analysis 1474.
Integral, Hellingersches 1584.
Integraldarstellungen von Ketten-
brüchen durch Stieltjes 1578, 1583,
1587/9; — in Anschluß an eigentlich
singuläre Integralgleichungen zweiter
Art 1594, — bei symmetrisierbaren
Kernen 1567.
Integralform, bilineare s. Polarform;
quadratische —, die zu einem symmetrischen Kern gehört 1362, 1509 ff.,
1518 ff., 1525, 1560, 1592.
Integralgleichungen, lineare,
Abelsche — 1350, 1464 f.; algebraischer Grundgedanke 1340 f.; allgemeine algebraische Analogie 1343;
Analogie zum Hauptachsenproblem
1342, 1352, 1353, 1359, 1504 ff., 1513 ff.,
1521, 1527; Alternativsatz bei — 1376 f.,
1409; Art: — zweiter Art in ihrer besonderen Bedeutung 1344, 1449; s. ferner unter Auflösungstheorie und Eigenwerttheorie; — dritter Art 1450 f.,
1537, — erster Art 1344, 1453 ff., besondere — erster Art 1456, Lösbarkeitskriterien bei — erster Art 1455,
— — mit stark singulären Kernen
1454, Hilberts Reziprozitätsformeln
und verwandte Formeln für — —
1454, Zurückführung von — erster
Art auf das Momentenproblem 1457;
Auflösungstheorie bei — zweiter
Art, Grundgedanke 1340, Courants
Auflösungstheorie durch Übertragung
des Hilbertschen Auswahlverfahrens
bei vollstetigen Gleichungssystemen
1382, 1407; Dixons Auflösungstheorie
1368, 1377; Enskogs Auflösungsmethode 1383, 1399, 1502; Fredholms
Auflösungstheorie 1351, 1356, 1370 ff.
Auflösung durch Entwicklung nach
Iterierten 1347, 1351, 1353, 1382 f.,
1413; Hilberts Auflösungstheorie durch
Grenzübergang 1375, durch Übergang
zu unendlichvielen Variabeln 1367,
1382, 1392; Entwicklung nach Iterierten (Neumannsche Methode) 1347,

1383 f., vgl. auch Iterierte; Schmidtsche Auflösungstheorie durch Abspaltung und Entwicklung nach Iterierten
1377, 1388, 1472, 1501, im Anschluß
an seine Eigenwerttheorie 1381, Auflösung symmetrischer Integralgleichungen vermittels des Entwicklungssatzes nach Eigenfunktionen 1525;
Auflösungstheorie uneigentlich singulärer Integralgleichungen durch Übergang zu iterierten Kernen 1386, durch
Modifikation der Fredholmschen Formeln 1386, durch das Schmidtsche
Abspaltungsverfahren 1388; determinantenfreie Sätze in der — — — 1376;
belastete — 1389, 1474, 1532; Eigenfunktionen, Eigenwerte s. Eigenwerttheorie; Entwicklungstheoreme nach Eigenfunktionen s. Entwicklungstheoreme; —, Fredholmsche Formeln 1370, Hilberts Ableitung der Fredholmschen Formeln
bei symmetrischem Kern durch Grenzübergang 1375, Modifikation der Fredholmschen Formeln bei uneigentlich
singulären Integralgleichungen 1386,
Verifikation der Fredholmschen Formeln 1375, Unifizierung der Fredholmschen Theorie 1474; eigentlich singuläre —n s. unter singuläre —; generalisierte — in der general analysis 1475; gemischte — 1389, 1532;
Hauptfunktionen bei — mit unsymmetrischem Kerne s. Eigenwerttheorie bei unsymmetrischem Kern;
Integrationsbereiche, allgemeinere für — 1388, Abhängigkeit der
Lösungen vom Integrationsbereich
1391, — bei komplexen Integrationswegen 1389, 1451; Kern von — s.
Kern; — mit symmetrisierbaren Kernen s. bei Kern; numerische Behandlung von — 1399, 1501 ff.; polare — 1399, 1536 ff., Hilberts Behandlung polarer — durch Übergang
zu unendlichvielen Veränderlichen
1537, 1567; Pseudoresolvente 1374,
1377; Resolvente (lösender Kern)
von — 1351, 1373, Darstellung der
Resolvente durch iterierte Kerne 1351,
1383, Entwicklung der Resolvente nach
Eigenfunktionen 1523, Partialbruchzerlegung der Resolvente 1548; reziproke Funktion bei — 1351; singu-

läre — zweiter Art: uneigentlich
— — s. unter Auflösungstheorie und
Eigenwerttheorie; eigentlich singuläre
— 1450 ff., 1591, — — mit ctg-Kernen
1452, — — mit unendlichen Grenzen
1452; eigentlich singuläre — zweiter
Art mit beschränktem symmetrischem
Kern 1592, Differentiallösungen (symbolisch) eigentlich singulärer homogener — 1593, Basisfunktion einer
Differentiallösung 1593, vollständiges
System von Differentiallösungen 1593,
Entwicklung quellenmäßig darstell-
barer Funktionen nach Eigenfunktionen und Differentiallösungen eigentlich singulärer — in Verallgemeinerung des Fourierschen Integraltheorems 1594, Spektrum eigentlich singulärer — 1593; eigentlich singuläre
— zweiter Art mit nichtbeschränktem
Kern 1595, uneigentlich singuläre symmetrische — 1531; sukzessive Ap-
proximationen bei — 1348, 1461;
Systeme von — 1390, 1532; Systeme
von — mit Symmetriebedingungen
1532; Umwandlung von — in lineare Gleichungssysteme mit unendlichvielen Unbekannten 1367, 1395 f., Umwandlung mittels des Fischer-Rieszschen Satzes 1397, Umwandlung bei
unstetigen Kernen 1397, Umwandlung
bei Wahl spezieller Orthogonalsysteme
1398, Umwandlung von polaren —
1399, 1538, Umwandlung von eigentlich singulären — in lineare Gleichungssysteme 1593, Umwandlung von
linearen Gleichungssystemen mit unendlichvielen Unbekannten in — 1396;
— mit unendlichem Integrationsintervall 1388, 1452; Volterrasche — 1459 ff., Volterrasche —
erster Art 1350, 1459, Volterrasche —
erster Art für Funktionen von zwei
Veränderlichen 1463, Volterrasche —
zweiter Art 1349, 1460, Lösung Volterrascher — zweiter Art durch Entwicklung nach iterierten Kernen 1351,
1460, Verhalten der Lösungen in der
Umgebung von $s = 0$ 1460 f., Volterrasche — zweiter Art mit nicht absolut
integrierbaren Kernen 1462, besondere
Volterrasche — 1464 ff., funktionale
— — 2. Art 1463 f., singuläre Volterrasche — 1461, 1463, Systeme Volterra-

J

K

des homogenen Gleichungssystems an
einer Stelle des Punktspektrums 1580,
in einem Intervall des Streckenspektrums 1581; Normalform einer beschränkten —n — 1577, 1584, Übertragung auf Scharen —r —en 1585;
orthogonale Äquivalenz zweier —n
—en, notwendiges und hinreichendes
Kriterium 1585 f.; Orthogonalinvarian-
tensystem 1583 ff.; orthogonale Transformation einer —n —n — auf Quadratsummen und Integrale, Hilbert-
sches Theorem 1577 f., Ableitung dieses Theorems durch Hellinger 1581,
durch Hilbert 1578, durch Riesz 1583,
1583; orthogonale Transformation einer
—n — in eine Summe höchstens abzählbar unendlichvieler J-Formen verschiedener Variabelnreihen 1587; Polarform einer —n — 1576; positiv definite — 1576, 1579; eigentlich positiv
definite —en 1566; Punktspektrum
1577, 1578, 1580; Reziproke einer —n
— 1578, 1579; Schranke einer —n —
1576; Spektralform 1577, einfachstes
Beispiel einer Spektralform 1584, Fal-
tungssätze für die Zuwächse der Spektralform 1578, orthogonale Transformation der Spektralform in eine Summe
von Integralen der Quadrate von Linearformen verschiedener Variabelnreihen nach Hellinger 1584 f., 1585;
Spektrum einer —n — 1578; Spektrum und Häufungsstellen der Ab-
schnittseigenwerte 1579, 1579, Änderung des Spektrums bei Addition einer
vollstetigen —n — 1579, einfaches
Spektrum 1585, Zerspaltung des Spektrums in einfache Spektren 1585;
Streckenspektrum 1577, 1578, 1580;
Zusammenhang der Theorie der —n
—en mit der Stieltjesschen Kettenbruchtheorie 1586 ff.
Quadratische Form von unendlichvielen Veränderlichen,
nichtbeschränkte 1577, 1588 f.
Quadratische Form von unendlichvielen Veränderlichen, vollstetige 1365, 1369, 1553 ff.; abgeschlossene — 1559; Bilinearform, symmetrische, die zu einer —n —n —
gehört 1553; definite — — 1567,
1569; Eigenformen einer —n —n —
1559; Eigenlösung als Lösung des zu

der —n —n — gehörigen linearen
Gleichungssystems 1559; Eigenwerte
einer —n —n — 1559: Faltung —r
—r —en 1555; Hauptachsentheorie
—r —r — 1553; Hauptachsentransformation —r —r —en 1556 ff.; kanonische Transformation von Scharen
—r —r —en 1566 ff.; Maximum einer
—n —n — 1556, spezielle Maximums-
aufgaben bei —n —n —en 1557; orthogonale Transformation —r —r —en
1555, orthogonale Transformation einer
—n —n —n in die kanonische Gestalt
1558; Polarform einer —n —n —
1553; Spuren einer —n —n — 1555;
Zusammenhang der Theorie der —n
—n —en mit der Eigenwerttheorie
der Integralgleichungen 1559 ff.
Quadratische Integralform, die zu
einem symmetrischen Kerne gehört
1362, 1509 ff., 1518 ff., 1525, 1560, 1592.

R

R, Realitätseigenschaft in der general
analysis 1474.
Randwertaufgabe bei Integrodifferentialgleichungen s. diese.
Randwertaufgabe der Potentialtheorie, Bedeutung der — für die
Entwicklung der Integralgleichungen
1345 ff.; Lösung als Potential einer
Doppelbelegung 1346, Lösung als Potential einer einfachen Belegung 1345;
—, Methode des arithmetischen Mittels 1383; —, Problem von Neumann-
Poincaré, Poincarés Lösung 1353 ff.
Rang eines Kernes 1373, 1378, endlicher
— eines Kernes 1377 ff., 1377, 1513;
— einer vollstetigen Bilinearform,
endlicher 1412.
Räume, Funktionen— 1468; Hilbertsche — 1434; — von unendlichvielen
Dimensionen 1434, 1554, elliptische
— von unendlichvielen Dimensionen
1434.
Resolvente s. Bilinearformen und Integralgleichungen sowie Kern, lösender.
Reziprok bezüglich eines Kernes 1540;
— im verallgemeinerten Sinne bezüglich eines Kernes 1540/41.
Reziproke bei Bilinearformen und Matrizen, hintere —, vordere — 1428 f.,
Formalsätze für — 1429 f.; Möglichkeit unendlichvieler hinterer —n 1429;